Deutz | Gasteiner | Obritzhauser

Die häufigsten Nutztierkrankheiten

stv

Deutz | Gasteiner | Obritzhauser

Die häufigsten Nutztierkrankheiten

Vorbeugen – Erkennen – Heilen

Leopold Stocker Verlag
Graz – Stuttgart

Umschlaggestaltung, Layout und Repro:
DSR Werbeagentur Rypka GmbH, 8143 Dobl/Graz, www.rypka.at
Titelbilder: Armin Deutz

Bildnachweis:
Die Abbildungen wurden dem Verlag von den Autoren zur Verfügung gestellt. Die Urheber sind direkt bei den Abbildungen vermerkt.

Bibliografische Information der Deutschen Nationalbibliothek
Die Deutsche Nationalbibliothek verzeichnet diese Publikation in der Deutschen Nationalbibliografie; detaillierte bibliografische Daten sind im Internet unter http://dnb.d-nb.de abrufbar.

Hinweis: Dieses Buch wurde auf chlorfrei gebleichtem Papier gedruckt. Die zum Schutz vor Verschmutzung verwendete Einschweißfolie ist aus Polyethylen chlor- und schwefelfrei hergestellt. Diese umweltfreundliche Folie verhält sich grundwasserneutral, ist voll recyclingfähig und verbrennt in Müllverbrennungsanlagen völlig ungiftig.

Auf Wunsch senden wir Ihnen gerne kostenlos unser Verlagsverzeichnis zu:
Leopold Stocker Verlag GmbH
Hofgasse 5/Postfach 438
A-8011 Graz
Tel.: +43 (0)316/82 16 36
Fax: +43 (0)316/83 56 12
E-Mail: stocker-verlag@stocker-verlag.com
www.stocker-verlag.com

ISBN 978-3-7020-1593-0

Inhalt

Foto: Armin Deutz

Vorwort

„Gesund" oder „krank" sind nicht wie „weiß" oder „schwarz" zu sehen, denn es gibt dazwischen zahlreiche Übergänge, also „Graustufen". Die WHO-Definition für die menschliche Gesundheit umfasst nicht nur das Freisein von Krankheiten, sondern auch das vollkommene körperliche, geistige und soziale Wohlbefinden. Mittlerweile wissen wir, dass Tiere, die sich wohlfühlen, auch seltener krank werden.

Hygiene wiederum besteht aus der Summe aller Maßnahmen zur Gesunderhaltung des Menschen, der Tiere und der Umwelt. Über Hygienemaßnahmen können viele Erkrankungsfälle bei Tier und Mensch vermieden werden. Mittlerweile sind übrigens rund 850 Krankheitserreger bekannt, die wechselweise zwischen Tieren und Menschen übertragbar sind. Viele Erkrankungen treten als so genannte „Faktorenkrankheiten" auf, was bedeutet, dass nicht die alleinige Anwesenheit eines Krankheitserregers bereits ausreicht, um Erkrankungen größeren Ausmaßes hervorzurufen, sondern dass am Ausbruch von Krankheiten negative Umweltfaktoren (Stall, Futter, Witterung usw.) sowie innerartliche Faktoren (Tieranzahl, Rangordnung, innerartlicher Stress, Genetik usw.), die u. a. das Immunsystem schwächen können, mit verantwortlich sind. Ein diesbezügliches Beispiel sind Infektionskrankheiten, wie die Rindergrippe, die vermehrt nach Zukäufen auftritt und bei der auch das Stallklima mit auslösend sein kann. Von vielen Faktoren abhängig ist auch die Entstehung von Euterkrankheiten.

Ein hoher Gesundheitsstatus landwirtschaftlicher Nutztiere ist nicht nur von betriebswirtschaftlichem Interesse, sondern schafft auch ein hohes Niveau an Lebensmittelsicherheit, fördert das Image von Lebensmitteln tierischer Herkunft und bringt zudem einen Konkurrenzvorteil im internationalen Handel mit Lebendtieren. Weiters ist das Thema Tiergesundheit auch eng mit dem Thema Tierschutz verbunden.

Dieses Buch soll allen Interessierten einerseits helfen, kranke Tiere zu erkennen, und andererseits auch eine Entscheidungshilfe für weitere notwendige Maßnahmen liefern. Bedanken möchten wir uns in erster Linie bei unseren Familien, die für unseren zwar interessanten, aber familiär nicht immer ganz einfachen Beruf größtmögliches Verständnis aufbringen, und natürlich auch bei unseren ehemaligen Lehrern und Kollegen, die uns einerseits zu klinischen Untersuchern erzogen und andererseits mit interessanten Fällen konfrontiert haben.

St. Lambrecht, Irdning und Parschlug im Winter 2024/25
Armin Deutz, Johann Gasteiner und Walter Obritzhauser

Ursachen von Erkrankungen

Erkrankungen haben unterschiedlichste Ursachen und nicht immer sind so genannte Krankheitserreger ihre Auslöser. Grob unterscheidet man zwischen äußeren und inneren Krankheitsursachen, je nachdem, ob die Krankheit mit oder ohne Einwirkungen von außen entstanden ist.

Innere Ursachen

- Erblich bedingte Erkrankungen
- Altersbedingte Erkrankungen

Unter erblich bedingten Erkrankungen sind einerseits genetisch bedingte Missbildungen zu verstehen, andererseits aber auch im weiteren Sinne eine inzuchtbedingte Schwächung des Immunsystems. Genetisch bedingt können beispielsweise Veränderungen des Skeletts oder Bewegungsapparates (wie Stuhlbeinigkeit) oder ebenfalls Veränderungen des Immunsystems sein, die die Widerstandskraft des Tieres schwächen und den Ausbruch von Infektionskrankheiten erleichtern können.

Altersbedingt kümmern Tiere beispielsweise durch starken Zahnabrieb oder Zahnverlust, da eine Zerkleinerung und ein Aufschließen der Nahrung dann nicht mehr vollständig möglich sind. Diese Mangelernährung bedingt wiederum eine erhöhte Anfälligkeit gegenüber weiteren Erkrankungen.

Äußere Ursachen

- „Unbelebt“: Futter, Stallklima und -hygiene, Stress, Klima, Wetter
- „Belebt“: Viren, Bakterien, Pilze, Parasiten

Bei diesen Ursachen ist mit zu berücksichtigen, dass sie sich oft gegenseitig aufschaukeln. So können Fütterungsfehler, wie eine chronische Pansenübersäuerung, durch die Schädigung der Pansen- und Darmschleimhaut und die Schwächung des Immunsystems die Entstehung von Infektionskrankheiten erleichtern oder den Parasitenbefall erhöhen. Der höhere Parasitendruck wiederum kann infolge der zahlreichen kleinen Darmverletzungen, die die Parasiten setzen, und wegen des parasitär bedingten Nährstoffverlustes den Ausbruch von Infektionskrankheiten fördern – ein gegenseitiges Aufschaukeln ist die Folge! Man spricht in diesem Falle von **Faktorenkrankheiten**.

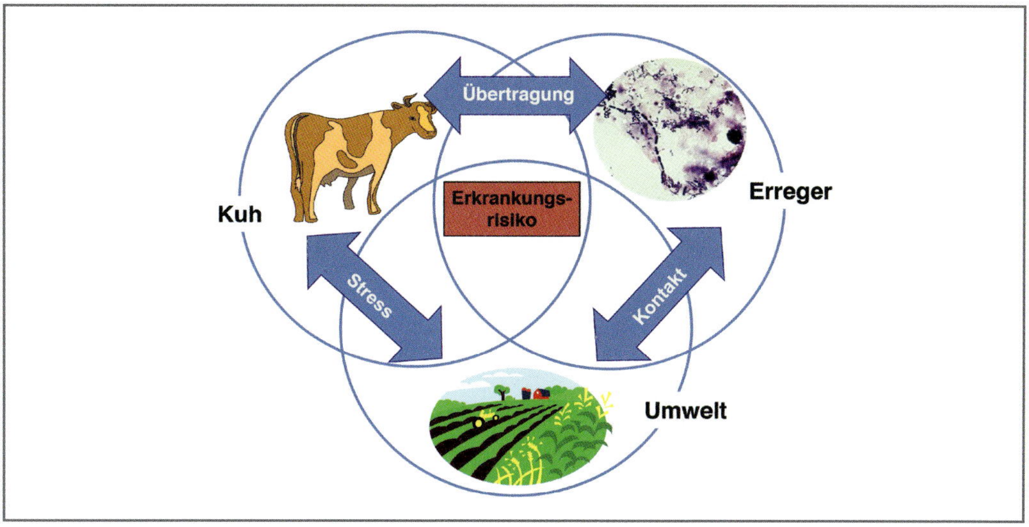

Die Faktoren „Tier – Erreger – Umwelt" bestimmen das Erkrankungsrisiko *Grafik: DSR Rypka*

Zur Entstehung einer Euterentzündung (= Mastitis) genügen beispielsweise nicht nur Infektionserreger alleine, sondern es bedarf zusätzlicher nachteiliger Einflüsse seitens des Tieres oder der Umwelt. Faktoren, die sich im Mastitisgeschehen gegenseitig beeinflussen, sind:

- **Erreger** (Art, Zahl, krankmachende Wirkung, Antibiotikaempfindlichkeit usw.)
- **Tier** (Empfänglichkeit, unspezifische und spezifische Abwehrmechanismen, Laktationsstadium, Leichtmelkbarkeit, Leistung, Verletzungen, Krankheiten usw.)
- **Umwelt** (Haltung, Hygiene, Melktechnik und -arbeit, Klima, Fütterung, Stress usw.)

Stadien des Eindringens von Krankheitserregern

Dauernd treffen Krankheitserreger auf den menschlichen oder tierischen Körper und dringen über Schleimhäute oder Atemluft bzw. Wasser oder Nahrung in den Körper ein – deutlich seltener entstehen daraus Erkrankungen, da meist körpereigene Abwehrreaktionen die Erreger abfangen können.

- **Besiedelung:** Ansiedlung von nicht pathogenen (nicht krankmachenden) Mikroorganismen (wie Bakterien, Viren, Pilze) auf Haut bzw. Schleimhaut eines Wirtes
- **Infektion oder Ansteckung:** Eindringen (aktiv oder passiv), Haften und Vermehrung eines pathogenen (krankmachenden) Erregers in einem Organismus
- **Infektionskrankheit:** wenn es als Folge einer Infektion zu klinisch fassbaren Krankheitserscheinungen kommt
- **Seuche:** Anhäufung einer gefährlichen (hochansteckenden und wirtschaftlich bedeutenden) Infektionskrankheit in einem bestimmten Gebiet über eine bestimmte Zeit
- **Inkubationszeit:** Zeit zwischen der Infektion und dem Auftreten erster Krankheitserscheinungen

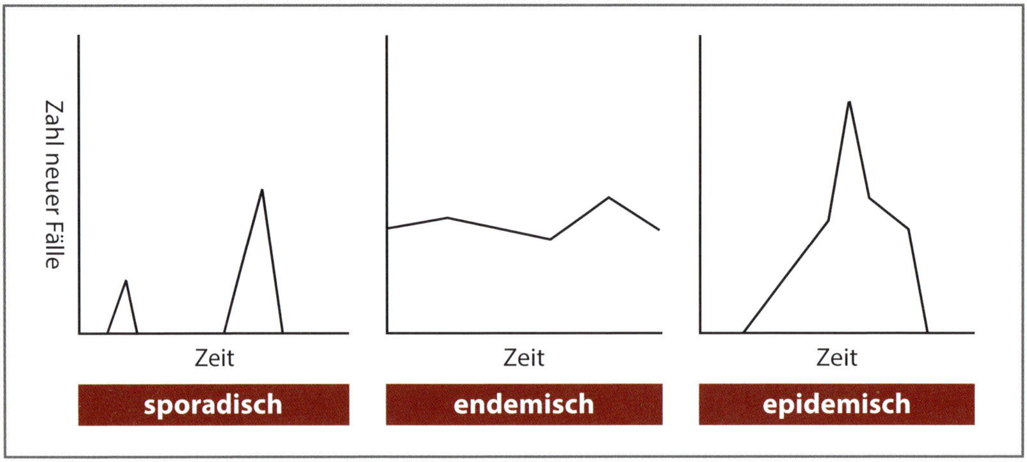

Unterschiedliches Auftreten von Krankheiten in Zeit und Raum *Grafik: DSR Rypka*

Krankheitskennzahlen

- **Morbidität:** Anzahl Erkrankter in bestimmter Population (z. B. 100.000)
- **Mortalität:** Anzahl der Todesfälle in bestimmter Population
- **Letalität:** Anzahl der Todesfälle unter klinisch Erkrankten
- **Prävalenz:** sie misst die Häufigkeit der bestehenden Fälle einer Krankheit zu einem bestimmten Zeitpunkt (Punkt-Prävalenz) oder über eine Zeitspanne (Perioden-Prävalenz)
- **Inzidenz:** Häufigkeit neu hinzugekommener Fälle einer Krankheit in einer bestimmten Zeitspanne
- **Sporadisches Auftreten:** selten und ohne erkennbare Regelmäßigkeit
- **Endemisches Auftreten:** ständiges Vorkommen mit räumlicher, aber keiner zeitlichen Begrenzung
- **Epidemie:** gehäuftes Vorkommen mit zeitlicher und räumlicher Begrenzung
- **Pandemie:** Massenauftreten, zeitliche, aber keine räumliche Begrenzung

Interessantes über Krankheitserreger

Zum besseren Verständnis von Infektionskrankheiten und Parasitosen werden in diesem Abschnitt die Eigenarten und Fähigkeiten von Bakterien, Viren, Pilzen und Parasiten kurz dargestellt. Bemerkenswert bei vielen Erregern sind ihre Vermehrungsfähigkeit und Widerstandskraft in der Umwelt.

Bakterien

Sie sind mikroskopisch klein, meist einzellig und besitzen keinen echten Zellkern. Der Aufbau von Bakterien und ihre Lebensweise sind sehr unterschiedlich. Sie haben sich in ihrer Evolution bestens an die spezifischen Lebensbedingungen angepasst. Es gibt bewegliche und unbewegliche Arten, Bakterien, die Dauerformen (Sporen) bilden, die jahrzehntelang in der Umwelt überleben (z. B. Milzbranderreger), oder Bakterien in heißen Quellen oder wiederum solche, die sich noch bei Temperaturen um den Gefrierpunkt vermehren. Ein Einfrieren tötet Bakterien übrigens nicht ab. Bewegungen von Bakterien werden durch fadenförmige Anhänge (Geißeln) ermöglicht oder durch einen schraubenartigen Aufbau der Bakterienzelle, die sich dann durch die Umgebung „schrauben".

In einem Gramm Kot befinden sich neben zahlreichen anderen Bakterienarten bis zu über 100 Mio. Colikeime und in einem Gramm Panseninhalt leben mehrere Mrd. Bakterien. Diese sind weitestgehend nicht als Krankheitserreger zu sehen, sondern sind überlebensnotwendig für das Funktionieren der Verdauung. Andere Bakterienarten sind auch unbedingt notwendig für die Produktion gewisser Lebensmittel (Joghurt, Sauermilch, Käse, Dauerwürste, Salami, Sauerkraut usw.). Daneben gibt es aber eine Reihe verschiedener Bakterien, die Erreger zahlreicher Infektionskrankheiten sind. Wichtige bakteriell bedingte Krankheiten sind beispielsweise die meisten Formen der Euter- und Lungenentzündungen, Moderhinke, Listeriose oder Rauschbrand. Das Vermehrungspotential der Bakterien ist bei optimalen Umweltbedingungen (Temperatur, Nahrung, Wassergehalt, pH-Wert) nahezu unvorstellbar. So entsteht aus einem Colibakterium bei 37 °C innerhalb von 10 Stunden über eine Milliarde Colibakterien,

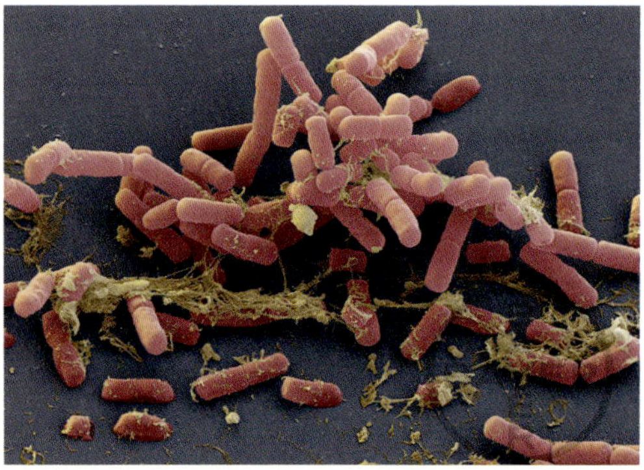

Colibakterien, rasterelektronenmikroskopische Aufnahme Foto: Fa. Bayer Tiergesundheit

da sie sich alle 20 Minuten teilen. Bakterien vermehren sich ungeschlechtlich durch Teilung der Bakterienzelle, andere Arten durch Sporenbildung oder Knospung. Die Überlebensfähigkeit von Bakterien in der Umwelt ist sehr variabel, Milzbranderreger beispielsweise können als Sporen über 50 Jahre im Boden überleben.

Viren

Die Bezeichnung „Viren" (Einzahl: *das* Virus) leitet sich vom Lateinischen *„virus"*, was „Gift, Saft, Schleim" bedeutet, ab. Sie parasitieren in Zellen von Lebewesen, zählen selbst aber nicht zu Lebewesen, da sie lediglich über ein genetisches Programm für ihre Vermehrung und Ausbreitung verfügen.

Viren sind deutlich kleiner als Bakterien und nur mit dem Elektronenmikroskop bei Vergrößerungen von 1000-fach aufwärts sichtbar zu machen. Im Gegensatz zu Bakterien können Viren sich nicht außerhalb von lebenden Zellen vermehren, sie benötigen für ihre Vermehrung Material aus der Wirtszelle. Sie haben keinen eigenen Stoffwechsel und sind deshalb auf den Stoffwechsel der Wirtszelle angewiesen. Es gibt auch Viren, die Bakterien befallen, diese werden „Bakteriophagen" genannt.

Viren überleben in der Umwelt im Gegensatz zu Bakterien in der Regel nur kürzere Zeit (abhängig von Temperatur, Luftfeuchtigkeit, UV-Strahlung usw.), einige Tage können aber die meisten Virusarten in der Umwelt überdauern. Wichtige virusbedingte Krankheiten sind beispielsweise Maul- und Klauenseuche, Tollwut, Schweinepest oder Vogelgrippe. Auch bei der Rindergrippe sind im Anfangsstadium verschiedene Virenarten Auslöser, später pfropfen sich auf die geschädigten Schleimhäute noch Bakterien auf.

Parasiten

Parasitismus bezeichnet den Nahrungserwerb aus einem anderen Organismus, also einem „Wirt". Das „Schmarotzertum" der Parasiten kann den Wirt schädigen, töten oder ihm auch nicht schaden. Die meisten Parasitenarten sind hochspezialisiert und oft nur auf einen Wirt oder wenige Wirtsspezies beschränkt. Viele Parasiten und Wirte passten sich im Verlaufe einer langen gemeinsamen Entwicklung (Koevolution) aneinander an, was in vielen Fälle zu gewissen Gleichgewichtssituationen führte, in denen Parasiten zwar profitieren, ihre Wirte jedoch nicht mehr als nötig schädigen oder gar töten.

Parasiten können in Außen- und Innenparasiten unterschieden werden. Ekto-(= Außen-)Parasiten sind Zecken, Haarlinge, Läuse, Räudemilben oder Dasselflie-

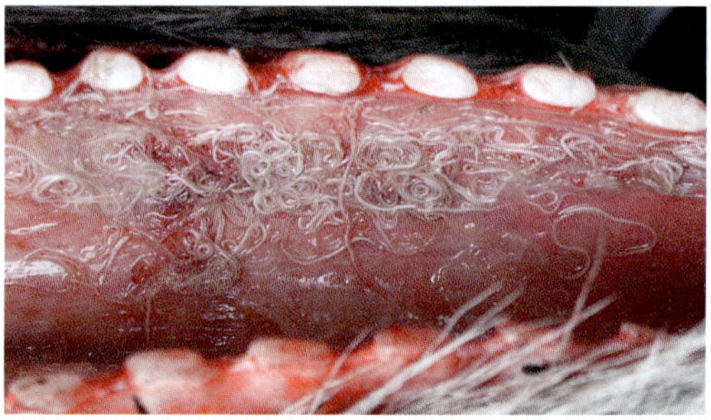

Große Lungenwürmer (in Luftröhre) als Beispiel für Innen- und Zecken für einen Außenparasiten
Fotos: Armin Deutz

gen. Folgende Endo-(= Innen-)Parasiten haben größere Bedeutung: Lungenwürmer, Labmagen-Dünndarmwürmer, Dickdarmwürmer, Leberegel, Bandwürmer und Finnen. Manche Endoparasitosen kommen nur lokal vor, da einige Parasiten (Leberegel, Bandwürmer) in ihrer Entwicklung Zwischenwirte (Ameisen, Schneckenarten, Moosmilben etc.) benötigen. Zu bedenken ist zusätzlich, dass sich im Falle von Endoparasiten von der gesamten Biomasse (bzw. Individuenanzahl) einer Parasitenpopulation nur ein verschwindend kleiner Prozentsatz als parasitierende Stadien in den Wirten (Endwirten) aufhält. Mehr als 90–95 % befinden sich als Eier, heranwachsende Stadien oder als Infektionsstadien in der Umwelt. Eine Entwurmung alleine ohne begleitende weidehygienische Maßnahmen ist deshalb oft nicht zielführend. Eine entwicklungsgehemmte Ruhephase (Hypobiose) ermöglicht vielen Parasiten das Überdauern von ungünstigen Witterungsbedingungen.

Pilze

Pilze treten medizinisch vorwiegend als Krankheitserreger von Haaren und Haut oder des Atmungs- und Verdauungstraktes sowie der Milchdrüse auf. Einige Hautpilzerkrankungen sind auch auf den Menschen übertragbar. Feld- und Lagerpilze haben als Futtermittelverderber und Verursacher von schweren Krankheitsbildern Bedeutung, wenn verpilztes Futter verfüttert wird. Schimmelpilze können beim Einatmen von Staub aus verschimmeltem Futter Lungenentzündungen mit Abszessen verursachen.

Toxine

Toxine sind keine eigenständigen Erreger, sondern giftige Stoffwechselprodukte von Bakterien und Pilzen, die bei Mensch und Tier oft schwere Krankheiten auslösen können. So ist der Botulismus (Toxine von *Clostridium botulinum*) als Auslöser von Lebensmittelvergiftungen beim Menschen sowie von futtermittelbedingten Vergiftungsfällen bei Pferd und Rind oder als Ursache von Wasservogelsterben gefürchtet. Mykotoxine entstehen in feuchteren Erntejahren durch den Befall von z. B. Mais oder Hafer mit Feldpilzen (Fusarien-Arten) und verursachen bei Verfütterung u. a. Leberschäden und Fruchtbarkeitsstörungen. Clostridien-Toxine sind seit Langem besonders in der Schafhaltung bekannt, wo es gehäuft im Herbst zu Durchfällen und Verendensfällen kommt. Auch Tetanus oder Rauschbrand werden durch Clostridienarten verursacht, wo im Krankheitsgeschehen Toxine eine große Rolle spielen. Jüngeren Datums sind die Probleme mit Lebensmittelvergiftungen durch Toxine von aggressiven Colibakterien (VTEC, STEC, EHEC), die beim Menschen schwere Krankheitsbilder, wie blutigen Durchfall und Nierenversagen oder auch Todesfälle verursachen können. Wiederkäuer sind das Hauptreservoir dieser Bakterien, sie zeigen aber selbst keinerlei Krankheitserscheinungen.

Verdorbene Futtermittel können durch hohe Toxingehalte schwere Krankheiten oder Unfruchtbarkeit hervorrufen. Fotos: Armin Deutz

Tiergesund-heitsdienst

Seit über 30 Jahren gibt es in Österreich schon Bestrebungen zur intensiven Bestandesbetreuung sowie zur Zusammenarbeit von Betreuungstierärzten und Landwirten im Rahmen des Tiergesundheitsdienstes. Auch die Einbindung des Landwirtes in die Behandlung seiner Nutztiere ist arzneimittelrechtlich nur innerhalb eines solchen Betreuungsverhältnisses möglich.

In der Nutztierhaltung ist der Tiergesundheitsdienst (TGD) von großer Bedeutung, um eventuelle Krankheitsausbrüche bereits im Vorfeld zu verhindern und eine hohe Lebensmittelqualität sicherzustellen. Er stellt Vorbeugung vor die „Reparaturmedizin" bei bereits erkrankten Tieren. Solche Maßnahmen sind systematische Untersuchungen und Diagnostik sowie die Nutzung von Betriebs- und Leistungsdaten. Die Betreuung von wertvollen Tierbeständen erfordert von den Betreuungstierärzten eine Gesamtsicht über die betrieblichen Abläufe im Nutztierbestand, aber auch Spezialwissen, den Einsatz EDV-gestützter Herdenbetreuungsprogramme und den Zugang zu Datennetzen. Ziel des Tiergesundheitsdienstes ist auch die Minimierung des Arzneimitteleinsatzes und damit eine Steigerung der Lebensmittelqualität und -sicherheit. Die Anwendung von Arzneimitteln wird im Tiergesundheitsdienst daher laufend evaluiert und von unabhängigen Stellen kontrolliert. Dieser Dienst steht damit für größtmögliche Sicherheit und Transparenz in der Produktion von Lebensmitteln tierischer Herkunft und somit im Dienst des Konsumentenschutzes! Im Jahr 2024 erfolgte eine Novellierung des Tierarzneimittelgesetzes mit noch strengeren Regeln für den Einsatz von Antibiotika.

Erfolgsfaktor Zusammenarbeit

Der Tiergesundheitsdienst ist als Verein organisiert und versteht sich als Partner für die Zusammenarbeit zwischen Tierhaltern und Tierärzten durch vertragliche Regelungen. In Zeiten niedriger Erzeugerpreise und hoher Marktkonkurrenz bemüht sich der

Tiergesundheitsdienst um die Verringerung gesundheitlicher Probleme in den heimischen Nutztierbeständen durch die Einhaltung hoher Qualitäts- und Tierschutzstandards und ermöglicht damit eine wirtschaftliche Erzeugung wertvoller Lebensmittel. Die Grundlage der Zusammenarbeit ist die österreichweite Tiergesundheitsdienst-Verordnung zum Tierarzneimittelgesetz, die die Zusammenarbeit zwischen Betreuungstierarzt und Landwirt regelt. Betriebserhebungen, Arzneimitteleinsatz, Dokumentation, Aus- und Weiterbildung, Kontrollen und Sanktionen sind einige Bereiche dieses Regelwerkes.

Landwirt und Tierarzt arbeiten zusammen.
Foto: Gerolf Giselbrecht

Aus-und Weiterbildung

Neben den TGD-Grundkursen sind auch Weiterbildungsmaßnahmen vorgeschrieben. Um ein Mindestmaß an Weiterbildung zu garantieren, haben alle teilnehmenden Tierhalter und Tierärzte Weiterbildungskurse oder Fachtagungen zu absolvieren. Grundkurse und aktuelle Weiterbildungsveranstaltungen für Landwirte werden in Zusammenarbeit mit den Ländlichen Fortbildungsinstituten (LFI) organisiert und regional angeboten. Sie sind unter www.lfi.at abrufbar.

Die Betriebserhebung

Das zentrale Element der Zusammenarbeit im Tiergesundheitsdienst ist die Durchführung regelmäßiger Betriebserhebungen. Der Termin wird vom Betreuungstierarzt rechtzeitig bekanntgegeben und wird in Form eines intensiven Beratungsgespräches durchgeführt. Die Anzahl pro Jahr ergibt sich dabei aus der Bestandesgröße und die Ersterhebung ist spätestens 8 Wochen nach dem Beitritt zum TGD durchzuführen. Andere Nutztierarten können mit betreut werden. Abweichungen in der Tierhaltung und Fütterung, Stallklima, Hygiene, Aus- und Weiterbildung, Dokumentationen, Arzneimittelanwendung und Tierschutz sowie bei Krankheiten und Gesundheitsprogrammen werden festgehalten und eine Frist zu deren Behebung gemeinsam festgelegt. Die dabei zu führenden Aufzeichnungen sind am Hof bzw. beim Tierarzt abzulegen (Betriebserhebungsprotokoll) bzw. von ihm an die TGD-Geschäftsstelle zu übermitteln (Betriebserhebungsdeckblatt) und dienen dem Nachweis und der Einhaltung der hohen Produktions- und Qualitätsstandards.

Einbindung in die Arzneimittelanwendung, Kontrollen und Sanktionen

Die Einbindung des Tierhalters in die Anwendung von Arzneimitteln bei Nutztieren ist nach erfolgter Ausbildung bei Nachbehandlungen sowie prophylaktischen und metaphylaktischen Maßnahmen möglich. Dabei hat der Betreuungstierarzt den Betrieb zu besuchen, die Diagnose zu stellen und die therapeutischen Maßnahmen festzulegen. Die Verantwortung für die Abgabe von Arzneimitteln liegt beim Tierarzt, der dies auch dokumentieren und den Therapieerfolg kontrollieren muss. Der Tierhalter hat die Medikamente vorschriftsmäßig und hygienisch einwandfrei zu lagern, nach den tierärztlichen Anweisungen einzusetzen und im Behandlungsregister zu dokumentieren. Nicht verbrauchte Arzneimittel sind nachweislich zurückzugeben.

Tierhalter, die spezielle Arzneimittel im Rahmen von Tiergesundheitsprogrammen einsetzen oder Fütterungsarzneimittel herstellen, sind beim TGD zu registrieren und an die Behörde zu melden. Sonderbestimmungen gibt es für so genannte Managementpräparate und Impfstoffe.

Mit diesen Vorgaben werden – unter Einbeziehung von externen und internen Kontrollergebnissen – die Rechtssicherheit und die Transparenz für alle Beteiligten im Sinne eines bestmöglichen Tier- und Konsumentenschutzes erreicht. Im Falle von Abweichungen sind genau beschriebene Maßnahmen von der Mängelbehebung bis zum Ausschluss durch die Geschäftsstelle umzusetzen.

Laufende Aktivitäten

Die TGD-Landesstellen sind ständig bemüht, als Dienstleister für ihre Teilnehmer zu wirken. Eine hohe Priorität haben die fachspezifischen Weiterbildungen, um die Bedeutung und den Nutzen einer TGD-Mitgliedschaft verständlich zu machen. Weiters steht die Umsetzung von geförderten TGD-Bundes- und Landesprogrammen sowie von Projekten im Mittelpunkt der täglichen Arbeit, um gezielt auf auftretende Gesundheitsprobleme und deren Verlauf reagieren zu können oder um sich einen Überblick über mögliche Entwicklungen zu verschaffen.

Schwerpunkte sind derzeit die Überwachung und Beherrschung einiger Infektionskrankheiten und Parasitosen bei Schwein und Rind, die Sanierung bei Stoffwechsel-, Euter- und Fruchtbarkeitsstörungen des Rindes, die Fortführung des Gesundheitsmonitorings beim Rind, die Ausarbeitung neuer Angebote für Schaf- und Ziegenhalter, Farmwildhalter, Bienenzüchter und Teichwirte sowie der Aufbau eines Qualitätsmanagementsystems in den Geschäftsstellen.

TGD-Programm: Gesundheitsmonitoring beim Rind

Spezialprogramme werden vom TGD dort angeboten, wo eine spezifische und geplante Vorgangsweise zur Verhinderung oder Sanierung eines gesundheitlichen Schadens notwendig ist. Das neue TGD-Programm Gesundheitsmonitoring Rind (GMON) ermöglicht die Evaluierung der Gesundheitssituation des Rinderbestandes durch die Berechnung von Diagnosehäufigkeiten im zeitlichen Verlauf sowie im Vergleich zu den durchschnittlichen Diagnosehäufigkeiten in Rinderbeständen eines Bezirkes/einer Region und des Bundeslandes.

Die Datengrundlage für die Berechnung der Diagnosehäufigkeiten wird mit den vom Betreuungstierarzt erhobenen Diagnosen bei Arzneimittelanwendung am Abgabebeleg erstellt. Die Diagnosen werden durch den Tierarzt codiert, an die Datenbank des österreichweiten Rinderdatenverbundes weitergeleitet, dort verarbeitet und die Datenauswertungen den teilnehmenden TGD-Betrieben bzw. nach Zustimmung auch den TGD-Tierärzten elektronisch für die Unterstützung bei den Betriebserhebungen zur Verfügung gestellt.

Voraussetzungen für die Teilnahme eines TGD-Betriebes:

- Meldung der Teilnahme beim TGD
- Mitgliedschaft beim Landeskontrollverband (LKV)
- Zustimmungserklärung zur Erfassung, Speicherung und Verarbeitung von Diagnosedaten und zur Datenweitergabe im Rahmen des TGD-Programmes; Die Zustimmung wird vom Betreuungstierarzt mit der Anmeldung zur Programmteilnahme eingeholt und an den LKV weitergeleitet, der die Informationen in der Datenbank einspeichert.

Die Zukunft: Innovative Bestandsbetreuung

Aufbauend auf den Spezialprogrammen, den Erfolgen des GMON sowie den modernen Diagnosetechniken und Therapiekonzepten gibt es heute im Bereich des TGD viele Angebote zur Sanierung von Problembetrieben. Andererseits steigt in gesunden Beständen – bedingt durch die größer werdenden Strukturen und höheren Leistungen – das Interesse an der vorbeugenden, systematischen tierärztlichen Betreuung in Rinder-, Schaf- und Ziegenbetrieben.

Beratungsgespräch zwischen Tierarzt und Landwirt
Foto: Walter Obritzhauser

Prävention bedeutet, den Ausbruch einer Krankheit abzuwenden und damit Leben zu retten sowie Schmerzen, Leiden und Schäden zu verhindern. Die Kosten fallen zwar in der Gegenwart an, der Nutzen daraus zeigt sich jedoch in der Zukunft und steht dabei in guter Relation zu den Kosten im Erkrankungsfall. Präventives Handeln verhindert viele Krankheitsfälle und schützt vor der Ausbreitung von Krankheiten, wobei bereits der Feststellung von subklinischen Stoffwechsel-, Fruchtbarkeits- und Euterkrankheiten begegnet wird. Ähnlich der Gesundenuntersuchung beim Menschen gilt auch bei den Nutztieren: Je früher die Ursachen einer potentiellen Gesundheitsstörung erkannt werden, umso leichter (und günstiger) können Maßnahmen gesetzt werden. Voraussetzungen sind die laufende Erhebung und Auswertung von Gesundheitsdaten mit einer präventiven Diagnostik und die rechtzeitige Sanierung bei Abweichungen noch vor einem teuren Krankheitsausbruch. Dies ist ein bedeutender Beitrag zur Erhöhung des Gesundheitsniveaus und der Wirtschaftlichkeit sowie zur Senkung der Krankheitskosten und des Einsatzes von Medikamenten bei unseren Nutztieren.

Die Tiergesundheitsdienste in den Bundesländern sind Mitglied im amtlich anerkannten Österreichischen Tiergesundheitsdienst. Informationen über den Tiergesundheitsdienst erhalten Sie über ihren Betreuungstierarzt sowie unter unter: www.tgd.at

Moderne Haltungsbedingungen mit viel Licht, Frischluft und viel Bewegungsfreiheit sind die Grundvoraussetzungen für einen gesunden Tierbestand.

Foto: Johann Gasteiner

Zoonosen und Arbeitsschutz

Zoonosen sind „Krankheiten und/oder Infektionen, die auf natürlichem Weg direkt oder indirekt zwischen Tieren und Menschen übertragen werden". Berufsgruppen, wie Landwirte, Tierärzte oder Fleischhauer, haben täglich das Risiko von Infektionen und sollten deshalb über Infektionsmöglichkeiten und wirksame Schutzmaßnahmen Bescheid wissen.

Viele Infektionen können direkt durch Tierkontakte auf den Menschen übergehen, wie Tollwut, Tuberkulose oder Brucellose (Bang'sche Krankheit). Andere Zoonosen sind über rohe Lebensmittel, unzureichend gegarte Speisen oder verunreinigtes Trinkwasser übertragbar. Heute sind rund 850 zwischen Mensch und Tier wechselseitig übertragbare Krankheitserreger bekannt. Zusätzlich sind rund 75 % aller neu entdeckten Erreger zugleich Zoonoseerreger.

Weltweite Zunahme von Zoonosen

In den letzten Jahren nahmen Zoonosen weltweit hauptsächlich aus folgenden Gründen zu:

- Liberalisierung des internationalen Tier- und Lebensmittelverkehrs,
- neue Haltungs- und Fütterungstechniken (z. B. Freilandhaltung, Tiermehlfütterung),
- „Massentierhaltung" ermöglicht Erregern zahlreiche Tierpassagen,
- expandierender Tourismus (Kontakt vollkommen Ungeschützter mit fremden Erregern),
- Hygienemängel in der Lebensmittelerzeugung und -zubereitung,
- Überbevölkerung in Entwicklungsländern mit großen Hygieneproblemen (Wasser!),
- Zunahme streunender Tiere, (illegale) Mitnahme von Tieren aus Urlaubsländern,
- Klimawandel (begünstigt viele Erreger und Zwischenwirte bzw. Vektoren wie Stechmücken und Zecken),
- legale oder illegale Importe exotischer Tiere.

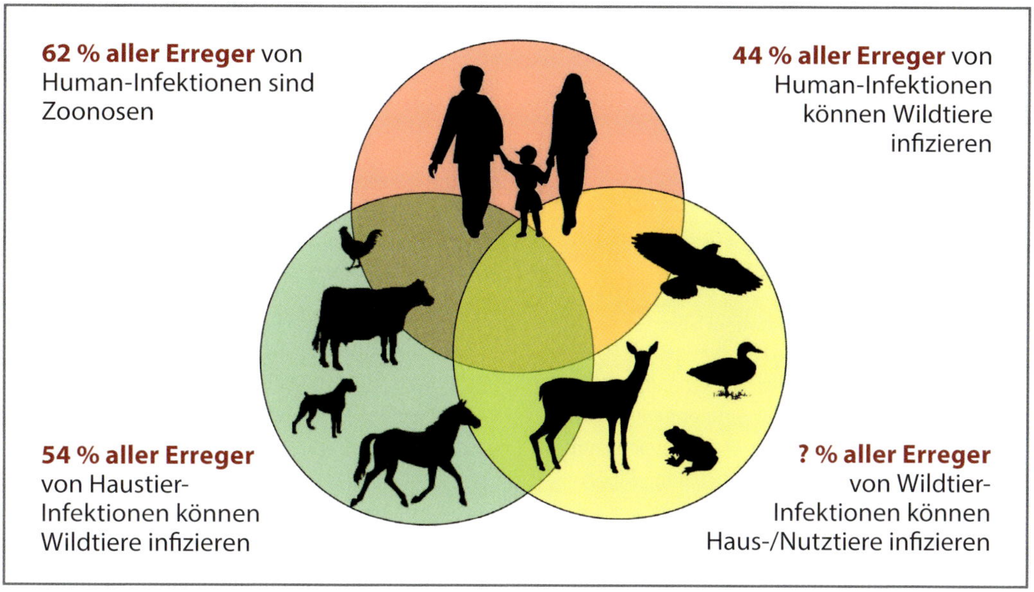

Grafik: Peter Wagner, 2010

Zahlreiche Infektionskrankheiten sind wechselweise zwischen Tieren und Menschen übertragbar.

Zusätzlich ist die mögliche Verwendung einiger Erreger (Milzbrand, Hasenpest, Pocken) als Biowaffen oder für terroristische Anschläge in Erwägung zu ziehen.

Kontaktzoonosen sind Infektionskrankheiten des Menschen durch Tierkontakte. Das Wissen von Tierhaltern über die Möglichkeit der Krankheitsübertragung von Tieren auf den Menschen ist gering. So kannten in einer in den USA durchgeführten Umfrage lediglich 63 % der Befragten Zoonosen, die meisten davon nur Tollwut.

Ebenso sind weder Tierärzten noch weiteren gefährdeten Berufsgruppen (Landwirte, Schlachthofpersonal, Jäger usw.) die breite Palette von Infektionsmöglichkeiten sowie alle geeigneten Vorbeugungsmaßnahmen bewusst. So konnte beispielsweise für Tierärzte, die beim Rind Nachgeburtsabnahmen ohne Schutzhandschuhe durchführen, ein um 4-fach erhöhtes Risiko für den Erwerb von Q-Fieber (Infektion mit *Coxiella burnetii*) nachgewiesen werden.

Unter **Lebensmittelinfektionen** versteht man Krankheiten, die nach dem Genuss von Lebensmitteln oder Wasser durch Mikroorganismen ausgelöst werden und die Durchfälle oder andere Krankheiten, wie Brucellose, Hepatitis A und E, Listeriose oder Botulismus, verursachen. Zu den wichtigsten Erregern dieser Krankheiten zählen Salmonellen, Clostridien, *St. aureus*, *Campylobacter sp.*, Listerien, *E. coli*, Shigellen, Trichinen u. a. Auslösende Nahrungsmittel sind Fleisch und Fleischprodukte, Eier, Geflügel, Fisch, Kuchen, Milch und Milchprodukte oder kontaminierte pflanzliche Kost bzw. verunreinigtes Wasser. Rund 65 % der Foodborne Diseases werden durch Lebensmittel tierischer Herkunft verursacht. Die volkswirtschaftlichen Kosten für diese Art der Erkrankungen liegen allein in den USA bei geschätzten 6 Milliarden €/Jahr.

„Neue Zoonosen"

Allein in den letzten Jahren wurde eine Reihe neuer, meist viraler Zoonosen beschrieben, die zum Teil unter Symptomen eines hämorrhagischen Fiebers (z. B. Ebola- und Hantaviren, West-Nil-Virus, Schweine- und Geflügelgrippe, Hepatitis E) zu schweren Krankheiten mit oft tödlichem Ausgang führen.

Zoonosen in der Rinderhaltung

Wichtige in Mitteleuropa vorkommende Zoonosen beim Rind:

- **Bakterielle Zoonosen**: Borreliose, Brucellose (Bang'sche Krankheit), Campylobacteriose, Leptospirose, Milzbrand, Q-Fieber, Chlamydiose, Salmonellose, Tuberkulose
- **Pilzinfektionen**: Trichophytie
- **Parasitäre Zoonosen**: Babesiose (Blutharnen), Fasziolose (Großer Leberegel), Kryptosporidiose, Zystizerkose (Rinderbandwurm)
- **Virale Zoonosen**: Frühsommermeningoenzephalitis, Melkerknoten, *Stomatitis papulosa* (Parapockenviren), Metzgerpapilom, Rindergrippekomplex (Adeno- und Parainfluenza-3, RSV ...)
- **Zoonoseerreger in Rohmilch**: *Staphylococcus aureus, Streptococcus pyogenes, S. agalactiae, Coxiella burnetii, E. coli, Salmonella ssp., Yersinia enterocolitica, Campylobacter jejuni, Listeria monocytogenes, Brucella ssp.,* Mykobakterien *usw.*

Bakterielle Zoonosen

Von der Vielzahl bakterieller Zoonosen sind im Zusammenhang mit der Rinderpraxis in unseren Breiten folgende von Bedeutung: Q-Fieber, Chlamydiose, Leptospirose und Borreliose. Daneben muss mit dem Ausbruch längst erloschener Tierseuchen, wie z. B. Milzbrand, Tuberkulose oder Brucellose, gerechnet werden. Diese Tierseuchen wurden jahrzehntelang hauptsächlich wegen ihrer Übertragbarkeit auf den Menschen bekämpft. Die großen Erfolge in Europa zeugen von einer konsequenten Tierseuchenbekämpfung sowie von strengen Importbestimmungen in der Vergangenheit. In der Umstellung auf den freien Warenverkehr innerhalb der europäischen Gemeinschaft mit dem Ersatz tierärztlicher Grenzkontrollen durch Kontrollen des Herkunftsbestandes und stichprobenweisen Kontrollen am Transport bzw. am Bestimmungsort ist in der nationalen Überwachung darauf zu achten, dass dieser mühsam und teuer erworbene günstige Seuchenstatus Österreichs erhalten bleibt.

Ein Risiko von Neuausbrüchen von **Milzbrand** geht hauptsächlich von alten Verscharrungsplätzen, Wasenmeistereien und Gerbereistandorten aus, daneben ist auch die Einschleppung über importierte Tierfelle, -haare und Knochen möglich. In den „alten Bundesländern" der BRD erkrankten von 1962–1980 113 Menschen an Milzbrand, wobei es sich seit 1968 um max. 1–5 Fälle/Jahr handelt und auch nur mehr Hautmilzbrand und nicht Darm- oder Lungenmilzbrand nachgewiesen wurde. Im Dezember 2005 erkrankte ein Landwirt in Südtirol, nachdem er akut erkrankte Rinder ohne Schlachttieruntersuchung selbst schlachtete.

Die erfolgreiche Seuchenbekämpfung konnte die **Rinderbrucellose** in Europa nahezu vollständig zurückdrängen, sie ist aber in Mittel- und Südamerika und in einigen Ländern Afrikas noch immer eine der wichtigs-

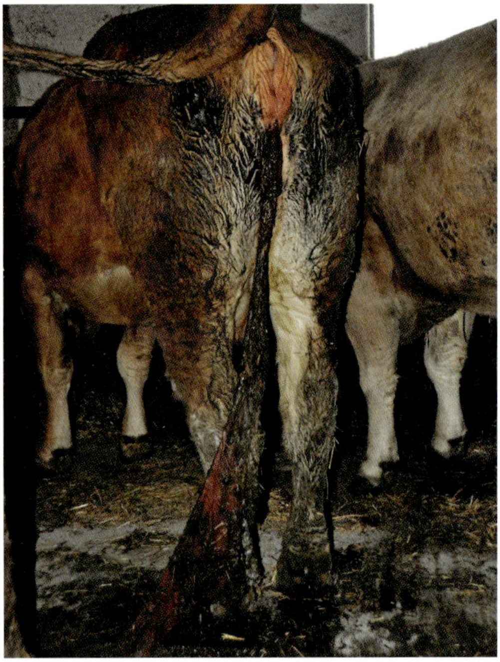

Risikofaktoren: Geburtshilfe und Nachgeburtsabnahme Foto: Walter Obritzhauser

ten Zoonosen. Das Erkrankungsrisiko für Tierärzte durch *Brucella abortus* betrug früher in Deutschland rund 17 %.

In der Untersuchung von steirischen Tierärzten wurden bei 9 % der Tierärzte Antikörper gegen den Erreger von **Q-Fieber** (*Coxiella burnetii*) gefunden. Dem besonderen Risikofaktor „Nachgeburtsabnahme ohne Schutzhandschuhe" und der Geburtshilfe (besonders bei abgestorbenen Früchten!) sollte unbedingt durch die Verwendung von Schutzhandschuhen und die Einhaltung einer entsprechenden Arbeitshygiene begegnet werden.

Die **Borreliose** ist eine Zoonose, bei der Zecken als Vektoren zwischen den eigentlichen Erregerreservoiren, nämlich Nagetieren, Wild- und Haustieren, und dem Menschen fungieren. Bei Hunden, den exponiertesten Haustieren, sind vorwiegend Gelenksentzündungen beschrieben, Pferde können Lahmheiten zeigen, von Rindern sind ebenfalls Lahmheiten und Abortusfälle bekannt. Bei Rindern konnte der Erreger *Borrelia burgdorferi* in Milch und Urin nachgewiesen werden. Beim Menschen zeichnet sich die Borreliose durch ein sehr variables Symptombild aus, sie hat damit mittlerweile die Syphilis in der Rolle als *„Chamäleon unter den Infektionskrankheiten"* abgelöst. In rund 70 % der Fälle ist im Anfangsstadium um den Zeckenbiss eine typische runde Hautrötung zu beobachten, auf die unbedingt reagiert werden sollte.

Pilzinfektionen

Eine der wohl häufigsten Zoonosen vom Rind in unseren Breiten stellt die Trichophytie, eine durch Pilze (*Trichophyton verrucosum*) hervorgerufene ansteckende Infektion der oberen Hautschichten, Haarwurzeln und Haarschäfte dar. Die Trichophytie verursacht beim Rind charakteristische runde haarlose Hautveränderungen mit asbestartig-krustösen oder schuppenden Belägen vorwiegend an Kopf und Hals. In einer Erhebung, die 67 österreichische Praxisgebiete umfasste, wurden rund 400 Humanfälle erhoben und der Anteil Rinderbestände mit Trichophytie auf 10 % geschätzt, wobei Betriebe mit ganzjähriger Stallhaltung überwogen. Wegen der bekannten Selbstheilungstendenz wird diese überwiegende Jungtierkrankheit nicht oder unzureichend therapiert. Neben den Hautschäden und Leistungseinbußen beim Rind müsste die Infektionsgefahr für den Menschen – insbesondere für Kinder – ausreichend Grund für eine Prophylaxe und Therapie sein. Beim Menschen, der wesentlich schwerer als das Rind erkranken kann, unterscheidet man zwischen einer „oberflächlichen" und einer „tiefen" Trichophytie. Die mildere oberflächliche Trichophytie verläuft anfänglich als meist kreisrunde Hautentzündung mit Verkrustung und Schuppenbildung. Bei der tiefen Trichophytie kommt es beim Menschen zu heftigen, bis in die Unterhaut reichenden Entzündungen mit der Ausbildung abszedierender, schmerzhafter und knotig-tumoröser Entzündungsherde, die häufig von Schwellung der regionären Lymphknoten, Fieber und Abgeschlagenheit begleitet werden. Besonders bei der

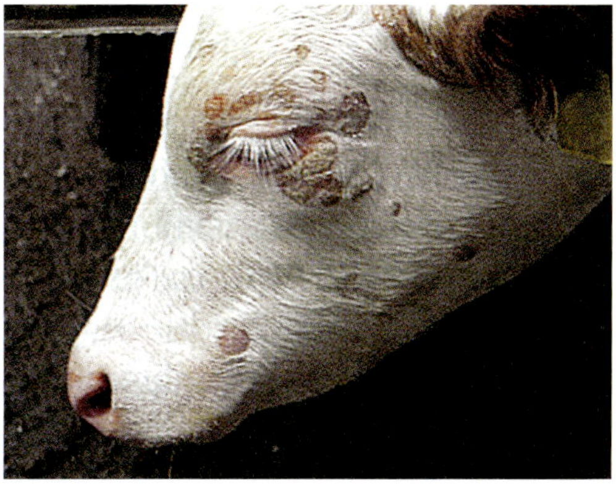

Von Trichophytie sind meist Jungtiere während des Winters betroffen. Foto: Walter Obritzhauser

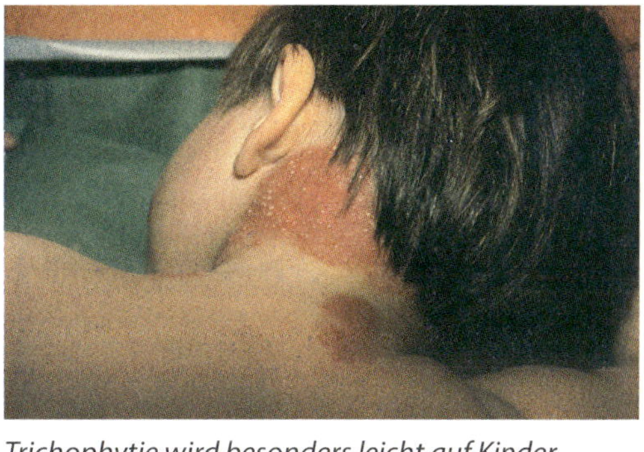

Trichophytie wird besonders leicht auf Kinder übertragen. Foto: Archiv Armin Deutz

Trichophytie ist die Verantwortung der Tierärzte und Landwirte im Zusammenhang mit dem Infektionsrisiko besonders für Kinder sehr hoch.

Parasitäre Zoonosen

Diese sind im Zusammenhang mit dem Rind in Mitteleuropa von untergeordneter Bedeutung. Für den **Rinderbandwurm** *Taenia saginata* ist der Mensch der einzige Endwirt, wobei er durch den Parasitismus kaum einen Schaden erleidet. Die in Österreich seit 1852 vorgeschriebene Schlachttier- und Fleischuntersuchung verhindert heute weitgehend, dass finniges Rind- oder Schweinefleisch (Schweinebandwurm *Taenia solium*) in Verkehr gelangt. Dennoch werden in Österreich alljährliche Fälle von *T. saginata* oder *T. solium* bei In- und Ausländern diagnostiziert. *T. saginata* kann im Menschen solitär als 4–12 m langer Bandwurm 30–40 Jahre parasitieren. Weltweit rechnet man mit ca. 40 Million *T. saginata*-Trägern. Bei Auslandsaufenthalten in hochendemischen Gebieten (z. B. Ostafrika) ist das Übertragungsrisiko durch die Aufnahme von unzureichend gegartem Rindfleisch beträchtlich.

Infektionen mit dem **Großen Leberegel** treten beim Menschen selten auf. Insgesamt wurden in der Abteilung für Med. Parasitologie des Klinischen Institutes für Hygiene der Universität Wien in 40 Jahren 13 klinische Fälle von Fasziolose beim Menschen registriert. Als Infektionskrankheit für den Menschen kommen hauptsächlich mit Metazerkarien kontaminierte Salate, Brunnenkresse und Fallobst und nicht der direkte Tierkontakt in Frage.

Virale Zoonose

Aus der Vielzahl viraler Zoonosen sollen im Zusammenhang mit der Rinderpraxis nur auf die Melkerknoten (Parapockenviren), die *Stomatitis papulosa* (Parapockenviren), das Metzgerpapillom (Papillomavirus 7) sowie den Rindergrippekomplex exemplarisch eingegangen werden.

Euterpocken vom Rind manifestieren sich beim Menschen nach Erregerübertragung in Form der **Melkerknoten**. Nach einer Kontaktinfektion treten an den Händen Bläschen und Papeln auf, wobei teilweise die Achsellymphknoten mit reagieren. Selten treten Veränderungen auch an den Unterarmen oder am übrigen Körper auf. Bei Ausbleiben einer Sekundärinfektion bilden sich die Hautentzündungen innerhalb einiger Wochen ohne Narbenbildung zurück.

Stomatitis papulosa, eine Entzündung der Maulschleimhaut des Rindes, die meist ohne Störung des Allgemeinbefindens abläuft, kann beim Menschen den Melkerknoten ähnliche Hautveränderungen hervorrufen. Die Infektion erfolgt über kleine Hautwunden, z. B. bei der Untersuchung der Maulhöhle von infizierten Rindern. Nach einer Inkubationszeit von 3–6 Tagen entstehen an den Händen Bläschen und warzenähnliche Knötchen, die sich nach 3–4 Wochen zurückbilden, wobei sie aber nach Monaten wieder auftreten können.

Bei einer ausschließlich bei Fleischhauern, Tierärzten und Landwirten angetroffenen Warzenform, dem „**Metzgerpapillom**", wird aus epidemiologischen Gründen an-

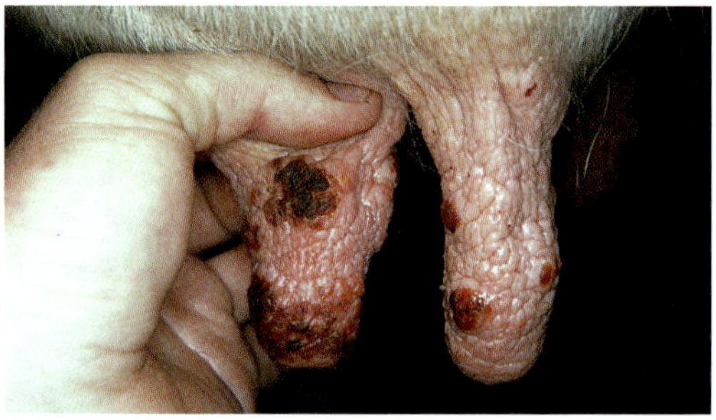

Euterpocken vom Rind können beim Menschen so genannte „Melkerknoten" verursachen.

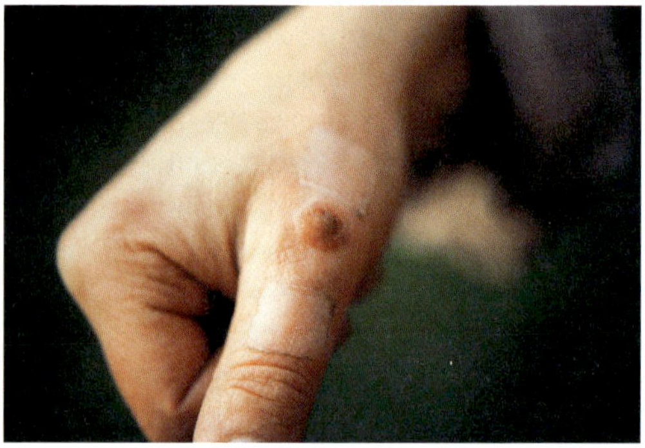

„Melkerknoten" beim Menschen sind unangenehm.

Fotos: Walter Obritzhauser

genommen, dass es sich um eine Zoonose handelt. Der Erreger, das menschliche Papillomvirus 7 (HPV 7), wurde in anderen Warzen oder bei anderen Berufsgruppen noch nie nachgewiesen. Bisher fehlt aber ein Erregernachweis vom Rind oder anderen Haustieren. Differentialdiagnostisch ist das Metzgerpapillom von durch andere Papillomviren hervorgerufene Warzen nicht zu unterscheiden. Weltweit kommen bei 35 % der Fleischhauer so genannte Metzgerpapillome vor.

Viele Landwirte und Tierärzte leiden während **Rinder- oder Schweinegrippeausbrüchen** selbst unter grippalen Infekten. In der serologischen Diagnostik ist es nicht immer möglich, Virusstämme menschlichen oder tierischen Ursprungs zu differenzieren. In der serologischen Untersuchung von steirischen Tierärzten auf Zoonosen fielen jedoch hohe Seroprävalenzen gegenüber Parainfluenza-3-Virus (95 %) und Respiratorisches Syncytialvirus (59 %) auf. Dies lässt auf eine sehr weite Verbreitung verschiedener „Grippeerreger" schließen, die wechselweise zwischen Tieren und Menschen übertragen werden. Im Zusammenhang mit Antikörperbefunden gegenüber dem Schweineinfluenza-Virus H1N1 bei Tierärzten (9 %) konnte ein signifikanter Zusammenhang mit der Ausübung der Schweinepraxis nachgewiesen werden.

Foto: Armin Deutz

Bei Missachtung der Euterhygiene können besonders über Rohmilch und Rohmilchprodukte Zoonoseerreger auf den Menschen übertragen werden.

Zoonoseerreger im Rinderkot

Das Vorkommen von humanpathogenen Keimen in Rinderkot ist sowohl aus fleischhygienischen als auch aus milchhygienischen Überlegungen von größtem Interesse für den Verbraucherschutz. Kontaminationen von Fleisch oder Rohmilch mit humanpathogenen Keimen sind eine potenzielle Infektionsquelle für Lebensmittelinfektionen wie Campylobacteriose, Salmonellose, VTEC-Infektionen (Verotoxinbildende *E. coli*), Yersiniosen und Listeriosen.

Nach einem Massenausbruch von Campylobacteriose in einem Jugendschülerheim wurden Stuhlproben erkrankter Kinder und Kotproben von Kühen des milchliefernden Betriebes untersucht und die Campylobacter-Stämme verglichen. Dieser Ausbruch, bei dem 38 von 64 Kindern an akuter Campylobacteriose erkrankten, konnte durch den Nachweis identer Campylobacter-Stämme in den Stuhlproben erkrankter Kinder und im Rinderkot aus Kühen eines milchliefernden Betriebes auf Rohmilchkonsum (Rohmilch in Müsli) zurückgeführt werden.

Die teilweise hohen Nachweisraten humanpathogener Keime in Rinderkot verlangen die Einhaltung hygienischer Maßnahmen in der Milch- und Fleischgewinnung. Rohmilchkonsum und Verzehr von unzureichend gegartem Rindfleisch stellen ein potenzielles Infektionsrisiko, besonders für empfindliche Personen (Kleinkinder, alte Menschen, Immungeschwächte), dar. Die Vermarktung von Rohmilch oder Rohmilchprodukten an Gemeinschaftsverpflegungen (Schulen, Kindergärten, Altersheime usw.) ist deshalb verboten.

Zoonosen bei Schaf und Ziege

Chlamydien als Erreger der **Ornithose/Psittakose** sind nicht nur bei 130 Vogelarten, sondern auch bei 32 Säugetierarten weltweit verbreitet. In unseren Breiten dürften neben Vögeln vornehmlich Rinder, Schafe und Ziegen, zunehmend aber auch Hunde und Katzen die bedeutendsten Reservoire darstellen. In Tirol wurden in einer serologischen Querschnittsuntersuchung bei 32 % der Schafe Antikörper gegen *Chlamydia psittaci* (nach neuer Nomenklatur *Chlamydiophila psittaci*) und *Ch. abortus* gefunden, in der Steiermark bei 6 %. Die Symptome beim Menschen sind recht variabel und werden oft nicht einer Psittakose/Ornithose zugeordnet. Sie reichen von leichten, grippeähnlichen Erkrankungen bis zu schweren Lungenentzündungen, Kopf-, Muskel- und Gelenksschmerzen sowie Lidbindehautentzündungen. Weiters sind Arbortusfälle bei Bäuerinnen und Tierärztinnen beschrieben. In einer blutserologischen Untersuchung steirischer Tierärzte wiesen 21 % der Probanden Antikörper gegen Chlamydien auf.

Auch *Coxiella burnetii,* der Erreger des **Q-Fiebers**, hat ein sehr breites Wirtsspektrum von Menschen über zahlreiche Säugetier- und Vogelspezies bis zu Zecken- und Insektenarten. Von den Haustieren sind hauptsächlich Wiederkäuer befallen. In Westösterreich reagierten 6 % der untersuchten Schafe seropositiv, in der Steiermark 1,5 %. Der häufigste Infektionsweg für den Menschen mit dem zugleich schwersten Krankheitsverlauf ist die Staub- und Tröpfcheninfektion (eingetrocknetes Nachgeburtssekret, Wollstaub, Zeckenkot usw.), wobei die Erreger im Staub bis zu 2 Jahre infektionsfähig bleiben. Im Jahre 2006 ereignete sich in Deutschland ein Massenausbruch mit Q-Fieber, hervorgerufen durch Schafe. Die Erkrankten (grippeähnliche Symptome, Lungenentzündung) waren überwiegend ältere Personen. Aufgrund der Erhebungen konnte ein eindeutiger Zusammenhang mit den auf einem Bauernmarkt ausgestellten Schafen hergestellt werden. Betroffen waren nur die Besucher, die den Bauernmarkt am 4. Mai aufsuchten, als eines der Tiere ablammte. Als besondere Risiken für eine Erkrankung an Q-Fieber wurden die Nähe zu den Schafen, das Berühren der Tiere und die Zeitdauer des Verweilens bei den Tieren erkannt. Die Studie mündet in konkrete Empfehlungen zur Vermeidung ähnlicher Ausbrüche. Danach sollten Tiere im letzten Trächtigkeitsdrittel nicht ausgestellt werden und das Ablammen soll in geschlossenen Ställen stattfinden.

Die **Infektiöse Keratokonjunktivitis** (IKK) ist die häufigste Augenerkrankung der Haus- und Wildwiederkäuer. An IKK, die beim Schaf weltweit vorkommt, erkranken auch Gams- („Gamsblindheit“), Stein- und Muffelwild. Obwohl das Krankheitsbild seit über 200 Jahren bekannt ist, gelang der Erregernachweis (*Mycoplasma conjunctivae*) bei Schaf und Ziege erst vor rund 30 Jahren und für Gams- und Steinwild erst in den letzten beiden Jahrzehnten. Die IKK konnte dann wiederholt bei kleinen Hauswiederkäuern experimentell reproduziert werden. Beim Schaf wurde neben *M. conjunctivae* auch für *Chlamydia psittaci* eine Pathogenität nachgewiesen.

Nach einer internationalen Schafausstellung Ende Jänner/Anfang Februar 2003 in einem anderen Bundesland traten in zwei steirischen Schafbetrieben, die an dieser Ausstellung mit insgesamt 7 Tieren teilnahmen, und in einem weiteren Kontaktbetrieb zahlreiche Fälle von IKK auf. Zwei Kinder aus einem dieser Betriebe erkrankten in unmittelbarem zeitlichem Zusammenhang ebenfalls an Lidbindehautentzündung. Aus Augentupfern war nach

Die Zeit des Ablammens birgt ein erhöhtes Infektionsrisiko.

Auch in Streichelzoos können Zoonoseerreger (wie EHEC!) übertragen werden. Fotos: Armin Deutz

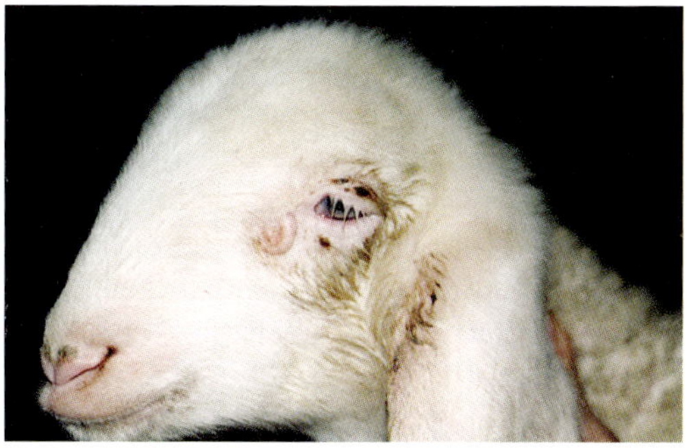

An IKK erkranktes Bergschaflamm – auch die IKK ist eine Zoonose! Foto: Josef Frei

erfolglosen Behandlungsversuchen *M. conjunctivae* vom selben Stamm wie bei den Schafen nachweisbar. Bisher existierten in der Literatur keine Hinweise, dass IKK auf Menschen übertragbar sei.

Die **Borreliose** ist eine Zoonose, bei der Zecken als Vektoren zwischen den eigentlichen Erregerreservoiren, nämlich Nagetieren, Wild- und Haustieren, fungieren. Bei Rindern konnte der Erreger *Borrelia burgdorferi* aus Milch und Urin nachgewiesen werden. Beim Menschen zeichnet sich die Borreliose durch ein sehr variables Symptomenbild aus, sie hat damit mittlerweile die Syphilis in der Rolle als „Chamäleon unter den Infektionskrankheiten" abgelöst. Nach einer lokalen Hautinfektion (*Erythema migrans*, „Wanderröte") kann es zu Gehirn- und Rückenmarksentzündungen, Gelenksentzündungen (Kniegelenk!), Herzmuskel- oder Augenentzündungen kommen. Als besonders gefährdete Personengruppen gelten Waldarbeiter, Jäger, Landwirte und Schäfer.

Die **Leptospirose** beim Menschen wird häufig nicht diagnostiziert. Die größten beruflichen Expositionen der Tierärzte liegen sicherlich in der Schweinehaltung und in der Arbeit in Schlachthöfen. Aber auch von Wiederkäuern können Infektionen ausgehen.

Österreich hat einen sehr günstigen Seuchenstatus, was die **Brucellosen** betrifft, in Südeuropa sind Infektionen von Schafen und Ziegen jedoch häufig. Neben der Infektionsgefahr über Rohmilch und Rohmilchprodukte stellen auch Tierkontakte ein Risiko dar.

Beispiel einer Schweinezoonose: Hepatitis E

Hepatitis E ist eine seit den 1990er-Jahren bekannte Krankheit, von der man ursprünglich annahm, dass sie auf Entwicklungsländer beschränkt sei. So traten Fälle vorwiegend in Zentral- und Südostasien, Nord- und Westafrika und Mexiko auf. Der Erreger ist das Hepatitis-E-Virus (HEV), das in der Umwelt recht widerstandsfähig ist. Neuere Untersuchungen ergaben, dass Hepatitis E bei Weitem nicht nur in Entwicklungsländern auftritt, sondern auch in Industrieländern immer häufiger vorkommt, wobei hier die Infektion häufig ohne auffällige klinische Erscheinungen verläuft. Die Erkrankung verläuft in der Regel moderat mit einer Letalitätsrate von 0,5–4 %. Bei Schwangeren, besonders am Ende der Schwangerschaft, werden jedoch auch schwere Verläufe mit einer Letalität von bis zu 25 % infolge akuten Leberversagens beobachtet. Hepatitis E hat eine Inkubationszeit von zumeist 30–40 Tagen und ist klinisch nicht von Hepatitis A zu unterscheiden. Als erste Beschwerden treten Appetitlosigkeit, Abneigung gegen bestimmte Nahrungsmittel, Übelkeit, Erbrechen, Juckreiz, Muskel-, Kopf- und Gelenksschmerzen sowie leichtes Fieber auf. In der zweiten Krankheitsphase können Symptome, wie Gelbsucht, heller bis lehmfarbiger Stuhl und dunkler Harn, hinzukommen. In der überwiegenden Zahl der Fälle tritt eine Genesung ohne Behandlung nach 2–3 Wochen ein, es gibt aber auch Krankheitsverläufe von bis zu 3 Monaten. Das Virus wird üblicherweise durch kontaminierte Gegenstände (wie Toilettenspülungen, Wasserhähne, Türgriffe usw.), Nahrung und Wasser, besonders unter unhygienischen Bedingungen sowie zur Regenzeit, übertragen. In einer Querschnittsuntersuchung in der Steiermark konnten hohe Antikörpertiter gegen das Hepatitis-E-Virus bei Schweinehaltern, Tierärzten und Schlachthofarbeitern nachgewiesen werden. Da ein Impfstoff gegen Hepatitis E erst klinisch getestet wird, sind hygienische Vorbeugungmaßnahmen im Umgang mit Tieren (besonders Schweinen), Lebensmitteln (inkl. Wasser) und Gegenständen des täglichen Bedarfes die einzige wirkungsvolle Prophylaxe.

Zoonosen von Hunden und Katzen

In einem Buch für Nutztierkrankheiten sollen Zoonosen der Kleintiere nur kurz erwähnt werden, da für einige davon auf landwirtschaftlichen Betrieben ein recht hohes Risiko herrscht. Besonders Kinder missachten im Umgang mit ihren Lieblingen häufig hygienische Grundregeln.

Ein überraschend hoher Prozentsatz von fast 50 % von in einer Querschnittsuntersuchung untersuchten Landwirtinnen und Landwirten wies Antikörper gegen den **Hunde-** bzw. **Katzenspulwurm** (*Toxocara canis* und *T. cati*) auf. Dieser Parasit entwickelt sich zwar im menschlichen Darm nicht mehr zu erwachsenen Parasiten, die jugendlichen Wanderlarven können jedoch in unterschiedlichsten Organen gesundheitliche Probleme beim Menschen hervorrufen. Neben Krankheitsbildern, die an Rheuma, Asthma oder Epilepsie erinnern, gibt es auch Infektionen des Auges mit Wanderlarven. Die Infektion des Menschen erfolgt durch orale Aufnahme der Eier aus Hunde-, Fuchs- oder Katzenkot (Schmutz- und Schmierinfektion). Im Dünndarm schlüpfen die Larven aus den Spulwurmeiern und gelangen über den Blut- oder Lymphweg sowie durch aktive Wanderung in die Leber, anschließend können sie über den Blutstrom in alle Organe des Menschen transportiert werden. Besonders junge Hunde und Katzen sind häufig Träger von Spulwürmern und scheiden bis über 50.000 Eier/g Kot aus. Spulwurmeier können in der Außenwelt bis zu 4 Jahre überleben und damit infektiös bleiben. In unseren Untersuchungen ergab sich für Landwirte gegenüber der Kontrollgruppe ein fast 39-faches Risiko für eine Spulwurminfektion. Für Tierärzte wurde ein 18-faches und für Jäger ein 9-faches Risiko errechnet. Der Grund für die stark unterschiedlichen Prävalenzen liegt mit hoher Wahrscheinlichkeit in der deutlich schlechteren Gesundheitsvorsorge (wie Entwurmungen) für Hunde und Katzen im ländlichen Raum. Besonders von den vielen, teilweise streunenden (Jung-)Katzen sowie einer durchschnittlich sehr hohen Katzendichte auf Bauernhöfen geht ein erhöhtes Infektionsrisiko aus. Auf landwirtschaftlichen Betrieben ergibt die hohe Anzahl frei gehaltener und zum Teil streunender (verwurmter) Katzen bzw. Hunde in Verbindung mit der hohen Überlebensfähigkeit der Eier also ein entsprechendes Risiko.

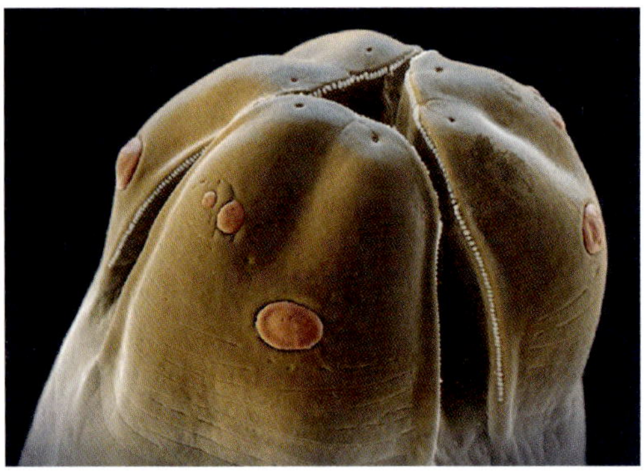

Kopfende eines Hundespulwurmes, rasterelektronenmikroskopische Aufnahme Foto: Fa. Bayer Tiergesundheit

Die Symptome der **Chlamydiose** – einer Infektion mit der Bakterienart *Chlamydia psittaci* – führt zu leichten, grippeähnlichen Erkrankungen bis zu akut-toxischen Krankheitsbildern mit hohem Fieber, schweren Lungenentzündungen, starken Kopfschmerzen, Muskel- und Gelenksschmerzen vorwiegend im Hals- und Rückenbereich und Lidbindehautentzündungen. In einer Untersuchung von steirischen Tierärzten waren 21 % seropositiv gegenüber diesem Erreger, hatten also zurückliegende Infektionen.

Die **Campylobacteriose** ist mit einer Inzidenz von rund 70 Fällen/100.000 Einwohnern die häufigste bakterielle Durchfallerkrankung beim Menschen in Österreich. Es ist davon auszugehen, dass unter diesen Fällen nicht nur Lebensmittelinfektionen waren, sondern dass rund 5 % der Fälle als Schmierinfektion von Hund oder Katze ihren Ausgang fanden. Hauptursache sind Lebensmittel tierischer Herkunft, wie rohes bzw. nicht ausreichend gegartes Geflügelfleisch, sowie kontaminierte Rohmilch oder kontaminiertes Trinkwasser. Zusätzlich ist aber eine direkte Übertragung auf den Menschen durch Tiere, vor allem junge Hunde und Katzen, insbesondere wenn diese Durchfallsymptome aufweisen, möglich. Es wird übrigens auch geschätzt, dass rund 10 % aller menschlichen **Salmonellosen** auf einen direkten Kontakt mit Salmonellen ausscheidenden Heimtieren, insbesondere Reptilien

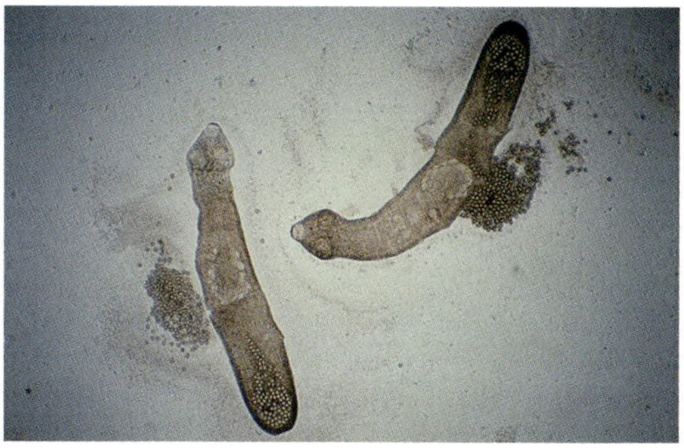

Foto: Friedrich Hinterdorfer

Der so genannte „Fuchsbandwurm" kann auch beim Hund und seltener bei der Katze vorkommen.

(Schildkröten!) sowie gelegentlich auch auf Hunde und Katzen, zurückzuführen sind.

Die Alveoläre Echinokokkose, also eine Infektion mit dem so genannten **„Fuchsbandwurm"** (*Echinococcus multilocularis*), kann auch von Hunden oder Katzen ausgehen. Es können bis 1,8 % der Katzen (im süddeutschen Raum sogar bis zu 45 %) und 1–6 % der Hunde eiproduzierende Stadien des „Fuchsbandwurmes" ausscheiden. Sowohl Hunde als auch Katzen infizieren sich durch das Fressen von Mäusen. Hunde, die gerne Mäuse fangen, sind in diesem Zusammenhang ein großes Risiko, sofern sie nicht regelmäßig mit einem bandwurmwirksamen Mittel entwurmt werden. Auch die Zystische Echinokokkose, eine Infektion mit dem so genannten **„Hundebandwurm"** (*E. granulosus*), kommt beim Hund mittlerweile in Mitteleuropa häufiger vor, nachdem sie früher eher im Mittelmeerraum verbreitet war. Bei drei von zehn serologisch positiven Landwirten mit Antikörpertitern gegenüber Fuchs- bzw. Hundebandwurm *E. multilocularis* bzw. *E. granulosus* wurden im Zuge der Nachuntersuchungen jeweils 3–5 Leberzysten nachgewiesen.

Neben Rindern sind Hunde- und Katzenkontakte häufig Ursachen von Hautpilzinfektionen mit unterschiedlichen Hautpilzarten.

Bissverletzungen durch Tiere

Für Deutschland werden rund 35.000 Bissverletzungen an Menschen pro Jahr, verursacht durch Tiere, vermutet und es ist davon auszugehen, dass die Dunkelziffer, aufgrund von Bagatellverletzungen, erheblich höher sein wird. Den größten Anteil haben mit 70–90 % Hundebisse, gefolgt von Katzenbissen mit 3–15 %. Neben den dabei zugefügten Verletzungen bergen Bisse ein hohes Risiko hinsichtlich bakterieller Wundinfektionen, die in den meisten Fällen durch die Maulflora des jeweiligen Tieres übertragen werden. Die Infektionsgefahr nach Katzenbissen liegt über 50 %, nach Hundebissen bei 15–20 %. Aus Bissverletzungen am häufigsten nachgewiesene Keime sind Pasteurellen, Strepto- und Staphylokokken, Wundinfektionen werden dann häufig als „Rotlauf" angesprochen. Bei Hundebissen werden Kratz-, Ausriss-, Durchbiss- oder Quetschwunden unterschieden. Bei Durchbiss- und Quetschwunden ist das Infektionsrisiko mit ca. 40 % am größten, besonders infektionsgefährdet sind tiefe oder verschmutzte Wunden oder Wunden mit massiven Quetschungen (dadurch Minderdurchblutung!). Rund 80 % aller Wunden bei Gebissenen, die erst 8 Stunden oder später nach dem Biss zum Arzt kommen, enthalten potentiell pathogene Bakterien. Dennoch kommt es „nur" bei ca. 15–20 % der Hundebissverletzungen zu klinischen Infektionen.

Da Katzenzähne sehr spitz, scharf und „kleinkalibrig" sind, kann es einerseits leicht zu Punktionen von Gelenken oder Periost bzw. Knochen kommen und andererseits verkleben die oberflächlichen Wundränder rasch. Daher

Durch Hunde- und Katzenbisse können schwerwiegende Infektionen auftreten. Foto: Ursula Deutz

sind Komplikationen nach Katzenbissen häufiger als nach Hundebissen. Wundinfektionen mit Pasteurellen werden nach Katzenbissen noch häufiger nachgewiesen als nach Hundebissen. Darüber hinaus konnte neben einer Reihe weiterer Bakterien auch *Bartonella henselae* – Erreger der Katzenkratzkrankheit – in Katzenbisswunden nachgewiesen werden. Diese Infektion führt zu sehr schmerzhaften Lymphknotenentzündungen.

Bisswunden durch Hunde und Katzen, aber auch z. B. durch Schweine sind Verletzungen, welche von Gebissenen häufig bagatellisiert werden. Ärztliche Hilfe wird oft erst dann gesucht, wenn bereits ein massives Infektionsgeschehen vorliegt. Tierärzte sollten Tierhalter soweit informieren, dass jede Bisswunde durch Tiere ernst genommen werden muss. Diese Warnung gilt auch für unscheinbare Katzenbisse, da in diesem Fall die Wundkanäle sich leicht schließen und in der Tiefe Anaerobierinfektionen entstehen können.

Tierärzte haben Meldepflicht

Nach dem Epidemiegesetz sind u. a. Tierärzte zur Meldung verpflichtet bei Milzbrand, Psittakose, Rotz, Puerperalfieber, Wutkrankheit und Bissverletzungen durch wutkranke oder wutverdächtige Tiere, Tularämie, Bang'scher Krankheit (Brucellose), Trichinose, Leptospirose, Tuberkulose, hervorgerufen durch *M. bovis*, und Vogelgrippe, wenn sie in Ausübung ihres Berufes von der erfolgten Infektion eines Menschen oder dem Verdacht einer solchen Kenntnis erlangen.

Vorbeugungsmaßnahmen beachten

Zusammenfassend sind aus veterinärmedizinischer Sicht hinsichtlich Zoonosen folgende Aspekte zu berücksichtigen und entsprechende Vorsichtsmaßnahmen zu empfehlen: Als allgemeine Vorsichtsmaßnahmen gelten die Einhaltung hygienischer Grundsätze beim Umgang mit Tieren und Lebensmitteln tierischer Herkunft, der Verzicht auf nicht durchgegartes Fleisch und Rohmilch (z. B. Roh- und Metwürste, Rohschinken), Vorsichtsmaßnahmen gegen Schmierinfektionen (z. B. Kinder im Streichelzoo!) sowie nicht zuletzt keine Verursachung einer Hysterie durch unsachliche Medienarbeit.

Als spezielle Vorsichtsmaßnahmen für Landwirte gelten der Arbeitsschutz durch Beachtung hygienischer Grundregeln, eine besondere Vorsicht bei der Geburtshilfe (Schaf, Ziege, Schwein, Rind), Vorsicht bei Aerosolbildungen (Sprühnebel) durch Druckreiniger (Stallreinigung: Mundschutz, Schutzbrille), eine Wundversorgung vor Tierkontakten und die Schadnagerbekämpfung. Als weitere indirekte Infektionsquellen in landwirtschaftlichen Betrieben sind Mist, Jauche, Gülle, Geburtshilfe und Aerosol-(Sprühnebel-)Bildungen zu beachten.

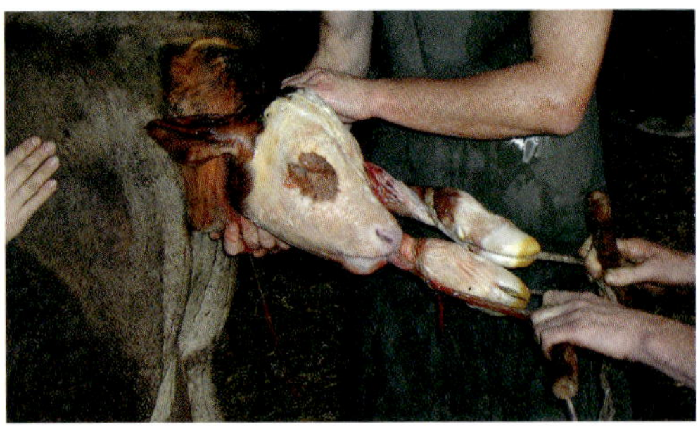

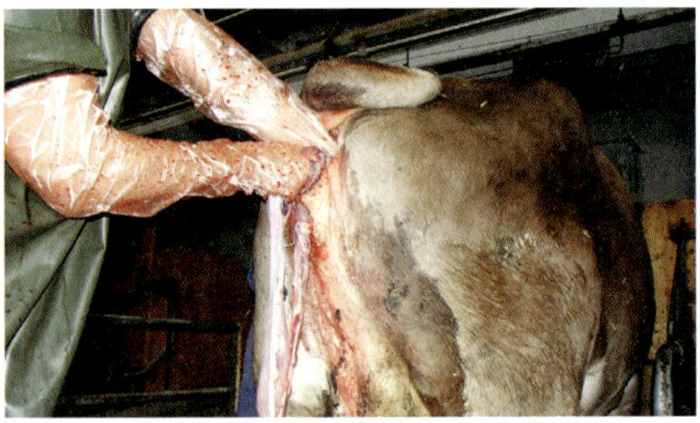

Geburtshilfe und Nachgeburtsabnahme bergen ein hohes Infektionsrisiko, besonders dann, wenn es sich um Totgeburten handelt.

Fotos: Walter Obritzhauser

Meldepflichtige Tierseuchen

Einige Tierseuchen (Milzbrand, Maul- und Klauenseuche, Tuberkulose, Brucellose usw.) wurden in den letzten Jahrzehnten durch veterinärbehördliche Maßnahmen erfolgreich getilgt. Probleme verursacht derzeit das Auftreten von Tuberkulose bei Rindern und Rotwild in Westösterreich oder von Afrikanischer Schweinepest in Ost- und Nordosteuropa sowohl in Wildschweine- als auch in Hausschweinebeständen.

Bei Verdacht auf eine meldepflichtige Tierseuche hat der Tierhalter diesen Verdacht bei der zuständigen Veterinärbehörde oder sofern dies nicht möglich ist, bei der nächsten Polizeidienststelle zu melden. Sobald der Tierhalter einen Tierarzt beizieht, obliegt diesem die Meldung bei einem Seuchenverdacht.

Neben den „klassischen" meldepflichtigen Tierseuchen wie Maul- und Klauenseuche, Tuberkulose und Tollwut besteht noch bei einer Reihe weiterer Krankheiten Meldepflicht, auch bei einigen Erkrankungen von Geflügel, Bienen oder Fischen. Es erscheint unbedingt notwendig, Tierhalter immer wieder auf die Möglichkeit des Auftretens von meldepflichtigen Tierseuchen bei Nutztieren sowie auf ihre Verpflichtung zur Meldung aufmerksam zu machen. Die Unterlassung einer Meldung durch den Tierhalter oder Hoftierarzt kann bei einer Weiterverbreitung der Seuche neben Verwaltungsstrafen auch Fragen der Haftung für entstandene Schäden aufwerfen.

In diesem Kapitel werden Tierseuchen beschrieben, die bei mehreren Nutztierarten vorkommen. Tierseuchen, die nur bei einer Art vorkommen, wie die Geflügel-, Fisch- oder Bienenseuchen, werden in den jeweiligen Kapiteln zu diesen Tierarten besprochen. Einige der meldepflichtigen Tierseuchen, wie Milzbrand, Tuberkulose oder Brucellose, sind auch Zoonosen, also auf den Menschen übertragbar.

Aus der Auflistung auf Seite 34 ist gut ersichtlich, dass manche Tierseuchen bereits vor über 140 Jahren bekämpft wurden.

Beginn der Anzeigepflicht verschiedener Tierseuchen (n. Selbitz u. Bisping, 1995)

Anzeigepflichtige Tierseuche seit	1881	1912	1980	1991	2004	2006
Maul- u. Klauenseuche	+	+	+	+	+	+
Milzbrand	+	+	+	+	+	+
Tollwut	+	+	+	+	+	+
Newcastle-Disease	-	+	+	+	+	+
Tuberkulose (Rind)	-	+	+	+	+	+
Brucellose	-	-	+	+	+	+
Psittakose	-	-	+	+	+	+
Salmonellose (Rind)	-	-	+	+	+	+
BSE	-	-	-	+	+	+
BVD	-	-	-	-	+	+
Paratuberkulose	-	-	-	-	-	+

Im Verlaufe von Tierseuchen kann es zu klinischen Erkrankungen, Todesfällen, Keulungen, Virulenzsteigerung von Krankheitserregern (Steigerung ihrer krankmachenden Wirkung), Gefährdung der menschlichen Gesundheit und veterinärbehördlichen Sperrmaßnahmen kommen, was auch erhebliche ökonomische Schäden bedeuten kann.

An veterinärbehördlichen Maßnahmen ist die Sperre von Seuchen- und Kontaktbetrieben notwendig. Folgen von Seuchenausbrüchen können durch Imageverlust, Konsumrückgang, Handelsrestriktionen, Einbußen im Tourismus, Betriebsauflassungen und Erhöhung des Budgetdefizites erhebliche wirtschaftliche Ausmaße annehmen. Beispielsweise verursachte der Ausbruch der Maul- und Klauenseuche in Großbritannien im Jahre 2001 Kosten in der Höhe von 12 Milliarden Euro!

Die Freiheit von bestimmten Tierseuchen muss durch regelmäßige Stichprobenuntersuchungen überwacht und bestätigt werden (links). Bei zweifelhafter Todesursache oder dem Verenden mehrerer Tiere ist auch an Tierseuchen zu denken (rechts).

Fotos: Armin Deutz

Maul- und Klauenseuche

Die MKS (Maul- und Klauenseuche) ist eine hochansteckende, weltweit gefürchtete und teils verlustreiche Tierseuche. An dieser Virusinfektion erkranken vor allem Rinder, Schweine, Schafe und Ziegen sowie seltener zahlreiche Arten von Wild- und Zootieren.

Das MKS-Virus ist hitzelabil und kältestabil. In Kot überlebt es bei tiefen Temperaturen bis zu 6 Monate, in Gefrier- und Pökelfleisch bleibt es monatelang infektiös. Nach der Virusübertragung durch direkten Tierkontakt oder über Vektoren (Personen, Geräte, Schuhe, Kleidung,

Fahrzeuge, kleine Nagetiere, Vögel, Insekten, Futtermittel) und Infektion sind bei infizierten Tieren nach 2–12 Tagen (= Inkubationszeit) erste Symptome an der Maulschleimhaut, den Klauen und inneren Organen (Schlund, Vormägen, Herz) festzustellen. Infizierte Tiere scheiden auch schon während der Inkubationszeit Viren aus. An den Klauen kann es besonders bei Schweinen zum so genannten Ausschuhen (Loslösen des Klauenhornes vom Klauenbein) kommen, später zum Festliegen, zu sekundären bakteriellen Entzündungen und schließlich zum Verenden. Zur Ansteckung eines Rindes reichen ca. 10 Viren – ein erkranktes Rind scheidet aber mindesten 1 Mio. Viren/Tag, ein Schwein bis zu 400 Mio. Viren/Tag aus!

Verdächtige Krankheitserscheinungen, die auf MKS hindeuten, sind verstärkter Speichelfluss, schmatzende Geräusche mit dem Maul, Beeinträchtigung der Nahrungsaufnahme, Bewegungsunlust, Lahmheit, manchmal Festliegen. Schmerzhafte Blasen befinden sich in der Maulschleimhaut und in der Haut, besonders oberhalb der Klauen, im Zwischenklauenspalt, auch um die Afterklauen und an anderen wenig behaarten Hautstellen (z. B. um das Maul).

Bei der Sektion sind teilweise auch Blasen im Schlund, in der Vormagenschleimhaut sowie seltener eine Entzündung der Herzmuskulatur mit Vernarbungen („Tigerherz") festzustellen. Die Blasen in der Maulschleimhaut und an den Klauen platzen nach einigen Tagen auf und hinterlassen zuerst rote runde Hautschäden, die dann unter Schorfbildung abheilen. Fieber, Speichelfluss und Lahmheiten dauern an. Bei Schafen, Ziegen sowie vielen Wildtierarten sind die Krankheitserscheinungen deutlich weniger ausgeprägt als bei Haustieren.

Der weitaus häufigste Übertragungsweg ist jener von Tier zu Tier (zwischen Betrieben über den Tierverkehr),

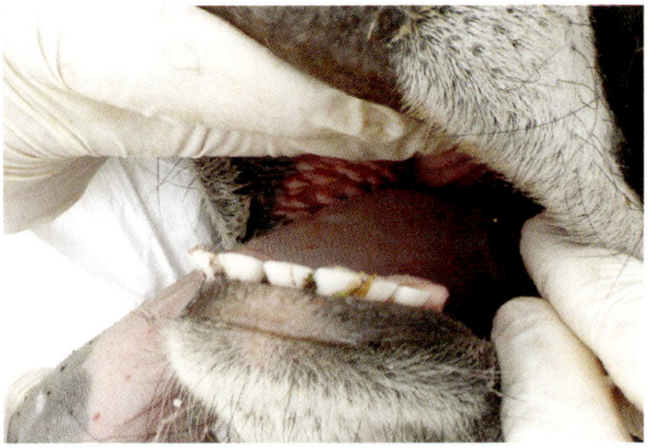

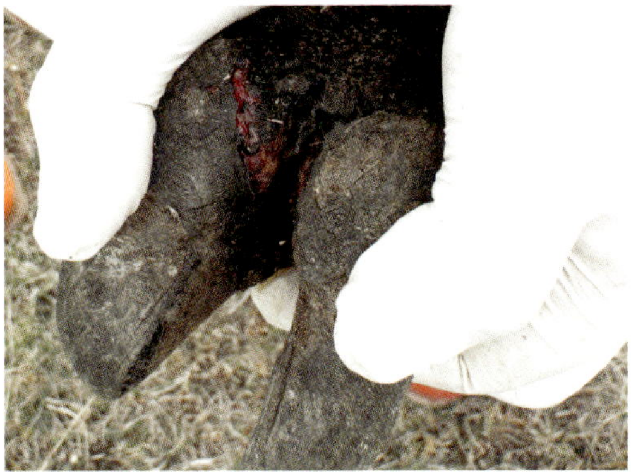

MKS: Geplatzte Blasen an der Zunge und am Saumband eines Rindes Fotos: DEFRA

seltener erfolgt die Übertragung durch Menschen (z. B. kotverschmutztes Schuhwerk), Gegenstände, Fahrzeuge und Futter. Ein hohes Risiko bergen Lebensmittel oder Speisereste von erkrankten Tieren (Rohwürste, Fleisch, Fleischprodukte, Milch und Milchprodukte), die an Klauentiere verfüttert werden. Eine Krankheitseinschleppung ist aber auch durch weitere tierische Produkte, wie Häute, Felle oder Wolle, möglich. Die bisher beschriebenen, seltenen Infektionen von Menschen nach Schmierinfektionen infolge von direkten Tierkontakten oder Rohmilchgenuss verliefen mit nur relativ geringgradigen Symptomen, wie Übelkeit, Kopf- und Gliederschmerzen, Fieber sowie Bläschenbildung im Mund- und Rachenraum und an Fingern und Zehen.

Tollwut

Der Erreger der Tollwut (Wutkrankheit, Wut, Lyssa, Rabies), das Lyssavirus, ist gegenüber Umwelteinflüssen relativ widerstandsfähig (außer gegen Sonnenlicht, höhere Temperaturen und Austrocknung) und verursacht eine akute, praktisch immer tödlich verlaufende Gehirnentzündung. Die Inkubationszeit (Zeit von der Infektion bis zum Ausbruch der ersten Symptome) kann je nach Wirt und Ort des Bisses 10 bis über 200 Tage betragen, liegt jedoch meist zwischen 2 und 9 Wochen. Die Krankheitsdauer beträgt 1–7 Tage. Die Übertragung geschieht nahezu ausschließlich über Biss (virushältiger Speichel). Das in den Körper eingedrungene Virus vermehrt sich zuerst lokal an der Bissstelle, kann dort längere Zeit verweilen und gelangt dann über Nervenenden in die Nerven und von dort ins Rückenmark und Gehirn.

Beim Hund kann der Speichel schon 5 Tage vor Auftreten der ersten Krankheitserscheinungen virushaltig sein. Neben dem Speichel können auch Blut, Harn, Kot, Milch und Lungenschleim das Tollwutvirus enthalten. Die durch die Hirnveränderungen verursachte Aggressivität sowie die Virusausscheidung im Speichel garantieren die Weiterverbreitung der Krankheit.

Für den Menschen (weltweit jährlich 40.000–70.000 nachgewiesene Todesfälle, derzeitiger Schwerpunkt Indien) hat die Tollwut ihre größte Bedeutung in Gebieten unkontrollierter Hundetollwut. In Österreich starben in den letzten 40 Jahren zwei Menschen an Tollwut.

Gefährlich für den Menschen sind besonders Tollwutfälle bei Tierarten, bei denen man nicht unbedingt mit dem Auftreten von Tollwut rechnet und deshalb damit sorgloser umgeht, so z. B. bei Fledermäusen.

So sind in den letzten Jahrzehnten rund 800 Fälle von Tollwut bei Fledermäusen in elf europäischen Ländern aufgetreten. Diese ereigneten sich überwiegend in Nordeuropa, aber auch in Mitteleuropa.

In Seuchengebieten ist die Zahl der Tollwutfälle bei anderen Tierarten (Wild- und Haustieren) proportional zur Zahl der Fuchstollwutfälle. Mit dem Verschwinden der Fuchstollwut sinken auch die Tollwuterkrankungen bei den anderen Tierarten.

Je nach Tierart, die als Hauptüberträger fungiert, kann man zwei Formen unterscheiden, die silvatische Wut (Fuchs, andere Wildtiere, selten Haustiere) und die urbane Wut (Hund, andere Haustiere, selten Wildtiere).

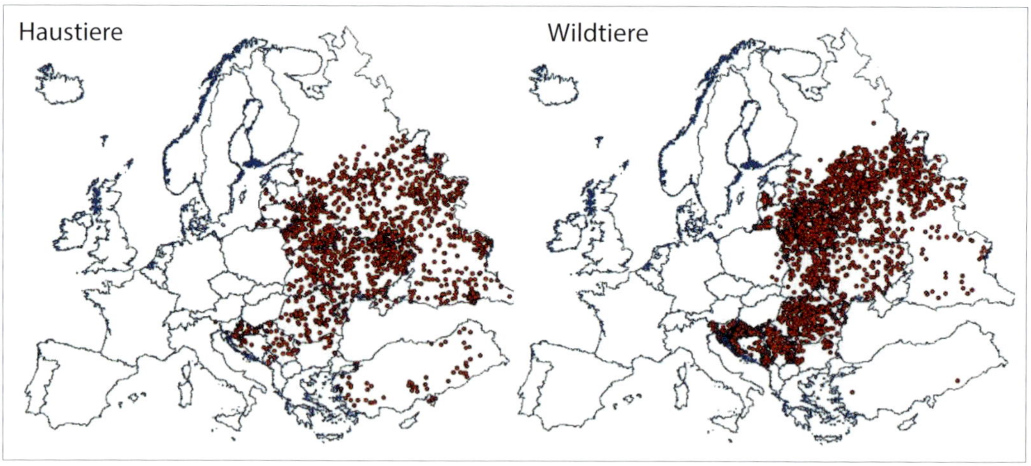

Tollwutfälle in Europa 2009, links Haustiere, rechts Wildtiere (Rabies-Bulettin-Europe, FLI, 2010) – die Überlagerung von Wild- und Haustierfällen ist deutlich zu erkennen.

Foto: Armin Deutz

Der Fuchs ist in Europa Hauptüberträger der Tollwut.

Im Verlauf der Tollwut kann man drei Stadien abgrenzen (Beispiel Fuchs):

1. **Prodromalstadium**: Scheu, Unruhe, Bewegungsdrang (in Dänemark wanderte ein erkrankter Fuchs nachgewiesene 140 km)
2. **Exzitations- oder Erregungsstadium**: Verlust der Scheu, Angriffslust, Beißsucht und gesteigerte Aufregung
3. **Paralyse- oder Lähmungsstadium**: Lähmung der Schluck- und Kaumuskulatur, Einknicken der Hinterextremitäten, Pressen auf Kot ohne Kotabsatz usw.

Bei manchen Tierarten kann anstatt der rasenden Wut eine stille Form auftreten, die Krankheitssymptome sind oft uncharakteristisch (z. B. Rind).

Die Empfänglichkeit für diese Erkrankung ist sehr unterschiedlich: sehr hoch (Fuchs, Wolf, Maus), relativ hoch (andere Nagetiere, Katze, Rind), mäßig (kleine Wiederkäuer, Hund, Pferd), gering (Mensch). Etwa 20 % der Menschen, die von einem wutkranken Tier gebissen werden, würden ohne postexpositionelle Impfung erkranken. Das Erkrankungsrisiko ist vom Sitz sowie von der Art und Schwere der Bissverletzung abhängig, da das Virus entlang von Nervenbahnen zum Gehirn wandert. Gefährlich sind ausgedehnte Bissverletzungen (viel Virus), Kopfbisse (kurzer Weg zum Gehirn) und Fingerbisse (Nervenreichtum).

Ähnliche Krankheitsbilder mit Verlust der Scheu treten beim Fuchs auch bei Staupe, Fuchsenzephalitis oder bei der Aujeszky'schen Krankheit auf. Ein Verlust der Scheu kann auch daraus resultieren, dass Füchse relativ leicht, besonders in Stadtrandgebieten, futterzahm und damit sehr zutraulich werden.

Tollwutbekämpfung, Schutzmaßnahmen

- Der Verdacht auf Tollwut ist meldepflichtig!
- Schutzimpfung besonders gefährdeter und für die Übertragung auf den Menschen wichtiger Haustiere, vor allem der Hunde und Katzen
- Orale Immunisierung der Füchse, Überwachung des Impferfolges
- Bestandesreduktion von Fuchs, Waschbär und Marderhund
- Schutzimpfung von Risikogruppen, wie z. B. Tierärzten, Landwirten und Jägern (bei aktuellem Seuchengeschehen)
- Erste Hilfe nach Bissverletzungen in Tollwutsperrgebieten: Keine Panik! Auswaschen der Wunde mit viel Wasser und Seife, Desinfektion mit Jodlösung oder 40–70 %-igem Alkohol; Aufsuchen von Arzt oder Spital
- Tierärztliche Untersuchung von Hunden und Katzen, die gebissen haben
- Aufklärung der Bevölkerung bei Seuchenzügen
- Besondere Vorsicht bei Jagden in Sperrgebieten, Verdacht anzeigen, tote Tiere einschicken
- Beim Aufbrechen von Wild Gummihandschuhe tragen, Vorsicht beim Kappen von Trophäen (Verletzungen durch Knochensplitter oder Gebiss)

Tuberkulose

Weltweit erkranken jährlich ca. zehn Mio. Menschen an Tuberkulose, in den letzten Jahren mit steigender Tendenz. Insgesamt sind derzeit rund zwei Milliarden Menschen infiziert oder waren es, nur ein geringer Prozentsatz erkrankt aber klinisch. Ging früher in Mitteleuropa die größte Infektionsgefahr für den Menschen von Rindern aus, ist die Rindertuberkulose heutzutage durch erfolgreiche Seuchenbekämpfungsprogramme bis auf seltene Ausnahmen getilgt. In den letzten Jahren gibt es wieder vermehrt Berichte über Tuberkuloseausbrüche bei Rindern und Rotwild in Westösterreich und Südwestdeutschland.

Tuberkulosen sind ansteckende, chronische Infektionskrankheiten durch pathogene Mykobakterien bei Mensch und Tier, die meist unter Bildung charakteristischer Veränderungen („Tuberkel") und oft fortschreitend sowie generalisierend verlaufen. Sie treten bei Mensch und Säugetieren, bei Vögeln und wechselwarmen Wirbeltieren auf. In fortgeschrittenen Stadien führt Tuberkulose zu Abmagerung und Schwäche (früher beim Menschen als „Schwindsucht" bezeichnet).

Die **Übertragung** der Tuberkulose erfolgt durch eingeatmete oder mit dem Futter aufgenommene Mykobakterien. Hauptinfektionsquellen für Haus- und Wildtiere sind heute der Kot und Lungenschleim von tuberkulösen Tieren (z. B. Hausgeflügel) und erkrankten Menschen. Tuberkuloseerreger sind durch ihren speziellen Zellwandaufbau sehr widerstandsfähig. Im Rinderkot bleiben sie bis zu 2 Wochen, im eingetrockneten Lungenschleim 4 Monate und in tuberkulösen Organen bis zu 3 Jahre ansteckungsfähig. Stressfaktoren, zu enger Lebensraum, ungünstiges Klima und unzureichende oder einseitige Ernährung können die Entstehung der Krankheit begünstigen.

Der **klinische Verlauf** der Tuberkulose ist im Anfangsstadium uncharakteristisch und bleibt in Abhängigkeit von der Widerstandskraft des befallenen Organismus entweder lokal begrenzt oder breitet sich weiter aus; es kann auch zur Abkapselung und Ausheilung kommen. Je nach erkranktem Organ treten Husten, Röcheln, Atemnot (Lungentuberkulose) oder Durchfall (Darmtuberkulose) auf, später magern die Tiere rasch ab. Man findet die Lungen- oder Darmlymphknoten hochgradig vergrößert und verkäst oder auch verkalkt. Die Lymphknoten sind oft

Foto: Armin Deutz

Im Endstadium der Tuberkulose kommt es zu starker Abmagerung (wie auch bei Paratuberkulose).

stärker verändert als das primär entzündete Organ, sie können bis zu faustgroß werden. Von den Innenorganen erkrankt häufig die Lunge. Die meist auffällig veränderte Lunge enthält viele kleine oder wenige große tuberkulöse Herde. Von der Lunge kann die Tuberkulose auch auf das Rippenfell übergreifen, wobei dann das Krankheitsbild der so genannten „Perlsucht" entsteht. Eine Sonderform ist die Miliartuberkulose (lat. *milium* = Hirse) der Lunge, bei der das ganze Organ mit kleinen hirsekorngroßen Knötchen durchsetzt ist. Auf der Schnittfläche der Knoten sind eine zentrale Verkäsung und häufig Verkalkung zu erkennen, verkäsende Einschmelzungsherde können zusammenfließen.

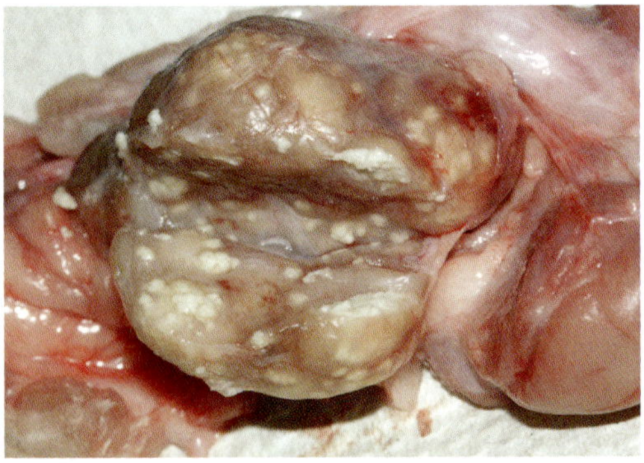

Foto: Armin Deutz

Häufiges Symptom sind zahlreiche Abszesse in unterschiedlichsten Organen (hier Lymphknoten).

Paratuberkulose

Paratuberkulose ist eine weltweit verbreitete, ansteckende, chronische Darmerkrankung besonders der Wiederkäuer, die durch *Mycobacterium avium* subsp. *Paratuberculosis* hervorgerufen wird. Das Wirtsspektrum der Paratuberkulose umfasst außer Haus- und Wildwiederkäuern auch Pferd, Hund, Schwein, Esel, Geflügel, Primaten, Fuchs, Dachs, Großes und Kleines Wiesel, Hasen, Kaninchen, Rabenvögel, Ratten und Mäuse, die jedoch in der Regel nicht klinisch erkranken, sondern vor allem als Ausscheider auftreten. In vielen Ländern wird von einer Zunahme dieser Seuche berichtet.

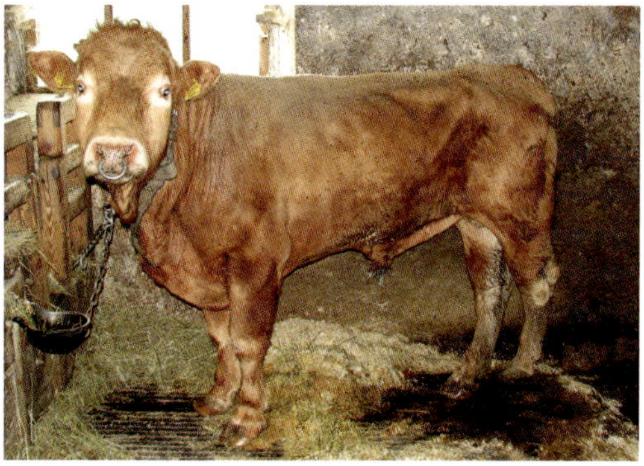

Hauptsymptome der Paratuberkulose beim Rind sind eine rasante Abmagerung innerhalb weniger Wochen trotz erhaltener Fresslust, unstillbarer Durchfall, stinkender, oft mit Gasblasen durchsetzter Kot und ein struppiges Haarkleid mit abstehenden Haaren.
Foto: Armin Deutz

Folgende Krankheitszeichen treten bei Paratuberkulose auf: Abmagerung in wenigen Wochen, unstillbarer Durchfall (stinkend, oft mit Gasbläschen durchsetzt), struppiges Haarkleid, vergrößerte Darmlymphknoten. Die für das Rind typische hochgradige („hirnwindungsähnliche") Verdickung und Faltenbildung der Darmwand ist bei anderen Tierarten nicht oder nur in geringgradiger Ausprägung zu beobachten.

Der Erreger wird vorwiegend über den Kot (bis 100 Mio. Erreger pro Gramm Kot!) ausgeschieden. Die Infektion erfolgt vor allem durch orale Aufnahme der Erreger meist schon in den ersten Lebenswochen. Die Infektionsdosis, die zu einer Infektion führt, ist bei jungen Tieren vermutlich sehr gering, zudem kann der Erreger in der Umwelt über ein Jahr überleben. Die Inkubationszeit (Zeitraum von der Infektion bis zum Ausbruch von Krankheitserscheinungen) beträgt beim Rind mindestens 2 Jahre, kann aber bis zu 10 Jahre dauern. Bei Wildtieren kann nach unseren bisherigen Erfahrungen die Inkubationszeit deutlich kürzer sein.

Differentialdiagnostisch sind Abmagerungen infolge anderer Ursachen (Endoparasitose, weitere Infektionskrankheiten, Unterversorgung mit Futter bzw. Nährstoffen, Mangelkrankheiten), andere Durchfallursachen (Parasitosen, Fütterungsfehler, Frühjahrs- und Herbstweide usw.) sowie Mangelerkrankungen zu berücksichtigen.

Nach der Paratuberkulose-Verordnung ist Paratuberkulose bei Rindern, Schafen, Ziegen und Farmwild in Österreich seit 2006 anzeigepflichtig, erkrankte Tiere werden getötet und der Landwirt entschädigt. Aufgrund dieser Maßnahme wurden zumindest in Vorarlberg und der Steiermark viele Fälle gemeldet und infizierte Tiere getötet, was insgesamt den Infektionsdruck sinken ließ. Dies ist auch am Rückgang der Fälle bei Wildtieren ablesbar.

BVD

Die Bovine Virusdiarrhoe/Mucosal Disease (**BVD**/MD), eine verlustreiche Rinderkrankheit, ist in Österreich seit 2004 anzeigepflichtig und es existiert ein landesweites Bekämpfungsprogramm. Das BVD-Virus ist nahe verwandt mit den Erregern von Schweinepest, Border Disease (Schaf) und Röteln (Mensch). Infizierte Tiere scheiden das BVD-Virus über Kot, Speichel, Nasen- und Augensekreten aus. Die Infektion erfolgt durch Virusaufnahme über den Nasen-Rachen-Raum. Über den Blutweg gelangt das BVD-Virus in die Gebärmutter und infiziert das ungeborene Kalb. Eine Infektion im 1. Trächtigkeitsdrittel verursacht in der Frucht eine lebenslange Viruspersistenz (Dauerträgertum = „Streuer"), das Schlüsselphänomen der BVD. Diese Streuer scheiden zeitlebens BVD-Viren in großen Mengen aus. Die Erkennung und Ausmerzung dieser Virusdauerausscheider, die die Infektionskette aufrechterhalten, ist die grundlegende Maßnahme der BVD-Bekämpfung. Die BVD ist in Mitteleuropa weit verbreitet, Untersuchungen belegen, dass in Gebieten ohne Bekämpfungsprogramm 1 bis 2 % der Jungrinder Streuer sind.

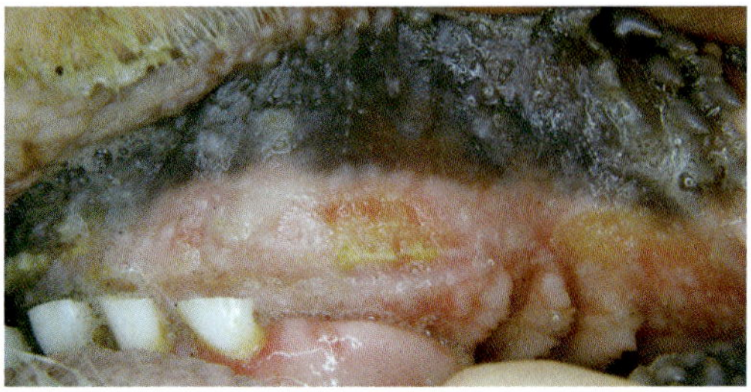

Schleimhautgeschwür bei BVD/MD

Fotos: Walter Obritzhauser

Die BVD war vor ihrer tierseuchenrechtlichen Bekämpfung eine häufige Ursache für Kümmerer.

Akute BVD-Infektionen verursachen mit Durchfall und Husten einhergehende Erkrankungen, die dem Rindergrippekomplex zugeordnet werden. Wirtschaftlich von wesentlich größerer Bedeutung sind allerdings Erkrankungen und Schäden, die durch die Streuer im Bestand verursacht werden, wie z. B. Fruchtbarkeitsstörungen, Aborte (Verwerfen), Früh- und Totgeburten, Abwehrschwächung und Kümmern.

Allein die Schwächung der Abwehr gegenüber anderen Infektionen führt dazu, dass persistent virämische Tiere, aber auch Nachbartiere wesentlich häufiger an Allgemeininfektionen erkranken als Tiere in BVD-virusfreien Betrieben und damit auch deutlich höhere Behandlungskosten verursachen. Dank des BVD-Bekämpfungsprogrammes ist die BVD-Sanierung in Österreich weit vorangeschritten und es ist absehbar, dass auch bei dieser Erkrankung zu einer Stichprobenüberwachung übergegangen werden kann.

Seltene Rinderseuchen

Die **Rinderbrucellose** (Bang'sche Krankheit) ist eine durch die Bakterienart *Brucella abortus* verursachte Erkrankung, die auf Menschen übertragen werden kann (Zoonose). Infektionen beim Rind stellen ein beträchtliches Risiko für die menschliche Gesundheit dar. Sie ist weltweit verbreitet, Österreich ist von der EU als frei von dieser Seuche anerkannt. Da die Erkrankung selbst in der EU noch häufiger vorkommt, besteht eine latente Gefahr der Wiedereinschleppung in freie Regionen. Hauptwirt und Reservoir für *Brucella abortus* ist das Rind. Infektionen bei anderen Haustieren sind selten. Rinder stecken sich vor allem auf oralem Wege an. Die Übertragung beim Deckakt ist von untergeordneter Bedeutung. Menschen infizieren sich beim Berühren von infektiösem Material (Kontaktinfektionen), durch Einatmen infektiöser Tröpfchen (Aerosole) oder durch die Aufnahme kontaminierter Lebensmittel. Als Anzeichen einer Erkrankung treten bei Kühen Abortusfälle in der 2. Hälfte der Trächtigkeit auf, daneben sind eventuell Entzündungen der Gelenke, Sehnenscheiden und Schleimbeutel beobachtet werden. Beim Stier kommt es zu Hoden- und Nebenhodenentzündung sowie zur Unfruchtbarkeit.

Die meldepflichtigen Erkrankungen **Milzbrand** und **Rauschbrand** werden durch sporenbildende Bakterien (Clostridien) verursacht, ebenso wie die nicht meldepflichtigen Erkrankungen Tetanus und Botulismus. Milzbrand ist in den letzten Jahrzehnten in Österreich nicht mehr aufgetreten, es existieren aber noch einige impfpflichtige Weiden, nachdem die Erregersporen zumindest 50 Jahre im Erdboden überleben können.

Schweinepest

Aufgrund des Auftretens der Klassischen Schweinepest und seit 2014 auch der Afrikanischen Schweinepest bei Wildschweinen in Europa besteht in vielen Regionen ein erhebliches Risiko der Übertragung auf Hausschweine. Ein Übergreifen der Schweinepest auf die landwirtschaftliche Schweinehaltung verursacht erhebliche Tierausfälle, Sperr- und Keulungsmaßnahmen sowie enorme wirtschaftliche Schäden.

Hauptsächlich erfolgt eine direkte Infektion durch den Kontakt mit befallenen Tieren, da diese bereits einen Tag nach der Ansteckung das Virus mit Speichel, Augen- und Nasensekret, später auch massiv mit Harn und Kot ausscheiden. Auch der indirekte Infektionsweg über infiziertes Futter (wie die verbotene Verfütterung von Küchenabfällen) oder Einstreu (z. B. zugekauftes Stroh) spielen eine wesentliche Rolle.

Das rechtzeitige Erkennen der Erkrankung ist von wesentlicher Bedeutung. Verdächtig sind vermehrte Todesfälle, blaurote Hautverfärbungen, hohes Fieber, Anzeichen einer Lungenentzündung, Lähmungen, Muskelzittern, Taumeln sowie Erbrechen und blutiger Kot. Bei der Sektion der Tiere findet man mehr oder weniger stark auftretende punktförmige, stecknadelkopfgroße Blutungen in den Nieren, am Herz, in der Blasenschleimhaut, auf dem Kehldeckel und im Darm. Häufig sind auch blutig marmorierte Lymphknoten zu finden, seltener zeigt die Milz spezifische Veränderungen in Form von dunkleren Milzrandinfarkten, die über die Milzoberfläche hervortreten. Akut erkrankte Tiere sind teilnahmslos, haben hohes Fieber und Durchfall, sie verenden meist innerhalb weniger Tage. Die chronische Verlaufsform der Schweinepest ist oft unauffällig, die Tiere verenden erst nach einigen Wochen. Verdächtig sind verminderte Fruchtbarkeit, geringe Wurfgrößen, lebensschwache Ferkel und Kümmerer. Chronisch erkrankte Tiere sind Dauerausscheider, sie verbreiten die Seuche weiter, ohne selbst als Träger erkannt zu werden.

Freilandschweine haben ein erhöhtes Infektionsrisiko. Der mögliche Kontakt zu Wildschweinen als Krankheitsüberträger ist nicht zu unterschätzen.
Foto: Gerd Kaltenegger

Schweinepest kann zu plötzlichem Erkranken und Verenden zahlreicher Tiere führen; die wirtschaftlichen Schäden sind erheblich.
Foto: Peter Wagner

Allgemeines zur Seuchenbekämpfung

Die traditionelle Tierseuchenbekämpfung stützte sich früher einerseits großteils auf Totalkontrollen (z. B. Blutproben, Intrakutantests) in landwirtschaftlichen Betrieben (wie Tuberkulose- und Bang-Untersuchung bei Rindern) und andererseits auf abweichende Schlachtbefunde. In vielen Bereichen werden heute traditionelle Methoden der Tierseuchenbekämpfung durch moderne Verfahren ergänzt oder ersetzt. Enorme Fortschritte in diagnostischen Methoden (wie z. B. Serologie aus Tankmilchproben), die Möglichkeiten von Datenbanken und geografischen Informationssystemen sowie die Einbeziehung epidemiologischer Grundsätze in die Tierseuchenbekämpfung (z. B. Stichprobenverfahren) können einerseits finanzielle Ressourcen sparen helfen und andererseits die Aussagekraft und Sicherheit von Maßnahmen steigern.

Damit ist es aber heute auch leichter, Ursprung und Ursachen von Seuchenausbrüchen (Ursprungsgehöft, Tierimporte ...) aufzuklären, was in der Folge bei Vernachlässigung der Sorgfaltspflicht (Hygienemängel!!) oder gar bei grober Fahrlässigkeit bzw. Vorsatz rechtliche Konsequenzen für die Verursacher nach sich ziehen kann. Dennoch untersteht die Tierseuchenbekämpfung auch gewissen Zwängen (Ökonomie, Politik ...), was aber zumindest innerhalb der Europäischen Gemeinschaft keine große Bedeutung mehr haben sollte.

Geografische Informationssysteme (GIS) wurden seit Jahren in vielen Bereichen eingesetzt, nunmehr finden sie auch wertvolle Einsatzmöglichkeiten in der Überwachung von Tierbeständen und in der Seuchenbekämpfung. Im Falle eines Seuchenausbruches sind sie auch hilfreich für die Planung der Bekämpfungsmaßnahmen, wie die Errichtung von Sperr- und Überwachungszonen oder das Erfassen der tierhaltenden Betriebe mit den jeweiligen Tierzahlen, Abstände zwischen den Betrieben oder die zusätzliche Einberechnung der Wetterlagen (z. B. Windrichtung bei einem MKS-Ausbruch).

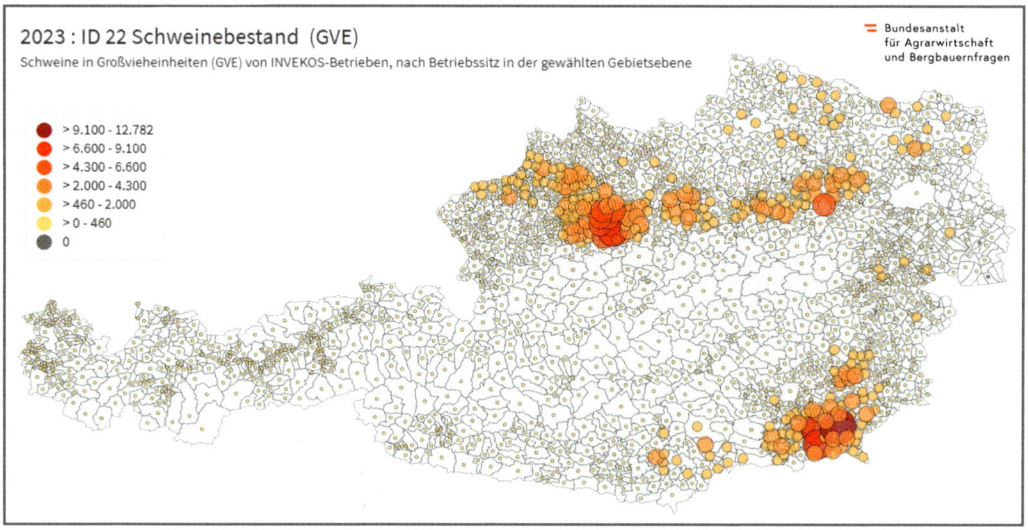

Die Tierdichte (hier Schweinebestand in Großvieheinheiten [GVE] nach Gemeinden) ist mitverantwortlich für das Seuchenrisiko bzw. im Falle von Seuchenausbrüchen für den Untersuchungsaufwand und die Seuchenbekämpfungskosten (Diagnostik, Ausmerzung, Entschädigung sowie Reinigung und Desinfektion).
Quelle: Bundesanstalt für Agrarwirtschaft und Bergbauernfragen; gedaba.agrarforschung.at, Datengrundlage: AMA, INVEKOS-Daten

Nutztierspezies und ihre physiologischen Werte

Anhand eines einfachen Untersuchungsganges sollte es Tierhaltern möglich sein, Abweichungen von den Normalbefunden und damit kranke Tiere zu erkennen. Der Tierhalter muss daraufhin keine Diagnose stellen, sondern seine Erkenntnis sollte eine Entscheidungshilfe für das weitere Vorgehen liefern.

Überwachung der Tiergesundheit

Nutztierhalter sollten regelmäßig die Gesundheit der Herde und von Einzeltieren überwachen. Kriterien dafür sind u. a. die Beurteilung von bzw. die Beobachtung auf

- Ernährungszustand
- Körperhaltung, Reaktionen auf Betrachter bzw. Artgenossen
- Haar- bzw. Wollkleid, sichtbare Verletzungen
- Lautäußerungen
- Körperöffnungen, Augen- bzw. Nasenausfluss, Husten, Niesen, Durchfall
- zentralnervale Symptome (z. B. Kopfschiefhaltung, Torkeln, im Kreis Gehen)

Ernährungszustand

Bei schlechtem Ernährungszustand sind besonders die Knochen der Schulter, des Beckens, die Dorn- und Querfortsätze der Wirbelsäule und die Rippen deutlich sichtbar bzw. durch die Wolle tastbar. Die Ursachen für einen schlechten Ernährungszustand können neben Futtermangel auch Verletzungen oder Krankheiten sein.

Zu den vielschichtigen Ursachen des Kümmerns und Abmagerns bei Nutztieren zählen vor allem Parasitosen, chronische Infektionskrankheiten, Verdauungsstörungen, Fremdkörper, Zahnanomalien, Zahnverlust, Krankheiten des Bewegungsapparates, Stress (extern oder innerartlich), Vitamin- und Mineralstoffmangel, Mehrlingsgeburten oder Tumore, die jeweils in unterschiedlichen Altersgruppen auftreten.

CHECKLISTE **Erhebung der Tiergesundheit bei Einzeltieren**

- ☐ **Identität des Tieres**
  Alter, Rasse, Geschlecht, Kennzeichen
- ☐ **Verwendungszweck und Vorbericht**
  zur Zucht, Mast, Mutterkuhhaltung ...
  Fragen zum Vorbericht der Erkrankung
- ☐ **Allgemeinverhalten und Körperhaltung**
- ☐ **Ernährungszustand (BCS – Body-Condition-Scoring)**
- ☐ **Haarkleid und Hautoberfläche**
- ☐ **Hautelastizität und Hauttemperatur**
- ☐ **Innere Körpertemperatur**
  Kuh: 38,3–38,8 °C
  Kalb: 38,5–39,2 °C
- ☐ **Kopf**
  Körperöffnungen, Schleimhäute, Ausfluss
- ☐ **Drosselrinne, Husten Lymphknoten**
- ☐ **Atmung**
  Besteht Schweratmigkeit oder erhöhte Frequenz (10–30 Atemzüge/min)
- ☐ **Verdauungstrakt**
  Pansenbewegungen
  Futter- und Wasseraufnahme prüfen
  Füllungszustand des Pansens
  Abhorchen des Pansens
  Harn- und Kotabsatz
  Kotkonsistenz
- ☐ **Euter**
  Betrachtung
  Asymmetrien
  Betasten von Drüsengewebe und Zitzen
- ☐ **Euter**
  Schalmtest
  Aseptische Milchprobenentnahme für BU
- ☐ **Weiterführende Untersuchungen (TA)**
  Endoskopie, Ultraschall, Röntgen ...

Zu untersuchende Medien (Tierarzt):

- ☐ Blut, Milch, Harn, Kot, Pansensaft
- ☐ Gewebeproben (Bioptate)
- ☐ Futtermittel ...

Eine Hauptursache für ein Kümmern – besonders von Jungtieren und überalterten Stücken – sind Parasitosen. Seltener als Parasitosen sind bakterielle und virale Infektionskrankheiten wie z. B. Para- und Pseudotuberkulose, Tuberkulose oder bakterielle Leber- oder Lungenentzündungen.

Ursachen von Verdauungsstörungen sind überwiegend Fütterungsfehler, Durchfälle treten aber auch bei der Futterumstellung im Frühjahr auf. Fütterungsfehler, verdorbene oder nicht wiederkäuergerechte Futtermittel führen zu Verdauungsstörungen, die von Durchfällen und auch Abmagerung begleitet sein können. Fremdkörper (Plastikfolien oder -sackerln, Silofolien, Heuballenschnüre ...) können Passagehindernisse in den Vormägen darstellen und somit ein Kümmern hervorrufen. Auch Zahnanomalien oder hochgradiger Zahnabschliff bzw. -verlust können bei alten Tieren zu Problemen bei der Futteraufnahme und beim Kauen führen.

Krankheiten des Bewegungsapparates, wie Gelenksentzündungen oder Auswachsen der Klauen, behindern erkrankte Tiere bei der Futteraufnahme sowie bei der Behauptung an Fütterungen bzw. im Rudel und führen daher zu Abmagerung.

Besonders beim Auftreten mehrerer ungeklärter Fälle von abgemagerten oder kümmernden Stücken muss es im Interesse des Tierhalters liegen, entsprechende diagnostische Schritte einzuleiten und die Ursachen zu ergründen. Bei Vorliegen von ansteckenden Krankheiten besteht letztlich auch eine Infektionsgefahr für den übrigen Tierbestand oder möglicherweise für andere Haustiere. Einige Krankheiten sind auch meldepflichtig bzw. auf den Menschen übertragbar.

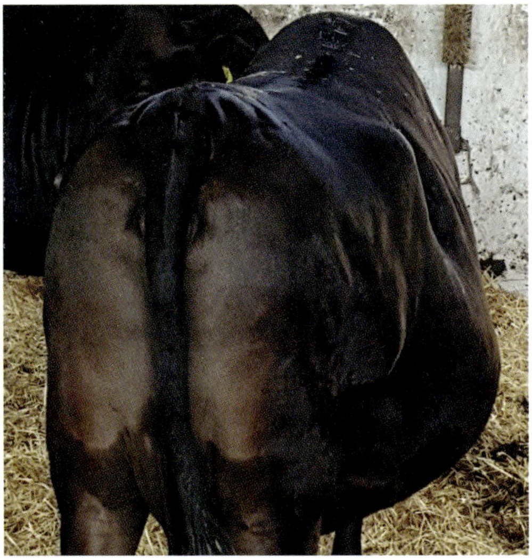

Verfettete Kühe haben ein vielfach höheres Risiko für Schwergeburten und nachfolgende Probleme im Stoffwechsel- und Fruchtbarkeitsgeschehen.

Körperhaltung, Reaktionen auf Menschen bzw. Artgenossen

Auffällige Körperhaltungen, wie ein gekrümmter Rücken, ein aufgezogener Bauch oder abnorme Haltung des Halses bzw. von Extremitäten können Hinweise auf Verletzung, Parasitenbefall, Missbildungen oder Krankheiten sein. Bei auffälligem Gang (z. B. Lahmheit, Torkeln) ist an Verletzungen, andere (fieberhafte) Krankheiten, aber auch an Vergiftungen zu denken. Ebenso ist auffälliges Verhalten gegenüber dem Beobachter, der Umgebung oder gegenüber anderen Tieren zu registrieren.

Haar- und Wollkleid, sichtbare Verletzungen

Chronische Krankheiten verursachen auch Veränderungen des Haar- bzw. Wollkleides. Außenparasiten verursachen Juckreiz und somit oft sichtbare Scheuerstellen. Die Diagnose von Haar-, Woll- und Hautveränderungen ist nicht immer leicht zu stellen, da Außenparasiten im dichten Haar-/Wollkleid oft nicht so leicht entdeckt werden und andererseits Haar- und Hautveränderungen natürlich auch Symptome innerer Erkrankungen sein können.

Die häufigsten Haut-/Haarveränderungen werden durch Ektoparasiten hervorgerufen; Haarveränderungen meist durch das Kratzen und Reiben an Gegenständen infolge des durch die Parasiten hervorgerufenen Juckreizes. Zusätzlich sind befallene Tiere unruhig, trippeln umher, schütteln mit dem Kopf und haben natürlich weniger Zunahmen als gesunde Vergleichstiere.

Eine Diagnose von Hauterkrankungen ist entweder durch das Vorhandensein von sichtbaren Ektoparasiten (wie Läusen, Schaflausfliegen oder Zecken) am Tier oder durch eine mikroskopische Untersuchung eines Hautgeschabsels (z. B. bei Räude).

Körperöffnungen, Augen- bzw. Nasenausfluss, Husten, Niesen, Durchfall

Beispielsweise führen Verletzungen, Fremdkörper oder Krankheiten zu sichtbarem Speichelfluss im Maulbereich oder Infektionen zu Augen- und Nasenausfluss, Lungenentzündungen oder Lungenwürmer zu Husten sowie staubiges Futter zu Niesen.

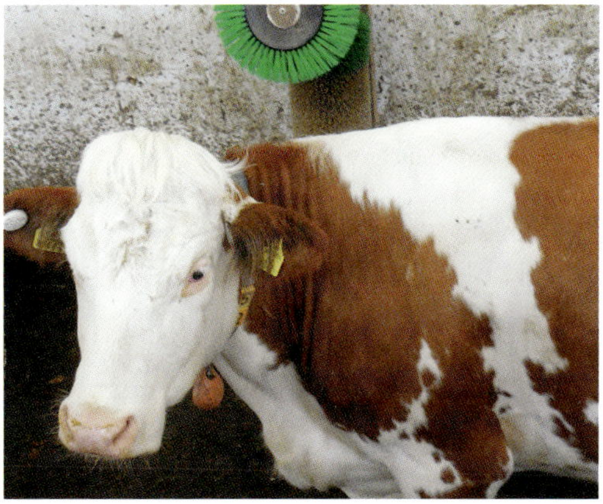

Juckreiz kann Ausdruck einer Infektion mit Ektoparasiten sein, welche über Bürsten leicht übertragen werden.

Fotos: Johann Gasteiner

CHECKLISTE Erhebung der Herdengesundheit (Milchvieh)

- ☐ **Vorbericht**
  Nutzflächen
  Tiere
  Erkrankungen
  Abgänge
  Haltung
  Fütterung
- ☐ **Klinische Bestandsuntersuchung**
- ☐ **Einzeltieruntersuchungen**
- ☐ **Besondere Erhebungen**
  Beurteilung der Milchinhaltsstoffe
  Futtermitteluntersuchung
  Nährstoffgehalte
  Hygienische Qualitätsparameter
  Rationsberechnung
  Körperkonditionsbeurteilung (BCS)
  Lahmheitsbeurteilung
  Lahmheitsgrad – Bewertung des Gangbildes
  Fruchtbarkeitsparameter
- ☐ **Weitere Hilfsmittel zur Beurteilung der Fruchtbarkeit**
  Brunstkalender
  Managementprogramme
  Pedometer
  Farbpatronen
  Brunstmessgeräte
  Progesterontest

Ursachen von Durchfall

Durchfall fällt entweder direkt beim Absetzen des Kotes oder an der verschmutzten Umgebung des Afters bzw. durch verschmutzte Sprunggelenke auf. Durchfall ist ein häufig zu beobachtendes Symptom nicht nur bei Tieren, sondern auch beim Menschen. Dennoch sind die Zusammenhänge über Ursachen, Infektionsmöglichkeiten, Auswirkungen auf den Verdauungstrakt sowie Gegenmaßnahmen häufig unbekannt. Die vielfältigen Ursachen von Durchfällen bei Wiederkäuern listet untenstehende Aufzählung auf:

Eigenständige Magen-Darm-Entzündung bei
- Parasitenbefall mit Magen-Darm-Würmern,
- Pansenübersäuerung (Getreidefütterung) oder
- Magen-Darm-Versandung

Eigenständige Darmentzündung bei
- auf den Darm beschränkten Parasitosen (z. B. Strongyloidose, Kokzidiose)
- bakteriellen oder viralen Darminfektionen (z. B. Paratuberkulose)
- verdorbenem (z. B. verschimmeltem) oder stark mit Sand verunreinigtem Futter
- Giftaufnahme
- abnormer Fett-/Milchsäurevergärung (v. a. bei handaufgezogenen Jungtieren)

Nicht eigenständige (symptomatische) Darmentzündung bei
- bakteriellen oder viralen Allgemein-infektionen

nicht eigenständige (symptomatische) Störungen der Darmfunktion bei
- chronischer Kreislauf- oder Niereninsuffizienz, Bauchfellentzündung

Durchfall ohne krankhafte Ursache bei
- Aufnahme von sehr jungem Gras (Frühjahr!), größeren Mengen Rübenblättern oder anderen laxierenden Futtermitteln

Normalerweise ist der an den Labmagen anschließende Dünndarm („Leerdarm") beim Wiederkäuer nur wenig, der Dickdarm mäßig bis gut gefüllt, wobei die Konsistenz des Darminhaltes in Richtung Dickdarm zunimmt.

Der Darm kann entweder selbständig erkranken oder ist bei einer Reihe von Organ- oder Allgemeinerkrankungen symptomatisch mitbeteiligt. Häufig wird der Darm in Erkrankungen der Vormägen miteinbezogen, was z. B. bei den fütterungsbedingten Vormagenstörungen (Pansenübersäuerung, Pansenfäulnis) der Fall ist.

Durchfall entsteht grundsätzlich entweder aufgrund einer zu raschen Passage des Magen-Darm-Inhaltes durch den Verdauungstrakt (durch verstärkte Darmbewegungen oder Entzündungen) oder infolge gestörter Wasserresorption aus dem Darminhalt und damit fehlender Eindickung des Kotes im Dickdarm. Neben den damit verbundenen Nährstoffverlusten ist besonders bei Jungtieren häufig der Flüssigkeitsverlust lebensbedrohend.

Eine der Hauptursachen von Durchfällen, nämlich Fütterungs- und Futterfehler, sind bei wiederkäuergerechter Fütterung leicht zu vermeiden.

Methoden und Parameter zur Beurteilung der Tiergesundheit

Messung der inneren Körpertemperatur

Was ist zu beachten?

- Zur Messung der inneren Körpertemperatur nur „Qualitäts-Thermometer" verwenden
- Thermometer muss ausreichend tief in den Mastdarm eingeführt werden
- **Messfehler** bzw. **Abweichungen** beachten bei:
  - Thermometer hängt in einer Hautfalte (gemessene Temperatur ↓)
  - Kurz nach dem Abmisten und bei Durchfall (gemessene Temperatur ↓)
  - Hohe Umgebungstemperaturen (gemessene Temperatur ↑)
  - Junge Tiere
  - Körperliche Anstrengung, Brunst (gemessene Temperatur ↑)
  - sehr hohe Leistung (gemessene Temperatur ↑)
  - zu kurze Messdauer, defektes Thermometer (gemessene Temperatur ↓)
  - natürliche Temperaturunterschiede zwischen Abend- und Morgenmessung (abends einige Zehntel höher)
- Neben der inneren Körpertemperatur ist auch der **Allgemeinzustand** des Tieres zu beachten:
  - Frisst das Tier?
  - Kot- und Harnabsatz
  - Körperhaltung
  - Bewegung, Verhalten, Aufmerksamkeit
  - Oberflächentemperatur
  - Nicht jede Erkrankung bedingt eine Veränderung der inneren Körpertemperatur.

Temperaturentwicklung vor der Abkalbung

Die Temperatur der Kuh steigt einige Tage vor dem Abkalbe-Termin von 38,3–38,8 °C auf 39–39,5 °C an und fällt 12–24 Stunden vor der Geburt um 0,5–1 °C ab.

Temperaturentwicklung nach der Abkalbung

Die Temperatur sollte immer zur selben Tageszeit gemessen und unbedingt dokumentiert werden! Die innere Körpertemperatur eines gesunden erwachsenen Rindes beträgt 38,3–38,8 °C.

Ein **Absinken der inneren Körpertemperatur** unter 38,2 °C kann durch Kalziummangel hervorgerufen werden (wichtig für die frühe Milchfiebererkennung noch bevor die Kuh festliegt und evtl. bereits vor der Geburt), ist aber auch bei Kühen mit sehr schlechter Fresslust (Ketose) zu finden.

Ein **Anstieg der inneren Körpertemperatur** kann durch Infektionen hervorgerufen werden. Speziell Entzündungen des Euters (rund um die Abkalbung) bzw. der Gebärmutter (in der Frühlaktation) treten vermehrt auf.

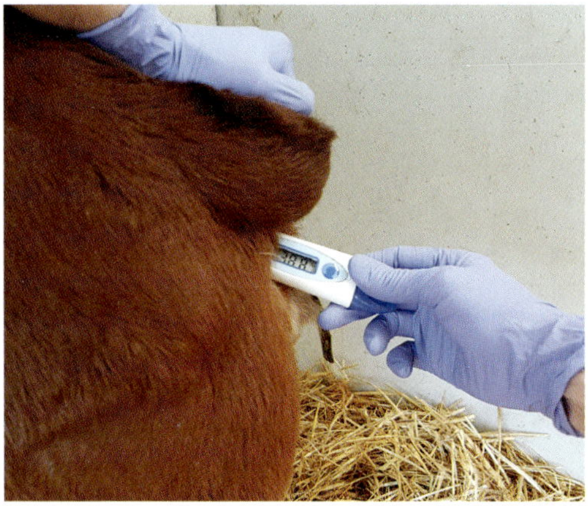

Die gezielte Messung der inneren Körpertemperatur durch den Tierhalter ist eine einfache und effektive Methode zur Überwachung der Tiergesundheit. Viele Erkrankungen können damit frühzeitig erkannt werden. Foto: Johann Gasteiner

Wann soll gemessen werden?

- am Abkalbetag: 3 und 8 Stunden nach der Geburt
- danach täglich bis zum 5. Tag nach der Abkalbung
- ab dem 6. Tag in dreitägigen Abständen bis zum 14. Tag nach der Abkalbung
- bei jedem Verdacht/Vorliegen einer gesundheitlichen Störung
- Dokumentation der Ergebnisse
- alle Tiere im Verdachtsfall

Frühzeitiges Messen, Erkennen und Reagieren (Beinfessel, Behandlung durch Tierarzt ...) hilft doppelt!

Lahmheitsbeurteilung

Das Lahmheitsbeurteilungssystem beurteilt als 5-Punkte-Schema das Gangbild der zu untersuchenden Tiere. Die Tiere müssen sich dabei auf den Flächen bewegen, auf welchen sie die meiste Zeit verbringen. Tiere aus Anbindehaltung werden am besten auf einem asphaltierten Platz vorgeführt.

Punkte	Bewertung des Gangbildes
1	geht fehlerfrei
2	geringgradige Störung im Gangbild, welche noch nicht als Lahmheit beurteilt werden kann (z. B. leichtes „Schlendern")
3	geht auf einer Gliedmaße deutlich lahm, Kopf-Hals-Linie wird während des Gehens bereits auf und ab bewegt
4	belastet eine Gliedmaße kaum mehr oder geht auf 2 Gliedmaßen deutlich lahm, Kopf-Hals-Linie bewegt sich während des Gehens deutlich auf und ab, Kopf im Stehen gesenkt, Rücken gekrümmt
5	höchstgradige Lahmheit, belastet eine oder mehrere Gliedmaßen nicht mehr, (auch beim Stehen), ist kaum noch zum Gehen zu bewegen, Kopf-Hals-Linie wird beim Gehen auf und ab geschwungen, Kopf im Stehen deutlich abgesenkt, die Rückenlinie ist deutlich gekrümmt

Lahmheiten werden durch Schmerzen im Bewegungsapparat ausgelöst. Durch die Anwendung des Lahmheitsbeurteilungssystems (= Hilfsmittel) kann rasch ein Überblick über die Klauen- und Gliedmaßengesundheit einer Herde gewonnen werden. Wichtig ist, dass mit solchen Beurteilungssystemen lediglich Lahmheitsgrade festgestellt werden. Die Ursachen für die Lahmheiten sind jedoch verschiedenster Natur und können erst durch Ablegen des betreffenden Tieres und eine genaue Klauenuntersuchung erhoben werden (= Diagnose).

Fruchtbarkeitsparameter

Die Fruchtbarkeit ist ein entscheidender wirtschaftlicher Faktor. Da die Fruchtbarkeit von einer ganzen Reihe von Einflussfaktoren bestimmt wird (Haltung, Stallung, Fütterung, Genetik, Management, jahreszeitliche Einflüsse, Infektionen ...) und auch betriebswirtschaftliche Entscheidungen eine bedeutende Rolle spielen, können die verschiedenen Fruchtbarkeitsparameter nur einen Anhaltspunkt geben und die Zahlen sind deshalb auch nicht in Stein gemeißelt. Zur Erläuterung einige Worte zur Kennzahl Zwischenkalbezeit (ZKZ). Sowohl eine zu kurze als auch eine zu lange ZKZ können wirtschaftliche Verluste bedingen (Milchleistung). Die ZKZ ist deshalb jedoch als alleinige Messgröße zur Beurteilung der Fruchtbarkeit nicht ausreichend. Einflussgrößen sind beispielsweise auch Kälberpreis und Milchpreis, die Milchleistung des betreffenden Tieres sowie dessen Persistenz. Je höher etwa die Persistenz einer Milchkuh ist, desto weniger wird eine ZKZ von 365 Tagen sinnvoll und betriebswirtschaftlich rentabel sein. Bei sinkenden Kälber- und Zuchtviehpreisen wird sich diese Tendenz noch verstärken.

In Zusammenhang mit Programmen zur Fruchtbarkeitsüberwachung werden häufig folgende Messgrößen genannt, wobei die angeführten Zahlen, bei Berücksichtigung der angeführten Diskussionspunkte, unter optimalen Verhältnissen zustande kommen sollten:

- **Rastzeit:** Zeit zwischen Abkalbung und erster Besamung: unter 65 Tage
- **Brunstauftritt bis 60. Tag nach dem Abkalben:** Anteil der Kühe, die nach dem Abkalben bis zum 60. Tag selbständig in Brunst kamen: über 85 %
- **Güstzeit/Zwischentragezeit:** Zeit zwischen Abkalben und erfolgreicher Belegung: unter 85 Tage
- **Besamungsindex (BI):** Anzahl erforderlicher Besamungen pro Trächtigkeit: unter 1,5
- **Trächtigkeitsrate nach Erstbesamung:** über 60 %
- **Non Return Rate 60 (NRR 60):** Anzahl der Kühe, welche nach 60 Tagen nicht nachbesamt wurden (Abgänge eingerechnet): über 65 %
- **Zwischenkalbezeit (ZKZ):** Anzahl Tage zwischen zwei Abkalbungen: 365–380 Tage
- **Merzungen nach Sterilität:** Abgänge aufgrund von Fruchtbarkeitsstörungen: unter 5 %
- **Abortraten:** Anteil der Trächtigkeiten, welche vorzeitig abgehen: unter 4 %

Hilfsmittel zur Beurteilung der Fruchtbarkeit sind

- Brunstkalender
- Managementprogramme
- Pedometer
- Farbpatronen
- Brunstmessgeräte
- Progesterontest

Progesterontest

Der Gehalt an Progesteron (Gelbkörperhormon) steigt und fällt im Blut in Abhängigkeit vom Zyklusgeschehen der Kuh und es wird mit der Milch ausgeschieden. Untersuchungen auf den Gehalt an Progesteron in der Milch (bzw. auch im Harn) werden entweder von Untersuchungsstellen angeboten oder können auch vom Tierarzt oder Tierhalter selbst in Form von im Handel erhältlichen Milch-Testkits durchgeführt werden. Bei entsprechender Anwendung und sachkundiger Interpretation kann der Progesterontest ein gutes Hilfsmittel zur Fruchtbarkeitskontrolle sein.

Grundkenntnisse zum Fruchtbarkeitsgeschehen des Rindes

Beim Rind dauert ein Brunstzyklus durchschnittlich 21 Tage (18–23 Tage). Während der Brunst findet man am Eierstock eine reife, östrogenproduzierende Eiblase (Follikel). Nach dem Eisprung kommt es an der Stelle der Eiblase zum Wachstum eines progesteronproduzierenden Gelbkörpers. Wurde besamt oder belegt und entstand eine Trächtigkeit, so bleibt der Gelbkörper bestehen, produziert während der gesamten Trächtigkeit Progesteron und es tritt während dieser Zeit keine Brunst auf (Trächtigkeitsschutzhormon). Kam es nach dem Eisprung zu keiner Trächtigkeit (keine Belegung oder keine Befruchtung), so kommt es ab dem 17./18. Tag zur Auflösung des Gelbkörpers, der Progesteronspiegel sinkt wieder ab und es kann erneut ein Follikel heranreifen. Nach 21 Tagen kommt es zu einer neuerlichen Brunst.

Anwendungsmöglichkeiten des Progesterontests und Interpretation der Ergebnisse:

- **Brunstkontrolle**: Ein niedriger Progesterongehalt (unter 3 ng) bestätigt das Vorliegen einer Brunst (auch äußere Brunstsymptome sollten bestehen)
- **Kontrolle Eisprung**: Durch eine Doppelprobe (Tag 0 = Tag der Brunst und Tag 7) wird durch einen Anstieg

des Progesteronspiegels von unter 3 ng auf 7–10 ng ein stattgefundener Eisprung angezeigt.

- **Kontrolle Umrindern**: Nach Belegung wird der Progesterongehalt am 19./20. Tag niedrig sein (unter 5 ng), wenn die Kuh nicht trächtig ist und umrindert. Ein hoher Progesteronspiegel (10–20 ng) bestätigt das Vorliegen eines funktionstüchtigen Gelbkörpers. Die Wahrscheinlichkeit, dass die Kuh trächtig ist, beträgt etwa 80 % (Fehlermöglichkeiten: embryonaler Frühtod, verzögerte Eisprung-Gelbkörper-Phase, Gelbkörperzyste).
- **Zykluskontrolle/Stille Brunst/Eierstockzysten**: Bei ausbleibender/unbeobachteter Brunst wird alle sieben Tage eine Probe genommen. Ist der Progesteronspiegel an drei aufeinanderfolgenden Untersuchungsterminen niedrig (unter 5 ng), handelte es sich entweder um Anöstrie (kein Zyklusgeschehen) oder um Follikelzysten. Ist der Progesterongehalt während dieser drei Untersuchungen hoch (über 7–10 ng), besteht möglicherweise eine Trächtigkeit. Bei Ausschluss einer Trächtigkeit kann eine Gelbkörperzyste für die hohen Progesteronwerte verantwortlich sein.

Durch den Progesterontest können aktuelle und wichtige Erkenntnisse zum Brunstgeschehen vor Ort erhoben werden. Eine mangelnde Brunstbeobachtung kann durch den Progesterontest jedoch nicht ersetzt werden. Die tierärztliche Trächtigkeits- und Eierstockdiagnose stellt jedoch die entscheidende Säule im Fruchtbarkeitsmanagement eines Betriebes dar. Der Progesterontest kann die Qualität dieser Untersuchungen zwar unterstützen, aber keinesfalls ersetzen.

Untersuchung auf Ketonkörper als Hinweis auf Energiemangel und Ketose

Ketose ist eine häufige und folgenschwere Stoffwechselerkrankung. Die meisten Fälle von Ketose treten in den ersten 4–6 Wochen der Laktation auf. Bei Kühen in der Hochlaktation ist bei bestehenden Grundkrankheiten, welche mit verminderter Fresslust und/oder einer Verdauungsstörung einhergehen, immer mit einer sekundären Ketose zu rechnen.

Die durch Entgleisung des Fett- und Kohlenhydratstoffwechsels entstandenen, krankheitsauslösenden Stoffwechselprodukte (Ketonkörper) finden sich vermehrt im Blut, dem Harn, der Milch und in der Atemluft der erkrankten Tiere und können im Rahmen der Untersuchung zur Erkennung der Erkrankung herangezogen werden. Der positive Nachweis von Ketonkörpern in Harn oder Milch ist beweisend für eine Ketose, ein negatives Testergebnis schließt die Erkrankung jedoch nur bedingt aus.

Der Nachweis von Ketonkörpern kann im Harn sowie in der Milch erfolgen und wird mit Hilfe von Schnelltestmethoden (Streifentest, Tabletten, Pink-Ketontest ...) durchgeführt. Dabei wird das Stoffwechselprodukt Acetoacetat (Aceton) nachgewiesen. Voraussetzung für den Ketonkörpernachweis in der Milch ist ein gesundes Euter.

Empfehlungen zur Untersuchung auf Ketonkörper

- **Wann:** täglich bei gefährdeten Kühen mit hoher Milchleistung, bei schlechter/fehlender Fresslust sowie bei kranken Kühen (fieberhafte Erkrankungen, Festliegen ...)
- **Wie:** Zur Ermittlung der Ketonkörperbelastung kann Harn oder Milch untersucht werden, bei Untersuchung des Milchazetongehaltes muss die Milch von einem eutergesunden Viertel stammen, da es sonst zu verfälschten Ergebnissen kommt. Im Nachgemelk sind nur noch etwa 50 % der ketotischen Tiere eindeutig positiv. Die Milchproben zur Ermittlung des Ketonkörpergehaltes sollten deshalb nach dem Vormelken gewonnen werden.
- **Milch oder Harn untersuchen:** Obwohl der Harnketonkörpernachweis eine etwas höhere Aussagekraft als der Milchketonkörpernachweis besitzt, wird aufgrund der einfacheren Durchführbarkeit in der Praxis dem Milchketonnachweis der Vorzug gegeben.

Blutuntersuchungen

Die Belastung und Schädigung von Organen und Geweben wie beispielsweise der Leber, der Nieren und der Muskulatur kann durch Ermittlung von spezifischen Stoffwechselprodukten und Enzymen im Rahmen einer Blutuntersuchung beurteilt werden. Ebenso können Mangelsituationen, aber auch Überversorgungen (v. a. Mineralstoffe und Spurenelemente) durch eine Blutanalyse erkannt werden. Handelt es sich um Untersuchungen an Einzeltieren, so halten sich auch die Kosten im Rahmen. Bei Reihen- und Herdenuntersuchungen sollte jedoch systematisch und mit Verdacht in eine bestimmte Richtung vorgegangen werden, um nicht unnötig hohe Kosten für nicht verwertbare Untersuchungsergebnisse zu erhalten.

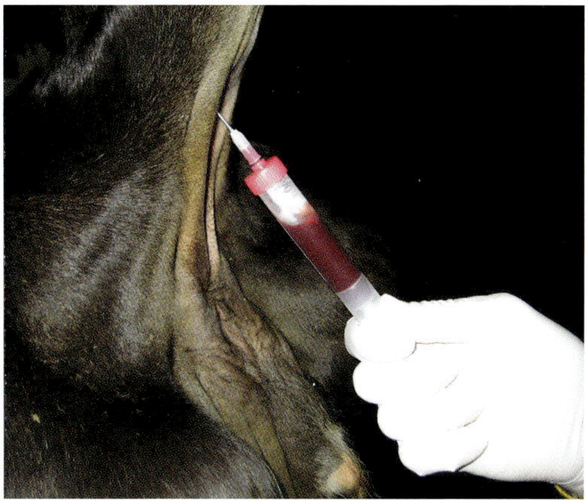

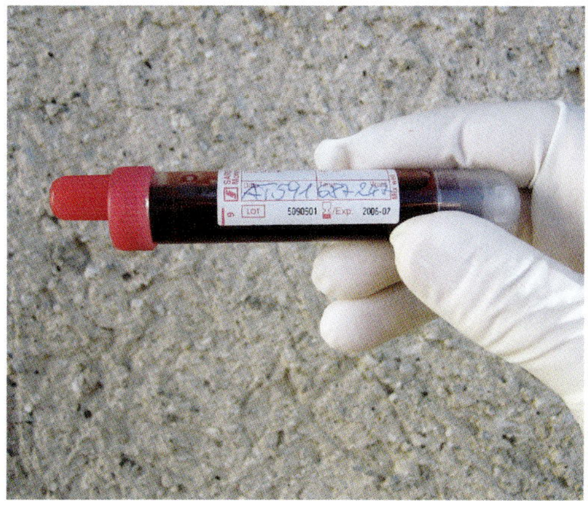

Eine Blutuntersuchung kann wichtige Hinweise auf das Vorliegen von Erkrankungen liefern. *Fotos: Walter Obritzhauser*

Messen des Ketonkörpergehaltes im Blut der Kuh

Um subklinische und klinische Ketosen bei Milchkühen frühzeitig zu erkennen, kann der Ketonkörpergehalt in Milch, Harn und Blut mittels Teststreifen festgestellt werden. Die Sensitivität der Messung nimmt von Milch über Harn zu Blut zu. Der Untersucher kann über Kapillarblut, entnommen aus dem Scheidenbereich, den Ketonkörpergehalt im Blut feststellen. Auf dem Markt sind Blutzuckermessgeräte erhältlich, die für den Einsatz bei Rindern, Schafen und Ziegen validiert wurden. Die erste Messung kann bereits in der ersten Laktationswoche durchgeführt werden und die zweite Messung sollte dann ca. eine Woche später erfolgen.

Die Ergebniswerte für den Ketonkörpergehalt im Blut können wie folgt interpretiert werden:

- ≤ 0,6 mmol/l: Normalwert
- 0,6 bis 1,2 mmol/l: erhöhte Werte jedoch ohne akuten Handlungsbedarf
- von 1,2 bis ca. 1,5 mmol/l: subklinische Ketose – therapeutische Maßnahmen sind ratsam
- > 1,5 mmol/l: klinische Ketose mit akutem Handlungsbedarf

Rinder-krankheiten

Kälberkrankheiten

Krankheitsfälle bei Kälbern gehören leider zum Alltag in der täglichen Praxis. Durchfälle stellen die häufigsten und verlustreichsten Probleme während der Kälberaufzucht dar, aber auch Lungenerkrankungen, Gelenksinfektionen und Veränderungen im Nabelbereich treten immer wieder auf. Während bis zu 3 % Todesfälle bei Kälbern „toleriert“ werden können, kann dieser Anteil an Ausfällen in Problembetrieben auf über 30 % ansteigen. Neben den Verlusten durch Todesfälle können auch die im Anschluss an Erkrankungen auftretenden Entwicklungsstörungen und chronischen Organschäden von beträchtlichem Ausmaß sein. Das Kalb von heute ist die Kuh von morgen und somit muss der Vermeidung von Erkrankungen während der Kälberaufzucht besonderes Augenmerk geschenkt werden. Durch Engagement und stete Aufmerksamkeit des Tierhalters lassen sich viele Probleme und Erkrankungen bei Kälbern vermeiden bzw. frühzeitig und damit effizient beheben.

Trächtigkeit und Geburt

Eine gesunde Kuh wird eher ein robustes Kalb zur Welt bringen. Der optimale Ernährungszustand des Muttertieres (regelmäßige Erhebung des BCS) bei der Abkalbung beeinflusst u. a. wesentlich den Geburtsverlauf und damit auch die Gesundheit von Kuh und Kalb. Kühe, welche verfettet zur Abkalbung gelangen (BCS > 3,75) haben ein vielfach höheres Risiko einer Schwergeburt.

Besondere Gefahren für das Kalb durch eine Schwergeburt

- Verschleppte Geburt → Sauerstoffmangel → Erstickungsgefahr → lebensschwach
- Fruchtwasser gelangt in die Lungen (Fruchtwasseraspiration) → Sauerstoffmangel → Lungen vermehrt infektionsgefährdet
- Blutübersäuerung (Blutazidose) aufgrund mangelnder Lungenfunktion (CO_2 kann nicht abgeatmet werden) → lebensschwach → fehlende Sauglust → Abwehrschwäche → erhöhte Infektionsgefahr

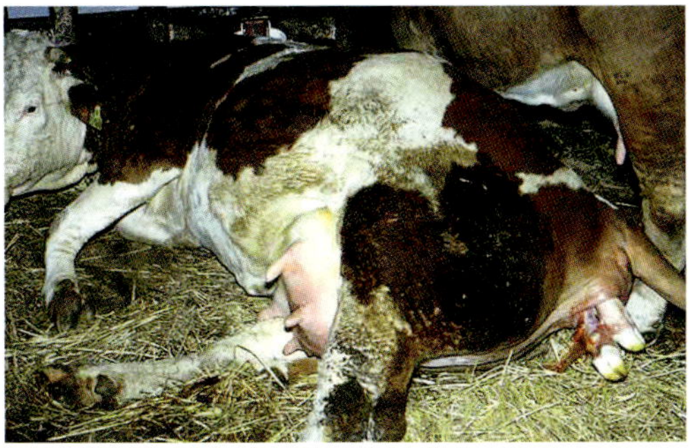

Schwergeburten stellen sowohl für die Kuh als auch für das Kalb einen besonderen Stress dar.

- Quetschungen, Blutergüsse, Verletzungen von Gelenken, Sehnen, Bändern und Knochen
- Ausriss des Nabels ➞ erhöhte Infektionsgefahr
- Stress

Geburtshygiene

Durch eine entsprechende Geburtshygiene sollen die Kuh und das Kalb vor einem unnötig hohen Infektionsdruck bewahrt werden. Das Kalb kommt ohne eine wirksame Immunabwehr zur Welt und unhygienische Geburts- und Umweltverhältnisse können somit bereits in dieser Phase für die spätere „Krankengeschichte" des Kalbes verantwortlich zeichnen.

Der Geburtsablauf sollte unter Aufsicht und in einer sauberen Abkalbebox mit frischer Stroheinstreu stattfinden. Von besonderer Bedeutung sind die Reinigung (Seife) und Desinfektion (schleimhautverträgliches Mittel) der Hände/Arme aller Geburtshelfer, der Geburtsgeräte und -stricke sowie der Schamgegend der Kuh.

Versorgung des neugeborenen Kalbes

Durch einen Kaltwasserguss auf Kopf, Nacken und Brust und durch das nachfolgende Trockenreiben wird der Kreislauf des neugeborenen Kalbes in Schwung gebracht. Kälber mit viel Schleim in den Atemwegen sowie Kälber mit Verdacht auf Fruchtwasseraspiration sollten an den Hinterextremitäten für 10–20 Minuten aufgehängt werden.

Der Nabel des Kalbes muss desinfiziert werden, am besten eignen sich jodhältige Desinfektionsmittel (z. B. Betaisodona-Lösung), diese Nabeltoilette sollte am nächsten Tag wiederholt werden. Je früher das Kalb mit Kolostrum (Biestmilch) versorgt wird, desto wirksamer ist diese Gabe von Immunstoffen. Am wirkungsvollsten hat sich eine erste Kolostrumgabe von mind. 0,5–1 Litern noch in der ersten Lebensstunde herausgestellt, sie sollte jedoch nie später als 4 Stunden nach der Geburt erfolgen. In der ersten Lebenswoche werden die Kälber noch mit Kolostrum gefüttert. Das Wachstum und die Gewichtszunahme des neugeborenen Kalbes stehen noch nicht im Vordergrund. Bislang war die Empfehlung einer verhaltenen Milch-Fütterung in dieser Phase vorrangig. Neueste Ergebnisse zeigen aber, dass mit einer ad-libitum-Tränke von angesäuerter Milch sowohl gesunde Kälber als auch

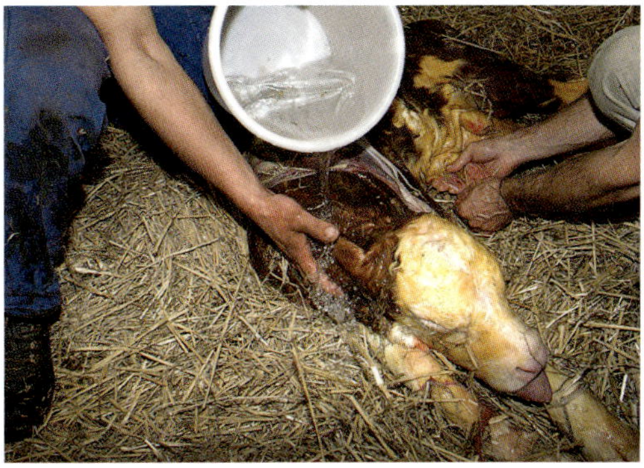

Der Kaltwasserguss soll den Kreislauf des neugeborenen Kalbes anregen.

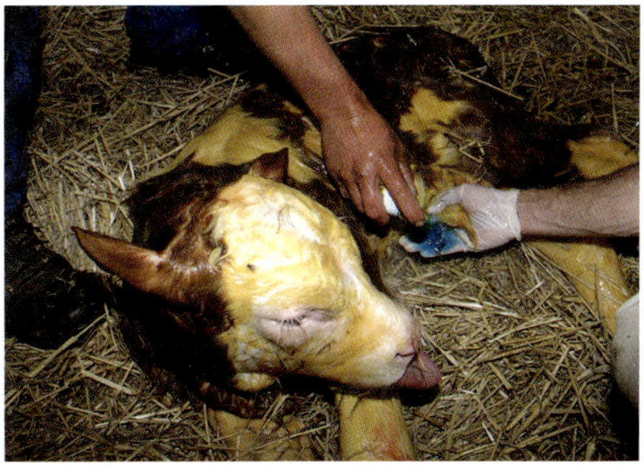

Die Nabeltoilette sollte unmittelbar nach der Geburt des Kalbes durchgefürt werden. Fotos: Walter Obritzhauser

hohe Zuwachsraten erzielt werden können. Erst nach 3 Wochen sollen die Tagesgaben kontinuierlich gesteigert werden. Auf eine entsprechend hygienische Behandlung des Tränkegeschirres und auf die exakte Einhaltung der Tränketemperatur von 38–40 °C ist zu achten.

Kolostrumqualität

Neben der konsequenten Kolostrumversorgung hat auch die Kolostrumqualität (hoher Gehalt an Abwehrstoffen) einen bedeutenden Einfluss auf die Gesundheit des Kalbes.

Wann ist mit einer geringeren Kolostrumqualität zu rechnen?

- Erkrankte Kuh (insbesondere Euterkrankheiten, Milchfieber und Ketose)
- Erstkalbende Tiere
- Hochtragende Zukauftiere (das Immunsystem benötigt ca. drei Wochen, um sich an eine neue Keimflora anzupassen)
- Im Anschluss an Frühgeburten wie auch bei Zwillingsgeburten, welche ebenfalls meist vor dem errechneten Geburtstermin eintreten

Durch das Einfrieren von Kolostrum älterer Kühe in mehreren Plastikflaschen hat man bei Bedarf immer Biestmilch zur Hand, um die Kälber zu versorgen (z. B. bei Tod des Muttertieres).

Kälberdurchfall

Vom so genannten Neugeborenendurchfall sind Kälber ab dem 3. Lebenstag bis zu einem Alter von etwa 14 Tagen, insbesondere während der Wintermonate, betroffen. Die überwiegende Mehrheit von Kälberdurchfällen ist infektiös bedingt. Die Erkrankungen treten zumeist bestandsweise gehäuft auf und können schwere Verluste verursachen.

Verschiedene Umweltfaktoren wie Hygienemängel in den Bereichen Geburt, Aufstallung und Tränkung, aber auch Vitamin- und Spurenelementmängel haben bei der Krankheitsentstehung ebenfalls eine entscheidende Bedeutung.

An Durchfall erkrankte Kälber müssen frühzeitig behandelt werden (hier Dauertropfinfusion).
Foto: Johann Gasteiner

Durchfallerreger bei Kälbern

Sofort nach der Geburt ist das neugeborene Kalb mit einer Vielzahl von Erregern konfrontiert (Viren, Bakterien, Parasiten, Pilze). Durch frühzeitige und regelmäßige Kolostrumaufnahme ist das Immunsystem des Tieres in der Lage, die meisten Krankheitserreger abzuwehren. In der Umwelt können sich jedoch auch Krankheitserreger finden, welche vom Immunsystem nur noch unzureichend bekämpft werden können. Ein hoher Infektionsdruck kann somit zu Krankheitsausbrüchen führen.

Als Erreger von Kälberdurchfällen können sowohl Viren (am häufigsten werden Rota- und Coronaviren festgestellt) als auch Bakterien (vor allem bestimmte Typen von *E. coli*, seltener, jedoch gefährlich: Salmonellen) als Einzel- oder Mischinfektion eine Rolle spielen. Unter all diesen Erregern dürften die Viren die größte Bedeutung haben. Im Anschluss an virusbedingte Durchfälle finden dann auch andere Durchfallerreger günstige Bedingungen zur Vermehrung im Darm der Kälber vor.

Bei Kälbern ab einem Alter von etwa 3 Wochen können Kokzidien (einzellige Parasiten) Verursacher von schwerwiegenden, oftmals blutigen Durchfällen sein. Die Kokzidiose tritt vielfach in der Phase des Absetzens auf.

Krankheitserscheinungen

Die Kälber leiden unter starkem, stinkendem Durchfall, wobei dem dünnflüssigen Kot auch Blut, Schleimhautteile und Fibrinfetzen beigemengt sein können. Aufgrund der Austrocknung des Körpers (Exsikkose) kommt es zu einer starken Kreislauf- und Nierenbelastung. Die Hautelastizität des Kalbes vermindert sich dramatisch. Die Prüfung der Hautelastizität ist somit ein gutes Maß zur Bewertung des Austrocknungsgrades.

Ermittlung der Hautelastizität: Seitlich am Hals wird eine Hautfalte hochgehoben. Bei gesunden Kälbern verstreicht diese Hautfalte unmittelbar nach dem Loslassen. Je stärker die Austrocknung, desto langsamer verstreicht die Hautfalte, in hochgradigen Fällen bleibt die Hautfalte stehen.

Durch die Elektrolyt- und Pufferverluste kommt es zu einer starken Ansäuerung des Organismus (Blutazidose) und es besteht Blutzuckermangel. Die Tiere sind matt, schwach und haben eingesunkene Augäpfel. Im weiteren Krankheitsverlauf zeigen die Kälber Trinkschwäche, eine herabgesetzte innere Körpertemperatur (aufgrund des Energiemangels), Müdigkeit und Festliegen (aufgrund der Blutübersäuerung). Der Durchfall führt zu einer starken Schädigung der Darmschleimhaut und wichtiger innerer Organe wie der Nieren. Infolge der allgemeinen Schwächung kann es zu weiteren Komplikationen, insbesondere zu Krankheiten des Atmungstraktes, kommen (Bronchitis, Lungenentzündung). Auch Erkrankungen des Nabels und der Gelenke können vermehrt auftreten.

Der oftmals zu beobachtende totale Verlust des Haarkleides im Bereich der Anal- und Schenkelregion, an den Gliedmaßen und auch am Kopf ist als Folge einer starken Blutübersäuerung anzusehen. Diese Haarlosigkeit geht nicht mit Juckreiz einher. Nach Besserung des Durchfallgeschehens wachsen die Haare auch wieder nach.

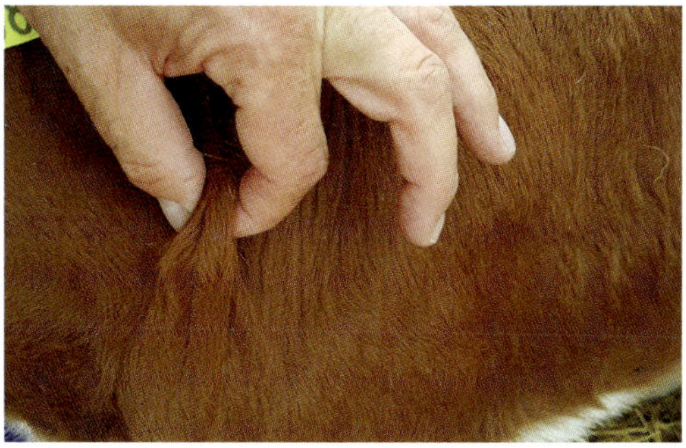

Überprüfen der Hautelastizität Fotos: Johann Gasteiner

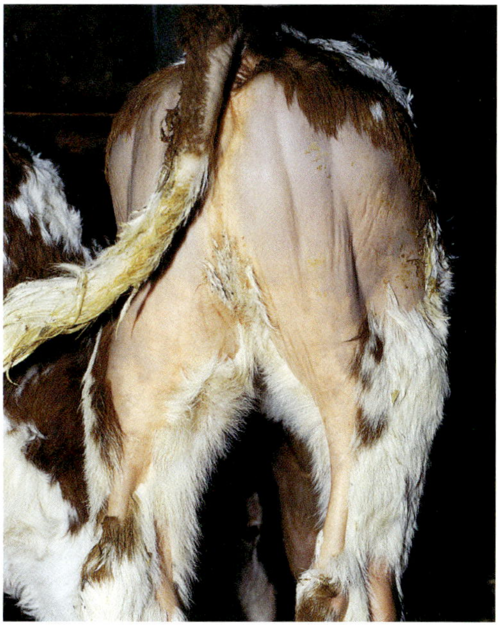

Haarlosigkeit durch Blutübersäuerung als Folge von Durchfall

Nachweis der Durchfallerreger

Für die Behandlung eines an Durchfall erkrankten Einzeltieres ist ein Versuch der Abklärung der Ursache (Erregerisolierung) nicht sinnvoll. Bei bestandsweise gehäuftem Auftreten können jedoch Kotproben zur Untersuchung durch den Tierarzt an ein geeignetes Labor gesendet werden. Dort werden virologische, bakteriologische und parasitologische Untersuchungen durchgeführt. Es ist jedoch zu beachten, dass die wichtigsten viralen Erreger, die zumeist ursächlich für den Durchfall verantwortlich sind, nur kurze Zeit nach dem Krankheitsausbruch nachweisbar sind.

Behandlung

Kälber mit starkem Durchfall können pro Tag mit dem Kot eine Flüssigkeitsmenge von bis zu 20 % ihrer Körpermasse verlieren. Die Behandlung hat daher vorrangig das Ziel, unabhängig von der Durchfallursache, den Verlust von Flüssigkeit, Elektrolyten, Puffersubstanzen und Nährstoffen wieder auszugleichen.

Im Falle einer bestandsweisen Häufung von Durchfallerkrankungen sowie bei Kälbern mit Trinkschwäche und gleichzeitig bestehendem Durchfall ist in jedem Fall möglichst rasch ein Tierarzt beizuziehen. Mittel- bis hochgradig erkrankte Kälber können nur durch tierärztliche Behandlung (Infusionen) gerettet werden.

Die weitverbreitete irrige Annahme, dass der Durchfall durch das Absetzen der Milchtränke verbessert werden kann, verursacht bei den betroffenen Kälbern nur noch größere Schäden! Milch verursacht keinen Durchfall (Ausnahme Pansentrinker). Wird jedoch die Milchtränke durch alleinige Gaben von diversen Elektrolyt- und Diättränken über mehrere Tage ersetzt, so kommt es zu einer akuten Verstärkung der Unterversorgung des Kalbes, insbesondere mit Proteinen.

Solcherart „behandelte" Kälber werden zusätzlich geschwächt und magern extrem rasch und stark ab. Daher dürfen diese Elektrolyt- und Diättränken nicht als Milchersatz, sondern nur zusätzlich zur weiterhin normalen Milchtränke des Kalbes verabreicht werden.

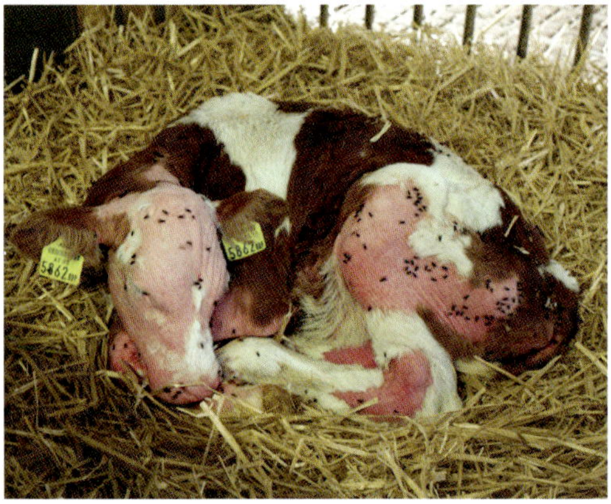

Erkrankte Kälber sind gesondert aufzustallen (Beispiel für Blutübersäuerung: Kalb ist müde, matt, apathisch und hat Haarausfall).
Foto: Johann Gasteiner

Umgang mit erkrankten Kälbern

Eine wichtige Maßnahme stellen die intensive Pflege und eine optimale Haltung von kranken Kälbern dar. Die Kälber sind in einem sauberen, trockenen Stall mit gutem Stallklima (Frischluft, aber keine Zugluft) zu halten. Erkrankte Kälber sollten von gesunden Tieren getrennt werden. Da Durchfallkälber unter starkem Energiemangel leiden und selbst kaum Körperwärme produzieren, sollten sie in einem angenehm temperierten Raum gehalten werden (Wärmelampe im Winter). Kranke Kälber müssen regelmäßig zum Trinken kleinerer Mengen von Milch und Elektrolyttränke animiert werden (5–6 x täglich).

Vorbeugung

Die rechtzeitige, ausreichende und nachhaltige Versorgung mit Biestmilch ist nach wie vor der wichtigste Faktor zur Verhütung von infektionsbedingten Kälberkrankheiten. Einem neugeborenen Kalb sollten etwa 3,5–4 Liter Kolostrum binnen 4 Stunden nach der Geburt gefüttert werden. Durch den Einsatz von Sauermilchtränke zur freien Aufnahme (ad libitum) (pH 5,5) lässt sich das Problem Kälberdurchfall oftmals rasch in den Griff bekommen.

Sauermilchtränke

Erste bis dritte Lebenswoche: Kälbern in Einzelhaltung gesäuerte Biestmilch oder Vollmilch ad libitum im Nuckeleimer anbieten.
Bis inkl. fünfter Lebenswoche: Kälbern sechs Liter gesäuerte Milch pro Tag anbieten. Bei einer Milchaustauscher-Tränke sollte ein hochwertiger Magermilch-MAT mit 160 g MAT/Liter Wasser verwendet werden. Am Automat sollten die 6 Liter auf vier Mahlzeiten pro Tag aufgeteilt werden.
Sechste bis etwa zehnte Lebenswoche: Die Tränke (bei MAT: 120 g/Liter Wasser) sollte schrittweise von sechs auf zwei Liter pro Tag reduziert werden.
Kälberstarter und Grummet: immer zur freien Aufnahme anbieten.

Eingesetzt werden organische Säuren in Reinform, wie zum Beispiel Ameisensäure, die noch zu verdünnen ist, und in Gemischen, zum Beispiel Ameisen-, Propion-, Fumar-, Milch-, Zitronen- oder Essigsäure. Das Ansäuern soll die Vermehrung von Bakterien, vor allem *E. coli*, bremsen. Die Präparate sind flüssig oder als Pulver erhältlich.

Muttertierschutzimpfung

In Betrieben mit dem Bestandsproblem Kälberdurchfall hat sich die Muttertierimpfung sehr gut bewährt. Pro Muttertier sind 2 Impfungen in 3-wöchigem Abstand erforderlich, die nur von einem Tierarzt durchgeführt werden dürfen. Durch die Impfung aller hochtragenden Rinder des Bestandes kommt es bei den Kühen zu einer verstärkten Antikörperbildung gegen die bedeutendsten Durchfallerreger (Rota-, Corona-Viren, *E. coli*). Diese Abwehrstoffe werden mit dem Kolostrum ausgeschieden und nur über dieses gelangen sie auch in das Kalb.

Der Erfolg eines Impfprogrammes ist von folgenden Faktoren abhängig:

- Lückenlose und fachgerechte Impfung der Muttertiere
- Optimale Kolostrumversorgung des Kalbes
- Geburtshygiene
- Tränkehygiene
- Gute Haltungsbedingungen
- Impfprogramm wenigstens alle 2 Jahre durchführen

Für konkretere Fragen bezüglich Erregernachweis (Bakterien, Viren, Parasiten) und gezielte Problemlösung (Hygiene, Behandlung, Impfung, antibiotische Vorbeugung) steht Ihr Tierarzt zur Verfügung.

Was ist ein Pansentrinker?

Die Milch gelangt normalerweise bei Kälbern vom Ende des Schlundes über die Schlundrinne direkt in den Labmagen, wo sie vom Labferment gefällt wird und weiter verdaut werden kann.

Der Schlundrinnenreflex wird durch das Saugen ausgelöst, bei Störungen gelangt die Milch nicht in den Labmagen, sondern in die noch kaum ausgebildete Hauben-Pansenregion. Da in den Vormägen jedoch kein Labferment gebildet wird, kommt es zur Vergärung der Milch und es entsteht eine Pansenübersäuerung (Pansenazidose). Die Pansenübersäuerung führt zu einer Entzündung der Hauben- und Pansenschleimhaut, welche für das Kalb sehr schmerzhaft sein kann, es zeigt wechselnd starke Sauglust. Die aufgenommene Milch kann nicht richtig verdaut werden, Durchfall und gelegentliches Blähen sind die Folgen. Pansentrinker bleiben in ihrer Entwicklung stark zurück und werden oftmals nicht als solche erkannt.

Ursachen für Pansentrinken können alle Faktoren sein, welche zu einem gestörten Saugverhalten des Kalbes führen:

- Grunderkrankungen wie Lungen- oder Nabelinfektionen, Durchfälle
- Fehlerhafte Tränkung: einzelne Tränkemengen zu groß, hastiges Saufen (Saugeröffnung zu groß?), falsche Tränketemperatur (Soll: 38 °C bis max. 40 °C)
- Einschütten von Milch oder anderen kohlenhydrathältigen Flüssigkeiten bei Trinkschwäche
- Rückfluss von Labmageninhalt in den Pansen, Ursache ungeklärt, evtl. wiederum zu hohe Tränkemengen

Wie erkennt man einen Pansentrinker?

Bei Verdacht auf Pansentrinken kann der Tierarzt durch Setzen einer Schlundsonde eine Pansensaftprobe gewinnen. Bei Pansentrinkern kann Pansensaft mit einem pH-Wert < 6 gewonnen werden, in hochgradigen Fällen kann dieser pH-Wert < 4 liegen.

Was tun bei Pansentrinkern?

Die Behandlung eines Pansentrinkers richtet sich nach dem Allgemeinbefinden sowie (falls vorhanden) nach Ergebnissen von Blutuntersuchungen.

- Bei Kälbern mit gutem Allgemeinbefinden und nur geringgradiger Austrocknung wird die Tränke für einen Tag eingestellt.
- Bei Kälbern mit hochgradigen Krankheitserscheinungen muss eine intravenöse Dauertropfinfusion durchgeführt werden, bei erhaltener Sauglust sind drei Tränken/Tag anzubieten.
- Durch Pansenspülungen (mehrmals täglich) mit lauwarmem Wasser wird der saure Panseninhalt entfernt.
- Durch intravenöse und orale Verabreichung von Natriumbikarbonat kann der pH-Wert von Blut und Vormägen rasch in den Normbereich gebracht werden.

- Orale Gaben von Natriumbikarbonat nicht zeitgleich mit der Milchtränke geben (Gefahr der Blähung).
- Intensive Stimulierung des Saugreizes vor dem Tränken.
- Eine bestehende Grundkrankheit muss erkannt und tierärztlich behandelt werden.
- Bei Aufnahme entsprechender Mengen von Raufutter, Kälberstarter und Wasser empfiehlt sich das vorzeitige Absetzen der Milch.

Lungenerkrankungen

Zumeist sind virusbedingte Infektionen ursächlich für die Erkrankung des Atmungstraktes verantwortlich. Infolge der verminderten Belüftung der Lunge und der herabgesetzten Immunabwehr kommt es in weiterer Folge zur Besiedelung mit verschiedenen Bakterien (Pasteurellen, Streptokokken, Mykoplasmen, Chlamydien ...).

Die Hauptsymptome sind:

- Fieber (innere Körpertemperatur gesunder Kälber: 38,5–39,2 °C)
- fehlende Sauglust
- angestrengte, erschwerte und beschleunigte Atmung
- gestreckte Kopf-Hals-Haltung
- schleimig-eitriger Nasenausfluss und Augenausfluss
- Husten
- Absonderung von der Gruppe, Mattigkeit

Um die Herde zu schützen, sollten erkrankte Tiere gesondert aufgestallt werden. Sie sind möglichst rasch einer tierärztlichen Therapie zu unterziehen. Auf eine intensive und bis zur Heilung dauernde antibiotische Therapie ist besonderes Augenmerk zu legen. Die fachgerechte Behandlung derart lungenkranker Tiere darf nicht dem Sparstift zum Opfer fallen, denn die Folgen wären chronische Lungenerkrankungen und Kümmerer. Durch den Einsatz von Vitaminen, entzündungshemmenden und antiallergischen Präparaten wird der Heilungsprozess beschleunigt. Lungenerkrankungen können unter optimalen Umweltbedingungen (Frischluft, trockene Unterbringung) weitaus besser ausgeheilt werden.

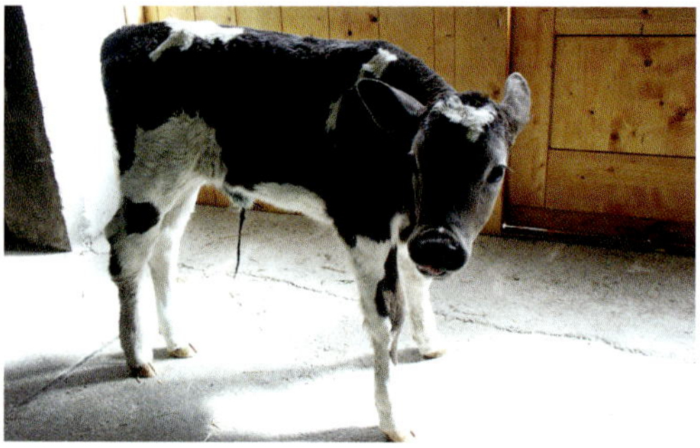

Hochgradige Atemnot bei Kälbergrippe
Foto: Johann Gasteiner

In Problembetrieben kann nach der Diagnose durch den Betreuungstierarzt (Erregerisolierung, Serologie) ein entsprechendes Impfprogramm durchgeführt werden.
Kälber mit Durchfall haben 3 x häufiger Lungenerkrankungen als Kälber ohne Durchfall.

Veränderungen in der Nabelregion

Nabelbruch

Ein Nabelbruch ist eine Ausstülpung des Bauchfelles durch die im Nabelbereich ungenügend geschlossene Bauchdecke (Bruchpforte). Im Inneren dieser Ausstülpung befinden sich mehr oder weniger große Teile von Darm und Netz. Das Ausmaß eines Nabelbruches, der zumeist angeboren und nur selten erworben ist, kann von kindsfaustgroß bis über fußballgroß reichen. Der Inhalt ist „quatschend" und beim unkomplizierten Nabelbruch kann der Bruchinhalt vollständig in die Bauchhöhle zurückverlagert werden (besonders leicht bei Kalb in Rückenlage). Kälber mit Nabelbruch bleiben in ihrer Entwicklung zumeist zurück und es besteht die Gefahr der lebensbedrohlichen Einklemmung von Darmteilen und Gefäßen.

Die Sanierung eines Nabelbruches ist nur operativ möglich, wobei zu bedenken ist, dass es sich um ein erblich bedingtes Leiden handelt. Das Tier sollte dann von der Zucht ausgeschlossen werden.

Nabelinfektion

Der Nabel stellt eine wichtige Eintrittspforte für Eitererreger dar. Ausgehend von einer Infektion des Nabels können die Eiterbakterien in die Leber und auch in die Harnblase aufsteigen und dort zu Entzündungen bzw. Abszessen führen. Der in die Bauchhöhle ziehende Nabelstrang ist unter der Haut noch fühlbar und soll nicht dicker als eine Fingerstärke sein. Bei einer Nabelentzündung ist dieser Strang verdickt, schmerzhaft, höher temperiert und an der Öffnung kann Eiter austreten. Aus einer solchen Entzündung kann sich auch ein Nabelabszess von beträchtlicher Größe bilden. Die Therapie durch den Tierarzt wird, in Abhängigkeit vom Wert des Kalbes und dem Ausmaß der Infektion, aus Wundtoilette und Antibiose bis hin zu einer operativen Entfernung des Abszesses bestehen.

Harnfistel

Während der Zeit im Mutterleib gibt das Kalb den produzierten Harn über einen Verbindungsgang von der Harnblase über den Nabelstrang in die Fruchtblase ab. Wenn dieser Verbindungsgang nach der Geburt nicht vollständig verödet, träufelt ständig Harn aus dem Nabel des Kalbes. Die Wunde im Nabel kann sich nicht schließen und Infektionen sind die Folge. Eine Harnfistel kann nur operativ saniert werden.

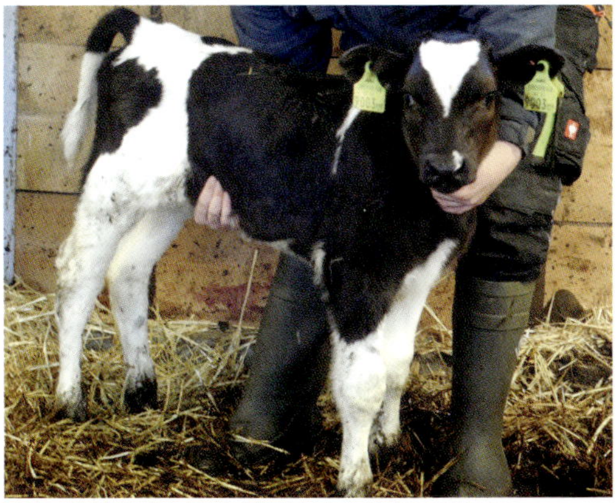

Umfangsvermehrungen im Nabelbereich sollten durch den Tierarzt abgeklärt werden. Die Unterschung des Nabels muss auch durch Betasten erfolgen.

Fotos: Johann Gasteiner

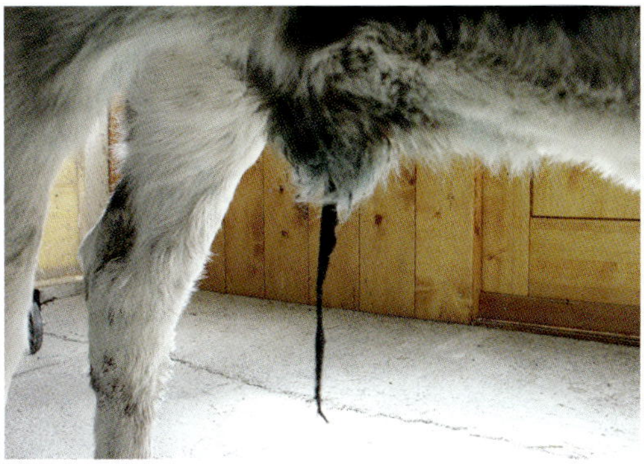

Umfangsvermehrungen im Nabelbreich sollen frühzeitig erkannt und dem Tierarzt vorgestellt werden.

Gelenksinfektion/Kälberlähme

Die meisten Fälle von Gelenksinfektionen sind die Folge einer streuenden Infektion des Nabels. Es können ein oder mehrere Gelenke betroffen sein (speziell Fessel-, Sprung-, Handwurzel- und Kniegelenke). Das Kalb zeigt Lahmheit, Schmerzhaftigkeit und liegt vermehrt. Bei Untersuchung auf Kälberlähme müssen alle Gelenke abgetastet werden, damit keine Schwellungen übersehen werden. Die Therapie (Antibiotika, Entzündungshemmer, Einreibungen, Salben) muss über längere Zeiträume erfolgen, in fortgeschrittenen Fällen (zusätzliche Komplikationen, wie Nabelentzündung, Lungeninfektion und Durchfall) ist die Erkrankung kaum mehr heilbar.

Beugesehnenverkürzung

Laut einer Studie werden etwa 4 % der Kälber mit einer mehr oder weniger ausgeprägten Beugesehnenverkürzung geboren. Durch die ständig gebeugte Haltung der Gliedmaßen (zumeist der Vorderextremitäten) im Mutterleib werden die Beugesehnen nie richtig gestreckt und bleiben in ihrer Längenentwicklung zurück. Die Beine können somit nach der Geburt nicht mehr vollständig gestreckt werden. Die Sauglust derart erkrankter Kälber ist, bei Fehlen anderer Erkrankungen, üblicherweise nicht gestört.

Beugesehnenverkürzungen sind in unterschiedliche Schweregrade zu unterscheiden. In leichteren Fällen ist die Stehfähigkeit des Kalbes noch gegeben und das Kalb fußt zumeist auch noch auf den Klauensohlen, knickt jedoch des Öfteren ein (überköten). Das Karpalgelenk (umgangssprachlich und fälschlich oft als „vorderes Knie" bezeichnet) und das Fesselgelenk sind jedoch bereits verstärkt gebeugt. In schwerwiegenderen Fällen können das Karpal- und Fesselgelenk nicht mehr aktiv durchgestreckt werden, das Kalb nimmt dann ständig die Karpalbeugehaltung („knieende Stellung") ein. Dabei kann es ohne entsprechend tiefe Stroheinstreu binnen weniger Tage zum Wundliegen der Haut im Bereich dieser Gelenke kommen. In hochgradigen Fällen von Beugesehnenverkürzung ist das Kalb festliegend und die Gliedmaßen können auch vom Untersucher nicht mehr gestreckt werden.

In leichteren Fällen genügt es, die Beine des Kalbes 2–3 x täglich aktiv für ca. 15 Minuten zu strecken und zu massieren, um so die korrekte Fußung zu trainieren. Dabei kann man auch einen Strohballen heranziehen, welchen man quer unter den Bauch des Kalbes schiebt. Das Kalb sollte den Boden gerade noch berühren, man lässt das Kalb derart 2 x täglich für etwa 30 Minuten hängen. Die Strecktherapie kann durch Einreibungen der Gliedmaßen mit Alkohol oder milden durchblutungsfördernden Lotionen unterstützt werden. Nach etwa 2 Wochen ist die Fehlstellung dann zumeist behoben.

Bei hochgradig ausgeprägter Beugesehnenverkürzung hat sich auch das Anlegen eines gepolsterten(!) Streckverbandes durch den Tierarzt bewährt.

Zusätzlich sollte für eine bedarfsgerechte Versorgung des Kalbes mit Vitaminen und Spurenelementen, insbesondere mit Vitamin E und Selen, gesorgt werden. Dies kann durch Eingabe entsprechender Präparate oder auch durch eine tierärztliche Injektion sichergestellt werden.

Fehlstellungen der Gliedmaßen sowie Lahmheiten, welche bei Kälbern erst einige Tage nach der Abkalbung auftreten, sollten durch eine tierärztliche Untersuchung abgeklärt werden, damit eine bestehende Gelenksinfektion (Kälberlähme) nicht übersehen wird.

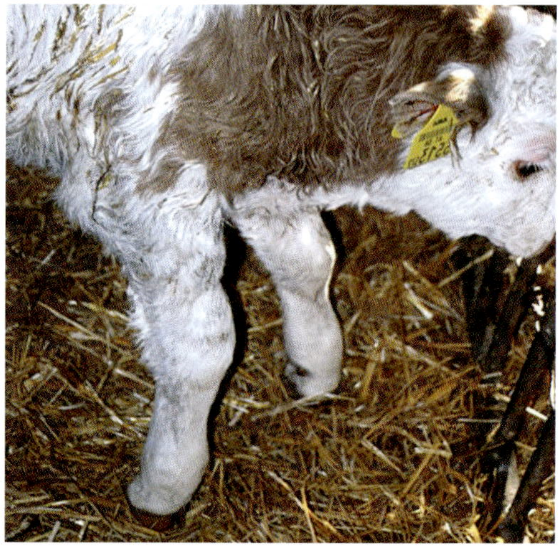

Nur wenn die Gliedmaßen noch korrekt fußen, dann wächst sich die Beugesehnenverkürzung von selbst aus. Foto: Johann Gasteiner

Allgemein gesundheitsfördernde Maßnahmen

- Hygiene
- zweimalige Nabeltoilette
- Kolostrumversorgung
- Vitaminstoß: Vit. A, D_3, E-Selen
- unspezifische Abwehr steigern: Globulinpräparate

Rachitis

Rachitis ist die Folge einer Störung des Kalzium-Phosphat-Stoffwechsels. Die auf eine unzureichende P-Versorgung oder auch chronischen Vitamin-D-Mangel zurückzuführende Rachitis (Knochenweiche) bei Kälbern und Jungrindern führt zu einer mangelhaften Verknöcherung des Skeletts. Auch durch eine massive Überversorgung mit Ca (z. B. alleinige Gaben von Futterkalk) oder auch durch Lichtmangel (Mangel an UV-Licht in besonders dunklen Stallungen) kann bei Jungtieren Rachitis ausgelöst werden.

Bei Tieren mit Rachitis finden sich typische und schmerzhafte Veränderungen im Gliedmaßenbereich, wie harte Verdickungen/Auftreibungen in der Umgebung von Gelenken, Fassbeinigkeit, Säbelbeinigkeit, Überköten sowie ein vermehrtes Auftreten von Knochenbrüchen. Neben verschiedenen Graden der Störung des Gangbildes findet man zumeist auch Lecksucht und Kümmern.

Nur durch den regelmäßigen Einsatz einer entsprechend vitaminisierten Mineralstoffmischung bei Jungtieren (etwa 30 g/Tag) und einer tiergerechten Haltung (gute Lichtverhältnisse) kann Rachitis vermieden werden. Bei noch saugenden Jungrindern ist der Einsatz einer spurenelement- und kalziumbetonten Mineralstoffmischung erforderlich, da über die Milch genügend Phosphor aufgenommen wird. Werden jedoch nicht mehr saugende Jungtiere lediglich mit überständigem Heu versorgt und wird auf eine adäquate Mineralstoffversorgung verzichtet, so kann auch bei diesen Kälbern Rachitis auftreten.

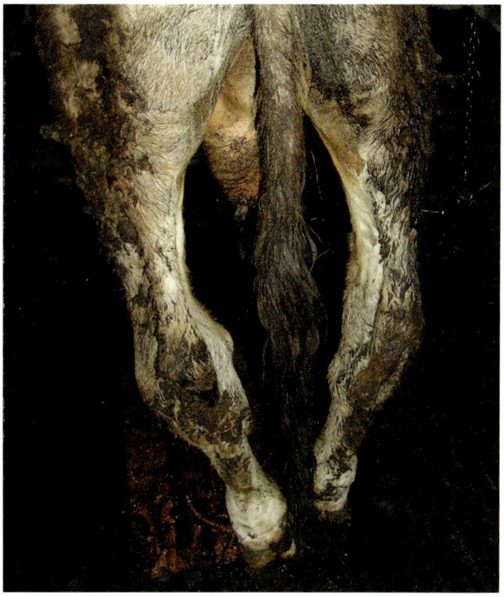

Typische Ausbildung von Rachitis bei einem Jungtier in Folge des Mangels von Sonnenlicht.
Foto: Johann Gasteiner

Stoffwechsel

Stoffwechselerkrankungen bei Milchkühen

Besonders in der Zeit um die Abkalbung und in den ersten beiden Laktationsmonaten ist die Gesundheit von Milchkühen durch die außerordentlich hohen und immer noch steigenden Leistungsanforderungen sowie durch starke Änderungen im Bereich der Fütterung und des Stoffwechsels gefährdet.

Die meisten stoffwechselbedingten Krankheitsfälle finden sich daher auch in den ersten Tagen und Wochen der Laktation und sie stellen wiederum vielfach die Auslöser oder Wegbereiter für nachfolgende Erkrankungen und Funktionsstörungen dar.

Durch eine weitgehend bedarfsgerechte Nähr- und Mineralstoffversorgung wird der Grundstein für eine entsprechend gute Futteraufnahme der frisch laktierenden Kühe gesetzt. Ein guter Start in die Laktation ohne Stoffwechselprobleme ist als wesentliche Voraussetzung nicht nur für eine entsprechende Milchleistung, sondern auch für die nötige Fruchtbarkeitsleistung anzusehen.

Die klassischen Stoffwechselerkrankungen Gebärparese, Ketose und Pansenübersäuerung gelten somit zu Recht als Hauptverursacher für weitere Störungen, wie Fruchtbarkeitsprobleme, Klauen- und Gliedmaßenerkrankungen, Labmagenverlagerung, aber auch Infektionskrankheiten, wie etwa Euter- und Gebärmutterentzündungen. Das Einhalten der optimalen Körperkondition, insbesondere während der kritischen Phasen späte Laktation und Trockenstehzeit stellt die wahrscheinlich wichtigste Voraussetzung zur Verhinderung von Stoffwechselerkrankungen und Festliegen dar.

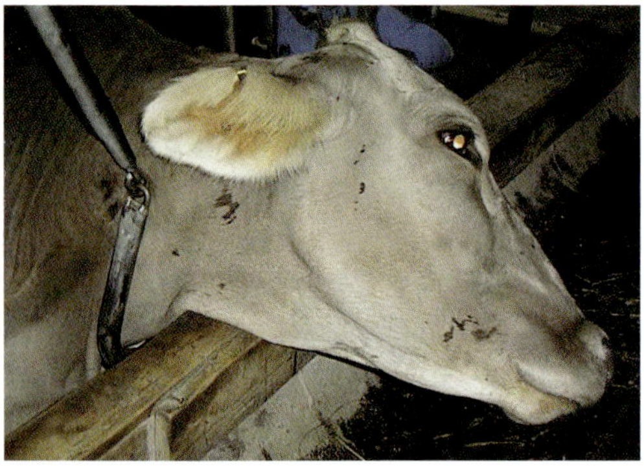

Kühe mit Milchfieber (Hypokalzämie) sind festliegend, bemerken die Umgebung nicht und zeigen keine Reflexe mehr.

Die Infusion durch den Tierarzt ist bei Milchfieber zumeist lebensrettend.

Milchfieber

Zur Vorbeugung von Milchfieber stehen verschiedene Methoden zur Verfügung. Das Hauptaugenmerk muss auch hier auf die Vorbereitungsfütterung der trockenstehenden Kuh gelegt werden.

Die Kalziumversorgung trockenstehender Kühe sollte ab drei Wochen vor der Abkalbung 40–50 g täglich nicht überschreiten (bei entsprechender angepasster Phosphor- und Magnesiumversorgung). Oft ist ein hoher Kaliumgehalt in der Ration für eine Häufung von Milchfieberfällen verantwortlich.

Grundfuttermittel mit hohen Kaliumgehalten (intensiv gedüngte Flächen) sind daher in der Vorbereitungsfütterung nach Möglichkeit durch besser geeignete Futtermittel zu ersetzen. Für eine gezielte Mineralstoffversorgung ist eine Grundfutteranalyse erforderlich.

Die Entscheidung, welches Verfahren zur Milchfieberprophylaxe eingesetzt wird, sollte in Abhängigkeit von der Häufigkeit der Milchfieber-Fälle in einem Betrieb getroffen werden. Eine Einzeltier-Vorsorge, wie die Eingabe von Kalzium-Gelen, Boli oder die Injektion von Vitamin D_3, stellt in Betrieben mit geringen Milchfieber-Problemen sowie in Klein- und Mittelbetrieben sicherlich das Mittel der Wahl dar. Dadurch kann die Erkrankung, insbesondere jene von Risiko-Kühen (Tiere, bei welchen die Gebärparese bereits einmal aufgetreten ist), zumeist erfolgreich verhindert werden.

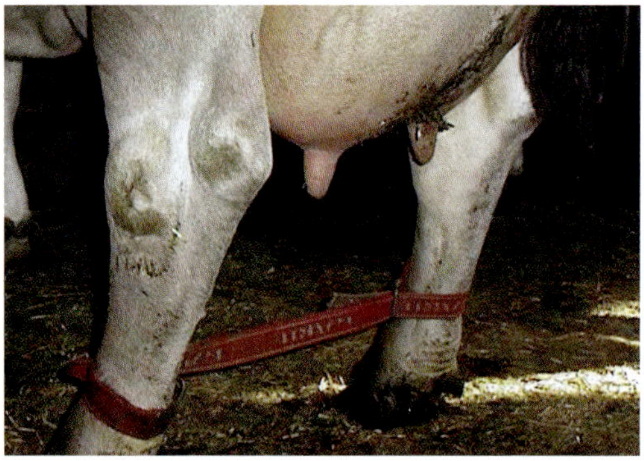

Das Zusammenbinden der Hinterfüße verhindert Muskelrisse durch Grätschen. Fotos: Johann Gasteiner

Versorgung der trockenstehenden Milchkühe zur Vermeidung von Gebärparese

Das Auftreten von Milchfieber hängt eindeutig mit der Kalziumaufnahme in der Trockenstehzeit (insbesondere in der Transitperiode) zusammen. Bei einer Überversorgung mit Kalzium wird der Bedarf fast zur Gänze aus dem Darm gedeckt. Dadurch werden die hormonalen Mechanismen der aktiven Kalziumbereitstellung unterdrückt, die somit zum Zeitpunkt der Abkalbung mit dem erhöhten Bedarf überfordert sind. Durch restriktive Kalziumgaben in der Vorbereitungsfütterung (speziell in den letzten 3 Wochen vor der Abkalbung) werden diese Regulationsmechanismen „trainiert", wodurch die Gefahr des Auftretens der Gebärparese signifikant verringert werden kann. Um Milchfieber wirkungsvoll verhindern zu können, soll die Kalziumversorgung der trockenstehenden Kühe stark gesenkt werden, was jedoch unter praktischen Verhältnissen aufgrund des natürlichen Ca-Gehaltes der in unseren Breiten eingesetzten Futtermittel, vor allem der Grundfuttermittel, nicht immer möglich ist. Als Zielwert gilt jedoch weniger als 50 g Ca/Kuh/Tag in der Gesamtration.

Die Versorgungsempfehlungen für Magnesium (16 g/Kuh/Tag) für trockenstehende Kühe sind Mindestempfehlungen. Eine längerdauernde Überversorgung mit Phosphor (ab 35 g/Tier/Tag) kann durch Verdrängung von Kalzium ebenfalls zu Milchfieber führen.
Allein durch die exakte Einhaltung des „optimalen" Ca : P-Verhältnisses von 1,5 : 1 in der Trockensteher-Ration kann das Auftreten der Gebärparese nicht verhindert werden.

Vermeidung hoher Kaliumgehalte in der Ration während der Trockenstehzeit

Der Zusatz so genannter „saurer Salze" (hauptsächlich negativ geladene Chlor- und Schwefelverbindungen = Anionen) hat sich bislang aus fütterungstechnischen Gründen nur in Großbetrieben bewährt. Neben einer Verfütterung von sauren Salzen hat auch die Verminderung von positiv geladenen Ionen (Kationen) in der Ration während der Vorbereitungsfütterung einen günstigen Einfluss auf den Kalziumstoffwechsel, zumal dadurch auch die einzusetzende Menge an sauren Salzen gesenkt werden kann. Kalium ist das bei der Grünlandwirtschaft im Grundfutter am häufigsten vorkommende und am stärksten wirksame Kation. Kaliumarme Futtermittel sind Maissilage, Heu, Stroh sowie die meisten Kraftfutterkomponenten, insbesondere Rapsextraktionsschrot.

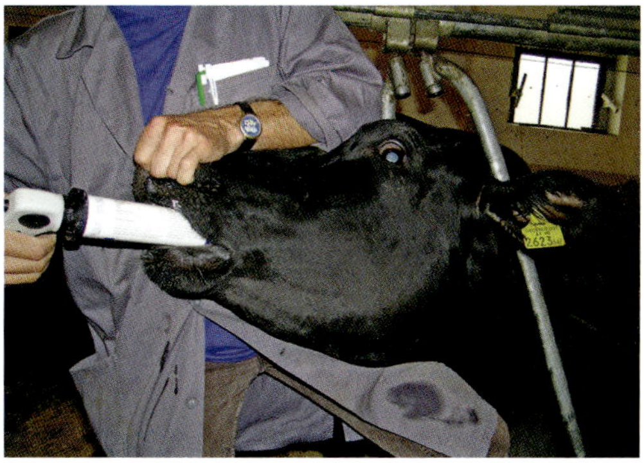

Die vorbeugende Eingabe von Kalziumpräparaten ist bei gefährdeten Tieren empfohlen.
Foto: Johann Gasteiner

Eingabe von Kalziumpräparaten

Vorbeugend empfiehlt sich bei gefährdeten Kühen die Eingabe von Kalziumsalzen (Gele, Pasten, Boli). Dabei werden **am Tag vor der Abkalbung, am Tag der Kalbung sowie in den beiden darauffolgenden Tagen jeweils etwa 50 g Ca** in Form von Kalziumchlorid oder Kalziumpropionat eingegeben. Untersuchungen zeigen, dass die Gebärparesehäufigkeit durch diese Maßnahme um bis zu 70 % gesenkt werden kann.

Oral zu verabreichende Präparate dienen jedoch nur der Vorbeugung und der Nachbehandlung, sie sollen aber vom Tierhalter nicht zur Behandlung einer aufgrund Gebärparese festliegenden Kuh eingesetzt werden. Neben der ungenügenden therapeutischen Wirksamkeit der stark ätzenden Kalziumgele besteht bei Festliegern die große Gefahr des Fehlschluckens mit nachfolgender Eingusspneumonie. Boli und Pasten haben sich in der Praxis aus diesem Grund als praktikabler herausgestellt.

Injektion von Vitamin D_3

Durch die einmalige, tierärztliche Injektion von Vitamin D_3, 8–4 Tage vor der Abkalbung kann das Festliegen bei Kühen, welches auf Störungen des Vitamin D_3-Haushaltes zurückzuführen ist, verhindert werden. Zur Überprüfung der Wirksamkeit dieser Methode wurden in einem Versuch Kühe herangezogen, welche bereits einmal an Gebärparese erkrankt waren. In etwa 80 % der Fälle konnte das Wiederauftreten der Erkrankung bei der nächsten Abkalbung durch eine Injektion von Vitamin D_3 verhindert werden. Wegen des Risikos einer Hypervitaminose mit Kalzifikation innerer Organe ist eine Überdosierung zu vermeiden. Fälle von Phosphor- und Magnesium-Mangel können durch diese Behandlung nicht verhindert werden.

Ketose

Die Ketose ist aus tiergesundheitlicher und damit auch aus wirtschaftlicher Hinsicht neben der Milchfiebererkrankung (Gebärparese) und der Pansenübersäuerung die häufigste Stoffwechselerkrankung von Milchkühen. Bereits das subklinische Auftreten der Erkrankung (d. h. nur mit Hilfe von Laboruntersuchungen oder Teststreifen erkennbar) ruft eine Leistungsminderung und gesundheitliche Folgeschäden hervor. Die Häufung von Erkrankungsfällen, speziell bei hochleistenden Milchkühen, ist auf eine Vielzahl von Ursachen zurückzuführen, welche zum Teil alleine oder auch gemeinsam die Ketose auslösen können. Auch bei jeder Allgemeinerkrankung einer Milchkuh muss mit einer gestörten bzw. verminderten Futteraufnahme und in der Folge mit einer Ketose gerechnet werden (sekundäre Ketose).

Ungeachtet der eigentlichen Ursache der Ketose resultiert die Erkrankung immer aus einer negativen Energiebilanz der Milchkuh. Bei der Betreuung/Fütterung von Milchkühen wird oftmals eine sehr enge Gratwanderung bezüglich der Energieversorgung vollführt. Bei der energetischen Unterversorgung erkranken die Tiere an Ketose, bei der Überversorgung mit Kohlenhydraten (Kraftfutter) besteht die Gefahr der Pansenübersäuerung bzw. kommt es in der Trockenstehzeit zur Verfettung.

Speziell bei hochleistenden Milchkühen können aufgrund ihres hohen Energiebedarfes bereits geringe Störungen der Futteraufnahme zur Ketose führen, weshalb diese Erkrankung auch als **„Leistungskrankheit"** bezeichnet wird.

Vorrangige Ziele des Betriebsleiters und der Tiermedizin bestehen einerseits in der Vermeidung der Erkrankung und andererseits in der frühzeitigen Erkennung der Ketose, und zwar nach Möglichkeit bereits im subklinischen Stadium. Dadurch sollen die durch eine Ketose verursachten Schäden wie Leistungsminderung, Abmagerung, Leberschäden, Labmagenverlagerung sowie Fruchtbarkeitsstörungen und deren Folgen verhindert werden. Der Tiermedizin obliegen auch die möglichst rasche und effiziente Behandlung der Erkrankung sowie die Diagnostik und Therapie eventuell bestehender Grundkrankheiten sowie deren Vorbeugung.

Vorbeugender Einsatz von Propylenglykol und Natriumpropionat zur Verhinderung einer Ketose

Energieliefernde Verbindungen (Propylenglykol, Propionate und auch Glyzerin) können von Wiederkäuern direkt aus dem Pansen aufgenommen werden und gelangen auf dem Blutweg zur Leber. In der Leber können diese Verbindungen sofort zur Produktion von Blutzucker und damit zur raschen Verbesserung der Energiebilanz herangezogen werden. Voraussetzung dafür ist jedoch eine funktionstüchtige, gesunde Leber! Propylenglykol weist einen Energiegehalt von 16,8 MJ NEL/kg auf.

Durch Verbesserung der energetischen Versorgung werden auch günstige Einflüsse auf Tiergesundheit und Fruchtbarkeit beschrieben. Grundsätzlich kann festgehalten werden, dass der Einsatz von Propylenglykol einen umso günstigeren Effekt besitzt, je höher die Diskrepanz zwischen dem Energiebedarf und der tatsächlichen Energieversorgung ist.

Die Angaben zu Erfolgen in der Literatur schwanken von „wirkungslos" bis hin zu möglichen Milchleistungssteigerungen von bis zu 3,5 kg/Kuh und Tag. Diese Ergebnisse sind aufgrund der komplexen Zusammenhänge sowie der unterschiedlichsten Grundvoraussetzungen in den Versuchen (Herdenleistung, Körperkondition, Rationszusammensetzung, Management und Kuhkomfort) nicht verwunderlich. Die generelle, vorbeugende Gabe von Propylenglykol wird vor allem in Mischrationen und in Herden mit hoher Milchleistung eingesetzt. Auch Dosierautomaten sind am Markt erhältlich.

Weitere Fütterungsempfehlungen zur Verhinderung von Festliegen und Stoffwechselproblemen

- Die Körperkondition soll durch regelmäßige Beurteilung kontrolliert werden (BCS oder routinemäßige Messung der Rückenfettdicke per Ultraschall). Das Einhalten der optimalen Körperkondition durch den Einsatz einer „leistungsangepassten Ration" während der wichtigsten Leistungsabschnitte (Frischlaktation, mittlere und späte Laktation, Trockenstehzeit mit Unterscheidung in Regenerations- und Transitphase) stellt eine wichtige Voraussetzung zur Verhinderung von Stoffwechselerkrankungen dar. Auf die Vermeidung von verfettet zur Abkalbung gelangenden Kühen und Kalbinnen ist von Seiten des Tierbesitzers höchstes Augenmerk zu legen.
- Ein hoher Kuhkomfort ist bei hochträchtigen Kühen/Kalbinnen besonders von Bedeutung und kann in vielen Fällen über „Festliegen oder Nicht-Festliegen" entscheiden.
- In der Ration der trockenstehenden Tiere sollte Heu enthalten sein. In den letzten drei Wochen vor der Abkalbung muss der Einsatz von mineralisiertem Kraftfutter (zumeist pelletiertes Milchviehkraftfutter) aufgrund des absolut zu hohen Ca-Gehaltes unbedingt vermieden werden.
- Rationsumstellungen müssen langsam erfolgen, eine gezielte Vorbereitungsfütterung (Grundfutter, Kraftfutter) ist notwendig.

Pansenübersäuerung (Pansenazidose)

Geringere Vitalität, Fressunlust und Durchfälle sind nur einige der Symptome, die Wiederkäuer zeigen können, wenn sie an einer chronischen Pansenübersäuerung leiden.

Werden an Wiederkäuer zu hohe Mengen an Kraftfutter und leichtverdaulichem Grundfutter, vorwiegend Silomais, verfüttert oder kommt es zu einem abrupten Wechsel der Ration, so kommt es zu einer übermäßigen Säurebildung im Pansen und der pH-Wert im Pansen sinkt zu stark ab. Es entsteht eine Pansenübersäuerung. Auf welchem Niveau der Pansen-pH-Wert infolge Verfütterung einer bestimmten Ration tatsächlich gerade liegt, lässt sich in der Praxis nur schwer bzw. ungenau feststellen. Störungen der Vormagenverdauung können schwere tiergesundheitliche Auswirkungen haben und sogar zum Tod des Tieres führen. Ein stabiler pH-Wert im Pansen ist daher von besonderer Bedeutung für eine optimal ablaufende Verdauung.

Pansenübersäuerung wird hauptsächlich durch ein Überangebot an rasch fermentierbaren Kohlenhydraten (Stärke, Zucker) ausgelöst. Ein zumeist gleichzeitig bestehender Mangel an strukturwirksamen Kohlenhydraten (zum Wiederkauen anregende Faserbestandteile aus Grundfuttermitteln) führt zu vermindertem Wiederkäuen und verminderter Speichelproduktion, was eine zu geringe Pufferkapazität im Pansen bewirkt.

Die Folgen eines zu tiefen Pansen-pH-Wertes für das Tier sind vielfältig. Es kommt zu einer schmerzhaften Entzündung der Vormagenschleimhaut. Die daraus entstehende Störung der Entwicklung der Pansenzotten führt zu einer verminderten Aufnahmefähigkeit der mit der Ration aufgenommenen Nährstoffe. Nicht nur Energie und Eiweiß gehen so ungenützt verloren, sondern auch Mineralstoffe und Spurenelemente können nicht verwertet werden. Aufgrund der bestehenden Schmerzen geht auch die Futteraufnahme zurück und der Kot wird dünnbreiig bis wässrig. In der Folge sinken die Zuwachsraten.

Die Anflutung von sauren Stoffwechselprodukten im Blut kann zu einer Übersäuerung des Organismus mit klinischen Krankheitserscheinungen führen. In diesem Fall sind die Tiere matt, wirken antriebslos und liegen

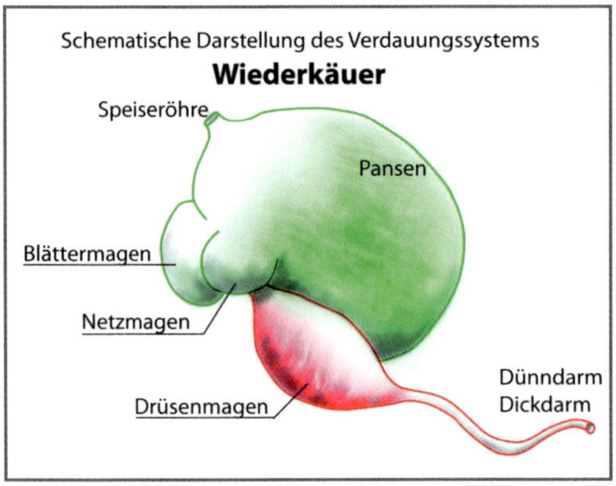

Das Vormagensystem der Wiederkäuer hat sich im Lauf der Evolution sehr stark auf die Verdauung von rohfaserhältigen Pflanzen spezialisiert.

vermehrt bzw. kommen weniger oft zum Fressen. Bei betroffenen Tieren können des Öfteren vermehrtes Speicheln und aus dem Maul gefallene Wiederkaubissen beobachtet werden. Die Auswirkungen eines zu tiefen Pansen-pH-Wertes auf die Klauen- und Gliedmaßengesundheit sind besonders dramatisch, denn Pansenübersäuerung kann zum Krankheitsbild der **Klauenrehe** führen. Diese besonders schmerzhafte und an allen Klauen des erkrankten Tieres auftretende Entzündung führt dazu, dass erkrankte Tiere aufgrund der Schmerzen Lahmheiten zeigen und wiederum weniger fressen. Die Tiere liegen länger als andere Tiere, was zu weiteren Problemen im **Gelenksbereich der Gliedmaßen** (z. B. oft Schwellungen, Schmerzen an den Hand- und Fußwurzelgelenken) führt.

Tiergesundheitliche Probleme bei der Verfütterung von verschmutzten Futtermitteln

Das Krankheitsbild der „Pansen-, Labmagen- und Darmversandung" von Rindern ist bereits seit Langem bekannt. Als Hauptursache kann die Verfütterung von verunreinigtem Futter angesehen werden. Diese verunreinigten Futtermittel zeichnen sich durch einen hohen Rohaschegehalt aus, wobei insbesondere Rübenblatt-, Blatt- oder Maissilage und Knollenfrüchte zu berücksichtigen sind. Auch Futtermittel, die von Überschwemmungsflächen oder von Flächen mit vermehrtem Maulwurf- und Wühlmausbefall stammen, sind zumeist stark verschmutzt.

Selbst bei Verfütterung von einwandfreiem Futter kommt es im Laufe der Zeit zur Ansammlung von Sand und kleinen Steinchen in der Haube und im Pansen. Die dabei im Vormagenbereich zu findenden Mengen liegen meist im Bereich von 1–3 Handvoll Sand und Steinchen, was für ausgewachsene Rinder üblicherweise noch keine gesundheitliche Belastung darstellt.

Welche Krankheitsanzeichen deuten auf zu stark verschmutztes Futter hin?

An Krankheitserscheinungen bei Versandung der Vormägen findet man eine allmählich sinkende Fresslust, eine verminderte Pansentätigkeit, immer wiederkehrende Pansenblähungen und typischerweise Durchfall sowie vermehrten Speichelfluss. Aufgrund der verminderten Futteraufnahme kommt es zur chronischen Abmagerung und zu verminderter Milchleistung. Mit Fortdauer der Erkrankung sowie in schwerwiegenden Fällen zeigen die Tiere Leerkauen und Zähneknirschen. Im Kot lässt sich der Sand nachweisen. Die Störungen der Fresslust sind auf die Schmerzhaftigkeit der Magenschleimhautentzündung zurückzuführen, welche aufgrund der starken mechanischen Reizung durch den Sand und die Steinchen entsteht.

Wenn das Futter unverhältnismäßig stark verunreinigt ist, gelangt der Sand auch vermehrt in die hinteren Abschnitte des Verdauungstraktes, also in den Labmagen und in die Darmschlingen. Die Tiere magern ab, der Kot wird in diesem Fall dünnbreiig und aufgrund von Blutbeimengungen dunkel. Sandablagerungen im Labmagen können auch bei der Entstehung von Labmagengeschwüren eine ursächliche Rolle spielen. Auch Fälle von Koliken und akutem Darmverschluss sind möglich.

Die Diagnose kann nach dem typischen Vorbericht (Überschwemmung), durch grobsinnliche Futteruntersuchungen, Ermittlung des Futter-Rohasche-Gehaltes und

Gesundheitliche Risiken durch qualitativ minderwertige Futtermittel

Futtermittel	Risiko	Auswirkungen
Silagen, sehr trocken	Verschimmelung	Schlechte Akzeptanz, Verdauungsstörungen, Minderwuchs, Fruchtbarkeitsstörungen
Silagen, sehr feucht	Fehlgärung, Fäulnis, Gefrieren	Schlechte Akzeptanz, Durchfall
Getreide und Kleien	Schimmelpilze, Mykotoxine (insbesondere Hafer) Mutterkornbefall, Unkrautsamen, Schädlinge (Käfer, Motten), Beimengungen (Spreu, Sand, Erde, Nagerkot)	Verdauungsstörungen, Minderwuchs, Fruchtbarkeitsstörungen Todesfälle
Apfeltrester	Alkoholische Gärung, Fäulnis	Schlechte Akzeptanz, Todesfälle
Rüben	Gefrieren, Fäulnis, Verpilzung, ungenügende Reinigung, Sand-Erdbeimengungen	Durchfall, Fruchtbarkeitsstörungen
Schlempen und Trebern	Verpilzung und Mykotoxine	Verdauungsstörungen, Minderwuchs, Fruchtbarkeitsstörungen
Bruchkörner, Spelzen, Bruchmais	Verpilzung und Mykotoxine	Verdauungsstörungen, Minderwuchs, Fruchtbarkeitsstörungen
Kartoffeln	Erhitzen, sonst giftig	Schlechte Akzeptanz
Futtererbse und Ackerbohne	Bitter durch Gerbsäuren	Schlechte Akzeptanz
Lupine	Giftig (Alkaloide)	Schlechte Akzeptanz
Raps	Giftig (Senfölglykoside)	Schlechte Akzeptanz
Leinsamen	Giftig (Blausäure)	Schlechte Akzeptanz
Sonnenblumenkerne, Rapssamen	Zu fettreich, nur nach Fettentzug als Schrot verfüttern	Verdauungsstörungen
Wurzeln, Knollen, Stoppelrüben	Ungenügende Reinigung, Sand-Erdbeimengungen	Schlechte Akzeptanz, Verdauungsstörungen (Durchfall)
Zusatz von Futterfetten	Qualitativ minderwertig, verdorben (ranzig), schwer verdaulich	Schlechte Akzeptanz, Verdauungsstörungen

anhand des klinischen Krankheitsbildes oftmals relativ rasch gestellt werden. Zumeist sind mehrere Rinder unterschiedlich stark von der Erkrankung betroffen.

Mykotoxine (Stoffwechselprodukte von Feld- und Lagerpilzen) in verdorbenem Getreide oder Mais führen u. a. zu Leberschäden, Fruchtbarkeitsstörungen und zu Todesfällen, vor allem bei Schweinen und Rindern. Nachdem das hygienisch belastete Futter durch qualitativ hochwertiges Heu ersetzt wurde, können orale Gaben von Glaubersalz, Rizinus- oder Paraffinöl den Abgang des Sandes beschleunigen. Die operative Entfernung wird aufgrund wirtschaftlicher Überlegungen heute kaum mehr durchgeführt.

Weitere Probleme durch verschmutztes Futter

Neben den bereits angeführten, möglichen Gesundheitsproblemen durch die Verschmutzung sind noch weitere Überlegungen anzustellen. Durch die Versandung steigt der Rohaschegehalt/kg Futter stark an, wodurch sich andererseits der Gehalt an Nährstoffen (speziell Energie und Rohprotein) vermindert. Bei Grassilagen ist ein Rohaschegehalt von unter 10 %, bei Heu unter 8 % anzustreben. Ein Rohaschehalt von 15–20 % gilt als bedenklich und bei mehr als 20 % sollte das Futter nicht mehr an Rinder verfüttert werden.

Die Silierfähigkeit von hygienisch belasteten Futterchargen ist ebenfalls herabgesetzt, wodurch es zu weiteren qualitativen Einbußen kommt. In der Erde befinden sich massenhaft Clostridien, die in der Silage zu Fehlgärungen führen. Die Akzeptanz von verschmutzten und qualitativ minderwertigen Futtermitteln ist gering, sodass die Futteraufnahmen bei den Rindern sinken. Ein Rückgang der Milchleistung und von Zuwächsen ist die logische Konsequenz. Gerade im Sinne der immer wiederkehrenden Forderung nach einer optimalen Grundfutterqualität sollten hier keine Kompromisse bei der Fütterung eingegangen werden.

Speziell in der besonders sensiblen Phase nach der Abkalbung müssen alle Faktoren, welche die Futteraufnahme der Kuh negativ beeinträchtigen, ausgeschaltet werden. Stoffwechselerkrankungen, wie die Ketose oder auch die Pansenübersäuerung, können infolge einer gestörten Futteraufnahme viel leichter ausgelöst bzw. verstärkt werden.

Hygienisch bedenkliches und versandetes bzw. verschmutztes Futter sollte aber auch nicht in Ermangelung von Alternativen an altmelkende oder trockenstehende Kühe oder an das Jungvieh verfüttert werden.

Neben der Möglichkeit der Kompostierung kann das verschmutzte Futtermittel, z. B. Heu, auch als Einstreu verwendet werden. Auch hier stellt jedoch die mögliche starke Staubentwicklung eine Belastung für das Stallpersonal und die Tiere dar. Im Zweifelsfall sollte von einer tierischen Verfütterung von verunreinigtem Futter abgesehen werden.

Pansenblähung (Pansentympanie)

Kühe produzieren je nach Ration 100–200 l Gas pro Stunde. Dieses Gasgemisch wird bei gesunden Tieren im Rahmen des Wiederkauvorganges regelmäßig aufgestoßen. Bei Pansenblähung können diese Gase entweder nicht entweichen und/oder es werden vermehrt Gase produziert (Kleeweide!).

Bei Pansenblähung ist die linke Hungergrube stark vorgewölbt und die Wiederkau- und Pansentätigkeit sowie die Fresslust sind herabgesetzt oder fehlen zur Gänze. Durch den erhöhten Druck auf das Zwerchfell kommt es bei den betreffenden Tieren zu Schweratmigkeit und Kreislaufproblemen. Unbehandelt kann binnen kurzer Zeit der Tod durch Herz-Kreislauf-Versagen eintreten. Auch kann der Panseninhalt über das Maul und die Nasenöffnungen wieder austreten.

Man unterscheidet **zwei Arten der Pansenblähung**:

- **Die Pansenblähung mit vergrößerter Gasblase**
  Bei Pansenblähung mit vergrößerter Gasblase ist die ohnehin im Pansen befindliche Gasblase massiv vergrößert. Als Ursachen finden sich zumeist Schlundverstopfungen (Rübenstücke, Obst usw.), speiseröhrenverengende Prozesse wie Abszesse und Blutergüsse, Nervenschädigungen, Pansenüberladung, Fremdkörpererkrankung, Krämpfe und möglicherweise akutes Milchfieber.
- **Die Pansenblähung mit schaumiger Durchmischung des Inhaltes**
  Die Pansenblähung mit schaumiger Durchmischung des Inhaltes kann durch vermehrte Aufnahme von Leguminosen in grünem Zustand (v. a. Klee, Kleegrasmischungen) sowie durch Aufnahme von selbsterwärmtem Grünfutter ausgelöst werden. Als weitere Auslöser gelten gierig-hastiges Grasen, hoher Zucker- und Eiweißgehalt in jungem Grünfutter und angereiftes Weidegras. Auch wird von vermehrt geblähten Rindern nach besonders warmen Nächten und an warm-windigen Tagen berichtet.

Praktische Bedeutung

Da sich die Behandlungen der beiden Formen (vergrößerte Gasblase oder schaumige Gärung) wesentlich voneinander unterscheiden, ist eine Unterscheidung vor Beginn der Therapie unerlässlich.

Durch Beklopfen der Pansenregion sowie durch Setzen einer Pansenschlundsonde erkennt der behandelnde Tierarzt die Form der Pansenblähung. Bei Pansenblähung mit obenliegender Gasblase entweicht das Gas aus der Sonde (das kann auch ein stärkerer Gartenschlauch sein), bei schaumiger Durchmischung verstopft der schaumige Panseninhalt sehr rasch die Sonde und der Pansen kann in diesem Fall nicht abgegast werden. Bei der schaumigen Durchmischung müssen deshalb mit einer speziellen

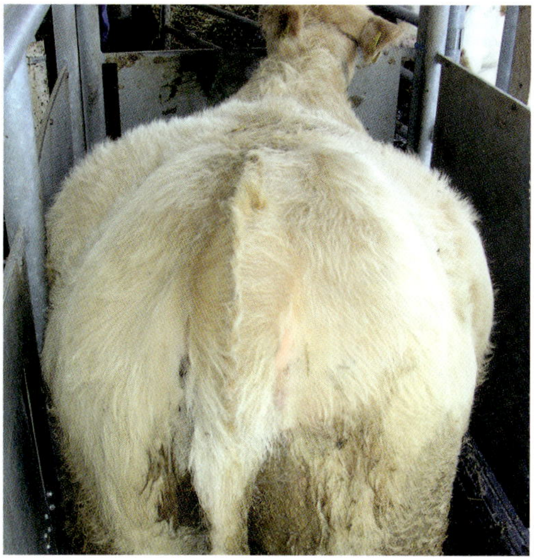

Bei Pansenblähung wölbt sich der Pansen in der Region der linken Hungergrube vor und es besteht oftmals Durchfall.

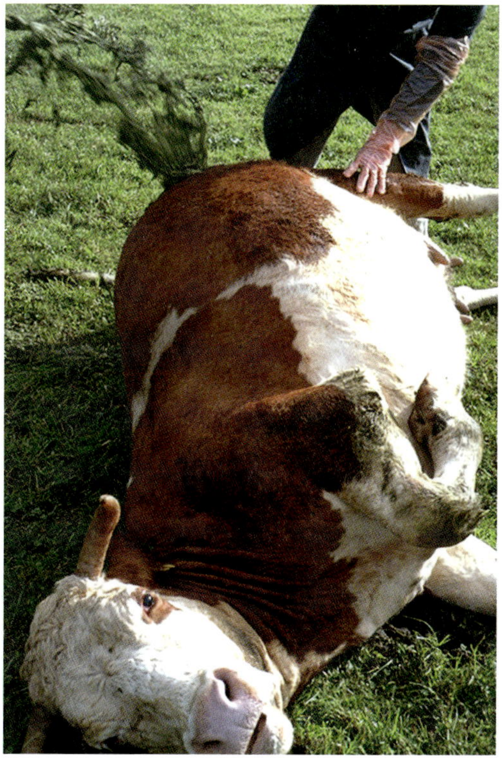

Fotos: Johann Gasteiner

Der Pansenstich mit einem Messer sollte nur als allerletzte Behandlungsmöglichkeit erwogen werden.

Sonde (z. B. nach Kaltenböck) oberflächenentspannende Präparate (spezielle schaumbrechende Präparate) mit viel Flüssigkeit in den Pansen eingegeben werden. Die vielen kleinen Schaumbläschen zerfallen und das Gas kann abgelassen werden. Um wiederholtes Blähen zu vermeiden, sollten die Tiere noch 2–3 Tage nur mit gröberem Heu, Wasser und einem Salzleckstein versorgt werden. Der Tierarzt hat die Möglichkeit, durch bestimmte Injektionspräparate eine Entspannung des Schlundes und der Schlund-Pansenöffnung zu bewirken, wodurch die Gase leichter aufgestoßen werden können.

Setzen eines Trokars

Der Pansenstich mit einem Trokar (linke Hungergrube!) war eine weit verbreitete Methode zur „Behandlung" geblähter Rinder. Die Komplikationen, welche im Anschluss an eine Trokarierung zumeist auftraten, lassen diese Methode als veraltet erscheinen. Neben Wundkomplikationen besteht die große Gefahr, dass Panseninhalt in die freie Bauchhöhle des Rindes gelangt und eine Bauchfellentzündung ausgelöst wird, die nur schwer zu behandeln ist. Sollte aus verschiedenen Umständen keine Pansenschlundsonde gesetzt werden können, so kann der Pansenstich mit einem Trokar als letzte, lebensrettende Maßnahme von einem Fachmann richtig durchgeführt werden („Stoßrichtung" von linker Hungergrube in Richtung rechtes Ellenbogengelenk). Im Anschluss an einen Pansenstich sollte jedoch sofort eine chirurgische Sanierung durch einen Tierarzt veranlasst werden, um eine Bauchhöhlenentzündung zu verhindern bzw. einzugrenzen.

Praktische Vorgangsweise bei Pansenblähung

- Absetzen des verursachenden Futters bzw. alle Tiere auf andere Weide bzw. in den Stall verbringen, um Erkrankungen weiterer Tiere zu vermeiden.
- Durch Beklopfen der Pansenregion feststellen, um welche Art der Blähung es sich handelt.

- Bei vergrößerter Gasblase: Geblähtes Tier fixieren und bei Erfahrung Schlundsonde setzen (Betriebe mit hauptsächlicher Weidehaltung haben zumeist bereits ein 2,20–2,50 m langes Schlauchstück zur Hand).
- Bei schaumiger Gärung: Oberflächenaktives Präparat mit 20 l Wasser über die Kaltenböck-Sonde eingeben und nach 20 Minuten erneut Sonde setzen und abgasen.
- Nur erfahrene Landwirte sollten Präparate in den Pansen einschütten, es besteht die große Gefahr, dass die Sonde in der Luftröhre und nicht im Schlund sitzt (Einguss in die Lungen = Tod des Tieres).
- Nur bei stehenden Tieren sollte über die Schlundsonde oberflächen-entspannende Mittel und Wasser eingegeben werden, bei festliegenden Tieren ist äußerste Vorsicht geboten (wieder große Gefahr des Fehlschluckens).
- Rasch den Tierarzt rufen!

Die Fremdkörpererkrankung des Rindes

Rinder nehmen große Mengen an Futter auf. Die Gefahr, dass mit dem Futter verschiedene, zumeist längliche Fremdkörper abgeschluckt werden, ist groß und die Wahrscheinlichkeit einer Fremdkörpererkrankung steigt naturgemäß mit zunehmendem Alter des Tieres. Im Gegensatz zu Schafen oder Ziegen fressen Rinder kaum selektiv und spucken einen aufgenommenen Fremdkörper nur selten aus. Auf den Käfigmagneten von Schlachtkühen finden sich regelmäßig metallische Fremdkörper, wie Nägel, Schrauben, Drahtstücke, abgesplitterte Metallstücke von Maschinen, Haarnadeln usw. Ohne entsprechende Vorsorge und Eingabe eines Käfigmagneten kann das Krankheitsbild der Fremdkörpererkrankung ausgelöst werden. Die Symptome dieser Krankheit reichen von milden Verdauungsstörungen über chronische Abmagerung und Minderleistung bis hin zu akuten, fieberhaften Allgemeinstörungen. Zu spät erkannt oder unbehandelt führt die Fremdkörpererkrankung oftmals zum Verlust des Tieres.

Aufgrund der anatomischen Gegebenheiten fallen vom Rind aufgenommene Fremdkörper direkt in den Netzmagen und sinken in diesem im unteren Teil flüssigkeitsgefüllten Vormagen auf den Boden. Durch die sackartige Ausbildung dieses Vormagens bleiben die Fremdkörper fast immer im Netzmagen liegen und verspießen sich in dessen wabenartig strukturierter Schleimhaut, was durch die Eigenbewegungen der Vormägen noch verstärkt wird.

Die dadurch ausgelöste Entzündung verursacht dem Rind Schmerzen, in der Folge ist die Fresslust gestört. Wenn sich der Fremdkörper aus der Schleimhaut wieder lösen kann, bessern sich die Krankheitssymptome wieder bis zum erneuten Einstechen. Der Fremdkörper kann sich immer tiefer in die Magenwand hineinbohren, die Entzündung und die Schmerzen werden stärker, die Kuh frisst kaum noch und die Milchleistung sinkt abrupt.

In diesem Stadium kann die Erkrankung durch Eingabe eines Käfigmagneten in vielen Fällen noch geheilt werden. Wenn der Fremdkörper die Magenwand durchstochen hat, gelangen Vormageninhalt und damit Eitererreger in die Bauchhöhle, es entsteht eine akute oder chronische, zumeist fieberhafte Bauchhöhlenentzündung. Die Tiere liegen vermehrt, stöhnen beim Ausatmen, zeigen Schmerzen beim Aufstehen oder verharren während des Aufstehens mit gebeugten Vorderbeinen. Sie stehen mit gekrümmtem Rücken und aufgezogenem Bauch und stellen die Hinterfüße weiter nach vorne. Beim Führen des Tieres in engem Kreis nach links geben diese Rinder ebenso stöhnende Schmerzäußerungen von sich wie beim Bergabgehen in steilem Gelände. Der Pansen steht still und kann gebläht sein. Die Kuh kaut nicht mehr wieder und in der Bauchhöhle kann sich vermehrt Flüssigkeit ansammeln.

Weitere Krankheitserscheinungen werden durch das Anstechen benachbarter innerer Gewebe und Organe wie des Zwerchfelles und der Lunge, des Herzbeutels und des Herzens, der Milz, der Leber oder von Nerven ausgelöst. Entzündungen, Abszesse und Funktionsstörungen dieser Gewebe und Organe sind die Folgen.

Milchleistungsabfall, Behandlungskosten, Milchlieferverluste durch Wartezeiten, chronische Abmagerung und Tierverluste führen zu entsprechend hohen wirtschaftlichen Einbußen.

ACHTUNG **Fremdkörpererkrankung**

Plötzlicher und starker Abfall der Milchleistung (zumeist binnen eines Tages) und gestörte oder fehlende Fresslust sind typische Anzeichen der Fremdkörpererkrankung

Fremdkörpererkrankungen werden vermehrt bei Rindern in Stallhaltung bzw. während der Stallhaltungsperiode beobachtet und weniger bei Tieren in Weidehaltung. Neben den Möglichkeiten des Eintrages von Nägeln, Drahtstücken usw. aus der täglichen landwirtschaftlichen Praxis (alte Zäune mit verrosteten Nägeln und Drähten, verfüttern von Kehricht) sollten auch Maschinen, mit welchen die Futtermittel der Rinder bearbeitet werden, als „Verursacher" in Betracht gezogen werden. Gelangen Drähte (zum Abbinden von Futtersäcken verwendet) in Schrotmühlen oder Quetschanlagen, so werden sie dort zerkleinert und die meist spitzen Teile können gleich von mehreren Tieren aufgenommen werden. Ähnlich können auch alte Siebe in Schrotmühlen oder Futterleitungen aufgrund von „Altersschwäche" in kleine Stücke zerfallen und so über das Kraftfutter zu den Rindern gelangen. Durch in Futterleitungen eingebaute Magnete werden derartige metallische Fremdkörper zumeist aussortiert. Diese Magnete sollen regelmäßig kontrolliert und gereinigt werden.

Käfigmagnet aus einem Netzmagen mit zahlreichen Metallteilen Foto: Johann Gasteiner

Beim Einsatz von Futtermischwägen, speziell bei Horizontalmischern, können darin eingebrachte Metallteile wie abgebrochene Zinken oder auch größere Steine zu einer Beschädigung und Absplitterung von Metallteilen führen, welche ihrerseits wieder von den Rindern aufgenommen werden.

Auch durch die Aufnahme von Plastikschnüren, welche bei der Produktion von Strohballen- und Rundballensilagen anfallen, können Krankheitssymptome ähnlich der Fremdkörpererkrankung ausgelöst werden. Diese Schnüre werden weder verdaut noch ausgeschieden, sondern verwickeln und verklumpen sich in den Vormägen des Rindes zu einem Knäuel. Die Symptome sind Störungen der Fresslust und Pansenblähung.

Neben den oftmals typischen Symptomen der Fremdköpererkrankung und dem Vorbericht „plötzlicher und deutlicher Milchleistungsabfall" können die im Rahmen der tierärztlichen Untersuchung durchgeführten Schmerzprovokationsproben entscheidende Hinweise für das Vorliegen der Erkrankung liefern.

Die heute gängige Therapie besteht in der Eingabe eines Käfigmagneten und einer Allgemeintherapie (Antibiotikum, Entzündungshemmung, Stabilisierung des Vormagenmilieus und des Energiestoffwechsels). Der Käfigmagnet wird mit einem speziellen Eingeber verabreicht und bleibt zeitlebens im Netzmagen der Kuh, nur in sehr seltenen Fällen wird er ausgeschieden. Durch Hochstellen des Vorderkörpers um ca. 25 cm soll eine Entlastung der Netzmagenregion bewirkt werden. Vor dem Einsatz von Medikamenten mit einer Wartezeit für essbares Gewebe ist die Prognose abzuschätzen.

Der Eintrag von Fremdkörpern in die Futterkette kann wahrscheinlich auch durch die gewissenhafteste Vorsorge nie vollständig verhindert werden. Die vorbeugende Eingabe eines Käfigmagneten an alle Rinder des Betriebes (durchführbar ab einem Alter von ca. 1–1,5 Jahren) stellt die wirkungsvollste Vorbeuge gegen das Auftreten von Fremdkörpererkrankungen dar und rechnet sich auch wirtschaftlich, wenn dadurch nur eine Fremdkörpererkrankung verhindert werden kann.

Labmagenverlagerung

Die Labmagenverlagerung der Milchkuh ist eine deutlich fütterungs- und leistungsbezogene Erkrankung. Mit ständig steigenden Milchleistungen ist auch eine Zunahme dieser Erkrankung zu verzeichnen. Es besteht eine stark positive Beziehung zwischen der Herdenleistung (hohe Milchmenge) und dem Auftreten von Labmagenverlagerungen. Hohe Herdenleistungen verlangen natürlich auch eine entsprechend „leistungstreibende" Fütterung. So konnte in manchen Beständen bei 25 % der Kühe eine Labmagenverlagerung vorgefunden werden. In diesen Beständen kann von einem echten Bestandsproblem gesprochen werden. Die Verluste durch die Labmagenverlagerung resultieren aus einem starken Absinken der Milchleistung, Behandlungskosten, Minderleistung in der Erholungsphase nach der Erkrankung, Rückfällen sowie aus Totalausfällen erkrankter Kühe.

Ursachen für die Entstehung einer Labmagenverlagerung

Eine eindeutige und alleinige Ursache für das Entstehen der Labmagenverlagerung gibt es wahrscheinlich nicht. Es sind jedoch mehrere Faktoren und Umstände bekannt, welche (einzeln oder in Kombination) mögliche Auslöser einer Labmagenverlagerung sein können:

- 90 % aller Labmagenverlagerungen treten wenige Tage/Wochen nach der Abkalbung auf (Stress, Umstellung der Ration, Häufung von Stoffwechselerkrankungen in dieser Phase).
- Stoffwechselstörungen (Ketose: eine Labmagenverlagerung ist immer mit starkem Energiemangel vergesellschaftet; Hypokalzämie: Mangel an Kalzium führt zu einer verminderten oder gestörten Magen-Darm-Tätigkeit und einer verzögerten Passage des Magen-Darm-Inhaltes).
- Intensive Fütterung (strukturarm, sehr hohe Kraftfuttergaben, hoher Silomaisanteil in der Ration, keine wiederkäuergerechte Ration und Zuteilung).
- Überkonditionierung gegen Ende der Laktation und in der Trockenstehphase (Body Condition Score > 3,5; verfettete Kühe haben weniger Appetit und ein erhöhtes Risiko, an Ketose und an Labmagenverlagerung zu erkranken).
- Erblichkeit (Häufung bei bestimmten Rassen und auch Linien).
- Tierindividuelle und anatomische Einflüsse (tiefer, enger Brustkorb), „leere" Vormägen nach Appetitmangel bieten dem Labmagen Platz zur Verlagerung.
- Mechanische Einflüsse (verzögerte Passage des Mageninhaltes, Gasansammlung im Labmagen, Abkalbung = plötzlich mehr Platz im Bauchraum); Liegen auf der rechten Körperseite begünstigt eine Labmagenverlagerung nach links.
- Entzündungsherde (Labmagengeschwüre, Gebärmutterentzündungen, Toxine).
- Bewegungsmangel (regelmäßige Bewegung fördert auch die Tätigkeit des Magen-Darm-Traktes).
- Flüssigkeitsmangel um die Kalbezeit (regelmäßiges Anbieten von Wasser in dieser Phase oder Drenchen kann vorbeugen).

Der Labmagen, der eigentliche Drüsenmagen des Rindes, liegt normalerweise rechts der Mittellinie und reicht bis hinter die rippenunterstützte Bauchwand. Als Vorstufe zur Labmagenverlagerung gast sich der Labmagen auf und steigt dann entweder unter der Haube und dem Pansen hindurch nach links oben oder rechts nach oben. Dementsprechend kann zwischen einer **linksseitigen** und einer **rechtsseitigen Labmagenverlagerung** unterschieden werden.

ACHTUNG | **Labmagenverlagerung**

Bei Kühen mit einer Labmagenverlagerung sind sehr oft folgende weitere Krankheitskomplexe zu finden: Ketose, Leberschaden, Gebärmutterentzündung, Entgleisung des Elektrolythaushaltes.

Linksseitige Labmagenverlagerung

Krankheitserscheinungen

Die linksseitige Labmagenverlagerung ist eine subakut bis chronisch verlaufende Verdauungsstörung. Die Fresslust des betroffenen Tieres kann tage- bis wochenlang vermindert sein und es werden bisweilen nur kleine Mengen eines schwarzgrünen, dünnbreiigen oder schmierig-klebrigen Kotes abgesetzt. Krankheitsphasen können von Phasen einer kurzzeitigen Besserung unterbrochen sein. Die Bauchdeckenspannung ist deutlich erhöht und in manchen Fällen kann der aufgegaste Labmagen in der linken Hungergrube und davor als Vorwölbung deutlich erkennbar sein.

Nachweis

Der zumeist prall gespannte, aufgegaste und oft bis zur Hälfte flüssigkeitsgefüllte Labmagen kann durch die so genannte Schwing- und Perkussionsauskultation vom Tierarzt relativ rasch und eindeutig nachgewiesen werden. Der Umstand, dass ein nach links verlagerter Labmagen nicht ständig den gleichen „Gasfüllungszustand" hat, erfordert in manchen Fällen eine mehrmalige Untersuchung bis zum positiven Nachweis. Durch ein einmaliges, negatives Untersuchungsergebnis kann somit das Vorliegen einer linksseitigen Labmagenverlagerung nicht mit Sicherheit ausgeschlossen werden.

Behandlung

Zur Behandlung der linksseitigen Labmagenverlagerung sind mehrere chirurgische Verfahren bekannt, welche auch unter Praxisbedingungen von einem geübten Tierarzt durchgeführt werden können. Die Erfolgsraten der einzelnen Methoden schwanken zwischen 70 und 90 %, wobei als wesentliche, begünstigende Faktoren für eine Heilung ein möglichst frühzeitiges Einschreiten sowie ein guter Allgemeinzustand der Kuh (speziell Kreislauf, Entzündungen) zu nennen sind.

Rechtsseitige Labmagenverlagerung

Die rechtsseitige Labmagenverlagerung ist eine akute Verdauungsstörung, welche sich spontan oder aus einer linksseitigen Labmagenverlagerung heraus entwickeln kann. Die Vorstufe zur Labmagenverlagerung nach rechts ist die Labmagenerweiterung, wobei der Labmagen stark erweitert, aufgegast und flüssigkeitsgefüllt (bis zu 60 l) ist. Ein derart erweiterter Labmagen neigt dazu, sich um die eigene Achse (nach links oder rechts) zu drehen sowie zu kippen, es entsteht eine Labmagenverlagerung mit Drehung.

Krankheitserscheinungen

Bei der Labmagenerweiterung (oft Vorstufe einer Labmagenverlagerung) handelt es sich um eine subakute bis chronische Verdauungsstörung. Die Fresslust des Tieres ist schlecht, der Kot ist wie bei der linksseitigen Labmagenverlagerung schwarzgrün und schmierig-klebrig. Das sich chronisch verschlechternde Krankheitsbild kann in weiterer Folge durch das Entstehen einer Labmagenverdrehung akut verstärkt werden.

Die Symptome der rechtsseitigen Labmagenverlagerung mit Drehung sind akut: plötzliche und totale Futterverweigerung, Koliken (Schlagen mit Hinterextremitäten gegen den Unterbauch), Schmerzäußerungen, wie Stöhnen und Zähneknirschen, nur wenig, schwarzer, übel stinkender, dünnbreiig-klebriger Kot im Enddarm, oft deutliche Vorwölbung im Bereich der rechten Hungergrube, gekrümmter Rücken, aufgezogener Bauch und mit Fortdauer des Krankheitszustandes auch Kreislaufstörungen. Der Tod unbehandelter Tiere tritt in der Regel nach 4–8 Tagen ein. Ein nach rechts verlagerter Labmagen wird ebenfalls durch die Schwing- und Perkussionsauskultation nachgewiesen. Der nach rechts verlagerte und aufgegaste Labmagen kann in vielen Fällen im Rahmen einer rektalen Untersuchung vom Tierarzt getastet werden.

Durch die Labmagendrehung kommt es – je nach dem Grad der Drehung – zu einer akuten Abschnürung von Gefäßen und Nerven sowie zu Netzrissen. Je länger dieser Zustand besteht, umso ungünstiger sind die Aussichten auf Heilung. Weitere Aussagen über das Bestehen einer Labmagenverlagerung (nach links sowie nach rechts) liefern Laboranalysen, wie die chemische Bestimmung des Cl-Gehaltes im Pansensaft sowie der Nachweis einer metabolischen Alkalose.

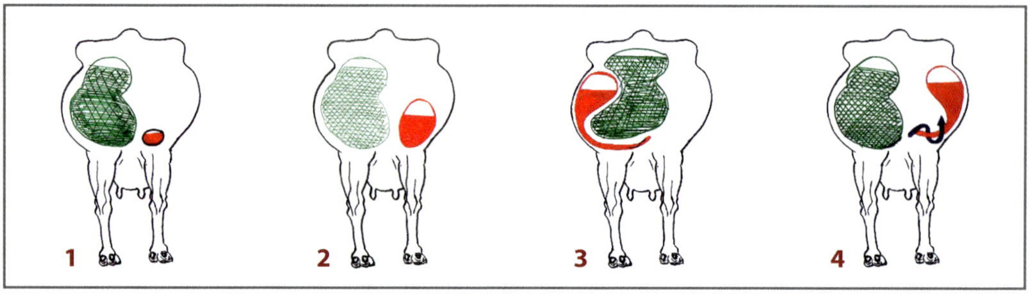

1 Pansen (grün) und Labmagen (rot) unter physiologischen Bedingungen. 2 Vor einer Labmagenverlagerung steht zumeist eine Labmagenerweiterung, die bereits zur Störung der Fresslust und zu Durchfall führen kann. 3 Bei der Labmagenverlagerung nach links zwängt sich der Labmagen zwischen den Pansen und die linke Bauchwand. 4 Bei der Labmagenverlagerung nach rechts verdreht sich der Labmagen, bleibt aber auf der rechten Körperseite.

Auch die chirurgische Behandlung der rechtsseitigen Labmagenverlagerung kann von einem geübten Operateur unter Praxisbedingungen durchgeführt werden. Die Erfolgsaussichten bei einer Operation der rechtsseitigen Labmagenverlagerung hängen sehr stark vom Operationszeitpunkt, dem Grad der Labmagendrehung, dem Grad der Flüssigkeitsansammlung und der Erweiterung bzw. Erschlaffung des Labmagens sowie dem Allgemeinzustand (Kreislauf) des Patienten ab. Die Aussicht auf Heilung bei Labmagenverlagerung nach rechts ist aber stets vorsichtig zu stellen. Mit dem Bestehen einer Labmagenverlagerung sind häufig auch weitere Komplikationen wie Ketose, Leberverfettung und Gebärmutterentzündungen vergesellschaftet. Diese Erkrankungen sind bei der Abschätzung der Heilungsaussichten sowie in die Behandlung mit einzubeziehen.

Vorbeugung

Eine Verfettung der Kühe gegen Ende der Laktation und in Trockenstehzeit muss durch entsprechende Fütterung und Haltung verhindert werden. Durch Drenchen (Eingeben von bis zu 60 l Flüssigkeit in den Pansen) können oftmals verschiedene Erkrankungen, möglicherweise auch die Labmagenverlagerung, verhindert werden.

Da es sich bei der Labmagenverlagerung vorrangig um eine „Leistungskrankheit“ handelt, sind alle Faktoren, welche um den Geburtszeitpunkt zu einem Rückgang der Aufnahme einer wiederkäuer- und leistungsgerechten Ration führen, zu verhindern.

ACHTUNG **Labmagenverlagerung**

Bei jeder Milchkuh mit gestörter Fresslust bzw. Verdauungsstörungen um die Abkalbezeit muss die Schwing- und Perkussionsauskultation routinemäßig zur Abklärung einer möglicherweise bestehenden Labmagenverlagerung mehrmals durchgeführt werden.

Bedeutung der Versorgung mit Spurenelementen

Nur eine bedarfsgerechte Versorgung mit Mineralstoffen und Spurenelementen ermöglicht erst die vielfältigen Stoffwechselfunktionen und Leistungen des Körpers. Der Bedarf des Einzeltieres ergibt sich aus dessen Alter (wachsend oder ausgewachsen) und dessen „Leistung“: Erhaltung, trockenstehend, laktierend, Milchmenge, Milchinhaltsstoffe, Körperansatz, aber auch der Umsatz, der Bedarf für die heranwachsende Frucht usw. stellen

Leistungen dar. Eine bedarfsgerechte Versorgung macht eine Ergänzung der Ration durch Mineralstoff- und Spurenelementmischungen in der Praxis heute fast unverzichtbar.

Eisen

Eisen ist ein wesentlicher Bestandteil des Blutfarbstoffes (Hämoglobin) und für den Sauerstofftransport im Körper verantwortlich. Eisenmangel tritt, verursacht durch den geringen Eisengehalt in der Milch, oftmals bei Milch(mast)kälbern auf und führt zu Blutarmut (Eisenmangel-Anämie).

Der Eisenbedarf wird für Kälber mit 50 mg/kg Futtertrockenmasse angegeben. Kuhmilch enthält nur etwa 4 mg/kg TM, weshalb sich für Kälber während der Saug-/Tränkeperiode so lange ein Mangel ergibt, bis zusätzliches Futter (Raufutter, Kälberstarter, Mineralstoffe) in entsprechend größeren Mengen aufgenommen wird.

Die typischen Anzeichen für Eisenmangel bzw. eine daraus entstandene Eisenmangelanämie sind die blassen bis weißen Schleimhäute, körperliche Schwäche, Müdigkeit und Mattheit sowie oftmals Kurzatmigkeit. Auch die Immunabwehr ist bei anämischen Tieren herabgesetzt, weshalb zusätzlich auch mit einer erhöhten Infektionsgefährdung gerechnet werden muss. Gerade bei Kälbern ist die Vorbeugung/Verhinderung von Infektionen des Verdauungs- und Atmungstraktes ein wesentlicher Schlüssel für eine krankheits- und verlustfreie Aufzucht.

Aus vielen Untersuchungen ist bekannt, dass auf manchen Betrieben bei über 50 % der neugeborenen Kälber der Gehalt an Eisen im Blut unter der Norm (25–40 µmol/l) liegen kann. Die Aufnahme von Heu und Kraftfutter ist in den ersten 3–4 Lebenswochen zu gering, um in dieser Phase etwaig bestehende Mängel ausgleichen zu können. Aus diesem Grund kann bei Kälbern eine Eisenergänzung durchaus angezeigt sein.

Als Möglichkeiten der Ergänzung bietet sich in der Praxis die Eisen-Injektion an. Die dabei übliche Menge beträgt 50 mg/Kalb. Bei Einsatz von Tränke-Zusätzen sollte unbedingt auf eine ausreichende Dosierung geachtet werden, wobei über 2 Wochen hindurch zumindest 50 mg/Tier/Tag angestrebt werden sollten. Auch die frühzeitige Eingabe von Eisen-Gelaten, oftmals als Kombinationspräparate im Handel, hat sich in der Praxis bewährt, wobei hier aufgrund der unterschiedlichen Konzentrationen der einzelnen Präparate auf die Herstellerangaben verwiesen wird.

Erwachsene Tiere haben in der Regel keinen Eisenmangel, sondern, ganz im Gegenteil, besteht hier oftmals sogar eine Überversorgung mit Eisen. Von einer Eisenvergiftung (sehr selten!), die es auch gibt, ist man zwar noch weit entfernt, aber es sind die Interaktionen von Eisen mit anderen Spurenelementen (Kupfer, Zink, Jod, Selen), die in der Praxis immer wieder zu Problemen führen können. Eisen tritt, wenn es in zu großer Konzentration im Futter ist, mit anderen Spurenelementen in Konkurrenz, kann diese verdrängen und es entstehen so genannte „sekundäre Mängel". Das heißt, dass zwar eine bedarfsgerechte Versorgung mit diesen Spurenelementen besteht, der hohe Eisengehalt diese jedoch hemmt.

Von den weiteren Spurenelementen sind **Kupfer, Zink, Jod** und **Selen** von besonderer Bedeutung. Bei diesen Elementen besteht in der Fütterung zumeist ein Ergänzungsbedarf. Vor allem als Bestandteile von Enzymen bzw. als Hilfsstoffe (Aktivatoren) erfüllen Spurenelemente vielfältige Aufgaben im tierischen Organismus. Zu hohe Eisengehalte in der Ration hemmen die Verwertbarkeit von Kupfer, Vitamin E und Zink. Zink beispielsweise greift im Stoffwechsel als Enzymaktivator wesentlich in die Zellteilung ein. Bei Rindern kann sich starker Zinkmangel in Form von Hautschäden (an der Euterhaut und den Hinterbeinen) und vermehrten Klauenproblemen, aber auch als Fruchtbarkeitsstörungen zeigen. Kupfermangel führt vor allem zu einer Verschlechterung der Pigmentierung und der Struktur von Haaren („Kupferbrille") sowie ebenfalls zu Fruchtbarkeitsproblemen.

Kupfer

Die Verwertung von Kupfer wird durch Kalzium, Eisen, Zink, Schwefel und Molybdän reduziert. Proteingebundenes Kupfer wird allgemein besser resorbiert als anorganisches. In der Praxis sind neben oftmals überhöhten Kalziumgaben überhöhte Eisengehalte in den Grundfuttermitteln (aufgrund hoher Rohaschegehalte!) bzw. vermehrt Eisen im Trinkwasser mitverantwortlich für die Verdrängung von Kupfer und damit für einen sekundären Kupfermangel, was wiederum zu Fruchtbarkeitsproblemen führen kann.

Zink

Zinkmangel schwächt die Immunabwehr, löst Parakeratose (Hautschäden, „Kupferbrille") aus und führt zur Produktion von minderwertigem Klauenhorn. Es kommt zur Verminderung der Futteraufnahme und die Tragedauer kann erhöht sein. Zinkmangel kann auch mit einer erhöhten Anzahl an Totgeburten verbunden sein. Die Zinkresorption hängt von der Menge an verfügbarem Zink ab, wobei überhöhte Zinkmengen mit verminderter Resorption verbunden sind. Organisch gebundenes Zink wird besser resorbiert als anorganisch gebundenes. Die Zinkresorption, vor allem anorganischer Zinkverbindungen, wird durch Kalzium, Eisen, Kupfer, Phosphor und Schwefel beeinträchtigt.

Mangan

Man weiß, dass Manganmangel beim weiblichen Tier allgemein zur Störung der Fortpflanzungsleistung führt. Darüber hinaus werden gehäuft tote oder lebensschwache Kälber mit verkürzten Sehnen und Gliedmaßen geboren. Hohe Gehalte an Kalzium, Eisen, Magnesium und Phosphor hemmen die Aufnahme von Mangan aus anorganischen Verbindungen.

Vitamin E und Selen

Zu hohe Versorgung mit Eisen hemmt Vitamin E, welches gemeinsam mit Selen eine wichtige „Entgiftungsfunktion" als Radikalfänger hat. Akute Mangelerkrankungen treten vor allem bei Tieren in Extensiv-Haltung auf, wenn auf Mineralstoffergänzungen bzw. auf die Zufütterung Selen- und Vitamin-E-reicher Futtermittel oder Mineralstoffmischungen verzichtet wird. In der intensiven Milchviehhaltung ist dagegen eher mit subklinischen Mangelzuständen und schleichenden Verlaufsformen zu rechnen. Das Spurenelement Selen sowie das Vitamin E haben wichtige Aufgaben in der Verhütung so genannter „oxidativer" Schädigungen von Körperzellen. Dabei werden für Zellen schädliche Stoffe entgiftet. Selen und Vitamin E können sich in dieser Funktion weitgehend vertreten.

Die Selenversorgung der Tiere hängt sehr stark von der Zusammensetzung der Ration, dem Selengehalt des Bodens sowie der Selenverfügbarkeit im Boden ab. Diesbezüglich können starke regionale Unterschiede bestehen. Der Vitamin-E-Gehalt des Futters wird von

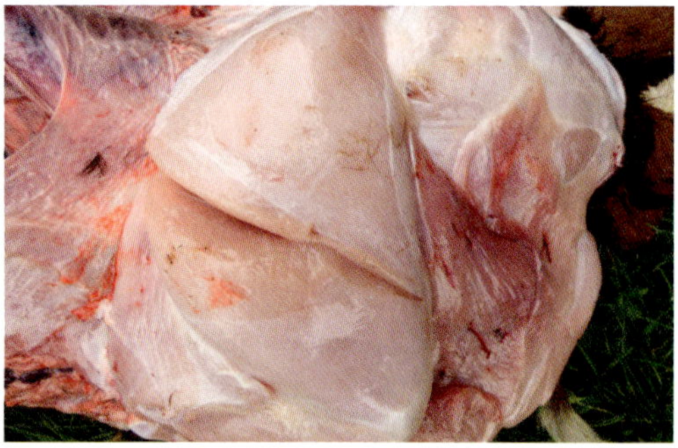

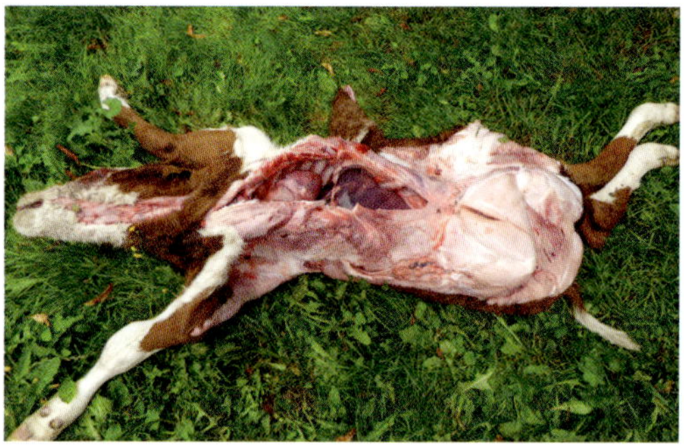

Das äußerst helle Muskelfleisch dieses Kalbes ist ein deutlicher Hinweis auf einen vorliegenden Vitamin-E- und Selen-Mangel.

Fotos: Armin Deutz

Wetterbedingungen bei der Werbung sowie von nachfolgenden Lagerbedingungen beeinflusst.

Näheres zu Spuren- und Mengenelementen sowie zu Vergiftungen siehe auch unter Kapitel Schaf- und Ziegenkrankheiten, S. 163.

Hitzestress bei Milchkühen

Die Auswirkungen von Hitzestress auf die Tiergesundheit sowie auf die tierischen Leistungen können sehr vielfältig sein und werden in unseren Breiten vielfach unterschätzt. Insbesondere dem subklinischen Bereich, wo zwar keine Krankheitserscheinungen, wohl aber negative Folgen auftreten, muss in diesem Zusammenhang besondere Beachtung geschenkt werden. Rinder sind allgemein relativ kältestabil, aber nur wenig hitzeresistent. Eine Folge dieses Umstandes ist beispielsweise die Tatsache, dass Milchkühe am heißesten Tag des Jahres bis zu 4,5 kg weniger Milch geben als am kältesten Tag des Jahres.

Rinder zählen zu den so genannten „Halbschattentieren“, deren Behaglichkeitsbereich bzgl. Umgebungstemperatur bei 0–15 °C liegt. Eine Hitzebelastung liegt dann vor, wenn die individuelle Wärmeproduktion, die bei Milchkühen mit steigender Milchleistung stark zunimmt, und die Wärmeaufnahme aus der Umgebung größer werden als die Wärmeabgabe.

Die Wärmeabgabe erfolgt durch direkte Mechanismen (Abstrahlung, vorbeiströmende Luft, Kontakt mit kühleren Oberflächen) und indirekte Mechanismen (Wasserdampfreduktion über Atmung bzw. Schwitzen).

Neben der Umgebungstemperatur sind die relative Luftfeuchte, eine etwaig bestehende direkte Sonneneinstrahlung sowie die individuelle Leistung des Tieres (hohe Wärmeproduktion infolge hoher Milchproduktion) von wesentlicher Bedeutung für die Entstehung von Hitzestress.

Hitzestress tritt auch bei Weidehaltung auf, weshalb Beschattung auch dabei zu berücksichtigen ist.
Foto: Mathias Deutz

Bei großer Hitze müssen Kühe in den gut ventilierten Stall verbracht werden. Auch Sprenkleranlagen dienen der Abkühlung der Kühe. Foto: Johann Gasteiner

Hitzestressfördernde Faktoren sind direkte Sonneneinstrahlung (z. B. Weide über Mittag ohne Schatten), mangelnde Luftzirkulation bzw. Windstille, sehr hohe Milchleistung, Trächtigkeit, körperliche Anstrengung, ungenügende Wasserversorgung, absolut zu hoher Salzgehalt von Wasser und Futter sowie krankhaft verminderte Hitzetoleranz. Auch genetische Einflüsse spielen hinsichtlich Hitzetoleranz eine Rolle, wobei die Haarfarbe (schwarz absorbiert mehr und erhitzt sich dadurch rascher und höher als weiß) einen bedeutenden Faktor darstellt. Als sehr brauchbarer Parameter zur objektiven Abschätzung von Hitzestress hat sich der Temperatur-Humiditäts-Index (THI) etabliert. Der THI stellt eine rechnerische Funktion aus Umgebungstemperatur und relativer Luftfeuchte dar und wird nach einer Formel berechnet.

Temperatur-Humiditäts-Index (THI)

THI = (Absolute Temperatur in °C) + (0,36 x Taupunkt-Temperatur in °C) + 41,2

Zur einfachen Bestimmung des THI findet sich im Internet auch ein Rechner: www.dairynz.co.nz

Interpretation des THI

THI ≥ 72: beginnender Hitzestress, reduzierte Futteraufnahme und schlechtere Verbleiberaten

THI ≥ 78: deutliche Hitzestressbelastung, signifikante Reduktion der Milchmenge und beginnende klinische Anzeichen von Hitzestress

THI ≥ 82: schwerer Hitzestress mit deutlicher klinischer Symptomatik

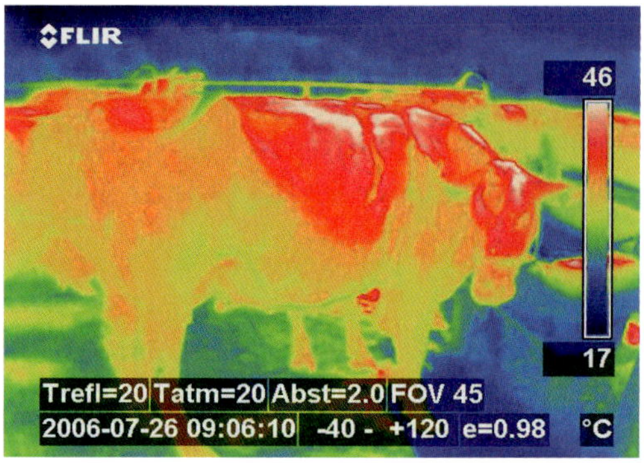

Wärmebildkamera-Aufnahme einer Kuh mit Hitzestress und einer Oberflächentemperatur bis 46 °C

Foto: Johann Gasteiner

Klinische Anzeichen und Folgen von Hitzestress

Ab einer Umgebungstemperatur von 24 °C und einer relativen Luftfeuchtigkeit von 70 % beginnt für Milchkühe die körperliche Belastung in einem Maße anzusteigen, sodass man von Hitzestress spricht.

Hinweise für beginnenden Hitzestress sind:

- erhöhte Atemfrequenz, pumpende Atmung
- Tiere liegen weniger und drängen sich z. B. um Tränken
- innere Körpertemperatur > 39,0 °C
- Rückgang der Futteraufnahme

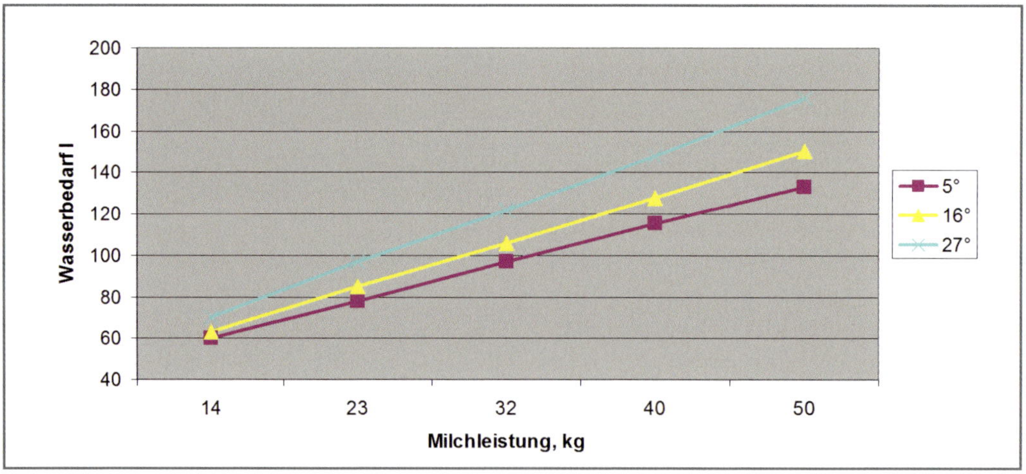

Wasserbedarf von Milchkühen in Abhängigkeit von Temperatur und Milchleistung (Pennington und VanDevender, 2005)

Anzeichen für erheblichen Hitzestress sind:

- Kopf und Hals gestreckt und Maulatmung
- Erheblicher Rückgang der Futteraufnahme
- Absinken der Milchleistung
- vermindertes Brunstgeschehen und schlechte Verbleiberaten
- Innere Körpertemperatur > 39,6 °C

Bei hochgradigem Hitzestress wird die Atemtätigkeit hochfrequent (> 80 Atemzüge/min) und oberflächlich, betroffene Tiere atmen keuchend bei geöffnetem Maul und vorgestreckter Zunge. Die Kühe sind unruhig und weisen auch eine erhöhte Oberflächen- bzw. innere Körpertemperatur auf (≥ 39,8 °C). Wenn der Untergrund nicht kühl oder nass ist, legen sich die Kühe auch seltener hin (sonst vermehrtes Liegen). Die Schleimhäute sind gerötet, der Puls ist schwach und die Harnausscheidung ist deutlich vermindert, der Harn wird konzentrierter.

Je nach Grad und Dauer der hyperthermischen Belastung kommt es neben der Hämokonzentration zu Leukopenie, Hypoglykämie sowie zur Steigerung des Blut-Harnstoff-Gehaltes. Im Endstadium nimmt die Frequenz des immer unregelmäßiger werdenden Herzschlages zu. Betroffene Kühe werden festliegend, es kommt zu Muskelzittern und Krämpfen. Der Tod tritt infolge von Atemlähmung und Kreislaufversagen ein. Aber auch nach überstandener Erkrankung können eine Reihe von Folgekrankheiten, wie Ketose, Pansenübersäuerung, aber auch Mastitis und Klauenrehe, auftreten. Auch Fälle von Verwerfen sind bekannt.

Bei Milchkühen können bei direkter Sonnenbestrahlung auch Sonnenbrände auftreten, wobei die fehlende Euterbehaarung bei besonders durchgezüchteten Milchviehrassen eine wesentliche Rolle spielt. Ein Sonnenbrand auf der Euterhaut führt zu Rötung, Schwellung und Schmerzhaftigkeit der Euterregion, zum Milchaufhalten und insgesamt steigt die Häufigkeit von Euterentzündungen.

Der Wasserbedarf steht in direktem Zusammenhang mit der Umgebungstemperatur und der Milchleistung. So hat eine Milchkuh mit einer Milchleistung von 40 kg bei 5 °C Umgebungstemperatur einen täglichen Wasserbedarf von 115 l, bei 16 °C 125 l und bei einer Umgebungstemperatur von 27 °C einen täglichen Wasserbedarf von 145 Litern. Stehen diese Mengen an benötigtem Trinkwasser nicht jederzeit und nicht ausreichend zur Verfügung, so kommt es bei den betreffenden Tieren sehr viel früher zu den negativen Auswirkungen von Hitzestress und deren Folgeerkrankungen.

Mögliche Folgen einer Hitzestressbelastung bei Milchkühen

- ab einer Umgebungstemperatur von 25 °C muss mit einem starken Rückgang der Futteraufnahme gerechnet werden (bis minus 22 % bei 32 °C)
  - Gefahr der Ketose/Entgleisung des Energiestoffwechsels steigt bei Hochleistungstieren
  - Milchharnstoffgehalt steigt
  - Stoffwechselbelastung steigt
  - Zellzahl in der Milch steigt
- Kraftfutter wird vollständig gefressen, Grundfutter wird zu wenig aufgenommen
  - Gefahr der Pansenübersäuerung steigt
  - Auswandern von pathogenen Keimen/Endtoxinen aus dem Verdauungstrakt (*E. coli*)
  - „Austrocknung" des Vormageninhaltes und des Körpers
- Kühe zeigen bei Hitze öfter Milchrinnen
  - Fliegenbelastung steigt
  - Infektionsgefahr steigt (Coli-Mastitiden)
- Rasche Nacherwärmung von Silagen (am Anschnitt sowie im Futterbarren)
  - Mykotoxin- und Keimbelastung des Futters steigen rasant an
  - Schmackhaftigkeit des Futters leidet stark – Futteraufnahme sinkt erneut
- Kühe mit erhöhter innerer Körpertemperatur/Hitzestress zeigen massiv herabgesetzte Verbleiberaten

- Wassermangel
  - Wasserangebot knapp
  - Kühe trinken zu wenig Wasser, auch bei genügendem Angebot
- Wasserqualität wird bei Hitze rasch mangelhaft
- Luftqualität im Stall sinkt mit zunehmender Temperatur
- Je höher die Milchleistung einer Kuh ist, umso mehr Wärme wird produziert. Hochleistende Kühe sind deshalb empfindlicher gegenüber Hitzebelastung
- Kreislaufbelastung durch Hitze (Pulsfrequenz, Atemfrequenz, innere Körpertemperatur steigen an)
  - Hirnödem und verändertes/gestörtes Verhalten (ZNS-Symptomatik)
  - Kreislaufversagen
  - Tod

Eutergesundheit

Eutererkrankungen des Rindes sind häufige Gründe für Behandlungen im Rinderbestand. Nicht selten führt eine Euterentzündung zum Funktionsverlust eines Euterviertels, bisweilen ist die weitere Zuchtnutzung der betroffenen Kuh unwirtschaftlich. In allen Fällen ist eine Euterentzündung aber mit einem großen Milchproduktionsverlust (verändertes Sekret, Verminderung der zu ermelkenden Milchmenge, erhöhter Zellgehalt, Wartefrist nach antibiotischer Behandlung) und damit mit hohen Kosten für den landwirtschaftlichen Betrieb verbunden.

Ziel der Behandlung von Euterentzündungen ist die Wiederherstellung der vollen Eutergesundheit des betroffenen Tieres. Die Kuh sollte nach der Behandlung wieder Milch normaler Zusammensetzung bei voller Leistung liefern. Infektiöse Mikroorganismen müssen aus der Milchdrüse eliminiert sein. Die Milch muss möglichst bald nach der Therapie sicher frei von Arzneimittelrückständen sein. Diese Ziele sind in der Behandlung von Euterentzündungen nur durch das konsequente Durchführen von bakteriologischen Milchuntersuchungen und durch den gezielten Einsatz wirksamer Arzneimittel möglich. Exakte Aufzeichnungen über die Ergebnisse von Zellzahlmessungen, von bakteriologischen Milchuntersuchungen und Behandlungen erleichtern auch eine Entscheidung, ob Behandlungen sinnvoll sind oder ob einzelne Kühe aus Gründen eines zu erwartenden Therapieversagens frühzeitig aus der Herde entfernt werden sollten.

Milch enthält körpereigene Zellen, vorwiegend Leukozyten und Epithelzellen aus dem Milchdrüsengewebe.

Schalm-Test zur Zellzahlschätzung
Foto: Walter Obritzhauser

Bei einer entzündlichen Erkrankung des milchbildenden Gewebes nimmt die Zahl der in der Milch enthaltenen Zellen zu. Statt Epithelzellen dominieren dann Leukozyten (Abwehrzellen des Blutes) das Zellbild. Die Zellzahl einer eutergesunden Kuh zeigt über die Laktation gesehen einen konstanten Verlauf mit einer kurzfristigen Erhöhung unmittelbar nach der Abkalbung. Vor dem Trockenstellen steigt der Zellgehalt ebenfalls meist deutlich an. Der Zellgehalt in normaler Milch wird vom National Mastitis Council mit kleiner 100.000 Zellen/ml angegeben (NMC, 2001). Er variiert, abhängig von Alter, Rasse, Laktationsstadium und Leistung.

Die Zellzahl wird im Milchviehbetrieb semiquantitativ mittels des so genannten California-Mastitis-Tests (CMT, Schalm-Test) oder im Rahmen der Qualitätskontrolle der an Molkereien gelieferten Tankmilch sowie im Rahmen der Milchleistungskontrolle quantitativ durch Zählung der somatischen Zellen mittels fluoreszenz-optischer Methoden („Fossomatic") bestimmt.

Was sind Euterentzündungen?

Eine Euterentzündung (Mastitis) ist eine entzündliche Erkrankung der Milchdrüse. Meistens gelangen bakterielle Erreger durch den Strichkanal in das Euter. Das betroffene Euterviertel schwillt an, ist höher temperiert und schmerzhaft. Die ermolkene Milchmenge nimmt ab und das Aussehen der Milch sowie die Milchzusammensetzung verändern sich.

Einteilung von Euterentzündungen

Bei Euterentzündungen können subklinische (ohne äußerlich erkennbare Krankheitszeichen des Euters, unveränderte Milch) und klinische (erkennbare Veränderungen des Euters bzw. der Milch) Formen unterschieden werden. Klinische Mastitiden trennt man wiederum in akute (plötzlich eintretende Schwellung, Verhärtung, Rötung, Ödem, Schmerzhaftigkeit bzw. vermehrte Wärme des Euters und meist Fieber) und in subakute bzw. chronische Euterentzündungen mit schleichendem Krankheitsverlauf, verringerter Milchleistung, meist nur geringfügiger Milchveränderung, erhöhtem Zellgehalt und häufig derben oder knotigen Eutergewebsveränderungen. Akute Euterentzündungen stellen nur die „Spitze des Eisberges" dar.

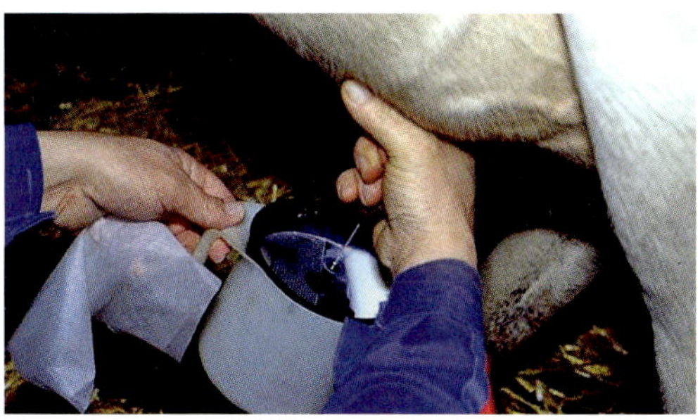

Im Vormelkbecher sind Flocken gut erkennbar.

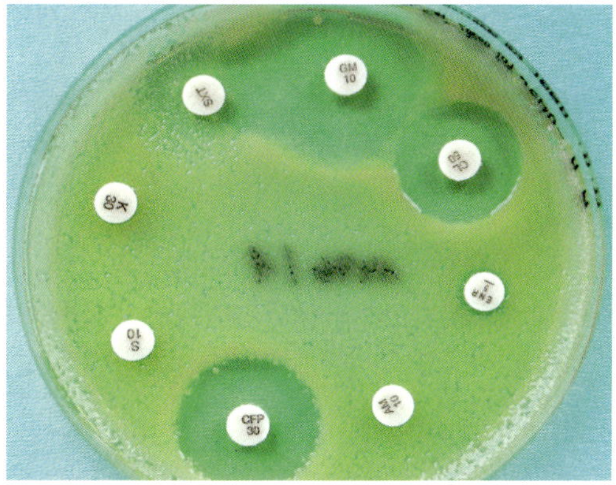

Antibiogramm zur Feststellung der Erregerempfindlichkeit Fotos: Walter Obritzhauser

Viele Euterentzündungen beginnen schleichend, ohne deutliche Symptome oder Milchveränderungen. Mit längerer Krankheitsdauer nimmt der Therapieerfolg ab. Subklinische Mastitiden, die ohne merkliche Eutergewebs- oder Milchveränderungen verlaufen und lediglich von erhöhtem Milchzellgehalt begleitet sind, gelten als häufigste Euterentzündungen und verursachen die größten Schäden durch die verringerte Milchleistung, die Infektionsgefahr für eutergesunde Tiere der Herde durch Keimausscheidung und Keimanreicherung in der Umgebung und durch die Veränderung der Milchzusammensetzung, die Abnahme der wertbestimmenden Inhaltsstoffe und die damit einhergehenden milchtechnologischen Nachteile.

Je nach Art des Entzündungsgeschehens im Euter lassen sich Katarrhalmastitiden und parenchymatöse Mastitiden unterscheiden.

Katarrhalmastitis: Bei der Katarrhalmastitis ist nur das milchbildende Gewebe betroffen. Durch die entzündliche Schwellung der Drüsenläppchen treten die einzelnen Drüsenkomplexe beim Abtasten des Euters deutlich hervor. Die Konsistenz des erkrankten Euterviertels ist derbelastisch. Das Drüsensekret hat zwar Milchcharakter, enthält aber Flocken oder Klumpen. Besteht eine Katarrhalmastitis längere Zeit, so schrumpft das Euterviertel.

Parenchymatöse Mastitis: Bei der parenchymatösen Mastitis ist neben dem milchbildenden Gewebe auch das Stützgewebe (Bindegewebe) des Euters betroffen. Das erkrankte Euterviertel ist brotlaibartig geschwollen, die Drüsenlappung ist nicht mehr tastbar. Das Drüsensekret hat keinen Milchcharakter mehr. Die zu ermelkende Milchmenge ist meist hochgradig vermindert.

Weitere diagnostische Maßnahmen

Die Zellzahlbestimmung im Rahmen der Milchleistungskontrolle, die Messung der elektrischen Leitfähigkeit der Milch und auch der Schalm-Test erlauben lediglich einen Verdacht auf eine Mastitis auszusprechen. Sie können die bakteriologische Milchuntersuchung mit Erregerbestimmung und Resistenztestung (Antibiogramm) keinesfalls ersetzen. Sie sind daher keine alleinige Grundlage für die Behandlung vermeintlich erkrankter Euterviertel.

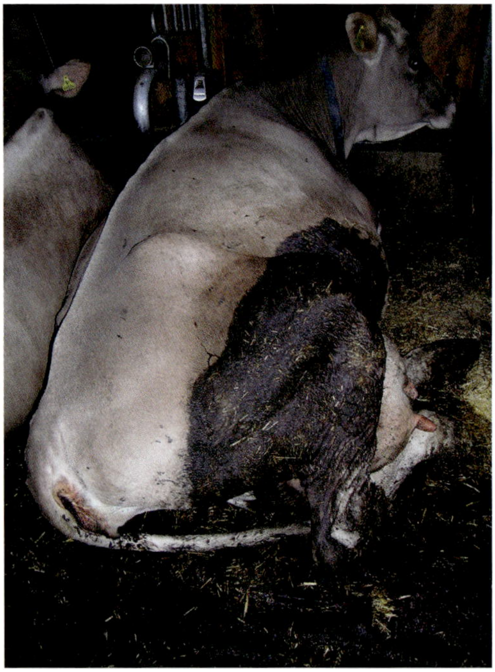

Euterhygiene und Liegeplatz haben enorme Bedeutung für das Mastitisgeschehen. Foto: Walter Obritzhauser

Durch die bakteriologische Viertelgemelksuntersuchung im Labor lässt sich der Erreger identifizieren und seine Antibiotikaempfindlichkeit feststellen.

Die bakteriologische Milchuntersuchung kann jedoch nur dann aussagekräftige Ergebnisse liefern, wenn klinische Befunde, das Ergebnis des Schalm-Tests und das Ergebnis der Keimdifferenzierung gleichermaßen in die Beurteilung einbezogen werden. Voraussetzung für ein aussagekräftiges Ergebnis der bakteriologischen Milchuntersuchung ist die aseptische, vor einer antibiotischen Therapie vorgenommene Milchprobenentnahme. Der Wert des Resistenztests (Antibiogramm) liegt nicht so sehr in der Auswahl des Antibiotikums mit der im Labortest größten Wirkung, sondern in der Angabe jener Wirkstoffe, die aufgrund des Antibiogramms nicht für die Behandlung geeignet sind.

Je nach der Art des Erregers, seiner Antibiotikaempfindlichkeit und dem klinischen Euterbefund kann der Tierarzt die Behandlung anpassen.

Die Heilungsraten bei Euterinfektionen sind bei längerem Bestehen der Erkrankung immer ungünstig. Das Hauptaugenmerk muss daher auf die Vermeidung von Neuinfektionen gelegt werden. Melkhygienische Maßnahmen allein sind nicht ausreichend, um Infektionen mit „umweltassoziierten" Keimen zu verhindern. Eine Vielzahl von Einflussfaktoren (Haltung, Fütterung, Melkanlage, Melkarbeit und Melkhygiene) können das Eindringen der Erreger in die Milchdrüse begünstigen. Diese Faktoren sind daher im Problemfall in Abhängigkeit vom jeweils festgestellten Erregermuster zu überprüfen.

Die häufigsten Mastitiserreger

Für die Entstehung einer Euterentzündung sind meist nicht Infektionserreger alleine verantwortlich, sondern es bedarf zusätzlicher nachteiliger Einflüsse seitens des Tieres oder der Umwelt. Man spricht deshalb bei der Euterentzündung von einer Faktorenkrankheit.

Faktoren, die sich im Mastitisgeschehen gegenseitig beeinflussen, sind:

- **Erreger** (Art, Zahl, krankmachende Wirkung, Antibiotikaempfindlichkeit usw.)
- **Tier** (Empfänglichkeit, unspezifische und spezifische Abwehrmechanismen, Laktationsstadium, Melkbarkeit, Leistung, Verletzungen, Krankheiten usw.)
- **Umwelt** (Haltung, Hygiene, Melktechnik und -arbeit, Klima, Fütterung, Stress usw.)

Die häufigsten Erreger von Euterentzündungen sind verschiedene Bakterienarten (Staphylokokken, Streptokokken, *Escherichia coli*, *Pasteurella* spp., *Trueperella* u. v. a.), daneben können seltener auch Mycoplasmen, Chlamydien, Viren, Pilze und Algen Euterinfektionen verursachen. So genannte „euterassoziierte" Erreger (*Streptococcus agalactiae*, *Staphylococcus aureus*) haben infizierte Euterviertel als Reservoir, umweltassoziierte Erreger (wie *Streptococcus uberis*, *Streptococcus dysgalactiae*, *E. coli*, Enterokokken) kommen auch verbreitet in der Umgebung des Milchtieres vor.

Staphylokokken

Die wichtigste Art der Gattung Staphylokokken ist *Staphylococcus aureus*. *Staphylococcus aureus* kommt nicht nur in infizierten Eutern vor, sondern besiedelt auch die Zitzenhaut und Schleimhäute. *Staphylococcus aureus* wird meist beim Melkvorgang übertragen. Euterinfektionen mit *Staphylococcus aureus* sind meist nur schwer heilbar.

Streptokokken

Der Gattung *Streptococcus* gehören mit den pathogenen Arten *Streptococcus agalactiae*, *Streptococcus dysgalactiae*, *Streptococcus uberis* und Enterokokken häufig vorkommende Mastitiserreger an.

Coliforme Keime

Vertreter der Familie der Enterobacteriaceae sind in der Umwelt weit verbreitet und sind häufige Krankheitserreger bei Mensch und Tier. Die größte Bedeutung als Erreger von Euterentzündungen haben Vertreter der Gattung *Escherichia* und *Klebsiella*. Die am häufigsten bei Mastitiden nachweisbare Art dieser Erregergruppe ist *Escherichia coli*. Schlechte Haltungshygiene, stark verunreinigte Einstreu, Sägespäne-Einstreu, kontaminierte Melkbecher und das Euterwaschen vor dem Melken (ohne Nachtrocknen) werden als die Infektion des Euters begünstigende Faktoren angeführt.

Trueperella pyogenes

Trueperella pyogenes (Synonyme: *Corynebacterium pyogenes, Actinomyces pyogenes, Arcanobacterium pyogenes*) ist der Erreger eitriger Entzündungsprozesse beim Rind, der so genannten „Pyogenes-Mastitis" oder „Sommermastitis". Die Bezeichnung „Sommermastitis" weist auf die Jahreszeit hin, in der die Erkrankung hauptsächlich auftritt oder während der die meisten Neuinfektionen erfolgen. Bei der Übertragung der Erreger von Tier zu Tier spielen verschiedene Insekten, die an den Weiderindern Nahrung suchen, eine wesentliche Rolle.

Das eitrige Drüsensekret, das bei durch *Trueperella pyogenes* verursachten Euterentzündungen ermolken werden kann, ist übelriechend. *Trueperella pyogenes* führt vor allem bei Kalbinnen und trockengestellten Kühen sowie in der Folge von Zitzenverletzungen zu Euterentzündungen. Eine Heilung von Euterentzündungen, an denen *Trueperella pyogenes* beteiligt ist, ist nicht zu erwarten. Die Behandlung beschränkt sich auf die Wiederherstellung der Gesundheit des betroffenen Tieres. Auf Grund der Aussichtslosigkeit therapeutischer Maßnahmen kommt bei der Sommermastitis den vorbeugenden Maßnahmen große Bedeutung zu. Dazu haben sich Maßnahmen der Insektenbekämpfung bewährt. Insektizide und insektenabwehrende Präparate (Repellentien) können praxisgerecht in Form von Aufgusspräparaten und „Ear-Tags" (Ohranhänger) angewendet werden. Jedenfalls sind aber trächtige Kalbinnen während der Risikoperiode (Juli, August) gründlich zu überwachen, wobei dem Auftreten von Euterschwellungen großes Augenmerk zu schenken ist.

Hefen

Hefen gehören zu einzelligen Pilzen, sie vermehren sich durch Sprossung. Hefen sind in der Umwelt weit verbreitet. Sie sind seltene Mastitiserreger. Der längere Einsatz von antibiotikahältigen Euterinjektoren begünstigt das gehäufte Auftreten von Hefemastitiden.

Vorbericht, Mastitisdiagnose

Die Behandlung einer akuten Euterentzündung muss in der Regel eingeleitet werden, bevor das Ergebnis der bakteriologischen Milchuntersuchung und des Resistenztests vorliegen.

Ein planmäßiges Vorgehen bei der Behandlung akuter Euterentzündungen sollte daher auf der Kenntnis bereits im Bestand nachgewiesener Mastitiserreger und deren Resistenzmuster beruhen. Dies macht die exakte, laufende Aufzeichnung und Beurteilung von Ergebnissen der bakteriologischen Milchuntersuchung auf Ebene der betroffenen Herde zwingend notwendig.

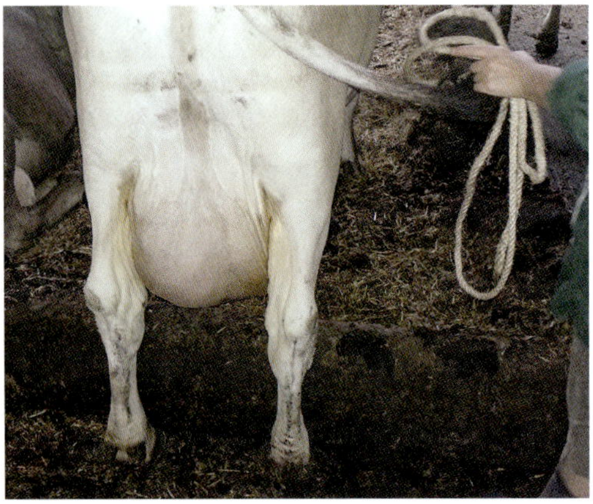

Akute Mastitis: Nur eine frühzeitige Behandlung verspricht einen Heilungserfolg.

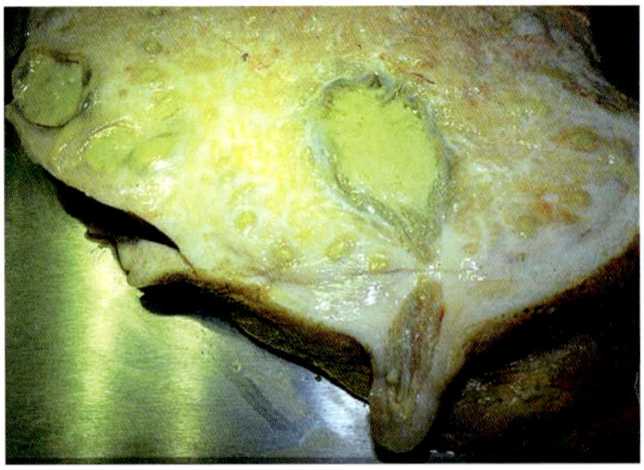

Chronische Mastitis mit Abszessen: hier ist jede Behandlung umsonst. Fotos: Walter Obritzhauser

Die Prognose einer Euterentzündung hängt wesentlich vom Zeitpunkt des Einsetzens gezielter therapeutischer Maßnahmen ab. Häufiges Ausmelken hilft, Erreger, Gewebsreste und entzündliches Sekret aus dem Euter zu entfernen, und ist eine sehr wesentliche Erste-Hilfe-Maßnahmen.

Nicht in jedem Fall ist eine Mastitistherapie sinnvoll. Neben den Ergebnissen der klinischen Untersuchung und der Ergebnisse der mikrobiologischen Untersuchung ermöglicht die Beurteilung des Verlaufes der Einzelkuhzellzahl, von bereits früher aufgetretenen Mastitiden, die Beurteilung von Alter, Leistung, Laktationsstadium, Trächtigkeit und züchterischem Wert die Entscheidung, ob eine Therapie ökonomisch vertretbar ist.

Nicht-antibiotische Mastitistherapie

Nach wie vor ist die antibiotische Mastitistherapie die am häufigsten angewendete Therapievariante. Ungenügende Therapieerfolge und lange Wartefristen sowie die damit verbundenen Milchverluste sind der Anlass, nach alternativen, nicht antibiotischen Therapievarianten zu suchen.

Der Einsatz probiotischer Präparate in der Mastitistherapie zeigte im Vergleich zu einer intramammärantibiotischen Therapie allerdings keine Wirksamkeit. Ergebnisse vergleichender Untersuchungen zur Therapie von Mastitiden im Doppelblindversuch zeigen keinen Effekt von homöopathischen Arzneimitteln auf Zellgehalt und Infektionsstatus von infizierten Eutervierteln. Die Therapie chronisch *Staphylococcus aureus*-infizierter Kühe mit einem Immunstimulans ergab nur geringfügig über der Selbstheilungsrate liegende Ergebnisse. Bessere Erfolge – allerdings vor allem in der Vorbeugung von Euterentzündungen – verspricht der Einsatz von gegen spezifische Erreger gerichteten Impfstoffen.

Behandlungsstrategien

Die in einem Bestand zu wählende Vorgangsweise in der Behandlung subklinischer wie klinischer Mastitiden muss sich an den bereits vorliegenden Ergebnissen bakteriologischer Untersuchungen des Einzeltieres („Krankengeschichte") und des Bestandes (bestandsspezifisches Erregerprofil) einerseits, dem Laktationsstadium, dem Alter des Tieres, der Milchleistung und der vermutlichen Dauer des Bestehens der Infektion andererseits orientieren. Besonders junge, hochleistende Tiere in frühen Laktationsstadien müssen unabhängig vom Grad der Erkrankung intensiv therapiert werden. Dies gilt auch für subklinische Mastitiden. Nur bei euterkranken Tieren in der Spätlaktation mit geringer Milchleistung sollte eine antibiotische Therapie unmittelbar vor dem Trockenstellen, kombiniert mit dem Einsatz antibiotischer Trockenstellformulierungen, erfolgen. Tiere mit Mastitisrezidiven oder persistierenden Infektionen sollten separiert und möglichst frühzeitig aus der Herde entfernt werden.

Milchprobenentnahme

1. **Die Milchprobenentnahme sollte nicht unmittelbar nach dem Melken erfolgen. Probennahmen aus dem Vorgemelk sind leichter zu ziehen, lediglich bei Verdacht auf eine Hefemastitis kann das Endgemelk ergiebiger sein.**
2. **Vor der Milchprobenentnahme ist unbedingt ein Schalm-Test durchzuführen und die Ergebnisse sind in das Einsendeformular bzw. den Probenbegleitschein einzutragen. Der Schalm-Test-Befund stellt für das untersuchende Labor eine wertvolle und für die Befundung notwendige Information dar. Vor jeder Milchprobenentnahme sind zumindest die ersten Milchstrahlen zu verwerfen (Vormelkbecher), damit der Strichkanal von anhaftenden Schmutzkeimen befreit wird und die Milchprobe nicht mit diesen Keimen kontaminiert ist.**
3. **Danach erfolgt die Reinigung und Desinfektion der Zitzenkuppen mit alkoholgetränkten Desinfektionstüchern oder mit alkoholgetränkten Wattebäuschen. Vor und während der Probenentnahme darf kein Staub aufgewirbelt werden, um Kontaminationen der Probe durch Keime, die den Staubpartikeln anhaften, zu vermeiden.**
4. **Die Reihenfolge der Reinigung und Probenentnahme erfolgt so, dass bereits gereinigte und desinfizierte Zitzenkuppen nicht verschmutzt werden:**

   bei der Probenentnahme von rechter Seite
   Reinigung: links hinten – links vorne – rechts hinten – rechts vorne
   Probenentnahme: rechts vorne – rechts hinten – links vorne – links hinten

   bei der Probenentnahme von linker Seite
   Reinigung: rechts hinten – rechts vorne – links hinten – links vorne
   Probenentnahme: links vorne – links hinten – rechts vorne – rechts hinten
5. **Das sachgerechte Öffnen und Schließen der Röhrchen erfordert etwas Übung. Die Röhrchen sollen schräg unter schützender Hand und nicht aufrecht unter das Euter gehalten werden; niemals Stöpselunterseite bzw. oberen Röhrchenrand berühren; Kontrolle und Vergleich der Röhrchenbeschriftung mit den Eutervierteln; Proben immer von allen vier Vierteln einsenden!**
6. **Sorgfältiges Ausfüllen des Begleitformulares; neben dem Schalm-Test-Ergebnis sollten vom Probennehmer noch etwaige klinische Befunde (Knoten, Eutergewebsveränderungen, Verletzungen, Strichkanalvorfall etc.) festgehalten werden.**

Sauberkeit und Zeitpunkt der Probenentnahme, ein exakter Vorbericht sowie die Verpackung und der Versand (möglichst rasch, in der warmen Jahreszeit gekühlt) bestimmen die Qualität der Diagnostik!

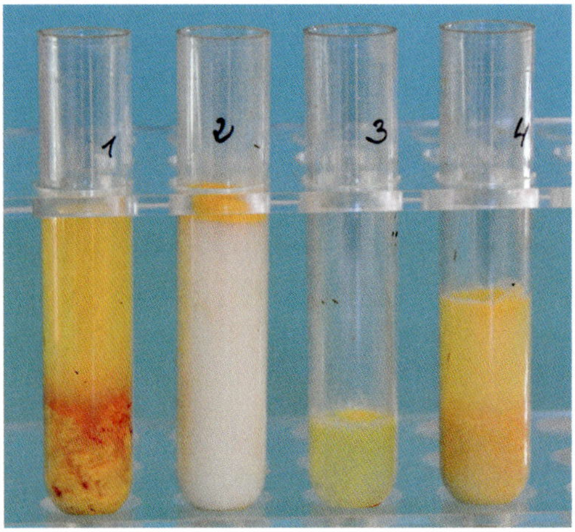

Milchproben für die bakteriologische Michuntersuchung *Foto: Walter Obritzhauser*

Behandlungsregime akute Mastitis

Ausmelken: In allen Fällen von akuten Euterentzündungen muss der Landwirt das erkrankte Euterviertel möglichst häufig ausmelken. In Betrieben, in denen parenchymatöse Mastitiden, vorwiegend verursacht durch coliforme Erreger, häufiger vorkommen und der Betrieb in ein definiertes Betreuungsverhältnis (Tiergesundheitsdienst) eingebunden ist, wird das häufige Ausmelken durch die intramuskuläre Injektion von Oxytocin unterstützt. Dadurch werden Bakterien und deren Toxine sowie die die Drüsenzisterne und die großen milchführenden Gänge verschließenden Entzündungsprodukte entfernt. Die verbesserte Drainage gewährleistet eine günstigere Verteilung von in das Euter instillierten Antibiotika. Aber auch die Passage von Injektionspräparaten in das entzündete Euter wird durch eine häufige und gründliche Entleerung des erkrankten Euterviertels merklich verbessert. Das Erreger-Wirt-Verhältnis wird zugunsten des Wirtes (Kuh) verschoben. Das Einbringen eines Antibiotikums („Eutertube") in das erkrankte Euterviertel als „Erste-Hilfe-Maßnahme" durch den Landwirt wird von den Autoren dagegen aus den im oberen Abschnitt genannten Gründen als ungezielte, einer exakten Diagnostik entgegenstehende und den Therapieerfolg in Frage stellende Maßnahme abgelehnt. Zudem wird dadurch jede weitere Diagnostik unmöglich.

Milchprobenentnahme: Vor jeder Therapie sollte eine Milchprobe entnommen und eine bakteriologische Untersuchung der Viertelgemelksproben eingeleitet werden. Das Ergebnis der bakteriologischen Milchuntersuchung und der Resistenzprüfung dient vor allem dazu, weitere Mastitiden in einem Bestand gezielt bekämpfen zu können. Hinweise auf die den Euterentzündungen zugrunde liegenden Ursachen sind durch das Erstellen bestandsspezifischer Erregerprofile zu erhalten. Bei subklinischen und subakuten Euterentzündungen kann für die Therapie das Ergebnis der mikrobiologischen Untersuchung abgewartet werden.

Therapeutische Maßnahmen im engeren Sinn: Die Ersttherapie bei akuten klinischen Mastitiden besteht aus dem Ausmelken des erkrankten Euterviertels (nach Oxytocininjektion), wobei die Reaktion auf die Oxytocinapplikation wesentliche Hinweise auf die Mastitisprognose erlaubt. Entzündungshemmende Arzneimittel verbessern die klinischen Krankheitszeichen besonders bei schwer verlaufenden Euterentzündungen, allerdings führen diese Wirkstoffe zu keiner signifikanten Verbesserung der Heilungsrate. Die Nachbehandlung einer akuten Mastitis erfolgt in der Regel 18–24 Stunden nach der Ersttherapie. In Einzelfällen und wenn die bakteriologische Milchuntersuchung im tierärztlichen Praxislabor des behandelnden Tierarztes erfolgt, kann sich die Nachbehandlung bereits auf das vorläufige Ergebnis der bakteriologischen Milchuntersuchung stützen. Sie besteht aus dem Ausmelken des erkrankten Euterviertels nach Oxytocininjektion und der Injektion eines wirksamen Antibiotikums. Abhängig vom Ergebnis der bakteriologischen Untersuchung wird das erkrankte Euterviertel intramammär 3–4 x im Abstand von jeweils 24 Stunden mit einem wirksamen Antibiotikum behandelt.

Behandlungsregime subklinische Mastitis

Der Therapie subklinischer Mastitiden kann jedenfalls eine bakteriologische Untersuchung und evtl. eine Resistenzprüfung vorangehen. Die antibiotische Therapie der subklinischen Mastitis unterscheidet sich nicht prinzipiell von jener der akuten Mastitis, kann jedoch mit der Erstbehandlung bereits gezielt auf den nachgewiesenen Erreger hin erfolgen. Erreger subklinischer Mastitiden sind in der Regel Streptokokken und Staphylokokken. Durch diese Keime verursachte subklinische Mastitiden zeigen höhere Heilungsraten bei kombinierter intramuskulärer und intramammärer Antibiotikaanwendung als bei ausschließlicher intramammärer Anwendung. Die Heilungsraten bleiben bei *Staphylococcus aureus* mit nur ca. 40 % unbefriedigend.

Nachkontrolle

Neben dem Abklingen der klinischen Erscheinungen (klinische Heilung) hat vor allem die Wiederherstellung eines normalen Zellgehaltes des Sekretes des erkrankten Euterviertels Bedeutung für die uneingeschränkte weitere Nutzung der Kuh. Die Beurteilung des Schalm-Test-Ergebnisses soll 2–4 Wochen nach der Behandlung der Euterentzündung erfolgen und kann durch den Landwirt durchgeführt werden. Bei Abweichungen vom Normalbefund ist eine neuerliche zytobakteriologische Untersuchung einzuleiten. Positive mikrobiologische Untersuchungsergebnisse nach durchgeführten Mastitistherapien sind vor allem bei weiterhin erhöhten Milchzellgehalten zu erwarten.

Arzneimittelrückstände, Aufzeichnungen

Behandelte Kühe stellen eine potentielle Gefahr für die Kontamination der Liefermilch mit Antibiotikarückstanden dar. Nicht eingehaltene Wartefristen, keine oder mangelnde Kennzeichnung euterbehandelter Kühe, Nichteinhaltung der Melkreihenfolge und mangelhafte (Zwischen-)Reinigung des Melkgeschirrs sind die häufigsten Ursachen für Antibiotikaverschleppungen in die Liefermilch. Durch die strikte Einhaltung von Vorsichtsmaßnahmen in der Milchproduktion (Kennzeichnung behandelter Kühe während der Wartefrist, elektronische Sperre behandelter Kühe im Melkstand oder im Melkroboter, Einhalten einer strikten Melkreihenfolge (behandelte Kühe zuletzt melken), Verwendung eines eigenen Melkzeuges mit Separationseimer für behandelte Kühe, sorgfältige Reinigung des Melkgeschirrs) sind Antibiotikakontaminationen der Liefermilch sicher zu vermeiden.

Gemäß Tierarzneimittelgesetz (TAMG) und Rückstandskontrollverordnung sind über alle Behandlungen schriftliche Aufzeichnungen am Betrieb zu führen. Diese sollen auch die klinische Diagnose und die bakteriologische Diagnose und sie müssen auf jeden Fall die eingesetzten Arzneimittel nach Art und Dosierung sowie die einzuhaltendenden Wartefristen enthalten.

Diese Aufzeichnungen erleichtern auch Selektionsentscheidungen in der Herde. Sie gewährleisten weiter ein Höchstmaß an Transparenz im Medikamenteneinsatz bei der Produktion des Lebensmittels Milch, wie sie mehr und mehr in Markenprogrammen gefordert werden.

Bei jedem Auftreten einer Euterentzündung sollte nach möglichen Ursachen gesucht werden. Ohne Verbesserung der Faktoren, die zu gehäuften Eutererkrankungen führen können, einerseits und der Einführung von Maßnahmen, die die weitere Übertragung von Mastitiserregern hintanhalten, andererseits bleiben therapeutische Bemühungen letztlich unbefriedigend. Durch die Kenntnis des Erregers (Art, Lokalisation, Empfindlichkeit) und die Eigenschaften des Chemotherapeutikums (Konzentration und Wirksamkeit am Ort der Infektion) können Therapieerfolge gesichert, Kosten gespart und unnötige Belastungen durch Nebenwirkungen und Resistenzentwicklungen verhindert werden.

Richtiges Trockenstellen

Das bewusste Einstellen des Milchentzuges bei Kühen acht bis sechs Wochen vor dem Geburtstermin gewährleistet, dass der Kuh ausreichend Energie für das Massewachstum des Kalbes zu Trächtigkeitsende zur Verfügung steht. Die Trockenstehzeit ermöglicht der Kuh für die nächste Laktation Energiereserven anzulegen und bereitet das Euter für die nächste Laktation vor. Ohne ausreichende Ruhezeit vermindert sich die Milchleistung und es fehlt die für das Kalb notwendige Biestmilch. Als Trockenstellmethoden sind das zeitlich begrenzte Auslassen von Melkzeiten (Kraftborner Methode) oder das abrupte Beenden des Melkens gebräuchlich. Beide Methoden haben Vor- und Nachteile.

Das Kraftborner Verfahren (Auslassen von Melkzeiten) wird bei Kühen angewandt, die zum Trockenstellzeitpunkt noch mehr als 10–15 kg Tagesgemelk aufweisen. Bei Tieren mit geringer Leistung kann schlagartig mit dem Melken aufgehört werden. Ein gesundes Euter reagiert auch bei noch hoher Milchleistung weder beim Auslassen von Melkzeiten noch beim abrupten Trockenstellen mit Gesundheitsstörungen. Abzulehnen ist der Versuch, das Trockenstellen durch Wasserentzug zu unterstützen. Durch die Verlängerung des Melkintervalles und des damit verbundenen Spüleffektes durch das Melken können durch den Strichkanal Mastitiserreger einwachsen und Akutmastitiden hervorrufen. Bereits vorliegende chronische Euterentzündungen können in dieser Zeit akut werden.

Mit dem Verlängern der Zwischenmelkzeiten oder dem abrupten Unterlassen des Melkens entsteht im Hohlraumsystem des Euters ein starker (> 4 kPa) Innendruck. Ist dieser größer als der Sekretionsdruck, so stellen die Drüsenzellen die Milchabgabe und -produktion ein. Gleichzeitig können infolge der Lockerung der Blut-Euter-Schranke Flüssigkeit und Laktose aus dem Gangsystem ins Blut übertreten (Resorptionsphase). Damit vermindert sich der Euterinnendruck ab dem dritten Tag allmählich. Beim Kraftborner Trockenstellverfahren ist zu bedenken, dass durch die Wiederaufnahme des Melkens nach längeren Melkpausen die Milchbildung hormonell immer wieder etwas angeregt wird und sich damit die Zeit mit einem erhöhten Infektionsrisiko für das Euter verlängert.

Selektives Trockenstellen

Die Anwendung von Langzeitantibiotika (so genannte antibiotische Trockensteller) zum Trockenstellen bei allen Kühen des Bestandes wird nicht generell empfohlen. In Milchviehherden, in denen eine größere Anzahl von Kühen nachweislich chronische Euterinfektionen (insbesondere mit *Staphylococcus aureus*) aufweist, ist der Einsatz eines Trockenstellers bei allen Kühen des Bestandes sinnvoll, um Neuinfektionen gesunder Kühe in der Trockenstehzeit möglichst hintanzuhalten. Die Beurteilung, ab welchem Schwellwert für die Häufigkeit von Eutererkrankungen in einer Herde ein antibiotischer Trockensteller routinemäßig angewandt werden sollte, hängt u. a. vom Erregerprofil, vom Zeitpunkt des Auftretens von Neuinfektionen, von der Milchleistung und der Melkbarkeit der Kühe einer Herde ab und muss betriebsspezifisch nach kritischer Beurteilung festgelegt werden. Der Einsatz eines antibiotischen Trockenstellers bei Kühen ist anzuraten, die im Laufe der Laktation an einer akuten Mastitis erkrankt waren. Bei Kühen, deren Gemelkszellzahl in den letzten zwei Monaten vor dem Trockenstellen einen Wert von 200.000 Zellen/ml deutlich überschritten hat, sollte eine bakteriologische Viertelgemelksuntersuchung vor dem Trockenstellzeitpunkt klären, ob der erhöhten Zellzahl eine (subklinische) Infektion zugrunde liegt, die vor dem Trockenstellen zu behandeln ist; diese Behandlung sollte mit der Anwendung eines antibiotischen Trockenstellers abgeschlossen werden. Um in eutergesunden Herden Neuinfektionen

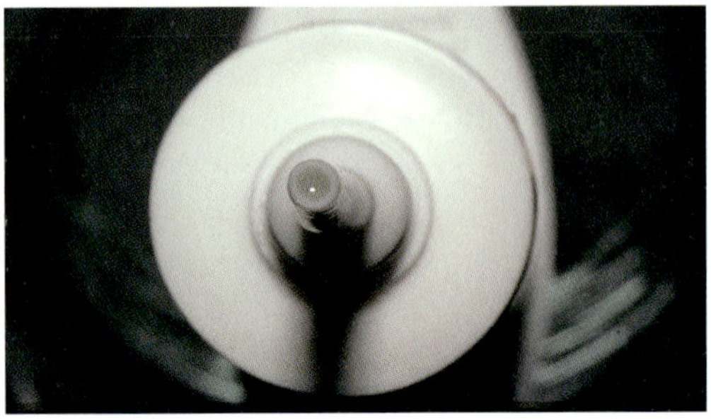

Euterinjektoren dürfen nur nach guter Reinigung und Desinfektion der Zitzenkuppe verabreicht werden, sonst kann durch eine unhygienische Verabreichung auch eine Mastitis entstehen. Foto: Armin Deutz

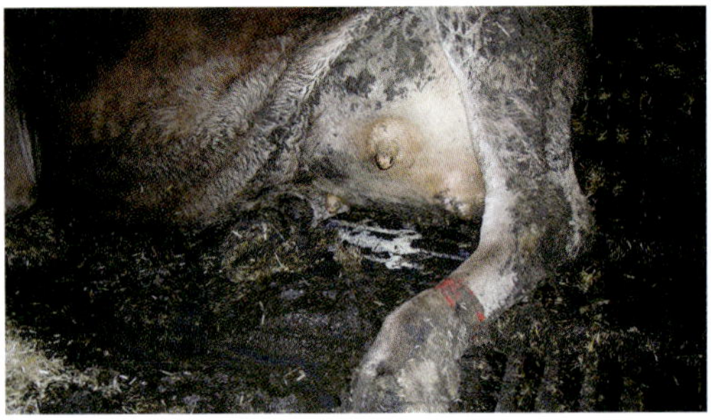

Grundsätzliche Vorkehrungen im Bereich der Hygiene erleichtern die Zitzenreinigung vor der Melkung und senken die Mastitisrate. Foto: Johann Gasteiner

bei eutergesunden Kühen möglichst hintanzuhalten, wird der Einsatz von internen Zitzenversieglern (Teat Sealants) angeraten. Diese Präparate werden mittels eines Injektors in die Zitze verabreicht. Durch die zähe Konsistenz des Zitzenversieglers wird auf mechanischem Weg ein Eindringen von Erregern in das Euter verhindert. Bei Kühen, die mit hohen Milchleistungen trockengestellt werden müssen oder die nach dem Trockenstellen die Milch laufen lassen, empfiehlt sich der kombinierte Einsatz eines antibiotischen Trockenstellers gefolgt von einem internen Zitzenversiegler, um das Risiko von Euterinfektionen in der Trockenstehzeit zu minimieren.

Vorbeugen ist besser als heilen

Vorbeugungs- und Hygienemaßnahmen in der Milcherzeugung können vor einem Großteil der Euterentzündungen schützen und garantieren zudem eine keimarme Rohmilch mit niedriger Zellzahl. Behandlungen in Betrieben mit Eutergesundheitsproblemen bleiben ohne begleitende Hygienemaßnahmen vielfach wirkungslos.

Euterkontrollen auf Veränderungen von Größe, Form und Konsistenz einzelner Viertel sollten bereits bei trächtigen Kalbinnen und auch bei trockenstehenden Kühen regelmäßig durchgeführt werden. Ein bewährtes, praktisches und kostengünstiges Mittel, um Kühe, Schafe und Ziegen mit Euterproblemen frühzeitig zu erkennen, ist der

Schalm-Test. Der Schalm-Test liefert semiquantitative Informationen über den Zellgehalt auf Ebene der Euterviertel. Er liefert daher wertvolle Zusatzinformationen auch bei Vorliegen von erhöhten Zellzahlmessergebnissen aus der Milchleistungskontrolle. Bei einem deutlich positiven Schalm-Test-Ergebnis ist eine bakteriologische Milchuntersuchung zu veranlassen.

Zur **Zitzenreinigung** vor dem Melken werden Seifenschäume mit und ohne Desinfektionsmittel, Einwegeuterpapier in Kombination mit geeigneten Desinfekti-

Der Schalm-Test ist ein wichtiges Instrument zur Erkennung von Erkrankungen der Milchdrüse.

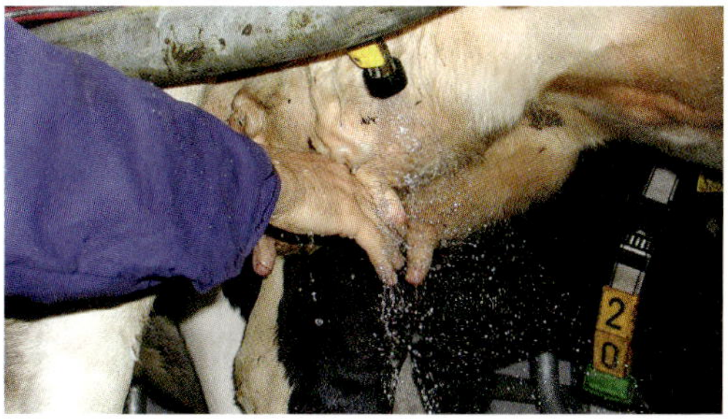

Euterwaschen kann zu einer hohen Häufigkeit akuter Euterentzündungen führen.

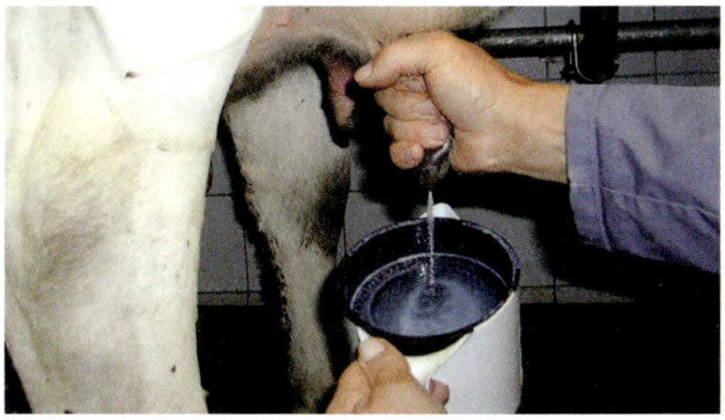

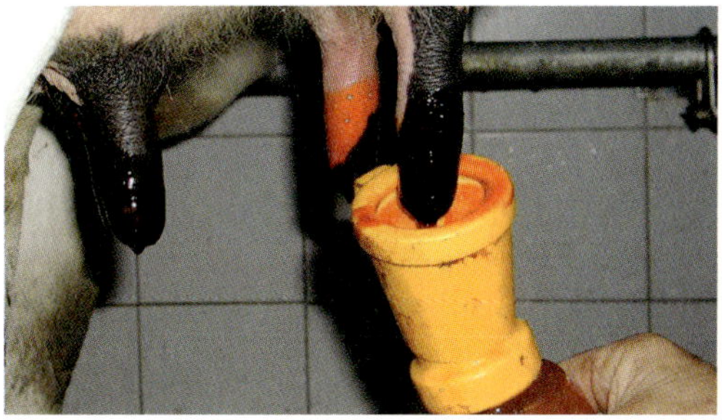

Vormelken in einen Vormelkbecher und Zitzentauchen sind wesentliche Maßnahmen des Euterhygieneprogramms.

Fotos: Walter Obritzhauser

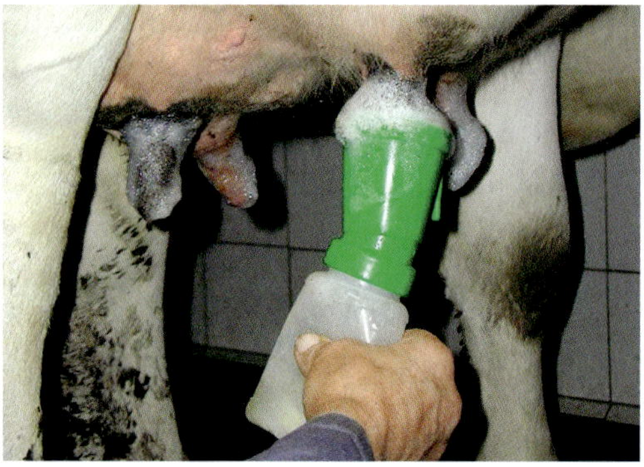
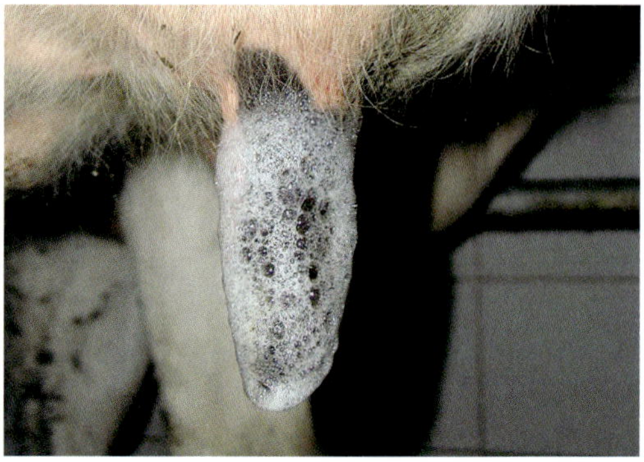

Die Verwendung geeigneter Seifenschäume hat sich als alternative Methode ...

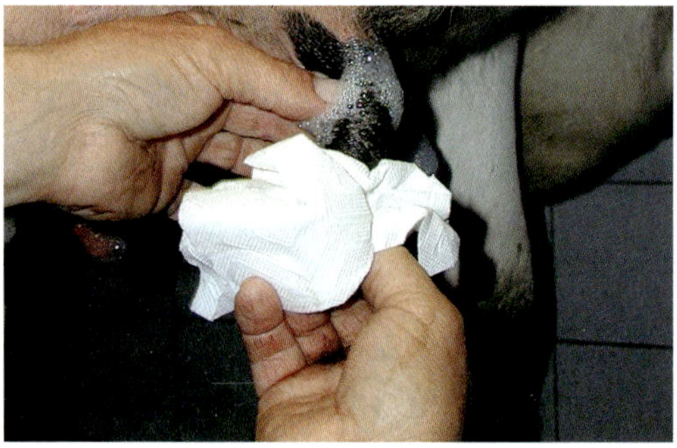
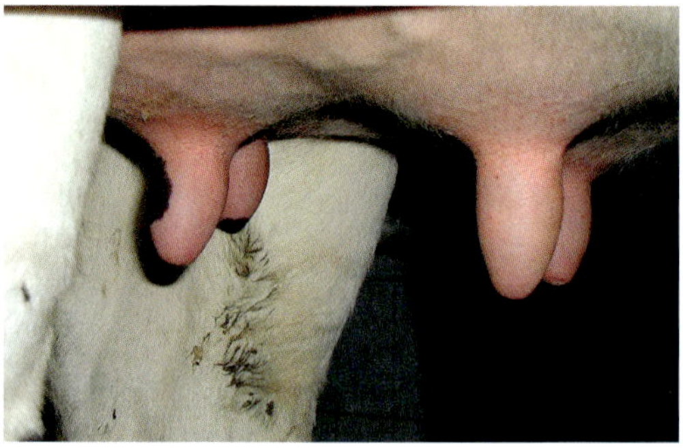

... zur Verwendung von Desinfektionsmitteln zur Zitzenreinigung bewährt. *Fotos: Walter Obritzhauser*

onslösungen, nach einmaliger Verwendung zu waschende Frotteestofftücher sowie spezielle Holzwolle angeboten. Stark verschmutzte Zitzen werden mit warmem Wasser gewaschen, danach mit gut saugendem Einmalpapier nachgetrocknet und danach desinfiziert. Keinesfalls dürfen die Melkbecher auf noch nasse Zitzen angesetzt werden, da dann die Zitzenbecher frühzeitig zu klettern beginnen, die Zitzenzisterne abgeschnürt und die Zitze somit blindgemolken wird. Krankheitserreger können während des Melkens leichter übertragen werden.

Nach dem Anrüsten folgt das Anhängen der Melkzeuge, das Überprüfen ihres Sitzes und die Beobachtung des Melkvorganges. Unbedingt zu vermeiden ist Blindmelken, um eine Schädigung der Strichkanalschleimhaut (Infektionsbarriere gegen die Außenwelt) zu vermeiden.

Durch das **Tauchen der Zitzen** in zugelassene desinfizierende und hautpflegende Dip-Mittel unmittelbar nach dem Melken wird der Milchfilm von der Zitzenspitze (Nährboden für Bakterien) entfernt. Die Präparate verhindern eine übermäßige Keimvermehrung besonders an der äußeren Strichkanalöffnung und senken das Infektionsrisiko in der Zwischenmelkzeit.

Eine **saubere Liegefläche** sowie **saubere Zitzen** in der Zwischenmelkzeit minimieren den Infektionsdruck für das Euter. Auf feuchten, stark verschmutzten Liegeflächen vermehren sich Bakterien und Pilze, darunter auch Mastitiserreger. Häufiger treten akute Euterentzündungen auf, wenn sich die Kühe unmittelbar nach dem Melken niederlegen können. Besonders bei leichtmelkenden Kühen ist der Strichkanal bis zu einer Stunde nach dem Melken noch nicht vollkommen geschlossen, dadurch können Bakterien leichter in das Euter eindringen und Euterentzündungen verursachen. Daher ist den Kühen nach dem Melken frisches, schmackhaftes Futter anzubieten und die Kühe im Fressgitter (sofern vorhanden) für wenigstens 20–30 Minuten zu fixieren.

Wesentliche Maßnahmen zur Sicherung der Eutergesundheit einer Milchviehherde sind:

- Optimierung der Haltungsbedingungen
- Euterkontrolle (Schalm-Test) und bakteriologische Untersuchung bei zugekauften Tieren
- Vermeidung von Euter- und Zitzenverletzungen durch regelmäßige Klauenpflege, rutschsichere Bodenbeläge, Entfernung von Stacheldraht etc.
- Rasche Behandlung von akuten Euterentzündungen
- Ausmerzen unheilbar chronisch-euterkranker Tiere (Knoten, mehrfache erfolglose Therapie)
- Bekannt euterkranke Kühe erst nach gesunden Tieren melken
- Richtiges Trockenstellen (abruptes Trockenstellen ohne Auslassen von Melkzeiten)
- Verbesserung der Melktechnik und Melkhygiene
- Vermeiden von Fütterungsfehlern, keine abrupten Futterwechsel
- Jährliche Melkanlagenüberprüfung
- Züchterische Beachtung von Zellzahl, Euterform und Mastitisresistenz
- Integrierte Tierärztliche Bestandsbetreuung (ITB)

Die Berücksichtigung dieser Maßnahmen stellt einen Beitrag zur Qualitätssicherung der Milchproduktion dar. Sie sollen neben den gesetzlichen Auflagen mithelfen, die Lebensmittelsicherheit von Milch und Milchprodukten auf einem möglichst hohen Niveau zu halten.

Melktechnik und Melkmanagement

Ein schonender maschineller Milchentzug ist zur Erhaltung der Eutergesundheit der Milchkuh von entscheidender Bedeutung. Gute Melkarbeit kann Mängel in der Melktechnik teilweise ausgleichen. Fehler in der Melkarbeit sind aber durch die beste Melktechnik nicht zu kompensieren. Der gesamte Melkvorgang vom Ansetzen des Melkzeuges bis zur Melkzeugabnahme sollte **nicht länger als 6–8 Minuten** dauern. Die durchschnittlich pro Minute und Melkzeug während der gesamten Dauer einer Melkzeit ermolkene Milchmenge sollte nicht unter 1,5 Litern pro Minute sinken. Werden längere durchschnittliche Melkzeiten und geringere durchschnittlich ermolkene Milchmengen festgestellt, sollten Melktechnik und Melkarbeit einer kritischen Überprüfung unterzogen werden.

Die gemolkenen Tiere sollen nach dem Melken unbedingt frisches Futter vorgelegt bekommen und **wenigstens 20–30 Minuten stehen bleiben**, um eine Kontamination der bis rund 30 Minuten nach dem Melken geöffneten Strichkanäle und ein Eindringen von Krankheitserregern in das Euter zu vermeiden.

Das Einhalten einer bestimmten Melkreihenfolge kann helfen, Neuinfektionen von eutergesunden Kühen durch in der Herde vorhandene, bekannt chronisch euterkranke Tiere einzuschränken. Zuerst sollten gesunde Erstlaktierende, dann die eutergesunden Kühe der Herde und erst danach die bekannt euterkranken Tiere gemolken werden. Das Einhalten einer strikten Melkreihenfolge ist beim Melken im Melkstand in der Regel nicht möglich. Die Zwischenspülung des Melkzeuges (Rückspülen mit Wasser über den langen Milchschlauch) oder die Melkzeugzwischendesinfektion mit Peressigsäure bewirkt eine Keimreduktion im Melkzeug.

Die Verwendung eigener Melkzeuge für bekannt euterkranke Kühe ist sinnvoll, wenngleich nur praktikabel, wenn nur wenige Tiere der Herde euterkrank sind. **Eigene Melkzeuge** sind unbedingt zu verwenden, wenn mit Arzneimitteln, die Rückstände in der Milch verursachen, behandelte Tiere gemolken werden. Bei Verwendung von Sondermelkzeugen ist zu beachten, dass diese Melkzeuge ein gleich schonendes Melken erlauben wie die verwendeten Standardmelkzeuge. Die Verwendung aus Altanlagen stammender Melkanlagenteile für kranke Tiere verschlechtert deren Heilungschance zusätzlich.

Schwächen in der Melkarbeit und in der Handhabung der Melkmaschine können die Häufigkeit des Auftretens klinischer und subklinischer Mastitiden wesentlich erhöhen. Der Landwirt und der betreuende Tierarzt sind gefordert, nicht nur Mastitiden zu behandeln, sondern auch auf die Abstellung ursächlich an der Mastitisentstehung beteiligter Fehler in Melktechnik und im Melkmanagement hinzuarbeiten.

Eutergesundheit bei Mutterkühen

In Abhängigkeit von Rasse, Fütterung, Haltung und Alter des Kalbes sind bei Mutterkühen Unterschiede zwischen der im Euter produzierten und vom Kalb gesaugten Milchmenge vorhanden. Nicht alle Euterviertel werden bei Mutterkühen gleichmäßig besaugt; erkrankte Viertel werden meist überhaupt nicht besaugt. Wenn Euterviertel nur unvollständig entleert werden oder einzelne Viertel überhaupt nicht besaugt werden, fehlt der Spüleffekt im Strichkanal, wodurch Erreger leichter ins Euter eindringen und eine Infektion auslösen können. Mastitisprobleme in der Mutterkuhhaltung treten auf, wenn es sich bei den Kühen um gut leistende und sehr leicht melkbare Kühe handelt. Mit einem erhöhten Mastitisrisiko bei der Mutterkuh muss auch gerechnet werden, wenn das laktierende Euter – wie beim Verlust des Kalbes – nicht mehr besaugt wird.

Ungleich große Euterviertel müssen nicht unbedingt auf chronische Mastitiden zurückgehen, sondern können auch in Zusammenhang mit dem Saugverhalten stehen, wenn nicht andere Symptome auf eine Infektion hindeuten. Akutmastitiden bei Mutterkühen werden oft erst erkannt, wenn das Allgemeinbefinden gestört ist und die Entzündung in ein subakut-chronisches Stadium übergegangen ist.

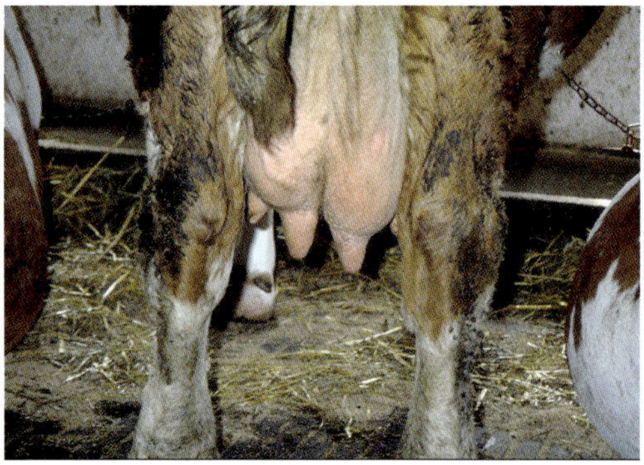

Ungleich große Euterviertel können ein Hinweis auf eine Euterentzündung sein. Fotos: Walter Obritzhauser

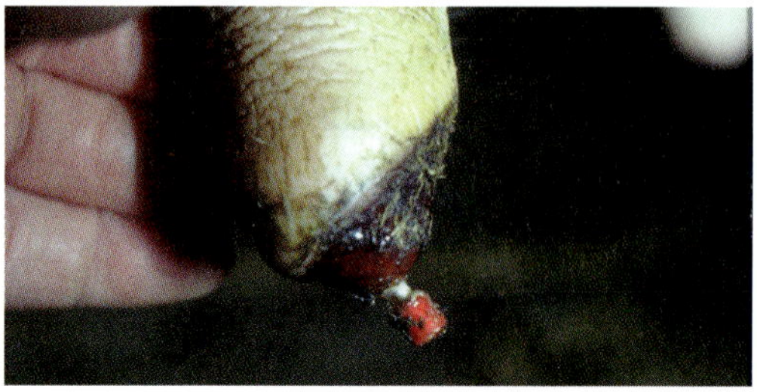

Zitzenverletzungen erhöhen das Mastitisrisiko.

Vorbeugungsmaßnahmen zielen auf die Minimierung des Infektionsdruckes im Bestand ab. Dies schließt die Stallhygiene (Einstreu, Sauberkeit der Liegeplätze) sowie Reinigung und Desinfektionsmaßnahmen besonders vor der Belegung der Abkalbeboxen ein. Eine Reduktion des Infektionsdrucks tritt nur ein, wenn euterkranke Tiere abgesondert, behandelt und rechtzeitig ausgemerzt werden. Zur Vorbeugung gehören auch Weidehygiene und die Tierbeobachtung beim Weidebetrieb.

Problem: Hemmstoffe in Liefermilch

Hemmstoffe in der Milch besitzen gesundheitliche Relevanz für den Menschen (Allergien, Resistenzen, Einfluss auf die Darmflora), sind verantwortlich für Produktionsausfälle durch Fermentationsstörungen in der Milchwirtschaft, verursachen wirtschaftliche Schäden für betroffene Landwirte, bergen Haftungsfragen für Landwirte und Tierärzte und können negative Auswirkungen auf das positive Image von Milch und Milchprodukten haben.

Vorschläge zur Vermeidung von Hemmstoffen in der Milch sind die Aufklärung der Landwirte über die Hemmstoffproblematik, das nachweisliche Informieren über Wartezeiten durch den Tierarzt, das deutliche Markieren behandelter Tiere und die Verwendung eines separaten Melkzeuges für behandelte Tiere und kein Liefern von Milch aus unbehandelten Nachbarvierteln.

Verfüttern von Mastitismilch und von Milch euterbehandelter Tiere

Milch von Kühen, die an Mastitis erkrankt sind, hat einen hohen Zellgehalt und enthält häufig Bakterien und deren Toxine. Sie weist eine andere Zusammensetzung auf als

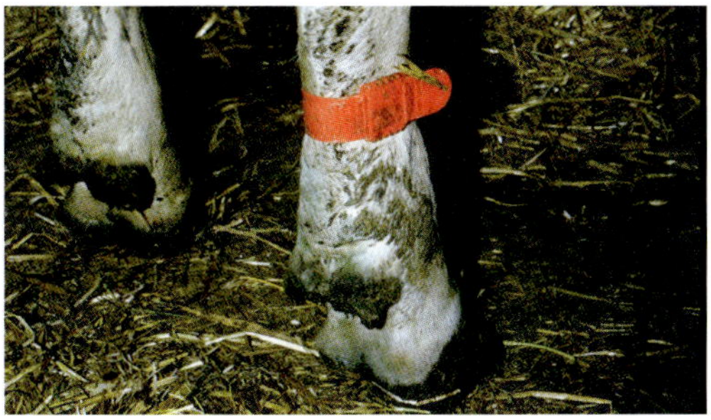

Foto: Walter Obritzhauser

Fesselband zur Markierung behandelter Tiere

Beim Kalb führt die orale Aufnahme von Antibiotika zu einer Änderung der Mikroflora im sich bildenden Pansen sowie im Magen-Darm-Trakt. Es können sich dabei antibiotikaresistente Bakterien entwickeln, wobei die abnehmende Konzentration von Antibiotika in der Milch einer behandelten Kuh die Selektion von resistenten Bakterien beim Kalb fördern kann.

Milch von gesunden Kühen. Falls diese Tiere bzw. deren Euter behandelt wurden, enthält die Milch während der Wartezeit auch Arzneimittelrückstände. Da Antibiotika nur zu therapeutischen Zwecken verabreicht werden dürfen und ihre Anwendung aufzeichnungspflichtig ist, verbietet sich ein Verfüttern an Kälber. Bei der Verwertung von Milch behandelter Kühe erhält das Kalb ungewollt und ungezielt sowie verbotenerweise Antibiotika.

Grobsinnlich veränderte Milch wird üblicherweise nicht verfüttert. Bezüglich der Erreger in Mastitismilch ist zu bemerken, dass die meisten bakteriellen Mastitiserreger zwar während der Labmagenpassage im Kalb abgetötet werden. Es überleben jedoch einige Erreger-Arten, die unter Umständen die Kälbergesundheit negativ beeinflussen können.

Zusatzmaterial zu den Themen „Eutergesundheit, extensive Rinderhaltung, zum richtigen Umgang mit Rindern sowie zum Handbuch Rinder – Selbstevaluierung Tierschutz" finden Sie hinter diesem QR-Code bzw. können direkt beim Verlag unter verkauf@stocker-verlag.com angefordert werden.

Geburtshilfe und Fruchtbarkeit

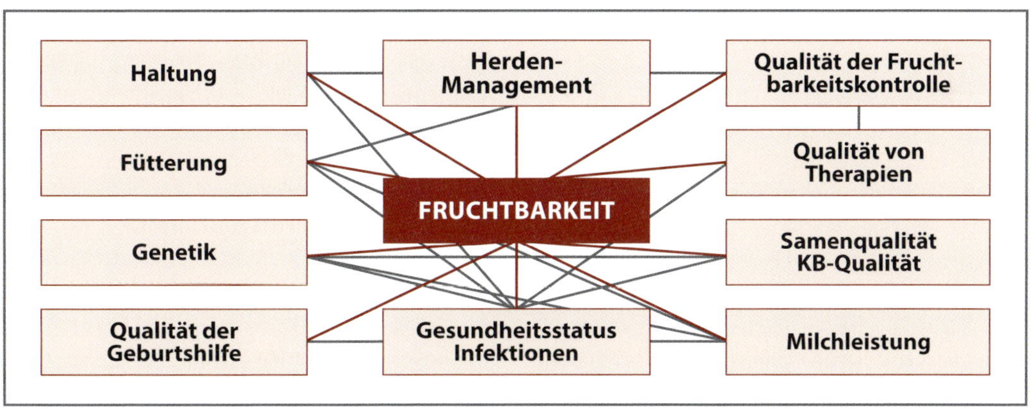

Die Ursachen einer gestörten Fruchtbarkeit sind mannigfaltig, stets wechselnd und beeinflussen einander.

In Betrieben mit gestörter Fruchtbarkeit müssen ganze Maßnahmenbündel umgesetzt werden. Maßnahmen müssen klar beschrieben, nach Wichtigkeit gereiht und ihre Umsetzung regelmäßig überprüft werden. In Betrieben mit weniger als 30 Kühen muss die Beurteilung von Fruchtbarkeitskennzahlen vorsichtig erfolgen. Einzelne Tiere mit stark von der Norm abweichenden Kennzahlen können ein Bestandsproblem vortäuschen.

Die Benützung von Computerprogrammen zur Berechnung von Fruchtbarkeitskennzahlen zur Auswertung weiterer Daten zur Beurteilung der Fruchtbarkeits-, Krankheits- und Stoffwechselsituation ist auch im Klein- und Mittelbetrieb sinnvoll.

Nachfolgend wird auf Erkrankungen des Geschlechtstraktes des Rindes eingegangen und Maßnahmen beschrieben, die bei einer gestörten Fruchtbarkeitssituation beachtet werden sollen.

Besonderes Augenmerk wurde dabei auf die Qualität therapeutischer Maßnahmen im Fruchtbarkeitsbereich gelegt.

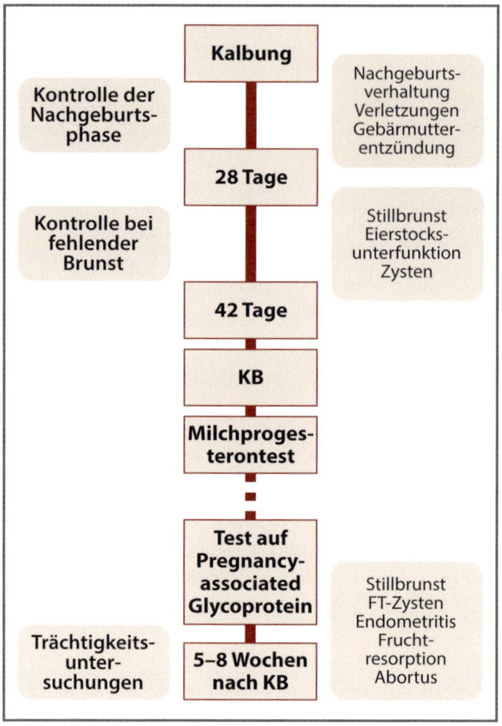

Arbeitsprogramm Fruchtbarkeitsmanagement

Entzündung der Gebärmutterschleimhaut (Endometritis)

Entzündungen der Gebärmutterschleimhaut (meist als „Gebärmutterentzündung" bezeichnet und meist nur anhand des Vorliegens eines abnormen, trüben bis eitrigen Scheidenausflusses diagnostiziert) führen in 2 von 3 Fällen zu einer Verlängerung der Güstzeit auf über 80 Tage. Höhergradige Erkrankungen, die vom Tierbesitzer selbst erkannt werden, sollen frühzeitig einer Behandlung zugeführt werden. Kontrollen in den ersten 28 Laktationstagen, die eine Untersuchung des Scheidenraumes mittels eines Röhrenspekulums einschließen, müssen in allen Betrieben, in denen mehr als 10 % der Kühe wegen eines abnormen Scheidenausflusses behandelt werden, Bestandteil eines Arbeitsprogrammes Fruchtbarkeit sein. In der gesunden Herde erkranken weniger als 5 von 100 Kühen an Gebärmutterentzündung.

Unmittelbar nach der Abkalbung wandern in die Gebärmutter – ausgehend von der Umgebung des Tieres – Bakterien ein. Die Nachweishäufigkeit von Bakterien aus dem Uterus nimmt in den ersten Wochen nach der Abkalbung aber deutlich ab. Entzündungen der Gebärmutterschleimhaut müssen nicht immer durch Bakterien verursacht werden; ein negativer mikrobiologischer Befund schließt das Vorliegen einer Entzündung der Gebärmutterschleimhaut keineswegs aus. Mit dem klinischen Befund einer Entzündung der Gebärmutterschleimhaut ist regelmäßig eine Infektion der Gebärmutterschleimhaut mit Bakterien der Gattung von *Trueperella pyogenes* verbunden. Bei dieser mit einem übelriechenden Scheidenausfluss verbundenen Form der Entzündung der Gebärmutterschleimhaut sind verschiedene weitere Bakterien beteiligt. Meist führen Entzündungen der Gebärmutterschleimhaut, die durch *Trueperella pyogenes* verursacht wurden, zu einer dauerhaften Unfruchtbarkeit der betroffenen Kuh.

Folgende Ursachen können vermehrt auftretenden Entzündungen der Gebärmutterschleimhaut zugrunde liegen (diagnostische und prophylaktische Maßnahmen folgen gemäß der Häufigkeit erkennbarer Ursachen):

Ursache/ Schwachstelle	Diagnose	Therapie/Maßnahmen	Prophylaxe/Maßnahmen
Schwergeburt, Kaiserschnitt	Vorbericht, Verletzungen im Bereich der Scheide und des Hymens (Übergang vom Scheidenvorhof in die Scheide, häufig bei Kalbinnen), des Muttermundes, der Gebärmutter und des Eileiters	rektale und vaginale Kontrolle 14–28 Tage nach jeder Schwergeburt nach der Abkalbung	Verbesserung des Geburtsmanagements, Zuchtwahl (Muttertierselektion, Auswahl geeigneter Besamungsstiere), Fütterung in der Trockenstehzeit und vor der Abkalbung.
Nachgeburtsverhaltung	Vorbericht, übelriechender Vaginalausfluss, Nachgeburtsteile im Ausfluss	rektale und vaginale Nachkontrolle aller Kühe mit Ret. sec. 14–28 Tage nach der Abkalbung	Bei Auftreten von mehr als 2 % Nachgeburtsverhaltungen: Überprüfung von Fütterung (Energie-, Mineral-, Selenversorgung) und Geburtsmanagement.
verzögertes Ausstoßen von Fruchtwässern, Entzündung tiefer Gewebsschichten der Gebärmutter	verzögerte Gebärmutterrückbildung, übelriechender Scheidenausfluss, gestörtes Allgemeinbefinden (Fieber, Fressunlust)	rektale und vaginale Nachkontrolle aller Kühe mit verzögerten Ausstoßen von Fruchtwassern mit Gebärmutterentzündung 14–28 Tage nach der Abkalbung	Geburtsmanagement, Fütterung und Haltung vor der Abkalbung überprüfen.
Milchfieber	Festliegen, mangelhafte Futteraufnahme und Milchleistung in den ersten Tagen der Laktation; Blutuntersuchung	rektale und vaginale Nachkontrolle aller Kühe mit Milchfieber 14–28 Tage nach der Abkalbung	Bei Auftreten von mehr als 2 % Milchfiebererkrankungen: Überprüfung der Fütterung (Energie-, Mineral-, Selenversorgung).
Ketose (Azetonämie)	rasche Körpergewichtsabnahme nach der Abkalbung, Fett:Eiweiß-Quotient > 1.5, positive Ketonkörpernachweise in Harn und oder Milch; Blutuntersuchung	rektale und vaginale Kontrolle aller Kühe mit Ketose bis spätestens zur ersten Brunst	Bei Auftreten von mehr als 5 % klinischer Azetonämien: Überprüfung der Fütterung (Energieversorgung ante und post partum); Zuchtwahl.
Unspezifische Entzündungen der Gebärmutterschleimhaut (Genitalkatarrhe)	Vorbericht, Düngeplan (> 15 m^3 Gülle pro ha und Aufwuchs, > 60 m^3 Gülle pro ha und Jahr), Milchharnstoffgehalte (> 30mg/L), verdorbene Futtermittel (Schimmel), Zugluft im Scheidenbereich	rektale und vaginale Kontrolle aller Kühe mit Ketose bis spätestens zur ersten Brunst	bei gehäuftem Auftreten von Genitalkatarrhen Futtermitteluntersuchung (Mykotoxine), Rationsberechnung, Überprüfung des Düngeplanes, Stallbauliche Maßnahmen

Therapie von Entzündungen der Gebärmutterschleimhaut

Die Erkenntnis, dass die Gebärmutter des Rindes während der Brunst widerstandsfähiger gegenüber Infektionen ist als in der Zwischenbrunstphase, bildet die theoretische Grundlage für die Anwendung von Prostaglandinen in der Therapie der Entzündung der Gebärmutterschleimhaut.

Prostaglandine sind in der Therapie der Entzündung der Gebärmutterschleimhaut bei Vorhandensein eines aktiven Gelbkörpers am Eierstock wirksam. Der Effekt beruht auf der Brunstauslösung und der damit verbundenen Öffnung des Muttermundes (Ausstoß von Entzündungsprodukten), der verbesserten Durchblutung der Gebärmutterschleimhaut und auf dem positiven Effekt der erhöhten Brunsthormonkonzentration auf die Infektabwehr der Gebärmutterschleimhaut. Zwischen dem Vorhandensein eines aktiven Gelbkörpers (Milchprogesteronkonzentration > 5 ng/ml) und der Heilungsrate besteht ein signifikanter Zusammenhang. Je früher die normale, zyklische Eierstockaktivität einsetzt, umso früher erfolgt die klinische Heilung der Entzündungen der Gebärmutterschleimhaut. Prostaglandine sollten daher das Mittel der Wahl für die Behandlung von Entzündungen der Gebärmutterschleimhaut bei Vorhandensein eines aktiven Gelbkörpers sein.

Verschiedene Antibiotika und verschiedene desinfizierende Lösungen werden zur Behandlung von Entzündungen der Gebärmutterschleimhaut eingesetzt. Allerdings gibt es nur wenige wissenschaftliche Belege für ihre Effektivität. Desinfizierende Lösungen verursachen eine Abstoßung der Gebärmutterschleimhaut (Kürettage) verbunden mit einer Verkürzung des Brunstzyklusses, wenn die Lösung in der frühen Zwischenbrunstphase in die Gebärmutter eingebracht wird. Wahrscheinlich ist dieser brunstinduzierende Effekt wesentlicher als die antiseptische Wirkung. Bereits sehr geringe Volumina (5 ml) lösen diesen Effekt aus. Bei Verwendung größerer Mengen von desinfizierenden Lösungen für Gebärmutterspülungen besteht die Gefahr von Bauchfellreizungen und -entzündungen, wenn Teile der Spüllösungen in die freie Bauchhöhle gelangen.

Eitrige Entzündung der Gebärmutterschleimhaut
Foto: Walter Obritzhauser

Störungen im Zyklusgeschehen

Ursachen für nicht beobachtete Brunst und/oder für eine verspätete Belegung oder Besamung sind Stillbrunst, Follikelzysten, Eierstocksunterfunktionen und persistierende Gelbkörper.

Stille Brunst

Stillbrunst ist sowohl bei Kalbinnen als auch bei Kühen die häufigste, zu einer verlängerten Güstzeit führende Fruchtbarkeitsstörung. Die Verhaltensänderungen zur Brunst dauern bisweilen weniger als 6 Stunden. Eine Störung des Fruchtbarkeitsgeschehens liegt vor, wenn das durchschnittliche Intervall zwischen Abkalbung und der ersten beobachteten Brunst in der Herde über 55 Tage beträgt bzw. weniger als 85 % der Kühe bis zum Tag 60 nach der Abkalbung eine sichtbare Brunst gezeigt haben. Zur Beurteilung dieses Parameters sind genaue Aufzeichnungen des Landwirtes über Brunsten, auch wenn diese nicht zur Besamung genutzt werden, nötig.

Die Ausprägung der Brunstsymptome wird deutlicher, wenn gleichzeitig mehrere Tiere einer Herde in Brunst kommen. Am Anbindestand – besonders im Halsrahmen – ist die Brunstbeobachtung erschwert. Das Vorkommen schwach ausgeprägter Brunstsymptome wird auch mit einer mangelnden Energieversorgung und der damit einhergehenden Entspeicherung von Fettdepots in Zusammenhang gebracht. Eine leistungsgerechte Fütterung vor und nach dem Abkalben (Schwankungen in der Körperkondition von nicht mehr als 1,0 Einheiten im Body Condition Score) gewährleistet eine normale Ausprägung von Brunstsymptomen.

Therapeutische Ansätze in der Zykluskontrolle

Stillbrunst, nicht beobachtete Brunst, konzentrierte Abkalbe- und daher auch Besamungszeiträume sind in der Milch- und Mutterkuhhaltung Motive, Brunstzyklen zu induzieren oder zu synchronisieren.

Methoden der Zyklussynchronisation sollen:

1. die Brunstbeobachtung erleichtern
2. die Nutzung der künstlichen Besamung verbessern
3. zeitlich fixierte Besamungen ermöglichen
4. das Abkalbemangement verbessern

Follikel-Theka-Zysten (FT-Zysten)

Zysten sind blasige, flüssigkeitsgefüllte Strukturen auf den Eierstöcken des Rindes mit einem Durchmesser von mehr als 2 cm. Unter Zyste wird üblicherweise die so genannte Follikel-Theka-Zyste verstanden, eine dünnwandige, bis zu apfelgroße Blase am Eierstock, die das Zyklusgeschehen blockiert.

Wie entstehen Zysten?

Follikel (Eibläschen), die zum Zeitpunkt der Brunst am Eierstock vorhanden sind, kommen bei einem normal funktionierenden Zyklus zur Reifung (Eisprung). An Stelle des Eibläschens entwickelt sich innerhalb einiger Tage nach der Brunst der Gelbkörper. Das von diesem produzierte Hormon (Progesteron) schützt, wenn eine Befruchtung stattgefunden hat, die Trächtigkeit. Weitere Brunsten bleiben aus. Kommt es im Rahmen der Brunst nicht zur Follikelreifung und zum Eisprung, bleibt der Follikel am Eierstock bestehen. Durch Ansammlung von Follikelflüssigkeit vergrößert sich die am Eierstock bestehende Blase und erreicht Durchmesser von mehreren Zentimetern. Wesentlich für das Ausbleiben des Eisprungs sind Stresshormone, die die Ausschüttung von luteinisierendem Hormon (LH), das für das Auslösen des Eisprunges notwendig ist, verhindern.

Welche Folgen haben Zysten?

Follikelzysten blockieren meist den Zyklus. Zysten produzieren (ähnlich dem Follikel) das Brunsthormon Östrogen in unterschiedlichen Mengen. Durch den ständigen Einfluss des Östrogens zeigen Zysten-Kühe mehr oder weniger stark ausgeprägte, in kurzen Intervallen wiederkehrende oder dauerhaft bestehende Brunstsymptome (Dauerbrunst, Stiersucht).

Durch genaues Beobachten der Kühe lassen sich frühzeitig deutliche Hinweise auf ein Vorhandensein von Eierstockszysten feststellen. Betroffene Kühe weisen dauerhaft deutlich gequollene Schamlippen auf. Wie vor der Geburt brechen die Beckenbänder ein. Häufig besteht ein dem Brunstschleim ähnlicher, aber im Unterschied zu diesem meist zäher und rauchig-trüber Scheidenausfluss. Die Kühe zeigen entweder keine Brunst oder in kurzen, wenige Tage dauernden Intervallen wiederkehrende Brunstsymptome, besonders, wenn gleichzeitig andere Kühe der Herde in Brunst sind. In fortgeschrittenen, längere Zeit ohne Behandlung bestehenden Zystenfällen tritt Dauerbrunst (Stiersucht) auf, die Kühe brüllen ständig und verlieren auf Grund des dauernden Brunstverhaltens zunehmend an Gewicht.

Durch die rektale Untersuchung, die Untersuchung mittels Ultraschall und durch die Milchprogesteron-Untersuchung kann die Diagnose Follikel-Theka-Zyste bestätigt werden.

Nicht jede Blase ist eine Zyste!

Nicht selten lassen sich am Eierstock glattwandige, fluktuierende Gebilde mit mehreren Zentimetern Durchmesser palpieren, ohne dass die oben beschriebenen Veränderungen (Quellung der Schamlippen, Ausfluss, Stiersucht) vorhanden wären. Durch die Untersuchung mittels Ultraschall oder durch einen Milchprogesterontest lässt sich zweifelsfrei klären, ob es sich bei dem Gebil-

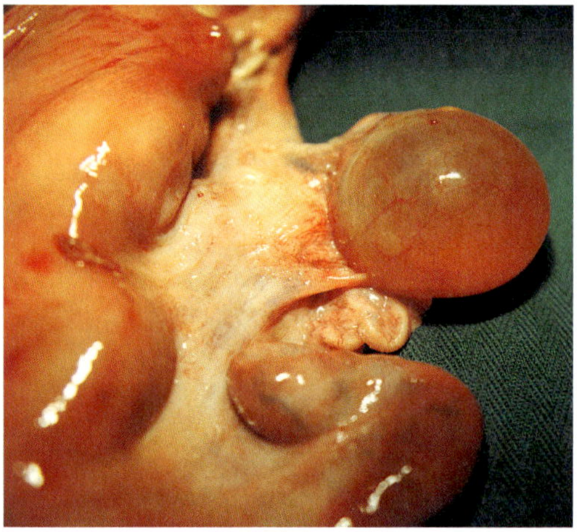

Zystenbildung ist auch vererblich Foto: Walter Obritzhauser

de am Ovar um eine Follikelzyste (dünnwandige Blase, Milchprogesteron < 5 ng) oder um eine Gelkkörperzyste (dickwandig, Milchprogesteron > 5 ng) handelt. Ob Gelbkörperzysten das Zyklusgeschehen blockieren können, ist umstritten; in den meisten Fällen bilden sich Gelbkörperzysten wie normale Zyklusgelbkörper zeitgerecht zurück und blockieren den Zyklus nicht. Zysten sind dynamische Strukturen, die dauerhaft bestehen, sich rückbilden oder Gelbkörpergewebe einlagern können. Zysten und funktionierende Gelbkörper sind gelegentlich auch gleichzeitig am Eierstock zu finden; diese Tiere weisen in der Regel ein normales Brunstgeschehen auf.

Welche Ursachen haben Zysten?

Die Entwicklung von Follikelzysten steht in Zusammenhang mit Umweltfaktoren und genetischen Faktoren. Fütterungsbedingt können Zysten gehäuft bei Verfütterung östrogenhaltiger Pflanzen und bei Verfütterung Beta-Carotin-armer Rationen (Verfütterung von Heu und Silagen minderer Qualität) vorkommen. Eine Rolle bei gehäuftem Auftreten von Fruchtbarkeitsstörungen, die von Zysten verursacht werden, können auch verpilzte Futtermittel spielen. Indirekt können alle den Futterverzehr, das Leistungsvermögen und die Widerstandskraft der Kühe negativ beeinflussenden Haltungs- und Fütterungsfaktoren zu einem gehäuften Auftreten von Fruchtbarkeitsstörungen, u. a. von Zysten, führen, weil diese Umweltbelastungen Auslöser einer stressbedingten, ungenügenden LH-Produktion im Rahmen des Brunstgeschehens sein können. Ein direkter Zusammenhang zwischen hoher Milchleistung und häufigerer Zystendiagnose besteht nicht.

Kühe, bei denen Zysten regelmäßig über mehrere Laktationen auftreten, sowie Tiere mit trotz Behandlung wiederkehrenden Zysten sollten wegen der hohen Erblichkeit dieser Ovarfehlfunktion von der Weiterzucht ausgeschlossen werden.

Behandlung von Zysten

Zur Behandlung von Follikel-Theka-Zysten können zwei Wirkstoffe eingesetzt werden. Gonadotropin-Releasing-Hormon (GnRH) führt zur Anbildung und Ovulation eines Eibläschens oder zu einer (teilweisen) Luteinisierung des Zystengewebes. Behandelte Kühe kommen 10–21 Tage nach GnRH-Gabe in Brunst. Bereits die erste Brunst nach der Behandlung ist voll fertil (normale Trächtigkeitsrate nach Belegung/Besamung). Nach dem Absetzen der Behandlung mit Gestagen (Tabletten oder gestagenhaltige Vaginalspirale) kommen gegen Zysten behandelte Kühe innerhalb weniger Tage in Brunst. Die Trächtigkeitsrate bei der ersten Brunst nach der Zystenbehandlung ist allerdings in Abhängigkeit der Dauer der Gestagenbehandlung deutlich vermindert. Die Behandlung von Zysten soll frühzeitig erfolgen, da der Behandlungserfolg abnimmt, je länger Zysten bestehen.

Welche Bedeutung haben Zysten?

In ihrer Häufigkeit rangieren Zysten als Ursache für Fruchtbarkeitsstörungen in Milchvieherden an dritter Stelle hinter stiller Brunst und Gebärmutterentzündungen. Von Eierstockszysten sind fast ausschließlich Kühe betroffen. Zysten bei Kalbinnen weisen immer auf eine genetische Veranlagung oder auf die Verfütterung eierstocksschädigender Futterinhaltsstoffe (z. B. Pilzgifte) hin.

Kann man Zysten vorbeugen?

Die Optimierung von Haltung (Stichwort: Kuhkomfort) und Fütterung (Stichworte: Futterwerbung, Konservierung, Lagerung, Rationsgestaltung) führt nicht nur zu besseren Leistungen, sondern auch zu einer verbesserten Fruchtbarkeit. Die regelmäßige, aufmerksame Beobachtung der Tiere der Herde und die planmäßige, tierärztliche Untersuchung von Kühen und Kalbinnen im Rahmen von Herdenbetreuungsprogrammen sind Managementmaßnahmen, die helfen, Zysten-Kühe frühzeitig zu erkennen und zu behandeln. Negative Auswirkungen auf die Fruchtbarkeit durch Zysten können so weitgehend vermieden werden.

Eierstocksunterfunktion (Azyklie)

Eierstocksunterfunktionen (Azyklien) sind eine seltene Ursache von Fruchtbarkeitsstörungen in Milchviehherden. Häufig wird ihre Bedeutung dann überschätzt, wenn die Diagnose lediglich durch eine einmalige Eierstocksuntersuchung (kein Funktionskörper tastbar) gestellt wird. Zur Feststellung einer Eierstocksunterfunktion ist eine zweite Ovaruntersuchung oder die Bestimmung der Milchprogesteronkonzentration nach 10 Tagen notwendig. Betroffen sind vor allem Kühe in schlechter Körperkondition. Der Erfolg von Behandlungen der Eierstocksunterfunktion hängt daher vor allem vom Ausgleich bestehender Defizite in der Energie- und evtl. Proteinversorgung des betreffenden Tieres ab.

Meist erübrigt sich nach Verbesserung der Nährstoffversorgung eine hormonelle Behandlung.

Therapeutische Maßnahmen bei Azyklie

Futteraufnahme (besonders Energieversorgung) verbessern (Kraftfuttergaben, Futtermittel guter Qualität).

Persistierender Gelbkörper (*Corpus luteum persistens*)

Eine seltene Eierstock-Fehlfunktion ist der persistierende Gelbkörper. Ähnlich dem Trächtigkeitsgelbkörper unterdrückt das vom persistierenden Gelbkörper produzierte Progesteron den Brunstzyklus. In der Regel ergibt der Vorbericht (Schwergeburt, Nachgeburtsverhaltung, eitriger Scheidenausfluss) Hinweise auf eine bestehende Eiteransammlung in der Gebärmutter. Eine vergrößerte, eitergefüllte Gebärmutter muss unbedingt von einer Trächtigkeit unterschieden werden! Im Zweifelsfall ist eine Nachuntersuchung ggf. mittels Ultraschalluntersuchung vorzunehmen. Vorsicht bei ausschließlicher Beurteilung aufgrund eines eitrigen Vaginalausflusses!

Verzögerter Eintritt der Trächtigkeit

Zur Ursachenfindung ist eine Unterscheidung von Kühen, die in regelmäßigem Intervall (18–24 Tage, 36–48 Tage) nachstieren, von Kühen, die in unregelmäßigem Intervall nachstieren, notwendig.

Im Durchschnitt führt eine Besamung in 60–65 % der Fälle nach rund 285 Tagen zur Geburt eines Kalbes. Ausgehend von dieser Trächtigkeitschance ergibt sich statistisch gesehen, dass 16 % der Kühe dreimal oder öfter bzw. 2 % der Kühe fünfmal und öfter besamt werden müssen, um eine Abkalbung zu erreichen.

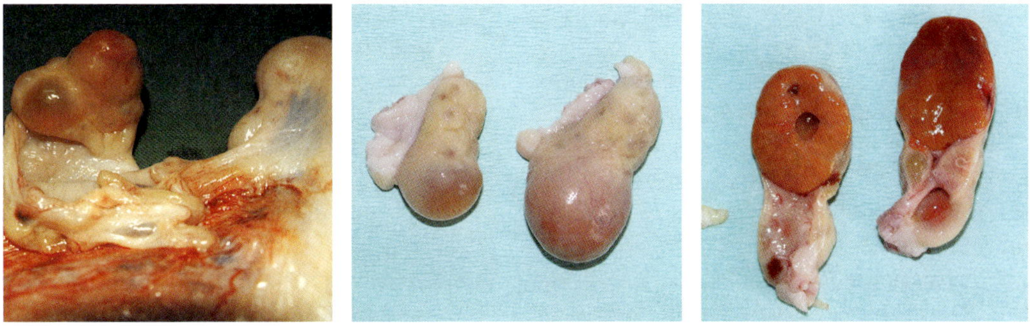

Mehrere Eierstockbilder im Vergleich: verschiedene Funktionskörper

Fotos: Walter Obritzhauser

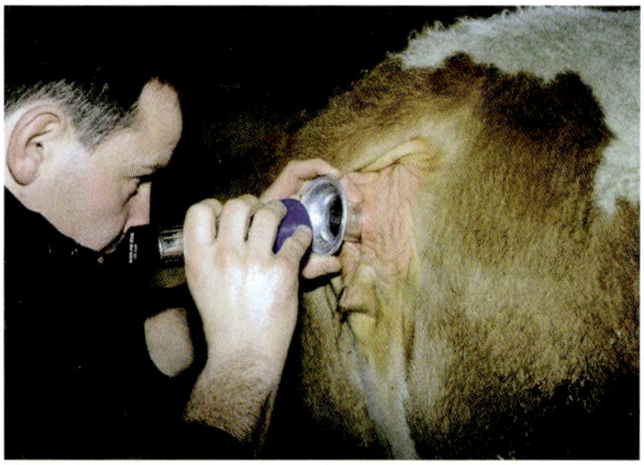

Die Untersuchung des Scheidenraumes mit dem Spekulum ist eine wichtige Maßnahme bei Fruchtbarkeitsstörungen.

Eitriger Ausfluss aus der Scheide kann auf eine Gebärmutterentzündung hinweisen.

35–40 % der Besamungen führen nicht zum Erfolg aufgrund:

- nicht befruchteter Eizellen
- frühen (embryonalen) Fruchttodes (das Brunstintervall ist nicht verlängert)
- späten (embryonalen) Fruchttodes (das Brunstintervall ist auf bis zu 42 Tage verlängert
- Verwerfen oder Totgeburt

Bei Kühen, die in regelmäßigen Brunstintervallen von 19–22 Tagen nachstieren, ist entweder keine Befruchtung der Eizelle erfolgt oder ein früher embryonaler Fruchttod eingetreten. Oft ist die eindeutige Diagnose nicht möglich. In den meisten Fällen konzipiert die Kuh nach weiteren Besamungen.

Ursachen einer nichterfolgten Befruchtung der Eizelle

- Verletzungen der Eierstöcke, des Eileiters und der Gebärmutter, die den Transport der Ei- und Samenzellen verhindern.
- Nicht erfolgter Eisprung (häufig am Beginn der Eierstockaktivität nach der Abkalbung). Eine exakte Diagnose ist nur durch wiederholte rektale oder sonographische Untersuchungen zu stellen.
- Verzögerter Eisprung (später als 12–15 Stunden nach Brunstende). Eine exakte Diagnose kann wiederum nur durch eine wiederholte rektale oder ultrasonographische Untersuchung gestellt werden.
- Samenschädigendes Uterusmilieu. Die häufigsten Ursachen sind hormonelle Imbalancen zum Zeitpunkt der Brunst sowie chronische Entzündungen der Gebärmutterschleimhaut.

Ursachen für frühen embryonalen Fruchttod

- Fütterungsbedingte Fehlversorgungen. Sie betreffen in der Regel die ganze Herde, wenngleich Erstkalbskühe und hochleistende Tiere empfindlicher auf Mängel reagieren;
- Verminderte Gelbkörperfunktion (verminderte Progesteronproduktion);
- Unspezifische Entzündungen der Gebärmutterschleimhaut;
- Genetische Unverträglichkeit. Wurde für die erfolglosen Inseminationen Samen ein und desselben Stieres verwendet, könnte ein Wechsel des Besamungsstieres sinnvoll sein;

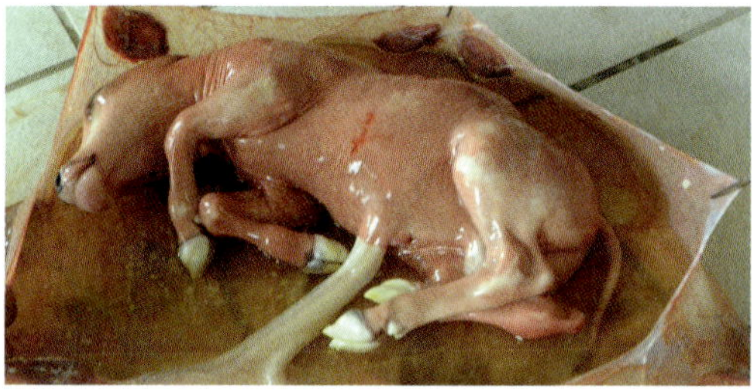

Fotos: Johann Gasteiner

Abortierte Frucht: Die Ursache für das Verwerfen von Kühen sollte immer abgeklärt werden.

- Stress, verursacht durch Schmerz, Krankheiten und Haltungsbedingungen;
- (Subklinische) Energiestoffwechselstörungen, verursacht durch eine zu hohe Energieversorgung und Verfettung im letzten Trächtigkeitsdrittel und durch eine mangelhafte Energieversorgung in den ersten Laktationswochen.

Ursachen für verlängerte, unregelmäßige Brunstintervalle

- Inkorrekte Brunstbeobachtung (so genannte Zwischenbrunst; Brunstintervalle 8–12, 25–35 oder > 48 Tage; wurde nur eine Zwischenbrunst inkorrekt gedeutet, ergeben sich bei Mitbeurteilung vorangegangener Brunsten normale Zyklusintervalle);
- Später embryonaler Fruchttod (Brunstintervalle 38–46 bzw. 56–72 Tage) und früher foetaler Fruchttod (ohne beobachtetes Verwerfen) führen zu verlängerten, unregelmäßigen Brunstintervallen. Treten verlängerte Brunstintervalle in Verbindung mit einem abnormen Scheidenausfluss auf, kann von einem Fruchttod ausgegangen werden. Neben anderen Ursachen – und insbesonders bei einem gehäuften Auftreten in einer Herde – sollte in derartigen Fällen immer auch an spezifische (Deck-)Infektionen (z. B. *Campylobacter* sp., Chlamydien) gedacht werden.

Fruchtbarkeitskennzahlen: Definitionen und Referenzwerte

Kennzahl	Definition	Referenzwert
Intervall Kalbung – 1. Brunst (IK-1.Br.)	Intervall zwischen Abkalbung und der ersten (in der Regel noch nicht zur Besamung genutzten) Brunst	< 45 Tage
Rastzeit	Intervall Abkalbung bis zur 1. Besamung	65 (42–80) Tage
Güstzeit	Abkalbe-Konzeptionsintervall	80–100 Tage
Brunsterkennungsrate	[21/durchschnittliches beobachtetes Brunstintervall] x 100	85 %
Verzögerungszeit	Intervall zwischen erster Belegung und Konzeption innerhalb einer Laktation	< 15 Tage
Zwischenkalbezeit	Intervall zwischen zwei aufeinanderfolgenden Abkalbungen	365–380 Tage
erwartete Zwischenkalbezeit	Güstzeit + physiologische Trächtigkeitsdauer	365–380 Tage
Erstbesamungsindex	Anzahl Belegungen : Anzahl Erstbelegungen	
Trächtigkeitsindex	Anzahl Belegungen bei tragenden Tieren/Anzahl tragende Tiere	< 1,5
Trächtigkeitsrate	Gesamtzahl Belegungen/Anzahl tragende Tiere	< 2,5
Erstbesamungserfolg	[Anzahl tragende Tiere nach Erstbelegung / Anzahl der Erstbelegungen] x 100	> 45 %
Untergrenze Erstbelegung-Konzeption	[Trächtigkeitsindex – 1] x 21	
Ausscheiderate wegen Sterilität		< 10 % der Herde
Milchprogesteron-konzentration zur Besamung	(aus mindestens 20 Proben)	< 10 % Proben mit Milchprogesteron > 5 ng/ml

Zur Erkennung der beschriebenen Fruchtbarkeitsstörungen sind die konsequente Einhaltung des Untersuchungsprogrammes und die Untersuchung der betreffenden Tiere in regelmäßigen (je nach Größe des Bestandes zwei- bis vierwöchigen) Intervallen notwendig. Managementbedingte Verluste können so weitgehend vermieden werden. Nicht selten ist festzustellen, dass ein konsequentes, planmäßiges Vorgehen im Fruchtbarkeitsmanagement und in der Therapie von Fruchtbarkeitsstörungen allein bereits ausreicht, den Großteil beklagter Fruchtbarkeitsprobleme zu „lösen"!

Ursachen eines verzögerten Trächtigkeitseintrittes (Verzögerungszeit > 20 Tage im Betriebsschnitt, Erstbesamungserfolg < 50 %, Erstbesamungsindex > 2):

Ursache/ Schwachstelle	Diagnose	Therapie	Prophylaxe
Wiederholtes Umrindern	mehr als zweimaliges Nachstieren in regelmäßigem Brunstintervall (19–23 Tage) oder einem Vielfachen davon (38–46 Tage)	Wechsel des KB-Stieres; Stier mit hoher Fruchtbarkeit wählen; Natursprung; Doppelbesamung; GnRH zur KB; GnRH am Tag 11 oder 12 nach der Besamung	Follikelkontrolle (zur KB und 24 Stunden danach); frühe Trächtigkeitsuntersuchung (Sonographie); MPT
Wiederholtes Umrindern	Nachstieren mit verlängertem, unregelmäßigem Brunstintervall (> 24 Tage)	bei Vorliegen eines abnormen Scheidenausflusses: vgl. chronische Entzündung der Gebärmutterschleimhaut	frühe Trächtigkeitsuntersuchung, Ultraschall, Progesterontest, mikrobiologische Untersuchungen

Fütterung und Fruchtbarkeit

Energieversorgung

Milchkühe befindet sich in den ersten Wochen nach der Abkalbung in einer negativen Energiebilanz, zusätzlich steigt der Energiebedarf für die Milchproduktion in der Frühlaktation rascher als die Energieaufnahme über die Futterration. In der Folge werden zum Ende der vorangegangenen Laktation angelegte Fettdepots mobilisiert, die Kuh verliert an Gewicht. Die negative Energiebilanz erreicht 1–2 Wochen nach der Abkalbung ihr Maximum. Sie kann aber in Abhängigkeit von Fütterung und Leistung über mehrere Wochen bestehen bleiben. Bei sehr hohen Leistungen kann – trotz maximaler Futtermengenaufnahme und hoher Energiedichte in der Futterration – der Energiebedarf der Kuh erst gedeckt werden, wenn die Milchleistung zu sinken beginnt. Es besteht ein direkter Zusammenhang zwischen der negativen Energiebilanz und dem Ausmaß der Mobilisation von Körperfett einerseits und dem Einsetzen der zyklischen Eierstockaktivität nach der Abkalbung und einer verminderten Fruchtbarkeit andererseits. Ein Verlust an Körpermasse am Beginn der Laktation von mehr als 1,0 BCS-Punkten (Body Condition Score) ist mit einer signifikanten Verschlechterung des Erstbesamungserfolges verbunden. Ein Absinken der maximalen negativen Energiebilanz um 10 MJ NEL/Tag führt zu einem um 1,25 Tage späteren Auftreten der ersten Ovulation nach der Abkalbung. Das verspätete Auftreten der ersten Ovulation nach der Abkalbung führt zu einer verringerten Anzahl von Brunstzyklen in der Rastzeit. Die Ovarinaktivität kann dann noch bestehen, wenn die Kuh bereits belegt werden sollte.

Eine negative Energiebilanz führt zu einer verringerten Konzeptionsrate im Zuge der Besamung durch neurohumorale Imbalance sowie durch den direkten Einfluss von Stoffwechselprodukten auf die Eizellen. Zwischen der Konzentration freier Fettsäuren (NEFA) im Plasma und der NEFA-Konzentration in der Follikelflüssigkeit besteht ein direkter Zusammenhang. Bei negativer Energiebilanz ist die Plasma-NEFA-Konzentrationen erhöht und die Follikel-Entwicklung wird negativ beeinflusst.

Zu wenig Beachtung findet eine zu hohe Energieversorgung im letzten Laktationsdrittel und in der Trockenstehzeit auf die Fruchtbarkeit in der Folgelaktation. Der Einfluss der Energieüberversorgung in der Trockenstehzeit auf die Fruchtbarkeit ist allerdings kein direkter, er kommt durch die bei diesen Tieren häufiger auftretenden Erkrankungen der Nachgeburtsphase zustande. Verfettete Kalbinnen und Kühe kalben schwerer, weisen häufiger Geburtsverletzungen auf, erkranken häufiger an Nachgeburtsverhaltungen, Gebärmutterentzündungen, Euterentzündungen, Stoffwechselstörungen (Milchfieber, Fettlebersyndrom und Azetonämie), Labmagenverlagerungen und Klauenkrankheiten als normgerecht versorgte Kühe und Kalbinnen. Der negative Einfluss von Gebärmutterentzündungen, Lahmheiten, Euterentzündungen und Eierstockzysten auf die Fruchtbarkeit ist abhängig vom Zeitintervall zwischen dem Auftreten der Erkrankung und der ersten Besamung. Labmagenverlagerungen, Milchfieber und Nachgeburtsverhaltungen beeinflussen die Fruchtbarkeit unabhängig vom Zeitpunkt ihres Auftretens negativ.

Eiweißversorgung

Eiweißmangel kommt auch in Grünlandbetrieben als Ursache von Fruchtbarkeitsstörungen vor, wenn ein zu geringer Gehalt an verdaulichem Rohprotein im Grundfutter nicht ausreichend durch Eiweißergänzungsfutter ausgeglichen wird. Eine Überversorgung der Milchkuh mit im Pansen abbaubarem Protein hat zwar positive Auswirkungen auf die Milchleistung und die Futteraufnahme, sie führt aber zu einer vermehrten Bildung von Ammoniak und Harnstoff in Pansen und Leber. Diese Substanzen sind für Spermien ebenso toxisch wie für die Eizellen und den Embryo und können so die Fruchtbarkeit durch eine Veränderung des normalen Uterusmilieus verringern. Dieser ungünstige Effekt wird durch eine zu niedrige Energieversorgung verstärkt, weil die mikrobielle Verstoffwechslung des vorhandenen Proteins im Pansen nur unzureichend erfolgen kann. Der Milchharnstoffgehalt ist ein nützlicher Parameter zur Erkennung relativer oder absoluter Eiweißüberversorgungen.

Versorgung mit Mineralstoffen, Spurenelementen und Vitaminen

Die Versorgung mit Mineralstoffen (Phosphor, Kalzium, Natrium und Kalium), Spurenelementen (Kupfer, Mangan, Kobalt, Jod, Zink, Selen), Vitaminen und Provitaminen (Vitamin A, E und Beta-Carotin) hat Einfluss auf Leistung und Gesundheit der Milchkuh. Ein direkter Einfluss dieser Stoffe auf die Fruchtbarkeit der Milchkuh besteht allerdings nicht. Enthalten Futtermittel weniger als 3,3 g/kg Trockenmasse (TM) Phosphor sinken die Futteraufnahme, die Milchleistung und das Körpergewicht. Ein Effekt auf die Fruchtbarkeit der Phosphor-arm gefütterten Tiere war aber nicht nachweisbar. Auch eine über der Norm liegende Versorgung mit Phosphor hat keinen positiven Effekt auf die Fruchtbarkeit der Milchkuh.

Vitamin E und Selen schützen biologische Systeme im Zellstoffwechsel vor oxidativer Schädigung. In ihrer Wirkung können Vitamin E und Selen einander ersetzen. In Selenmangel-Herden können gehäuft Nachgeburtsverhaltungen auftreten. Eine Abnahme der Häufigkeit von Nachgeburtsverhaltung und damit eine verbesserte Fruchtbarkeit sollten in diesen Fällen durch erhöhte Zufütterung oder die Injektion von Vitamin E und Selen erreicht werden können.

Eine nicht ausreichende Versorgung mit den fettlöslichen Vitaminen A und E sowie mit Beta-Carotin kann bei der Verfütterung überlagerter Futterkonserven, Futterkonserven mit minderer Qualität oder hohen Anteilen (Beta-Carotin-armer) Maissilage an Milchkühe entstehen. Beta-Carotin-Mangel führt zu verzögertem Eisprung, Stillbrunst und zum Entstehen von Follikelzysten.

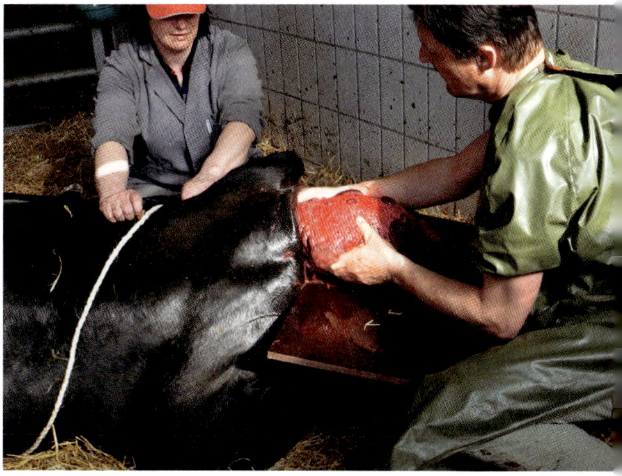

Kühe mit Vorerkrankungen (Gebärmuttervorfall) haben ein erhöhtes Risiko für Fruchtbarkeitsprobleme.
Foto: Walter Obritzhauser

Eine über den Bedarfsnormen liegende Versorgung mit Spurenelementen kann nicht kritiklos empfohlen werden. Auch wenn maximal zu tolerierende Spurenelementgehalte in der Futterration nicht erreicht werden, sind toxische Einflüsse mit dem Effekt einer Verschlechterung der Fruchtbarkeit nicht auszuschließen.

Zusammenfassend entscheiden Futterqualität und Fütterungsmanagement darüber, wie lange die Kuh nach der Abkalbung Gewicht verliert (negative Energiebilanz) und zu welchem Zeitpunkt nach der Abkalbung die Kuh wiederum an Gewicht zulegt (positive Energiebilanz). Da eine optimale Fruchtbarkeitsleistung erst mit dem Erreichen der positiven Energiebilanz zu erwarten ist, bestimmen primär Fütterung und Nährstoffversorgung die Fruchtbarkeitsleistung der Kuh. Die Überversorgung der Kuh in der Spätlaktation und während der Trockenstehzeit vermindert indirekt die Fruchtbarkeit in der Folgelaktation durch ein erhöhtes Risiko postpartaler Erkrankungen.

Verschlechterte Konzeptionsraten und häufiger embryonaler Fruchttod sind die Folgen eines Unter- oder Überangebotes von im Pansen abbaubarem Protein und dadurch niedrigen (< 15 mg %) oder erhöhten (> 30 mg %) Milchharnstoffkonzentrationen. Mineralstoffe, Spurenelemente und Vitamine nehmen auf die Fruchtbarkeit nur indirekt Einfluss.

Krankheiten des Atmungstraktes

Erkrankungen des Atmungstraktes sind meist Infektionskrankheiten oder Parasitosen. Hauptsymptome sind frequentere Atmung, Husten und Fieber. Krankheiten des Atmungstraktes können – man denke nur an die Rindergrippe – einen seuchenhaften Charakter annehmen. Im folgenden Kapitel soll vor allem auf die Rindergrippe eingegangen werden.

Bronchitis

Die Bronchitis ist als alleiniges Krankheitsbild selten anzutreffen, meist liegt schon eine Bronchopneumie, also eine Bronchitis mit einer Lungenentzündung, vor. Beide Erkrankungen beginnen meist mit einer Virusinfektion, auf die bakterielle Sekundärinfektionen folgen und das Krankheitsbild verschlimmern. Seltener entstehen Bronchitiden beim erwachsenen Rind durch Eingießen von Flüssigkeiten in die Luftröhre und durch Parasiten. Das Fehlschlucken von Flüssigkeiten oder Pansensaft führt in wenigen Stunden zu massiven Lungenentzündungen, für die es häufig keine Heilungsmöglichkeiten gibt.

Symptome

Bei der akuten Bronchitis kommt es in jedem Fall durch Schleimhautschwellung und durch verstärkte Schleimsekretion in den Bronchien zu einer Atembehinderung. Diese zeigt sich in erhöhter Atemfrequenz und erschwerter Atmung und hin und wieder Husten. Beim Abhören des Lungenfeldes am Brustkorb sind verschärfte Atemgeräusche zu hören, teilweise auch Rassel- und Reibegeräusche. Bei akuter Bronchitis kommt es zu Fieber von 39,5 bis über 41,0 °C, im subakuten oder chronischen Stadium ist die Körpertemperatur meist im Normalbereich. Weiters tritt wässriger bis eitriger Nasenausfluss auf, Husten wird selten beobachtet, das Allgemeinempfinden ist je nach Verlaufsform mehr oder weniger stark gestört.

Therapie

Antibiotische Versorgung und schleimlösende Mittel nach Diagnosestellung durch den Tierarzt.

Sporadische Bronchopneumonie

Eine Pneumonie ist eine Lungenentzündung, also eine Entzündung des eigentlichen Lungengewebes. Bei einer Bronchopneumonie sind sowohl die Bronchien (= Bronchitis) als auch das Lungengewebe entzündet. Diese entwickelt sich aus zu spät erkannten Bronchitiden oder nach deren unwirksamer Therapie. Die auslösenden Faktoren sind die gleichen wie bei der Bronchitis.

Symptome

Besonders deutlich ist die erschwerte, kurze, pumpende Atmung mit stark erhöhter Frequenz (oft über 70 Atemzü-

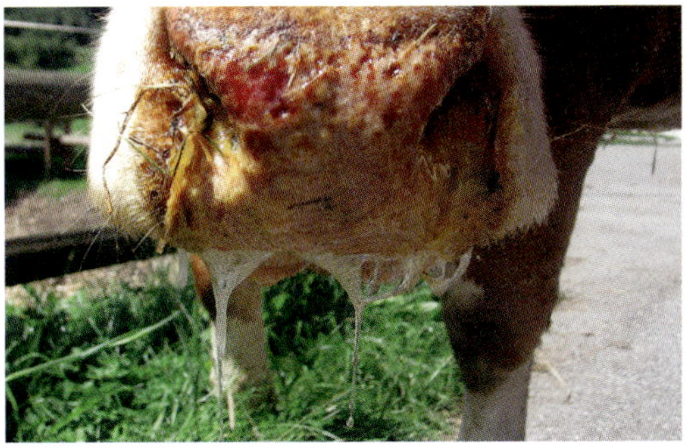

Bösartiges Katharrhalfieber („Kopfdusel")

ge/min). Aus den Nasenlöchern fließt schleimig-eitriges, übelriechendes Sekret. Die Körpertemperatur ist zu Beginn der Erkrankung noch erhöht (über 40 °C) und der Puls beschleunigt. Das Allgemeinbefinden ist gestört, die Tiere nehmen kaum noch Futter auf. Beim Abhören des Lungenfeldes sind Rassel- und Reibegeräusche festzustellen.

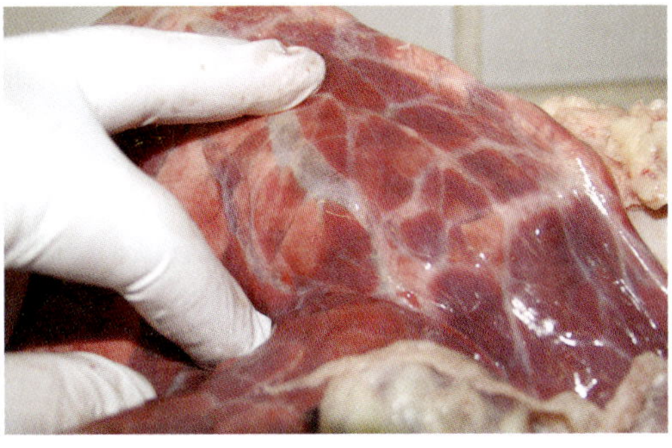

Fotos: Johann Gasteiner

Rind mit Rindergrippe und Schlachtlunge mit Lungenentzündung und Lungenblähung

Therapie

Vor Beginn der Therapie sollte, ausgehend von den vorliegenden, bereits eingetretenen Organveränderungen und der Dauer der Erkrankung, eine Prognose gestellt werden. Neben einer antibiotischen und schleimlösenden Therapie ist das Tier auch symptomatisch zu behandeln, um die Fresslust wieder zu steigern.

Enzootische Bronchopneumonie

Bei der enzootischen Bronchopneumonie ist die polyfaktoriell bedingte Form („Rindergrippe") von der spezifischen Form („Lungenwurmseuche", Diktyokaulose) zu unterscheiden. Die Rindergrippe tritt in allen Altersstufen auf.

Symptome

Beim Einzeltier bestehen die gleichen Symptome wie bei der sporadischen Bronchopneumonie, allerdings beträgt die Morbidität über 20 %. Die Entzündungserscheinungen sind am Anfang vorwiegend katarrhalisch und die Körpertemperatur steigt bis auf 41,5 °C an.

Therapie

Das Spektrum der möglichen Bekämpfungs- und Behandlungsmaßnahmen reicht von Veränderungen im Management, in den Stall- und Stallklimaverhältnissen über Futterwechsel bis zur medikamentösen Therapie. Die Behandlungsmöglichkeiten beim Einzeltier erstrecken sich auf die antibakterielle Therapie mit Antibiotika sowie eine entzündungshemmende, fiebersenkende und schleimlösende Therapie. Die nicht erregerspezifische, aber speziell gegen die Virusinfektion gerichtete Paramunisierung lässt sich vorwiegend in der Prophylaxe einsetzen.

Der „Rindergrippekomplex"

Aus der Bezeichnung „Rindergrippekomplex" geht hervor, dass am Ausbruch dieser Erkrankung mehrere Faktoren (verschiedene Virus- und Bakterienarten, negative Umweltfaktoren, wie schlechtes Stallklima, Lüftungsfehler, Stress, zu hoher Tierbesatz, Tiertransporte, Zusammenkommen von Tieren aus verschiedenen Beständen mit verschiedener Keimflora usw.) beteiligt sind. So war der

April 2007 mit seinen überdurchschnittlich hohen Temperaturen sowie großen Tag-Nacht-Temperaturschwankungen ein klimatischer Stressfaktor für Rinder.

Rindergrippe beginnt in der Regel mit einer Virusinfektion (Adeno-, Myxo-, Rhino-, Reo-, Parainfluenza III- oder Respiratory-Syncytial-Virus bzw. einer Kombination dieser Erreger), wobei die ersten Krankheitserscheinungen 3–5 Tage nach der Infektion (= Inkubationszeit) in Form von wässrigem Augen- und Nasenausfluss, beschleunigter Atmung, Husten sowie einem zwei- bis dreitägigen Fieberschub (innere Körpertemperatur 40–41,5 °C) auftreten.

Nach dieser viralen Erstinfektion pfropfen sich auf die geschädigten Schleimhäute des Atmungstraktes (bei manchen Erregern auch des Verdauungstraktes) Bakterien auf und erzeugen 10–14 Tage nach der stattgefundenen viralen Erstinfektion hochgradige Erscheinungen, wie Fressunlust, Lungenentzündung, Husten, schleimig-eitrigen Nasenausfluss und evtl. Lungenemphysem (bei Respiratory-Syncytial-Virus-Infektionen bereits nach ca. 3 Tagen möglich), die zum Verenden kranker Tiere führen können. Eine bakterielle Erstinfektion ist in seltenen Fällen auch ohne vorausgehende Virusphase möglich, wobei dann 3–4 Tage nach einer stattgefundenen Infektion mit ersten Symptomen zu rechnen ist. Besonders bei Vorliegen einer Beteiligung von *Arcanobacterium pyogenes* sind chronische Verläufe (z. T. mit Abszessbildung im Lungengewebe) der Rindergrippe nicht selten. Bei einer Beteiligung von Respiratory-Syncytial-Virus (RSV) kann oft sogar mit Luftansammlungen unter der Haut gerechnet werden, die durch ein massives Lungenemphysem (Zerreißen von Lungenbläschen) entstehen.

Zusammenfassend handelt es sich also bei Rindergrippe meist um Primärinfektionen mit fakultativ pathogenen Viren, die zusammen mit resistenzmindernden Faktoren zu klinischen Erkrankungen führen, welche dann durch bakterielle Sekundärinfektionen verschlimmert werden können.

Das klinische Bild der Rindergrippe gibt zwar kaum direkte Hinweise auf die daran beteiligten Erreger bzw. die ursächlichen Faktoren der Erkrankung, doch lassen sich aufgrund einfach zu erhebender Parameter einige in Bezug auf Therapie, Prognose und Prophylaxe durchaus wesentliche Schlüsse ziehen.

Die Heilungschancen bei Rindergrippe sind stark abhängig vom Erregerspektrum der am Ausbruch beteiligten Virenstämme und sich darauf pfropfender bakterieller Sekundärerreger sowie vom klinischen Zustand des/der erkrankten Tiere/s und liegen zwischen 100 % bei leichten Formen bis ca. 20–30 % bei schweren Verlaufsformen. Wenn keine klinische Heilung erfolgt, ist durch die Lungenschädigung (chronische Lungenentzündung, Lungenemphysem = Lungenblähung) mit Leistungsdepressionen bzw. auch mit Todesfällen zu rechnen. Als therapeutische Konsequenz ergibt sich der Einsatz von Antibiotika bzw. Sulfonamiden mit breitem Wirkungsspektrum gegenüber fakultativ pathogenen Keimen, wobei es günstig ist, mögliche Resistenzsituationen zu berücksichtigen. Ergänzend zur kausalen Therapie kann in fortgeschrittenen Fällen auch eine symptomatische (Elektrolyte, Adsorbentien, Styptika, Sekretolytika, Herz- und Kreislaufmittel) und diätetische (enzym- und milchsäurehältige Präparate, Bierhefe, Laktose) Therapie notwendig sein.

Vorbeugend sind gegen Rindergrippe Impfungen möglich. Ein wesentlicher Punkt in der Prophylaxe der Rindergrippe ist die Minimierung der prädisponierenden Faktoren. So sollte aus möglichst wenig verschiedenen Betrieben und eher im Sommerhalbjahr zugekauft werden, wobei Quarantäneställe zusätzlichen Schutz bieten.

Weitestgehend stressfreie Transporte (kurze Strecken, geeignete Fahrzeuge) sowie eine konsequent durchgeführte Einstellprophylaxe (ausreichende Dosierung und Dauer der Medikation) sind weitere wichtige Maßnahmen. Klimatologischen Änderungen (z. B. große Tag-Nacht-Temperaturschwankungen) muss rechtzeitig und in ausreichendem Maße mit einer Anpassung von

Lüftung und eventuell Heizung (Jungtiere) Rechnung getragen werden. Aufrühren oder Auspumpen der Gülle bei Spaltenböden, die zu vorhersehbaren Änderungen des Stallklimas führen, sollten nur bei ausreichender Lüftung durchgeführt werden, was wiederum entsprechend hohe Außentemperaturen voraussetzt, um keinen plötzlichen Temperaturabfall im Stall zu erhalten.

Lungenblähung

Beim Rind kommen Lungenblähungen bei einzelnen Tieren infolge von Überanstrengung bzw. Verengungen nach vorausgehenden Krankheitsprozessen, wie schweren Lungenentzündungen, vor. Das veränderte Lungengewebe ist also nicht primär erkrankt. Es liegt meist eine teilweise Verstopfung der Bronchialverzweigung durch Entzündungsprodukte vor.

Symptome

Die Erscheinungen treten sehr akut auf und bestehen vorwiegend in Atembeschwerden mit exspiratorischer Dyspone. Kopf und Hals werden gestreckt gehalten und die Ellenbogen von der Brustwand abgehoben. Beim Abhören des Lungenfeldes sind Knistergeräusche und später Rasselgeräusche festzustellen. Das Lungenfeld ist nach hinten erweitert. Je nach Grad der Ausdehnung des Lungenemphysems sind die Symptome gering bis hochgradig ausgeprägt. Die Störungen des Allgemeinempfindens sowie des Kreislaufs zeigen sich auch bei leichter Form. Hochgradige Erscheinungen führen schnell zum Tode. Im Herbst kann bei nebeligem Wetter das Weideemphysem auftreten, wobei die Erkrankungsrate bis zu 50 % ertragen kann.

Therapie

Zur Vorbeugung gegen bakterielle Infektionen sind Breitbandantibiotika über 5 Tage zu verabreichen. Tiere mit chronischem Lungenemphysem sollten der Verwertung zugeführt werden.

Brustfellentzündung (Pleuritis)

Die Pleuritis ist meist die Folge einer Lungenentzündung. Als selbstständige Erkrankung kann sie nach Verletzungen der Bursthöhle auftreten.

Symptome

Die Tiere atmen vorwiegend abdominal. Die Atmung ist beschleunigt und oberflächlich. Im akuten Stadium ist das Allgemeinempfinden gestört, meist ist die Körpertemperatur erhöht. Bei der Auskultation sind Reibegeräusche, bei stärkerer Exsudation und Gasbildung evtl. auch Plätschergeräusche zu hören.

Therapie

Die Therapie richtet sich nach der Erkrankung des Grundleidens. Hohe Antibiotikadosierungen müssen über mehrere Tage aufrechterhalten werden. Bei hochgradiger Störung des Allgemeinempfindens und bei chronischen Prozessen mit umfangreichen Verwachsungen sollte von vornherein auf eine Therapie verzichtet und das Tier aus Tierschutzgründen getötet werden.

Parasiten des Rindes

Parasiten sind Lebewesen, die teilweise oder ganz auf Kosten eines Wirtes auf dessen Körperoberfläche (Ektoparasiten) oder in dessen Körper (Endoparasiten) leben. Grundsätzlich kann davon ausgegangen werden, dass jedes Tier Träger von Parasiten ist, wenn es nicht gerade neugeboren ist oder fachgerecht entwurmt wurde. Mit Parasiten infizierte Tiere müssen jedoch nicht zwingend an einer Parasitose erkranken. Ob es nun bei Einzeltieren oder Tieren eines gesamten Bestandes zu subklinischen (von außen unerkannt oder mild verlaufenden) oder klinischen (schwerwiegend verlaufenden) Krankheitserscheinungen kommt, möglicherweise sogar mit Todesfällen, hängt von einer ganzen Reihe von Faktoren ab.

Faktoren, die das Auftreten von Parasiten beeinflussen

- Jungtiere sind aufgrund ihres noch „untrainierten" Immunsystems am stärksten durch Parasitenbefall gefährdet. Die weitere Entwicklung und Gesundheit von Jungtieren kann durch Parasitenbefall nachhaltig beeinträchtigt werden. Diese Tiere werden zu chronischen Trägern und Ausscheidern von Parasiten, wodurch der Infektionskreislauf wieder geschlossen wird. Eine Trennung von Jungtieren und älteren Tieren ist, insbesondere auf Betrieben mit hohem Infektionsdruck, eine grundlegende Maßnahme zur Sanierung und Vorbeugung

- Wenn empfängliche, von bestimmten Parasiten freie Tiere (z. B. Jungkalbinnen, „Erstsömmrige") in eine stark von Parasiten verseuchte Umwelt (z. B. Weide mit Leberegeln) gelangen, so können Infektionen mit katastrophalen Folgen auftreten (Todesfälle, Häufung von Kümmerern).
- Eine hohe Wirtsdichte je Flächeneinheit (hohe Belegzahlen auf Weiden) kann zu starker Verseuchung mit parasitären Entwicklungs- und Dauerstadien führen, der Infektionsdruck steigt.
- Die Abwehrkraft des Einzeltieres ist ein weiterer wichtiger Faktor. Jungtiere, die an einem Mangel (z. B. Nährstoff-, Vitamin- oder Spurenelementmangel) oder einer Grunderkrankung (Infektionen) leiden oder besonderem Stress ausgesetzt sind, sind auch vermehrt durch zusätzlichen Parasitenbefall gefährdet.
- Bestimmte Umweltbedingungen fördern das Auftreten spezifischer Parasiten. So sind unter anderem klimatische Verhältnisse (warm-feuchter Sommer, milder Winter) sowie die Wasserbedingungen auf den Weideflächen (Feuchtstellen und Moraste) von entscheidender Bedeutung für ein vermehrtes Auftreten von Parasiten bzw. Voraussetzung für die Existenz von Zwischenwirten einiger Parasiten.
- Das Management auf der Weide beeinflusst entscheidend die Parasitendichte und damit den Infektionsdruck. Durch die gemeinsame Weidehaltung von Tieren verschiedener Alterskategorien (z. B. „erstsömmrige" und „zweitsömmrige" Jungrinder, Kühe) wird die Weitergabe der Parasiten von älteren an jüngere Tiere ebenso gefördert wie durch die Beweidung oder das Nachweiden von Kuhweiden durch Jungtiere. Auch das Ausbringen von frischer Gülle auf Weiden (besonders dort, wo dann Jungvieh geweidet wird), kann zu einem erhöhten Infektionsdruck führen.
- Ein unkontrollierter oder ungezielter Einsatz von Antiparasitika sowie eine Entwurmung zum falschen Zeitpunkt haben vielfach zur Resistenzbildung bei den Parasiten gegen bestimmte Wirkstoffgruppen geführt. Dadurch hat eine Reihe von „Wurmmitteln" ihre Wirksamkeit bei der Bekämpfung der Parasiten eingebüßt.

Die Summe der durch Schmarotzerbefall verursachten direkten und indirekten Schäden beträgt mehr als das Doppelte aller durch bakterielle und virale Infektionen bedingten Einbußen. Die wirtschaftlichen Verluste werden durch Gewichtsverluste (oft mehr als 30 % des Körpergewichtes), Leistungseinbußen sowie durch nachfolgende Wachstums- und Entwicklungsstörungen (Kümmerer) hervorgerufen. Auf eine rechtzeitige, regelmäßige und gezielte Parasitenvorbeugung und -bekämpfung ist deshalb besonderes Augenmerk zu legen.

Die wichtigsten Parasiten des Rindes

Während Ektoparasiten zumeist in der Stallhaltungsperiode ein Problem darstellen, finden sich Schäden durch Endoparasiten gehäuft während der Weideperiode, sie können aber auch im Spätherbst/Winter auftreten.

Lungenwurmkrankheit

Beim Rind kommt nur der Große Lungenwurm, *Dictyocaulus viviparus*, vor. Er sitzt in den Bronchien und verursacht leichte bis schwere Bronchopneumonien. Befallen werden vor allem Jungrinder auf der Weide.

Entwicklungsgang

Aus den Bronchien gelangen die Larven durch Husten in den Rachen und werden abgeschluckt. Sie werden

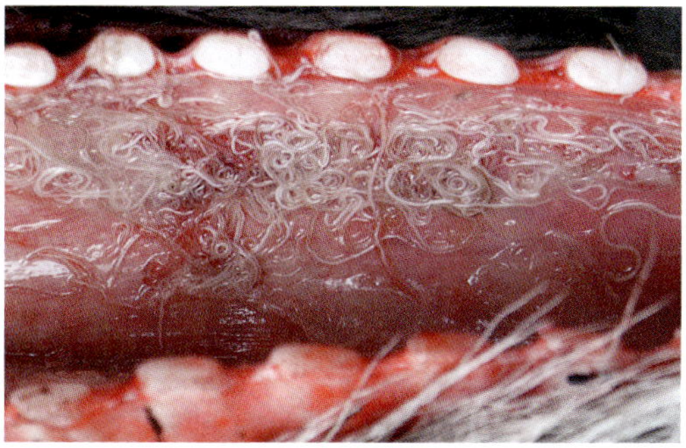

Fotos: Armin Deutz

Große Lungenwürmer in der Luftröhre

Eine Infektion mit Lungenwürmern zählt wie die meisten Endoparasitosen zu den klassischen Weideinfektionen.

mit dem Kot ausgeschieden und entwickeln sich unter günstigen Bedingungen (Feuchtigkeit und Wärme) in 5–6 Tagen zu ansteckungsfähigen Larven. Diese werden mit dem Gras aufgenommen und bohren sich im Dünndarm in die Darmwand ein. Von hier aus gelangen sie mit dem Blut oder dem Lymphstrom in die Lunge.

Symptome

Die Erkrankung tritt vor allem in den Sommer- und Herbstmonaten auf. Es zeigen sich Bronchopneumonie mit starkem Husten, Nasenausfluss und Atembeschwerden. Die Tiere sind mager und apathisch, das Haarkleid ist struppig. Bei massiver Infektion wird Durchfall beobachtet. Es können gehäuft Todesfälle auftreten.

Diagnose

Auf Grund der klinischen Symptome kann die Verdachtsdiagnose gestellt werden. Diese ist jedoch durch den Larvennachweis im Kot durch das Auswanderverfahren oder durch die parasitologische Sektion an geschlachteten Tieren zu sichern.

Therapie

Um weitere Infektionen zu verhindern, müssen an den Tieren diätetische Maßnahmen durchgeführt werden. Bestehen Bronchopneumonien, sind diese zuerst mit Antibiotika oder Sulfonamiden zu behandeln und die Abwehrkräfte der Tiere durch Vitamin- und Mineralstoffgaben zu unterstützen. Hochgradige Pneumonien mit schweren Emphysemen sind nicht heilbar, diese Tiere sollten bald der Schlachtung zugeführt werden. Zur Bekämpfung der Lungenwürmer und ihrer Larvenstadien im Organismus eignen sich verschiedene Anthelmintika.

Prophylaxe

Feuchte Weiden sind zu meiden oder es ist eine Abgrenzung der Wasserstellen und Gräben vorzunehmen. Die Umtriebsweiden sind alle 5–6 Tage zu wechseln und dürfen frühestens nach 6 Wochen wieder besetzt werden. Die Jungtiere sind von älteren Tieren getrennt zu weiden. Auftrieb frühestens im Alter von 5 Monaten. Recht häufig finden Lungenwurminfektionen auf hofnahen Weiden mit Obstbäumen statt, da unter den Bäumen ein für die Lungenwurmlarven günstiges Mikroklima (Feuchtigkeit, Schatten) herrscht.

Endoparasiten bei Rindern

Kokzidien

Kokzidien ist ein Sammelbegriff für eine Vielzahl von Gattungen und Spezies mikroskopisch kleiner, einzelliger Lebewesen, welche bei Rindern vorkommen. Nur bestimmte Kokzidien spielen als Durchfallerreger (vor allem bei Kälbern) eine wichtige Rolle. Die Symptome bei der oftmals als Bestandsproblem auftretenden Kokzidiose der Kälber sind hochgradiger Durchfall, wobei dem Kot oftmals Blut, Schleim und Schleimhautfetzen beigemengt sind. Erkrankte Kälber bleiben in ihrer Entwicklung stark zurück, es können auch Todesfälle auftreten. Kokzidien können im Kot von erkrankten Tieren durch eine mikroskopische, aber auch serologische Untersuchung nachgewiesen werden. Erst ein eindeutiger Nachweis von „krankmachenden" Kokzidien sowie der gleichzeitige Ausschluss anderer Durchfallerreger sichert die Diagnose „Kokzidiose".

Parallel zu Hygienevorkehrungen und allgemeinen gesundheitsverbessernden Maßnahmen (Vitamin- und Spurenelementeversorgung) wird dann eine tierärztliche Behandlung mit kokzidienwirksamen Präparaten durchgeführt.

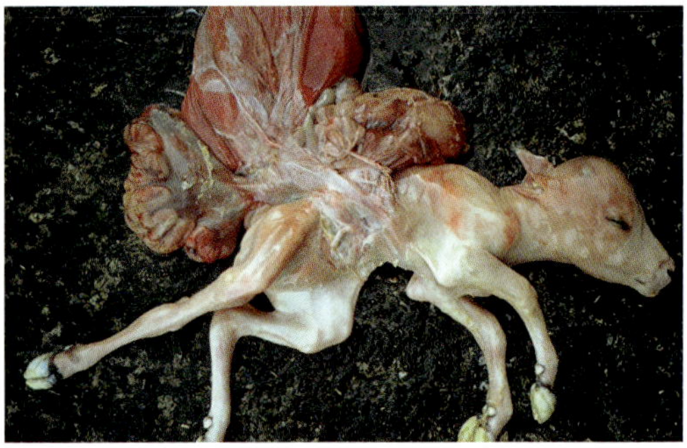

Aborte können auch durch Infektion mit Neospora caninum ausgelöst werden. Dieser Parasit wird von Hunden ausgeschieden. Foto: Johann Gasteiner

Neosporose

Neosporose ist eine bei Haus- und Nutztieren durch *Neospora caninum* hervorgerufene Kokzidieninfektion. Es handelt sich um keine neue Krankheit, Neosporose wurde jedoch erst vor wenigen Jahren als selbständige Krankheit anerkannt. Beim Rind ist Neosporose die weltweit am häufigsten nachgewiesene infektiöse Abortursache des Rindes. Hunde stellen den Endwirt des Erregers dar. Von infizierten Hunden wird *N. caninum* massenhaft mit dem Kot ausgeschieden. Nach 3 Tagen verwandeln sich die ausgeschiedenen Oozysten des Erregers in ihr infektiöses Dauerstadium. Auf Weiden können diese bis zu 2 Jahre lang überleben und infektiös bleiben. Rinder, aber auch Schafe, Ziegen, Pferde und Wildtiere infizieren sich durch Aufnahme von erregerhaltigem Material (Futter, Wasser).

Die typische klinische Erscheinung bei der Neosporose des Rindes ist der Abort, und zwar ganzjährig und bei Kühen aller Alterskategorien. Andere Krankheitserscheinungen sind meist nicht feststellbar. Die Aborte können vom 3. Trächtigkeitsmonat bis zum Ende der Trächtigkeit, mit einer Häufung im 5. und 6. Trächtigkeitsmonat, auftreten. Neben dem klassischen Fruchttod mit Verwerfen finden sich oftmals auch Fälle einer mumifizierten Frucht.

Kälber, welche sich im Mutterleib infizieren, können jedoch auch lebend geboren werden. Diese Tiere bleiben in ihrer Entwicklung zurück und kümmern oder sie sterben nach wenigen Wochen an neurologischen Störungen. Infizierte Kälber können aber auch „gesund" bleiben, sind aber zeitlebens infiziert und können so die Erreger an ihre Nachkommen weitergeben, der „Kreislauf" schließt sich.

Neosporabedingte Aborte können zwar auch seuchenhaft in Milchvieh- und Mutterkuhbetrieben auftreten, mehrfach treten jedoch vereinzelte Abortusfälle auf, wobei eine infizierte Kuh auch mehrere Jahre hintereinander verwerfen kann. Die Häufigkeit der Neosporose in österreichischen Rinderbetrieben wird auf 3 % geschätzt. International dürften etwa 20 % aller infektiös bedingten Abortfälle auf Neosporose zurückzuführen sein.

Als Abortursache kann Neosporose nur nachgewiesen oder von anderen Ursachen unterschieden werden, wenn frisches Abortmaterial (Fötus, Nachgeburtsteile) vom Tierarzt an eine entsprechende Untersuchungsanstalt gesandt wird. Parallel dazu sollten vom Muttertier 2 Blutproben im Abstand von 2–3 Wochen serologisch auf die bedeutendsten Aborterreger untersucht werden.

Eine wirksame Behandlung von Neosporose gibt es nicht, weshalb besonderes Augenmerk auf vorbeugende Maßnahmen zu legen ist. Treten vermehrt Abortfälle in einem Viehbestand auf, so ist durch entsprechende Untersuchungen nach den Ursachen zu forschen. Hunde sind in den Infektionskreislauf von *N. caninum* involviert. Es ist deshalb sicherzustellen, dass diese keine Möglichkeit erhalten, Abortmaterial oder Nachgeburten zu beschlecken oder zu fressen. Rinderfutter darf nicht mit Hundekot verschmutzt sein. Auch die Aufnahme der Nachgeburt oder von Nachgeburtsteilen durch andere Rinder muss durch unverzügliche und hygienische Entsorgung der Nachgeburt vermieden werden. Futter und Futterlagerstätten sollten soweit als möglich frei von Nagern gehalten werde, da nicht auszuschließen ist, dass diese Tiere als Zwischen- oder Transportwirte dienen können.

Rundwürmer des Magen-Darm-Traktes

Es gibt mehrere Arten von Rundwürmern, die besonders Jungtiere schädigen können. Zweitsömmrige Weidetiere und Kühe erkranken eher selten, sie können jedoch latente Träger sein und damit die infektiösen Eier mit dem Kot ausscheiden. Das Krankheitsbild ist geprägt von Durchfällen, stumpfem und langem Haarkleid, schlechtem Ernährungszustand und Kümmern. In ausgeprägten Fällen sind hochgradige Schwellungen (Ödeme) im Zwischenkiefer- und Halsbereich sowie Todesfälle zu verzeichnen. Die Rundwürmer des Magen-Darm-Traktes sind gemeinsam mit den Lungenwürmern die bedeutendsten und am weitesten verbreiteten Parasiten bei unseren Wiederkäuern.

Lungenwürmer

Diese Rundwürmer verlegen und schädigen die tiefen Atemwege (Bronchien), wodurch es zu Gewebezerstörung, Abwehrreaktionen und einer krankhaften Flüssigkeitsansammlung in der Lunge und in der Luftröhre kommt. Eine erhöhte Atemfrequenz, angestrengte Atmung sowie ständiger, zumeist feuchter Husten, aber auch Abmagerung und stumpfes, langes Haarkleid sind die auffälligsten Anzeichen dieser parasitären Bronchitis, die auch Wegbereiter für schwer verlaufende, chronische und bisweilen tödliche Lungenentzündungen sein kann. Die von den Lungenwürmern produzierten Larven werden aus der Lunge aufgehustet, abgeschluckt und mit dem Kot wieder ausgeschieden. Bei besonders hohem Infektionsdruck können aber auch Erkrankungen bei erwachsenen Tieren nach neuerlicher Infektion auf der Weide und selten auch bei Laufstallhaltung auftreten.

Die Lungenwurmkrankheit ist eine so genannte „Erstinfektionskrankheit", Krankheitserscheinungen treten zumeist nur nach erstmaligem Kontakt mit den Parasiten auf. Nach überstandener Erkrankung bildet sich eine Immunität aus.

Nach einer erfolgreichen Behandlung bleibt das Lungengewebe allerdings geschädigt, was zu Kümmern und vermehrter Anfälligkeit gegenüber künftigen Lungenerkrankungen führen kann. Die gezielte medikamentelle Vorbeugung in bekannt lungenwurmverseuchten Gebieten ist deshalb besonders wichtig.

Bandwürmer des Darmtraktes

Diese „bandnudelartigen", gegliederten Parasiten können mehrere Meter lang werden. Mit dem Kot werden einzelne Glieder abgestoßen, in welchen sich wiederum infektionstüchtige Eier befinden. Ein Bandwurmbefall verläuft bei Rindern üblicherweise mild, nur selten können abwechselnd Durchfall und Verstopfung beobachtet werden.

Kleiner und großer Leberegel

Die Leberegelerkrankung des Rindes, hervorgerufen durch die beiden Arten Kleiner und Großer Leberegel, ist eine zumeist chronisch verlaufende Erkrankung. Während die Jungegel die Leberzellen zerstören, leben die erwachsenen Egel in den Gallengängen der Leber. Die beim Wirtstier ausgelösten Abwehrreaktionen führen zur Verkalkung von Gallengängen und zu Leberfunktionsstörungen. Die typischen Krankheitssymptome, welche vor allem bei Befall mit dem Großen Leberegel auftreten, sind verminderte Fresslust, Abmagerung, Fieberanfälle, Durchfall, stumpfes und struppiges Haarkleid sowie Blutarmut und Gelbsucht. Bei Kühen kommt es weiters zu einem Milchleistungsabfall. Bei dieser als Fasziolose bezeichneten Erkrankung können auch Todesfälle auftreten. Die Unterscheidung zwischen Großem und Kleinem Leberegel kann anhand einer parasitologischen Kotuntersuchung sowie an befallenen Lebern von geschlachteten/verendeten Tieren vorgenommen werden.

Es gibt Entwurmungsmittel, welche sowohl gegen Magen-Darm-Würmer und Lungenwürmer als auch gegen die erwachsenen Stadien von Leberegeln wirksam sind. Die Jugendstadien der Leberegel sind jedoch einer Bekämpfung nur schwer zugänglich.

Durch die medikamentelle Entwurmung vor dem Weideauftrieb sollen die in den Rindern überwinternden Parasiten abgetötet werden. Damit wird die Gefahr der Verseuchung der Weiden vermindert. Da jedoch der Schutz dieser Präparate vor neuerlicher Ansteckung mit Parasiten nur kurze Zeit anhält, sind unbedingt auch Maßnahmen zu ergreifen, welche den Entwicklungszyklus der Zwischenwirte der Leberegel (bestimmte Schnecken) ausschalten bzw. den Zugang der Weidetiere zu Feuchtgebietsarealen verhindern, in denen sich diese Schnecken befinden. Die Senkung des Grundwasserspiegels durch Meliorationen und damit Trockenlegung von Feuchtstellen auf Almen ist nur in Einzelfällen durchführbar und sinnvoll (bzw. erlaubt). Weidetiere in bekannt leberegelverseuchten Gebieten sollten daher von Fluss-, Bach-, See- und Teichufern sowie von Feuchtstellen und Mooren strikt ferngehalten werden („Auszäunen"). Die Wasserversorgung der Weidetiere soll aus einem sauberen Trog oder, falls möglich, aus Selbsttränkeanlagen mit Wasser von Trinkwasserqualität erfolgen. An der Wasserstelle darf nicht erneut eine dauernde Feuchtstelle entstehen.

Bei Schlachtbefund Leberegelbefall (Leber „knirscht" beim Anschneiden, Leberegel in Galle und Gallengängen sind mit freiem Auge sichtbar) steht die Diagnose fest. Es ist jedoch zusätzlich auch mit dem Vorhandensein anderer Parasiten zu rechnen, insbesondere mit Magen-Darm-Parasiten und Lungenwürmern.

Ein serologischer Befund zum Vorkommen von Antikörpern gegen Leberegel in der Tankmilch gibt einen guten Überblick, inwieweit Gebiete und Regionen, aber auch einzelne Betriebe mit der Problematik „Leberegel" konfrontiert sind. Ein positiver serologischer Befund sollte zum Anlass genommen werden, weiterführende parasitologische Kotuntersuchungen sowie entsprechende Sanierungsmaßnahmen einzuleiten.

Vorbeugungs- und Bekämpfungsmaßnahmen

Da nicht jedes „Wurmmittel" gegen jeden Parasiten wirksam ist, muss der Einsatz von Antiparasitika möglichst gezielt und unter tierärztlicher Anleitung durchgeführt werden. Die Voraussetzungen dazu sind eine Untersuchung eventuell erkrankter Tiere sowie eine parasitologische Kotuntersuchung (bzw. bei Verdacht auf Räudemilben ein Hautgeschabsel) eines repräsentativen Anteiles der Tiere im Bestand. Dadurch erlangt der Tierarzt Kenntnis über die vorrangig am Betrieb vertretenen Parasiten und dementsprechend kann ein individuelles Bekämpfungsprogramm durchgeführt werden. Auch die Wahl des anzuwendenden Präparates sowie die Applikationsweise (orale Eingabe flüssiger Präparate, Eingabe eines Bolus, Aufschütten auf die Rückenlinie oder Injektion) richten sich u. a. nach den Untersuchungsergebnissen. Einige Präparate können zugleich zur Bekämpfung von Endoparasiten und blutsaugenden Ektoparasiten eingesetzt werden.

Es muss zwischen Heilbehandlungen und Vorsorgebehandlungen unterschieden werden. Während Heilbe-

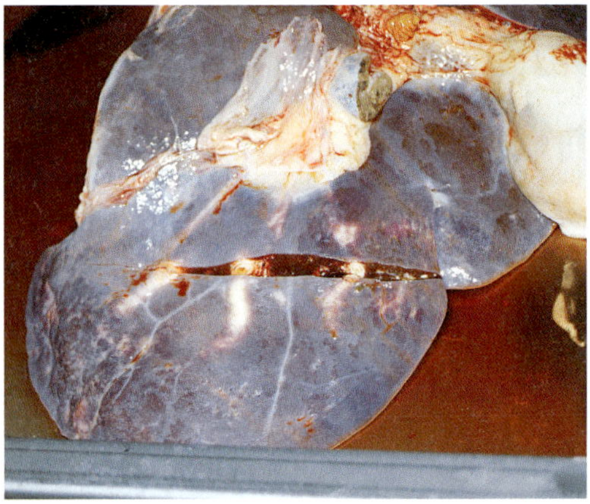

Ein Befall mit Großen Leberegeln führt zu massiven Verdickungen der Gallengänge. Foto: Armin Deutz

handlungen bei erkrankten Tieren sofort durchgeführt und wiederholt werden, sind Vorsorgebehandlungen zu strategisch wichtigen Zeitpunkten zu setzen. Dabei sollten zumindest eine Frühjahrs- und eine Herbstentwurmung angestrebt werden. Bei starker parasitärer Belastung empfiehlt sich auch eine Entwurmung im Sommer.

Mit einer Entwurmung der Erst- und Zweitsömmerigen 3–6 Wochen nach dem Austrieb kann der Infektionsdruck durch Magen-Darm-Würmer auf Weiden verringert werden.

Grundsätzlich sollen alle Weidetiere, die älter als 4 Monate sind, in ein planmäßiges Bekämpfungsverfahren einbezogen werden. In leberegelverseuchten Gebieten sollen während der ersten 3 Jahre jeweils 2 Winterbehandlungen (etwa 6 Wochen nach dem Aufstallen sowie Ende März) mit einem leberegelwirksamen Präparat durchgeführt werden. Damit wird sichergestellt, dass nur leberegelfreie Rinder auf die Weiden gelangen. Bei hohem Infektionsdruck ist auch eine Sommerbehandlung nötig.

Der Erfolg der medikamentellen Parasitenbekämpfung sollte durch eine neuerliche parasitologische Kotuntersuchung überprüft werden. Weiters sind auch die Weideführung und das Weidemanagement zu beurteilen und zu überdenken. Mögliche Infektionsketten können bei Kenntnis der „Problem"-Parasiten des jeweiligen Betriebes und der Entwicklungszyklen dieser Schmarotzer unterbrochen werden. Hierzu empfehlen sich die Umtriebsbeweidung sowie regelmäßiges Mähen von Weiden. Nach dem Einsatz von Wurmmitteln ist die Einhaltung der gesetzlichen Wartezeiten bei Milch und Fleisch unbedingt zu beachten.

Ektoparasiten des Rindes

Als Auslöser von Hautveränderungen und Juckreiz bei Rindern kommen in erster Linie Parasiten der Haut und Hautpilzerkrankungen in Betracht. Die Verursacher dieser Erkrankungen können durch direkten Kontakt übertragen werden, auch Übertragungen durch Putzgeräte, Aufstallung und andere Gegenstände sind möglich. Mehrere Gründe sprechen für eine konsequente Vorbeugung/Bekämpfung dieser Erkrankungen:

- Durch den zumeist ausgelösten Juckreiz kommt es bei den Tieren zu Unruhe, Stress und zum Wundscheuern, es resultieren geringere Gewichtszunahmen bei Zucht- und Masttieren sowie für die Lederindustrie relevante Hautschäden.
- Beim Verkauf/Zukauf von Rindern spielt der optische Eindruck eine große Rolle. Mit Hautveränderungen und Juckreiz werden unhygienische Haltungsbedingungen assoziiert.
- Im Sinne der Forderung nach optimalem Kuhkomfort sollten Rinder mit Hauterkrankungen gezielt behandelt werden.
- Bei starkem Befall kann im Falle unterlassener Therapie ein tierschutzrechtlicher Verstoß vorliegen.
- Die Hautpilzerkrankung des Rindes (und auch anderer Haustiere) ist auf den Menschen übertragbar und kann hier besonders langwierige und schwerverlaufende Formen annehmen. Insbesondere Kinder sind von dieser Infektion bedroht.

Das Erkennen der Ursache (Diagnose) stellt die Grundvoraussetzung für die gezielte und wirksame Behandlung von Hautveränderungen dar. Da die wichtigsten „Erreger" entweder mit dem bloßen Auge oder einem Mikroskop erkennbar sind bzw. typische Veränderungen hervorrufen, kann die Diagnose zumeist rasch gestellt werden.

Rinderläuse

Rinderläuse parasitieren auf der Haut, insbesondere an Kopf, Hals und Widerrist. Die Läuse sind mit freiem Auge sichtbar (1,5–3 mm) und sind Blutsauger. Beim Blutsaugen „stecken" die Läuse senkrecht in der Haut. An der Stichstelle kommt es zu starkem Juckreiz, was zu Unruhe, ständigem Scheuern und Belecken bei den Tieren führt. Die betroffenen Stellen werden haarlos und es können sich blutige Scheuerstellen, Ekzeme, Krusten und chronische Hautverdickungen bilden. Die haarlosen Stellen sind nicht scharf von der Umgebung abgegrenzt. Massiver Lausbefall bei Kälbern kann zu Blutarmut führen.

Rinderlaus

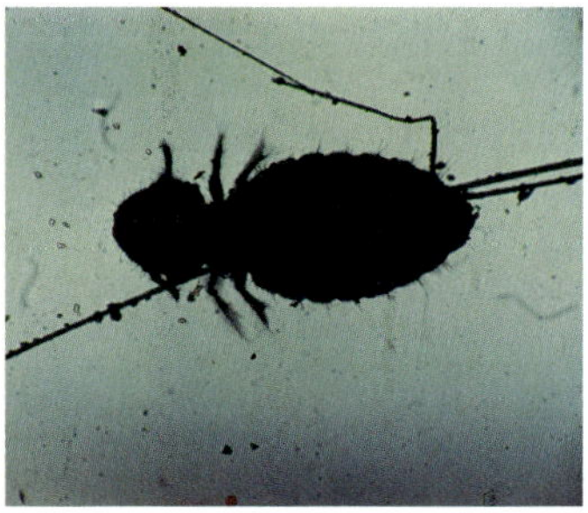

Haarling

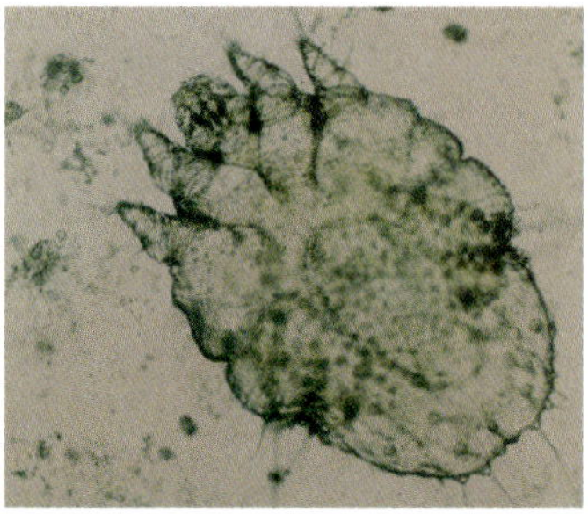

Räudemilbe

Fotos: Armin Deutz

Haarlinge

Die ebenfalls mit freiem Auge sichtbaren Haarlinge (bis 1,5 mm) leben von Rinderhaaren, Hautschuppen und Hautdrüsensekreten, was zu einer ständigen juckreizbedingten Beunruhigung bei den befallenen Tieren und damit zum Scheuern führt. Auch durch Haarlingsbefall kann es zu Haarlosigkeit und blutigen Scheuerstellen kommen, die haarlosen Areale sind wie beim Lausbefall nicht scharf begrenzt. Die Unterscheidung zwischen Laus- oder Haarlingsbefall ist jedoch für die Auswahl des Behandlungsverfahrens von besonderer Bedeutung. Durch genaue Untersuchung der veränderten Hautbezirke bei guten Lichtverhältnissen und durch Auszupfen von kleinen Haarbüscheln können Haarlinge bzw. Läuse einfach nachgewiesen werden. Die Unterscheidung von Laus und Haarling ist mit freiem Auge möglich, noch besser jedoch mit einer Lupe: Bei Läusen ist der Kopf spitz zulaufend, also schmäler als der Körper; bei Haarlingen ist der Kopf mindestens gleich breit wie der Körper und sie bewegen sich zumeist auch schneller als die eher trägen Läuse.

Durch äußere Behandlungen (Baden, Waschen, Sprühen, Pudern) mit zugelassenen Insektiziden werden sowohl Haarlinge als auch Läuse abgetötet. Durch den Einsatz von systemisch und insektizid wirkenden Präparaten (Aufgussverfahren = pour on, Injektionspräparate, oral zu verabreichende Präparate) werden nur die blutsaugenden Läuse sowie Milben, nicht jedoch die Haarlinge wirksam bekämpft.

Räude

Verursacher der Räude sind verschiedene Milbenarten (Saug-, Grab- und Nagemilben), welche auf oder in der Haut parasitieren. In Abhängigkeit von Milbenart und Befallsgrad führt eine Infektion bei den betroffenen Rindern zu Hautveränderungen, wie starkem Juckreiz, Haarausfall und Wundscheuern mit Blutungen. Ohne gezielte Behandlung kommt es mit Fortdauer der Erkrankung zu einer starken Krusten-, Borken- und Faltenbildung und zu einer massiven Hautverdickung an den befallenen Bezirken. Man findet diese Veränderungen je nach Milbenart typischerweise im Bereich des Schwanzansatzes (Schwanz- oder Steißräude), in Gelenkbeugen, an Milchspiegel und Schenkeln, am Hals sowie am Kopf. Neben milden Verlaufsformen mit Juckreiz und nur leichten Hautveränderungen sind auch generalisierte

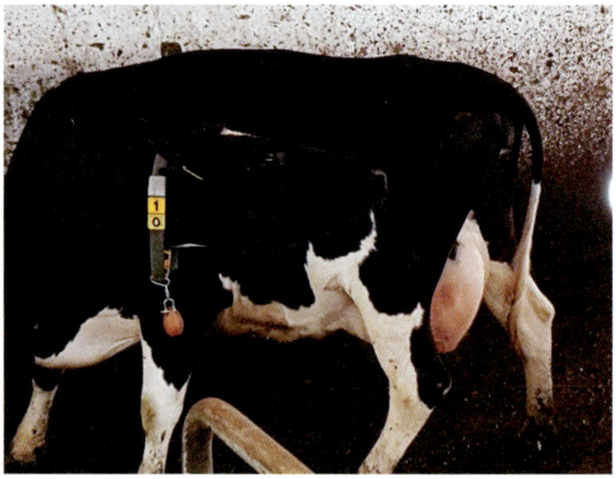

Bei vermehrtem Juckreiz ist auf das Vorhandensein von Hautparasiten zu achten. Foto: Johann Gasteiner

Krankheitsfälle von hochgradiger Räude an der gesamten Körperoberfläche möglich.

Je nach Milbenart erreichen diese zu den Spinnentieren gehörenden Lebewesen eine Länge von bis zu 0,6 mm und sind deshalb mit bloßem Auge für uns kaum mehr erkennbar. Bakterielle Sekundärinfektionen können das Krankheitsbild verkomplizieren. Bei Unklarheit über eine mögliche Beteiligung von Milben am Krankheitsgeschehen kann der Tierarzt durch die mikroskopische Untersuchung mehrerer Hautgeschabsel eine sichere Diagnose stellen.

Die Behandlung der Räude erfolgt mit milbenwirksamen Präparaten lokal oder systemisch und muss je nach verwendetem Medikament mehrmals wiederholt werden. Eine wirksame Räudebekämpfung schließt eine Behandlung von Scheuergeräten, Aufstallung usw. mit Dampfstrahler und Insektiziden ein.

Ektoparasitenbefall ist oftmals auch der Wegbereiter für weitere Hauterkrankungen, speziell für die Hautpilzerkrankung. Durch Scheuern und Kratzen werden die Erreger weiter verbreitet und es entstehen kleine Wunden, welche ideale Infektionspforten für Pilzsporen, aber auch für Bakterien darstellen.

Parafilariose bei Rindern

Seit wenigen Jahren fallen Rinder auf, bei denen plötzlich Bluttropfen oder kleine Rinnsale am Rücken oder an der Seitenbrust auftreten, Verletzungen sind nicht zu erkennen. Zurückzuführen ist dieses „Blutschwitzen" auf Unter-

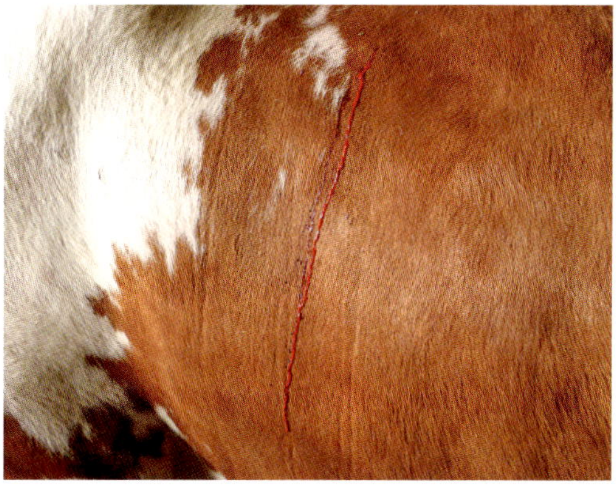

Parafilariose bei einem Rind Foto: Armin Deutz

hautparasiten, die – vermutlich auch klimawandelbedingt – nunmehr in unseren Breiten vorkommen. Einige Haut- und Unterhautparasiten nehmen bei Haus- und Wildwiederkäuern in den letzten Jahren zu. Oben beschriebenes Krankheitsbild des „Blutschwitzens" wird Parafilariose genannt, verursacht durch die Fadenwurmart *Parafilaria bovicola,* einem Unterhautparasiten bei Rindern. Die Parafilariose ist in Südeuropa bekannt und in Schweden vermutlich durch Tierimport eingeschleppt worden. Aus Mitteleuropa lagen bisher vereinzelte Berichte vor (Bayern, Steiermark, Kärnten). Der Erstautor konnte selbst im Bezirk Murau seit 2017 einige Fälle diagnostizieren. Als Überträger dieser Filarienart gilt die Stallfliege (*Musca autumnalis*). Eine Reihe von Filarienarten parasitieren bei Rindern und führen weltweit zu wirtschaftlichen Einbußen durch verminderte Qualität des Schlachtkörpers und des Leders. Die Funde von Parafilarien in Rinderherden in Bayern und in Südösterreich weisen auf eine mögliche Etablierung dieser Parasitenart in Mitteleuropa hin.

Klauengesundheit bei Milchkühen

Zusammenhänge zwischen Fütterung, Haltung und der Entstehung von Klauenrehe

Lahmheiten stellen in Milchviehherden einen bedeutenden wirtschaftlichen Schadensfaktor dar. Lahme Kühe haben eine verminderte Futteraufnahme, magern rasch und stark ab, haben eine geringere Milchleistung, leiden häufiger unter Fruchtbarkeitsstörungen, verursachen zusätzliche Arbeits- und Behandlungskosten und haben eine verkürzte Nutzungsdauer. Hinter diesen produktionstechnisch wichtigen Tatsachen, welche erklären sollen, warum eine Lahmheit nicht sein sollte, steht der

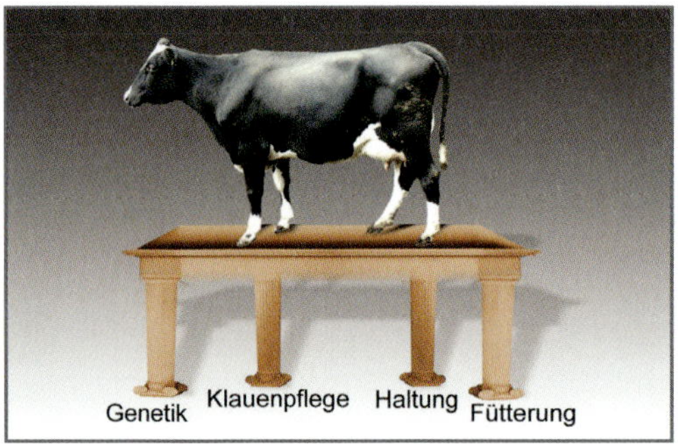

Die Klauengesundheit ruht auf den vier Säulen Genetik, Klauenpflege, Haltung und Fütterung.

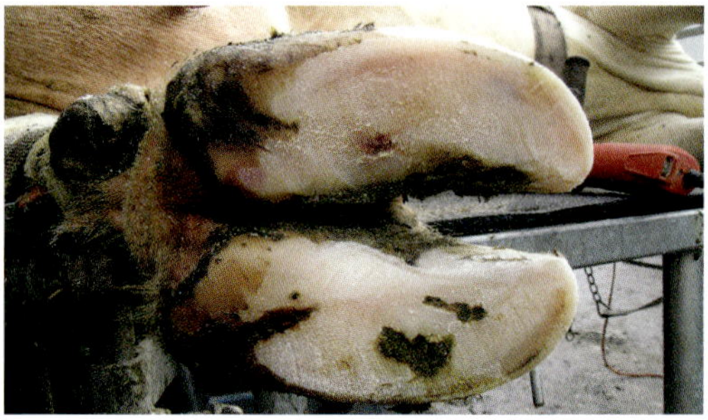

Sohlenfläche: Der Tragrand (dunkler Bereich seitlich und vorne bis Mitte) trägt den Hauptteil der Last – Hohlkehlung!

Umstand, dass Lahmheiten fast ausnahmslos die Folgen von Schmerzen im Bewegungsapparat sind. Bei über 90 % aller Lahmheitsfälle von Rindern sind Erkrankungen der Klaue und der Haut rund um die Klaue als Verursacher von „bewegungshindernden" Schmerzen anzusehen.

Für die Entstehung bzw. Verhinderung von Klauen- und Gliedmaßenerkrankungen sind neben der genetischen Ausstattung des Tieres die vom Tierhalter gestalteten Umweltfaktoren (Klauenpflege und Tierbetreuung, Haltung und Hygiene, Fütterung) maßgeblich verantwortlich. Diese Faktoren halten in ihrer Gesamtheit die Klauengesundheit aufrecht und sind somit Grundbedingungen.

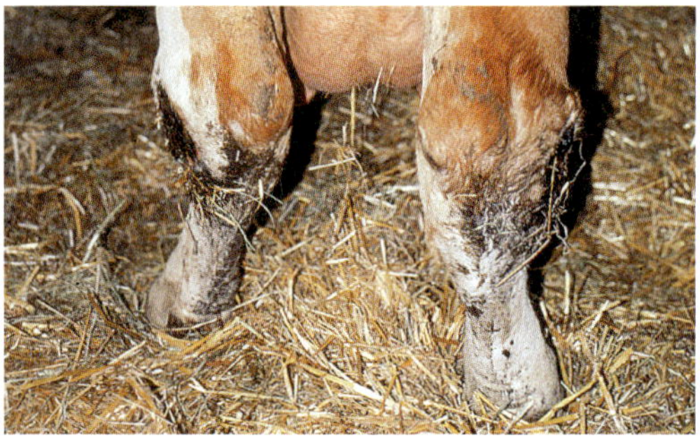

Erworbene Schonhaltung (kuhhässig) infolge ungenügender Klauenpflege (Schwerpunktverlagerung nach innen)

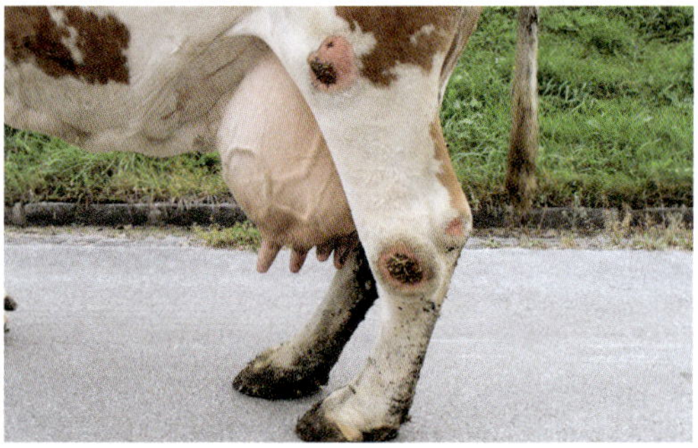

Fotos: Johann Gasteiner

Erworbene Schonhaltung infolge ungenügender Klauenpflege (Schwerpunktverlagerung nach hinten)

Mängel in einem Bereich können selbst durch beste Bedingungen in den übrigen Bereichen nicht wettgemacht werden und führen somit über kurz oder lang zur Erkrankung im Klauen- und Gliedmaßenbereich. Das schwächste Glied in der Kette entscheidet über Erfolg oder Misserfolg.

Gepflegte Klauen sind die Basis für die Gliedmaßengesundheit

Größte Bedeutung kommt der regelmäßigen und fachgerechten funktionellen Klauenpflege zu. Nur durch optimale, funktionelle Klauenpflege werden die natürlichen Belastungsverhältnisse der Klauen wiederhergestellt. Diese natürlichen Belastungsverhältnisse verhindern Quetschungen im Sohlenbereich, entlasten Sehnen, Bänder, Gelenke und Knochen und es entstehen keine „Schonhaltungen". Korrekt korrigierte Klauen sind somit Grundvoraussetzung für die Gliedmaßengesundheit. Mängel in diesem Bereich können selbst durch die beste Haltung und Fütterung nicht wettgemacht werden.

Die **Empfehlungen** sind deshalb:

- Regelmäßige funktionelle Klauenpflege aller Kühe und Kalbinnen
- Häufigkeit der Klauenpflege hängt vom Sohlenabrieb ab:
  - starker Sohlenabrieb bei Betonboden – deshalb lediglich Korrektur mit Wiederherstellung der Hohlkehlung.
  - geringer Sohlenabrieb bei Tiefstreuhaltung und Gummimatten – deshalb häufiger ausschneiden.
  - Bei übermäßiger Eiweißversorgung wächst das Horn rascher nach: häufigere Korrekturen sind notwendig.
- Zumindest jedoch halbjährlich Klauenpflege bzw. Korrektur (Hohlkehlung!) durchführen!
- Klauenpflege durch einen ausgebildeten Klauenpfleger
- Tierhalter sollten jedenfalls einen Klauenpflegerkurs besuchen.
- Erkrankte Tiere frühzeitig behandeln und weich aufstallen (Box mit Tiefstreu).
- Bei Infektionen frühzeitig einen Tierarzt hinzuziehen.
- Aufzeichnungen über Klauenpflege führen (Klauenpflegeprotokoll).

Durch die konsequente Umsetzung dieser Maßnahmen können die Lahmheitsfälle in einem Betrieb entscheidend gesenkt werden.

Die Klauenrehe gilt als Hauptverursacher von Klauenproblemen

Die Klauenrehe stellt die bedeutendste Klauenerkrankung bei Rindern dar. Klauenrehe verursacht im akuten Stadium selbst schwere Lahmheiten und gilt als wichtigster auslösender Faktor für die Entstehung weiterer häufig vorkommender Klauenveränderungen: Sohlenblutungen, Sohlengeschwüre, eitrige Entzündungen der Klauenlederhaut sowie eitrige Durchbrüche in der weißen Line (White Line Disease).

Anhand des Verlaufes und der Krankheitsanzeichen werden bei der Klauenrehe eine akute, subakute, subklinische und chronische Form unterschieden. Die akute und subakute Form sind gekennzeichnet durch eine nicht eitrige (aseptische) Entzündung der Klauenlederhaut bei oftmals gleichzeitigem Vorliegen (oder als Folge) einer Allgemeinerkrankung (Pansenübersäuerung, Ketose, Nachgeburtsverhalten und eitrige Gebärmutter- oder Euterentzündung). Auch durch falsche Belastungsverhältnisse (fehlende oder falsche Klauenpflege, permanent harter Boden) können Quetschungen und Entzündungen im Sohlenbereich ausgelöst werden, die denen der Klauenrehe entsprechen.

Hingegen sind zum Zeitpunkt der Entstehung der Klauenrehe noch keine klinischen Krankheitsanzeichen erkennbar, bei der chronischen Klauenrehe sind lokale Veränderungen an den Klauen sichtbar (Verformungen und Reheringe).

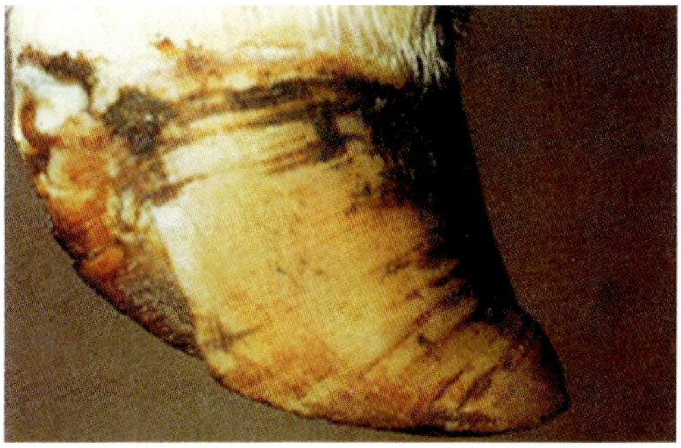

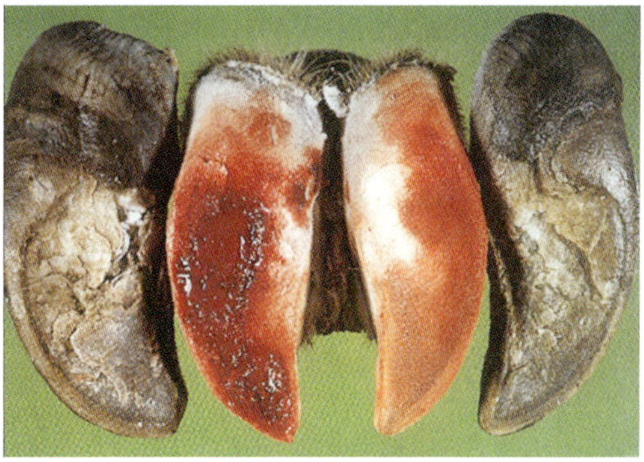

Fotos: Johann Gasteiner

Klauenrehe führt zu sogenannten Reheringen und zu einer durchgebogenen Vorderwand (oben) sowie zu schmerzhaften Sohlenblutungen und der Bildung von qualitativ minderwertigem Horn (unten)

Akute subakute Klauenrehe

Bei der akuten Form der Klauenrehe ist das Allgemeinbefinden gestört, die Tiere zeigen verminderte Fresslust, einen starken Milchrückgang und auffälliges Hin- und Hertrippeln. Die Tiere liegen viel, stehen schwer auf und trippeln von einem Bein auf das andere. Sie bewegen sich ungern, ein mittel- bis hochgradig spießiger, steifer Gang ist auffällig. Der Kronsaum ist ödemisiert, gerötet, die Haare sind gesträubt und die Klauen sind deutlich wärmer als normal. Die Zangenpalpation der Sohle ist schmerzhaft, es sind jedoch keine äußeren Veränderungen an den Klauen (bei einem erstmaligen akuten Reheanfall) erkennbar.

Bei vielen Rindern sind die Symptome der akuten Klauenrehe nur schwach ausgeprägt, sodass der Beginn der Erkrankung oft unbemerkt bleiben kann. Die Symptome der akuten Rehe liegen in deutlich abgeschwächter Form vor (= subakute Klauenrehe).

Bei der Klauenpflege etwa 2 Monate und später nach den ersten Entzündungserscheinungen findet man an der Sohlenfläche der Klauen weiches, gelbliches Horn schlechter Qualität sowie blutige Verfärbungen des Horns an der Sohle und entlang der weißen Linie. Akute und subakute Klauenreheschübe können wiederholt nach unterschiedlich langen Intervallen auftreten (z. B. bei jeder Pansenübersäuerung, Nachgeburtsverhalten, eitriger Gebärmutterentzündung ...) und sich zur chronischen Form entwickeln.

Subklinische Klauenrehe

Dieser Begriff beschreibt Zustände, bei denen die Blutzirkulation in den Gefäßen der Klauenlederhaut gestört ist, zu diesem Zeitpunkt sind jedoch noch keine klinischen Symptome erkennbar. Der Beginn der Erkrankung ist schleichend, die Tiere zeigen keine Lahmheit und keine Schmerzhaftigkeit an den Klauen, Störungen des Allgemeinbefindens fehlen und die Klauenform ist noch nicht verändert. Bei Untersuchung der Klauen ab ca. 2 Monate nach den ersten subklinischen Reheschüben – oftmals anlässlich der Klauenpflege – kann man an der Sohle weiches, gelbes Horn von schlechter Qualität und blutig verfärbte Stellen erkennen. Diese Farbveränderungen findet man v. a. im Bereich der weißen Linie, an der Klauenspitze und an der Innenseite der Sohlenfläche am Übergang von der Sohle zum Weichballen, meist an allen Klauen in fast symmetrischer Form und Lage. Da Schübe einer subklinischen Klauenrehe immer wieder auftreten können, entwickelt sich an den Klauen schrittweise das Bild einer chronischen Rehe. Da zum Zeitpunkt der Erkrankung keine klinischen Symptome erkennbar sind und Veränderungen an den Klauen erst Wochen später auftreten und dabei auch nur dann festgestellt werden, wenn gerade zufällig eine Klauenkorrektur vorgenommen wird, wird diese Form der Klauenrehe oft nicht erkannt. Der subklinischen Form der Klauenrehe kommt unter heutigen Produktionsbedingungen die größte Bedeutung für die Entstehung von Klauenerkrankungen bei Milchkühen zu.

Chronische Klauenrehe

Von chronischer Klauenrehe spricht man, wenn die Entzündung der Lederhaut länger als 6 Wochen andauert. Diese Form entwickelt sich aus wiederholten Schüben

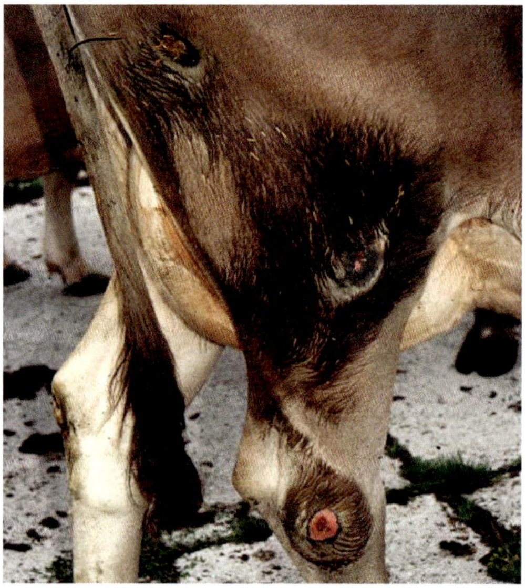

Wundliegen infolge Klauenrehe Foto: Johann Gasteiner

einer akuten, subakuten, in den überaus meisten Fällen aber aus einer subklinischen Klauenrehe. Spezielle Krankheitsanzeichen sind hierbei nicht feststellbar, die Diagnose wird anhand der typischen Veränderungen an den Klauen gestellt, die sich schrittweise aufgrund des Wachstums des Klauenhorns an den Klauen über Monate entwickeln.

Typische Veränderungen bei chronischer Klauenrehe
Ringbildung an der Wand infolge unregelmäßiger Wachstumsphasen des Horns, eine aufgewölbte und gerillte Vorderwand, rötliche Verfärbungen im Sohlenhorn, v. a. an der typischen Geschwürlokalisation und entlang der weißen Linie, eine deutlich verbreiterte weiße Linie; ein abgeflachter und ausgeweiteter Klauenschuh, qualitativ minderwertiges Sohlen- und Wandhorn sind typische Veränderungen bei chronischer Klauenrehe. Bei der Klauenpflege findet man neben den genannten Veränderungen auch häufig Doppelsohlen, das sind unterschiedlich große Hohlräume im Sohlenhorn, die durch längere Zeit zurückliegende Quetschungen und Entzündungen der Sohlenlederhaut entstanden sind. Am ausgeprägtesten sind diese Veränderungen an den äußeren Hinterklauen. Bei Kühen mit chronischer Klauenrehe können sich akute und subakute Schübe wiederholen (chronisch-wiederkehrende Klauenrehe).

Auslöser von Klauenrehe

Die Suche nach dem Auslöser von Klauenrehe und damit der Ursache von Lahmheiten wird in jedem Fall die Faktoren Haltung, Stallung, Fütterung und Management (Klauenpflege) berücksichtigen.

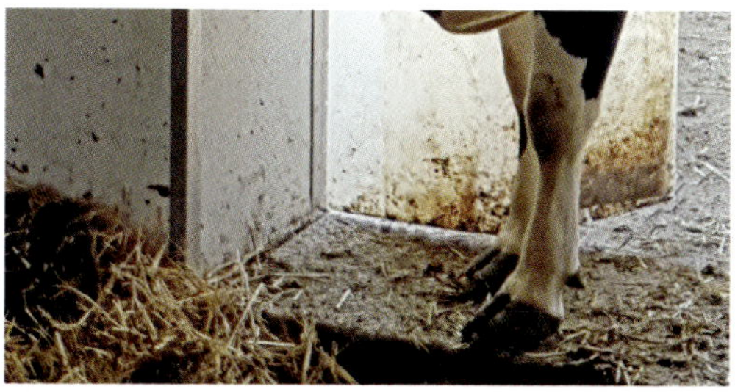

Die Haltung auf überwiegend weichem Boden hilft mit, Klauenrehe zu verhindern. Fotos: Johann Gasteiner

Fütterungsfehler als Auslöser von Klauenproblemen
Die in der Praxis zu beobachtende Zunahme von Klauenrehe bei Milchkühen wird hauptsächlich den geänderten Rationsgestaltungen und Fütterungsmethoden zugeschrieben. Als zentraler Punkt der Klauenrehe wird eine Störung der Vormagenverdauung, zumeist Pansenübersäuerung infolge übermäßigen Kraftfutterangebotes bei zu geringem Raufutteranteil, angesehen.

Die übermäßige Aufnahme von im Pansen leicht verdaulichen Kohlenhydraten (Stärke, Zucker) ist der wichtigste fütterungsbedingte Faktor für die Entstehung der Klauenrehe. Aufgrund einer erhöhten Zufuhr dieser leicht löslichen Kohlenhydrate kommt es zur übermäßigen Produktion von Säuren (Milchsäure) im Pansen.

Es kommt zum Absinken des pH-Wertes (Pansen pH-Wert bei gesunden Tieren: 6,0–7,4). Der abgesenkte pH-Wert bedingt eine Änderung der Zusammensetzung der normalen Pansenmikroflora von überwiegend erwünschten (gramnegativen) zu unerwünschten (grampositiven) Bakterien, wie Streptokokken und Lactobacillen, die vermehrt Milchsäure bilden. Im Gefolge der subklinischen bzw. akuten Pansenazidose (pH $< 5{,}5$) kommt es auch zur Freisetzung von Bakteriengiften (Endotoxine) aus den absterbenden Bakterien.

Bakteriengifte, Histamin und Milchsäure werden über die Pansenwand aufgenommen und gelangen in den Blutkreislauf. Die zunehmende Pansenübersäuerung führt zu einer Schädigung der Pansenschleimhaut sowie zu massiven Entzündungen in der Lederhaut der Klauen, es entsteht eine Klauenrehe.

In einer Studie über die Beziehung zwischen der Körperkondition (BCS) vom Beginn des Trockenstellens bis zum 150. Tag der Laktation und der Häufigkeit der Klauenerkrankungen an 561 Kühen aus 9 Herden wurde bei verfetteten (BCS > 4), trockenstehenden Kühen ein deutlich höheres Risiko für Klauenerkrankungen in der nachfolgenden Laktation festgestellt.

Neben der Freisetzung von gefäßaktiven Substanzen, wie Histamin und Bakteriengifte, kann eine Pansenübersäuerung auch einen Biotinmangel bewirken. Biotin (Vitamin H) wird im Pansen durch Bakterien produziert. Studien zeigten jedoch, dass die normalerweise ausreichende Bildung von Biotin im Pansen bei Wiederkäuern mit niedrigen Pansen-pH-Werten vermindert ist. Biotin ist verantwortlich für die Qualität der Hornzellen und bedingt die Elastizität und Widerstandsfähigkeit der Klauen. Biotinmangel begünstigt generell das Auftreten von Klauenerkrankungen infolge der verminderten Hornqualität (weiches Horn) und fördert dadurch die Entwicklung von Hornspalten, losen Wänden und Ballenfäule. Positive Auswirkungen einer Zufütterung von Biotin können jedoch erst nach mehrmonatiger Anwendung beobachtet werden. Bei wiederkäuergerechter Fütterung (effiziente Verhinderung/Behebung der Pansenübersäuerung) sind Rinder in der Lage, selbst genügend Biotin im Pansen zu produzieren.

Bei einen Überangebot an Eiweiß in der Fütterung kommt es zum vermehrten Wachstum von Klauenhorn. Die Qualität dieses rasch gewachsenen Klauenhorns ist zumeist geringer, sodass Defekte häufiger auftreten.

Haltungs- und Aufstallungsmängel als Auslöser von Klauenproblemen

Wichtige ursächliche Faktoren sind dabei die Aufstallungsform, v. a. die Art und Qualität der Bodenoberflächen, Größe und Beschaffenheit der Liege- und Verkehrsflächen, Einstreu und Bewegungsmöglichkeit, Stall- bzw. Weidehaltung sowie hygienische Voraussetzungen. „Kuhkomfort" ist in diesem Zusammenhang ein wichtiger Begriff. Faktoren wie das Einbringen von hochträchtigen Kalbinnen auf Beton-(Spalten-)böden, erstmalige Aufstallung auf rutschigen Betonböden, das Fehlen von Einstreu oder weichen Unterlagen auf den Liegeflächen spielen eine zentrale Rolle. Inadäquate Dimensionen der Liegeboxen und Laufgänge führen zu Quetschungen und Prellungen der Klauenlederhaut. Durch langes Stehen auf harten Stallböden treten vermehrt Blutungen im Sohlenbereich als Folgen der mechanisch bedingten Klauenrehe auf.

Ausreichende Bewegung fördert den Blutfluss in der Klaue. Ausläufe sind daher unbedingt zur Verfügung zu stellen. Andererseits kann übermäßige Bewegung auf zu harten Betonoberflächen bzw. grobschotterigen Wegen zu Sohlenquetschungen und Lahmheiten führen. In diesem Zusammenhang hat sich das Ausbringen von Rindenmulch auf den Auslauf besonders gut bewährt.
Durch ständiges Stehen in Harn und Kot, vornehmlich bei Tieren in Laufstallhaltung, können die Klauen nicht abtrocknen. Dadurch wird die Hornqualität negativ beeinflusst und das Klauenhorn wird spröde und das Eindringen von Eitererregern wird durch diese unhygienischen Verhältnisse begünstigt.

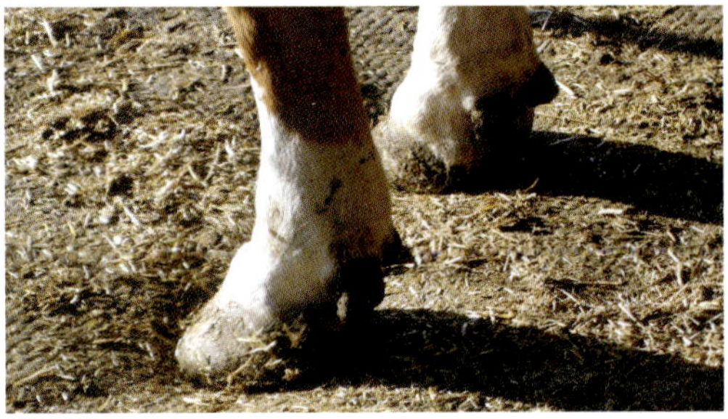

Ein entsprechend weicher Untergrund, hier Gummimatte, kommt den Anforderungen der Klauen sehr entgegen und hilft, Klauenrehe zu vermeiden.

Die Schrapperfrequenz bestimmt die hygienische Beschaffenheit der Laufflächen. Fotos: Johann Gasteiner

Kuhkomfort ist die Basis für Tiergesundheit und Leistung. *Foto: Johann Gasteiner*

Speziell der Zeitraum um die Geburt spielt eine zentrale Rolle in der Entstehung der Klauenrehe, dies gilt v. a. für Erstlingskühe, aber auch für Kühe in späteren Laktationen. Der Stress um den Geburtszeitpunkt, mögliche Anpassungsschwierigkeiten an eine neue Umgebung und an eine neue Herde, hormonelle Veränderungen, Futterumstellungen sowie das erhöhte Risiko für andere akute Allgemeinerkrankungen in diesem Zeitraum sind wichtige Aspekte in der Krankheitsentstehung der subklinischen Klauenrehe. Die größten Häufungen an subklinischer und subakuter Klauenrehe und der daraus resultierenden Klauenerkrankungen werden 30 Tage vor bis etwa drei Monate nach der Geburt festgestellt!
Eine wichtige Rolle für das Auftreten von Klauenrehe um den Geburtszeitpunkt spielen heute andere Erkrankungen wie Pansenübersäuerung, Ketose und Mastitis, welche gehäuft um den Geburtszeitpunkt (peripartal) auftreten. Auch die höchste Milchleistung wird im frühen Laktationsstadium bis etwa drei Monate nach Abkalbung erreicht. Dies ist auch der Zeitraum mit den größten Änderungen im Fütterungsmanagement, der maximalen Kraftfuttergabe und in dieser Zeit treten die meisten Stoffwechselerkrankungen auf.

Auch sozialen Faktoren in der Herde, wie Stress, Körperkondition, Höhe der Milchleistung, aber auch der Klauenform (niedere Trachtenhöhe) wird eine wesentliche Bedeutung bei der Entstehung von Lahmheiten zugewiesen. Stressreiche Situationen treten auf bei frisch in die Herde verbrachten Kalbinnen, bei Überbelegung, bei zu geringer Anzahl von Liegeboxen und Tränkestellen usw. Bei Stallhaltung ist die Liegezeit gegenüber der Weidehaltung reduziert. Tiere, die kürzere Zeit mit Liegen verbrachten, wiesen stärkere Blutungen an der Sohle auf. Bei dieser Tiergruppe sind neben sozialen Konflikten auch die verminderte Zeit zur Futteraufnahme und meist auch die bereits vorliegende Trächtigkeit von Bedeutung.

Mortellaro'sche Krankheit (*Dermatitis digitalis*, DD)

Die Mortellaro'sche Krankheit wurde nach ihrem Erstbeschreiber (Mortellaro, 1974) benannt, weitere Bezeichnungen sind *Dermatitis digitalis* (DD) oder Erdbeerkrankheit. DD ist eine geschwürige Veränderung der Haut an der Gliedmaßenspitze, überwiegend im Bereich der Fesselbeuge, am Übergang der Haut zum Ballenhorn und auch im Zwischenklauenspalt. Es gibt aber auch Fälle, wo es zu einer Infektion der Haut im Unterbauchbereich bzw. an der Euterhaut kommt. Auch hier sind das typische Aussehen der Veränderung und die starke Therapieresistenz zu beobachten. Bei der klassischen Form finden sich rundliche bis längsovale Geschwüre, die von der Umgebung deutlich heller abgegrenzt sind. Im Zentrum befindet sich Granulationsgewebe mit einer körnigen Oberfläche, welches sehr gut durchblutet, also rot ist (erdbeerähnliches Aussehen = Erdbeerkrankheit). Diese Geschwüre können von einem eitrigen Belag bedeckt sein. Neben DD können an erkrankten Gliedmaßen möglicherweise auch noch andere durch Hygienemängel ausgelöste Veränderungen, wie Ballenfäule und Zwischenklauengeschwüre, vorgefunden werden.

Ursächlich sind mehrere Bakterien an der *Dermatitis digitalis* beteiligt (Spirochaeten, Fusobakterien, Porphyromonas, Bacteroides u. a.).

Die Erreger der DD werden oft durch Einbringen bzw. Zukauf eines infizierten Tieres in den Bestand eingeschleppt. Feuchtigkeit und unhygienische Bedingungen fördern das Auftreten und die Ausbreitung der Erkrankung. Mangel an Einstreu, zu geringe Frequenz bei Schrapperentmistung, zu viel Mist und Gülle im Laufbereich bei Spaltenboden oder im Auslauf wirken stark krankheitsbegünstigend.

Die Klauen können unter solchen Haltungsbedingungen nicht abtrocknen und die Erreger finden optimale Voraussetzungen für ihre Vermehrung. Die DD gilt deshalb auch als klassische Erkrankung von Kühen in Laufstallhaltung. Bei Kühen in Anbindehaltung tritt DD sehr selten auf, aber auch hier ist eine gegenseitige, indirekte Ansteckung über den Laufhof möglich. Mängel bei der Klauenpflege und seltene/fehlende Kontrollen der Gliedmaßengesundheit spielen ebenfalls eine wichtige Rolle.

Durch intensiven Kraftfuttereinsatz bei gleichzeitigem Mangel an strukturierter Rohfaser kommt es, insbesondere bei hochleistenden Milchkühen, zu einer Übersäuerung des Panseninhaltes. Diese Pansenübersäuerung führt einerseits zu einer Schwächung der körpereigenen Immunabwehr und andererseits zu Durchblutungsstörungen kleinster Gefäße, speziell im Bereich der Gliedmaßenspitzen. Diese beiden Faktoren fördern wiederum das Eindringen, die Vermehrung und die Ausbreitung der Erreger von DD.

DD ist mit erheblichen Schmerzen verbunden, erkrankte Tiere zeigen starke Lahmheit und einen Rückgang der Milchleistung. Bei Auftreten von DD ist die gesamte Tiergruppe einer Klauenkontrolle zu unterziehen. Durch Reinigung (Kaltwasserstrahl) und Wundtoilette wird oftmals erst das gesamte Ausmaß der Erkrankung sichtbar.

Nach dem gründlichen Abtrocknen der Klauen mit Einmal-Papiertüchern wird ein antibiotikahältiger Spray (Tetrazyklin; Wartezeiten beachten!) auf die Veränderungen gesprüht und die Kuh für wenigstens 30 Minuten auf einen sauberen und trockenen Untergrund gestellt, damit das Medikament einwirken kann. Diese Behandlung sollte in 2–3-tägigem Intervall bis zur Abheilung wiederholt werden. Bei großflächigen und komplizierten Veränderungen ist eine tierärztliche, chirurgische Hilfe nötig, wobei abgestorbenes Material abgetragen und ein Klauenverband angelegt werden muss. Auch eine möglicherweise nötige Injektion eines Antibiotikums wird vom behandelnden Tierarzt erwogen werden.

Am Ausgang des Melkstandes sollte ein Klauenbad eingerichtet werden. Das Desinfektionsmittel des Klauenbades kann nur an sauberen Klauen wirksam sein. Die Klauen sollten deshalb vorher gereinigt werden (Wanne mit Wasser am Eingang zum Melkstand, Abspritzen der Klauen im Melkstand). Peressigäure eignet sich in einer Konzentration von 1–1,5 % sehr gut als Desinfektionsmittel. Die Lösung sollte nach einmaligem Durchtrieb in die Güllegrube verworfen und die Behandlung wöchentlich wiederholt werden. Peressigsäure ist im Gegensatz zu Kupfer- oder Zinksulfatlösungen ökologisch unbedenklich. Die Anwendung von antibiotikahältigen Klauenbädern ist nicht zulässig.

Versuche, Rinder wirksam gegen DD zu impfen, scheiterten bislang und erscheinen bei Betrachtung der multifaktoriellen Ursachen der Erkrankung weniger sinnvoll als Maßnahmen zur Verbesserung von unhygienischen und krankheitsauslösenden Haltungs- und Umweltbedingungen.

Die genetische Ausstattung des Tieres und die vom Tierhalter gestalteten Umweltfaktoren Fütterung, Haltung und Klauenpflege stellen die Basis der Klauen- und Gliedmaßengesundheit dar.

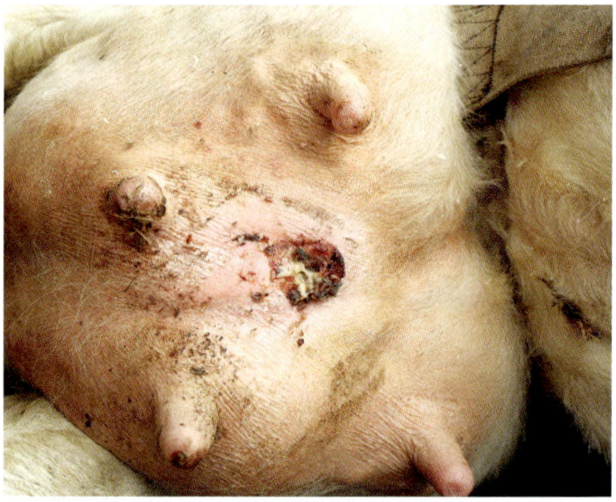

Mortellaro: Die Mortellaro'sche Krankheit ist eine geschwürige, sehr schmerzhafte Veränderung der Haut, zumeist an den Gliedmaßen, seltener auch auf der Haut des Unterbauches oder des Euters.
Foto: Johann Gasteiner

Schaf- und Ziegen-krankheiten

Der Erhaltung der Tiergesundheit kommt bei jeder Form der Tierhaltung eine entscheidende Bedeutung zu. Ein gesunder Schafbestand ist imstande, konstantere bzw. höhere Leistungen zu erbringen, und das bringt wirtschaftliche Vorteile mit sich. Den immer stärker werdenden Anforderungen von Konsumentenschutz und Tierschutz können nur gesunde Tiere entsprechen und letztlich wird auch das Kaufverhalten des Konsumenten ganz entscheidend von seinen Assoziationen bezüglich der Herstellungsweise des landwirtschaftlichen Produktes („gesunde Tiere auf grüner Weide") beeinflusst.

Ein weiterer Grund für die Bedeutung der Tiergesundheit liegt auch im Idealismus des Tierhalters, dessen Freude an der Schaf- und Ziegenhaltung durch ständige tiergesundheitliche Probleme sicherlich getrübt wird.

Krankheitsvorbeugung in der Schaf- und Ziegenhaltung

„Vorbeugen ist besser als heilen" – dieser Vorsatz wurde bereits von den alten Römern geprägt und hat, auch wenn wir heute immer noch mit denselben Tierkrankheiten zu kämpfen haben, gewiss seine Gültigkeit.

Als vorbeugende Maßnahmen sind alle managementbedingten Tätigkeiten anzusehen, welche die drei Faktoren Tier – Umwelt – Krankheitserreger nach dem heutigen Wissensstand optimieren bzw. berücksichtigen. Wenn auch nicht allen Erkrankungen mit absoluter Sicherheit vorgebeugt werden kann, die Häufigkeit von Erkrankungen, die Anzahl von erkrankten Tieren sowie Schweregrad und Anzahl der Ausfälle können durch entsprechende vorbeugende Maßnahmen entscheidend gesenkt werden.

Aus mehreren Gründen nehmen speziell die Schafe und Ziegen im Hinblick auf Erkrankungen eine gewisse Sonderstellung unter den landwirtschaftlichen Nutztieren ein:

- Schafe und Ziegen sind als Wiederkäuer in ihrem Ernährungsverhalten sehr hoch spezialisiert und reagieren deshalb auf Fütterungsfehler rasch mit gesundheitlichen Störungen (z. B. akute und chronische Pansenübersäuerung).
- Schafe und Ziegen sind Herdentiere und werden als solche zumeist auch in größerer Anzahl gehalten. Mit der Zunahme an gehaltenen Tieren pro Flächeneinheit steigt aber auch der Infektionsdruck durch Parasiten, Viren und Bakterien. Erkrankungen können sich deshalb ab einem bestimmten Schwellenbereich rasant in einer Herde ausbreiten (z. B. Aborte, Lungenerkrankungen).
- In einer Herde finden sich üblicherweise alle Altersklassen, und so können chronisch infizierte Alttiere, die selbst nicht klinisch erkrankt sein müssen, immer wieder die krankheitsempfänglichen Jungtiere infizieren (z. B. mit Lippengrind, Pseudotuberkulose). Erkrankungen bleiben so jahrelang in einer Herde latent.
- Unter Herdentieren, speziell bei Weide- oder Almhaltung und in unübersichtlichem Terrain, oder auch bei besonders scheuen Tieren fallen dem Beobachter erkrankte Einzeltiere oftmals erst dann auf, wenn sie sich von der Herde absondern oder nicht mehr mit dieser mithalten können (z. B. bei Moderhinke).
- Durch das lange und dichte Wollkleid sind Abmagerung, Hautverletzungen, Hautparasiten, Euterentzündungen und dergleichen erst nach Fixation des betreffenden Tieres und anschließende konkrete Untersuchung erkennbar; regelmäßige Kontrollen beschränken sich (aus verschiedenen Gründen) jedoch oft nur auf Sichtkontrollen.
- Die Fähigkeit von Schafen und Ziegen, auch unter extensiven Haltungsbedingungen ihr Auslangen zu finden, könnte möglicherweise zur Vernachlässigung der regelmäßig nötigen Tierbetreuung verleiten.
- Vergleichsweise geringere wirtschaftliche Erträge aus der Schaf- und Ziegenhaltung lassen einen hohen finanziellen Aufwand an vorbeugenden oder auch therapeutischen Maßnahmen (regelmäßige Entwurmung, Impfungen, rasches Beiziehen tierärztlicher Hilfe, Kosten für Medikamenteneinsatz) als unwirtschaftlich erscheinen bzw. sind tatsächlich unwirtschaftlich.
- Der geringe Wert von Einzeltieren lässt die Behandlungswürdigkeit von Einzeltiererkrankungen sinken und der Schlachtung/Tötung oder etwa den Selbstheilungskräften des Tieres wird der Vorzug gegeben.
- So gehen leider wichtige Informationen über die Verbreitung und Häufigkeit einzelner Krankheiten verloren und gezielte Vorbeugungsprogramme werden erschwert.
- Es bestehen Wechselwirkungen zwischen Krankheiten bei Schaf und Ziege und solchen bei Wildwiederkäuern (besonders Gams- und Steinwild), wie beispielsweise bei einzelnen Parasitosen, Moderhinke, Paratuberkulose, Infektiöser Keratokonjunktivitis („Gamsblindheit") – gegenseitige Infektionen sollten weitgehend vermieden werden.
- Zusätzlich erhöht wird der gegenseitige Infektionsdruck durch das Ansteigen von Jahresdurchschnittstemperaturen und damit verbunden durch das Auftreten von einigen Krankheitserregern, wie Parasiten und deren Zwischenwirten, bereits auf Seehöhen von 2.000 m.

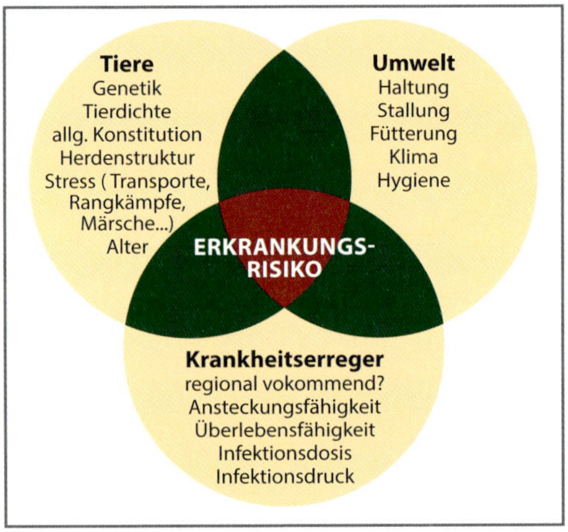

Zusammenhänge zwischen den Faktoren Tier – Umwelt – Krankheitserreger bei der Entstehung von Erkrankungen

Das Tier als selbständiger Faktor in der Entstehung von Krankheiten

Das Einzeltier stellt mit seiner individuellen genetischen Ausstattung einen bedeutenden, vielfach jedoch noch unerforschten Faktor bei der Bewertung von Erkrankungsrisiken dar. Als Beispiele seien hier bestimmte Scrapieresistente Schafrassen und -linien genannt oder etwa die Versuche neuseeländischer Wissenschafter und Züchter, Schafe zu züchten, die gegen Magen-Darm-Parasiten resistent sind. In diesem Bereich wird sich die Tierzüchtung auch mit ihren modernen Methoden verstärkt einbringen müssen, da durch diese Form der Krankheitsvorsorge, global gesehen, enorme Mengen an Medikamenten eingespart werden könnten.

Die die Anzahl der pro Flächeneinheit gehaltenen Tiere (Tierdichte) hat einen entscheidenden Einfluss auf das Auftreten von Erkrankungen.

Als einfaches Beispiel dient hier das nationale Entwurmungsprogramm Neuseelands. Aufgrund der durchschnittlichen Herdengrößen von ca. 2.000 Schafen („flock") ist es nötig, alle Schafe im Abstand von 4–6 Wochen einer Entwurmung zu unterziehen. Ohne diesen enormen Medikamentenaufwand wäre eine Schafhaltung in dieser Größenordnung und Dichte nicht möglich, sondern würde in einem tiergesundheitlichen Desaster enden.

Verschiedene Stressoren, wie Einfangen, Transporte, lange Märsche, Wasser- und Futtermangel, beengte Platzverhältnisse usw., sollen nach Möglichkeit vermieden werden bzw. sollen ebenso behutsam und ruhig als möglich vonstattengehen. Insbesondere hochtragende Schafe sind gegenüber diesen Stressoren empfindlich und können plötzlich an Trächtigkeitstoxikose erkranken.

Neugeborene Lämmer oder Kitze werden ohne aktives Immunsystem geboren. Sie erhalten die Schutzstoffe allein durch frühzeitige und regelmäßige Aufnahme von Kolostrum (Biestmilch). Das körpereigene Immunsystem ist erst nach 4–6 Lebenswochen aktiv und wird von einer Vielzahl von Faktoren beeinflusst (Versorgung an Nährstoffen, Vitaminen und Spurenelementen, immunitätsstörende Virusinfektionen, nur Auseinandersetzung mit stallspezifischem Erregerspektrum).

Mit zunehmendem Alter des Tieres muss sich das Immunsystem mit einer Vielzahl von Erregern auseinandersetzen. Nicht alle Krankheitserreger können von den Abwehrzellen des Körpers vollständig abgetötet werden. Diese Erreger schlummern dann im Körper und werden in unregelmäßigen Abständen, aber auch in unterschiedlicher Anzahl wieder ausgeschieden, ohne dass das betreffende Tier klinisch erkrankt sein muss (latente, subklinische Infektion).

So kommt es zu einer stillen Durchseuchung eines Bestandes. In Abhängigkeit von den krankmachenden Eigenschaften des Erregers und den Umweltfaktoren entstehen dann mehr oder weniger starke Krankheitsbilder bzw. kommt es zu Ausfällen. Vermehrt infektionsgefährdet sind wieder die Jungtiere (z. B. durch Erreger von Durchfall- und Lungenerkrankungen).

Umweltbedingungen und Krankheitserreger: Auswirkungen auf die Entstehung von Erkrankungen

Die Faktoren Haltung, Stallung, Fütterung, Klima, Hygiene und Management haben einen entscheidenden Einfluss auf die Tiergesundheit. Bestimmte Umweltbedingungen stellen vielfach die Grundbedingung für das Auftreten konkreter Krankheiten dar.

Bei Betrachtung der Vielzahl von möglichen Krankheitserregern müssen deren individuelle Eigenschaften (Übertragungsmechanismen, krankmachende Eigenschaften, Überlebensfähigkeit in der Umwelt, Infektionsmöglichkeiten ...) berücksichtigt werden, damit ein entsprechendes vorbeugendes Konzept auch wirksam sein kann.

Krankheiten der Haut

Räude

Als Räude bezeichnet man eine durch Räudemilben hervorgerufene, ansteckende Hauterkrankung, die mit ekzematösen Hautveränderungen und mit starkem Juckreiz einhergeht. Die Erreger der verschiedenen Räudeformen bei Haus- und Wildtieren leben relativ wirtsspezifisch, d. h. fast jede empfängliche Tierart besitzt ihre eigene(n) Milbenart(en).

Am Schaf kommen in Europa drei **Milbenarten** vor:

- *Psoroptes ovis* (Körperräude)
- *Sarcoptes ovis* (Kopfräude)
- *Chorioptes ovis* (Fußräude)

Räudemilben können zumindest auf dunklem Untergrund gerade noch mit dem menschlichen Auge wahrgenommen werden, sie sind je nach Art, Alter und Geschlecht zwischen 0,3 und 0,8 mm lang. Milbenweibchen legen auf (*Psoroptes*, *Chorioptes*) oder in (*Sarcoptes*) die Haut 15–100 Eier ab, aus denen nach einigen Tagen sechsbeinige Larven schlüpfen, die sich je nach Art ein oder mehrere Male zu achtbeinigen Nymphen häuten. Es entstehen die Adulten, die eine Lebenserwartung von 3–8 Wochen haben. Die Gesamtdauer der Entwicklung beträgt je nach Gattung und abhängig von äußeren Bedingungen meist 2–3 Wochen, kann sich aber bei ungünstigen Verhältnissen verzögern. Bei für die Milben günstigen Bedingungen – Lichtarmut, Feuchtigkeit, Temperaturkonstanz – können sich diese innerhalb kurzer Zeit enorm vermehren und zu klinischen Erscheinungen führen.

Räude führt zu massiven Hautdefekten und wird durch Milben (sehr kleine Spinnentierchen) ausgelöst.
Foto: Armin Deutz

Die Übertragung von Räudemilben erfolgt meist durch Kontakt von Schaf zu Schaf. Eine indirekte Übertragung ist über Schurgeräte, Futterkrippen, Futter oder Einstreu möglich. Die Einschleppung der Erreger in eine Herde erfolgt über den Tierzukauf oder bei der Gemeinschaftsweidehaltung. Das Erkrankungsrisiko hängt nicht nur vom Infektionsdruck, sondern auch von Tierdichte, Temperatur, Luftfeuchte, Lichtverhältnissen sowie ganz wesentlich vom Immunstatus des Einzeltieres, Trächtigkeit und Laktation oder von vorliegenden anderen Erkrankungen (z. B. Mangelkrankheiten) ab.

Räude tritt vor allem während der Wintermonate und bei Stallhaltung auf. Weidegang kann zur klinischen Heilung der Tiere, nicht aber in jedem Falle zur vollständigen Eliminierung der Erreger führen. Diese überdauern an gewissen Körperstellen den Sommer und stellen das Reservoir für Neuausbrüche („stille Milbenträger") dar.

Einige Milbenarten unserer Haus- und Wildtiere können sich auch am Menschen ansiedeln, die Milben sind jedoch nicht in der Lage, sich in oder auf der menschlichen Haut zu vermehren oder längere Zeit zu überleben. Sie verursachen ohne Behandlung eine rund drei Wochen dauernde „Scheinräude", die dann von selbst abheilt.

Körperräude

Diese durch Saugmilben hervorgerufene Räudeform tritt vorwiegend während des Winters auf, da sich die Milben im Sommer wegen der Sonneneinstrahlung und der günstigen Futterverhältnisse für die Wirtstiere kaum vermehren. Der Erreger ist 0,5–0,8 mm lang und damit im Vergleich zu den anderen Räudemilben des Schafes relativ groß.

Die Körperräude ist meist auf die Rücken- und die seitliche Brust- und Bauchgegend ausgedehnt und geht mit Juckreiz, Hautentzündung, Borkenbildung und Wollausfall einher. Sie ist sehr ansteckend und kann sich innerhalb einer Herde seuchenhaft ausbreiten, weshalb es in vielen Ländern schon lange eine Anzeigepflicht gibt. Bis vor rund 100 Jahren gehörte sie zu den bedeutendsten Herdenerkrankungen des Schafes überhaupt. Durch strenge seuchenrechtliche Maßnahmen und durch energische Bekämpfungsaktionen ist sie stark zurückgedrängt bzw. getilgt worden.

Die Körperräude beginnt meist in der Kreuzbeingegend und breitet sich entlang des Rückens und des Rumpfes aus. Symptome sind eine starke Unruhe in der Herde infolge des Juckreizes, flächiger Wollausfall, Hautrötung, Knötchen-, Schuppen- sowie Faltenbildung der Haut.

Durch den Juckreiz bedingte Hautverletzungen führen zu bakteriellen Sekundärinfektionen, zudem treten Gewichtsverluste und Blutarmut auf. Bei Lämmern sind auch Todesfälle möglich. Der Hauptschaden der Körperräude liegt in der Minderung der Woll- und Fleischleistung sowie in der dauernden Beunruhigung der Herde.

Kopfräude

Bei der durch Grabmilben verursachten Kopf- oder Sarcoptesräude treten meist lokale, borkige Hautveränderungen im Bereich des Kopfes auf.

Durch das Speicheldrüsensekret der Milben werden die oberen Hautschichten aufgelöst und die Milben dringen durch die entstehenden Grabgänge tief in die Haut ein. Die Hornsubstanzen werden durch die Milben angegriffen und vom Körper erneuert. Diese starke Hautzubildung bewirkt Haarausfall, Krusten-, Borken- und Faltenbildung und die Milben verursachen heftigen Juckreiz. Vor allem die unbewollten oder schwach bewollten Bereiche des Kopfes einschließlich der Ohren werden befallen.

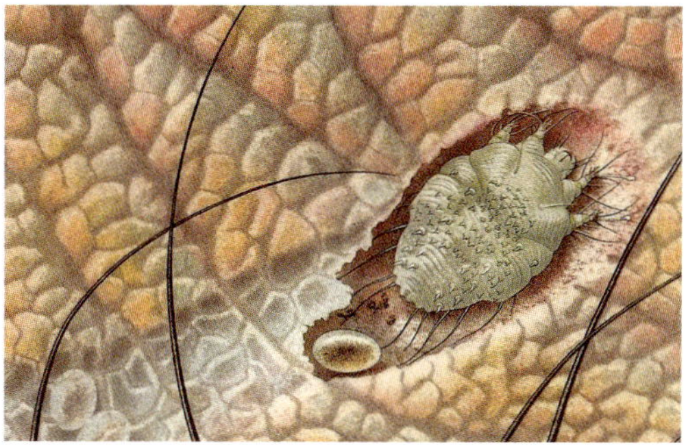

Grabmilbe bei der Eiablage im Grabgang in den oberen Hautschichten Quelle: wikimedia.com

Infolge des juckreizbedingten Reibens des Kopfes an anderen Körperstellen kann es an diesen Stellen zu weiteren befallenen Körperstellen (Extremitäten, Brustwand usw.) kommen, was einen Verdacht auf Körper- oder Fußräude aufkommen lassen könnte.

Die Schadwirkung der Sarcoptesräude besteht vor allem durch Minderung der Woll- und Fleischleistung sowie durch Entwicklungsstörungen der Lämmer.

Fußräude

Die durch eine Nagmilbe hervorgerufene Fußräude tritt besonders bei im Stall gehaltenen Zuchtböcken im Bereich des Fesselgelenkes auf und ist wie die anderen zwei Räudeformen von starkem Juckreiz begleitet. Der Erreger *Chorioptes ovis* ist eine Hautschuppen fressende Milbe und verursacht meist eine Fußräude mit chronisch mildem Verlauf.

Sie tritt vorwiegend an den hinteren, weniger an den vorderen Extremitäten auf. Am häufigsten sind die Fesselgegend sowie die Fesselbeuge befallen, Veränderungen können sich aber auch höher an den Extremitäten, an den Innenschenkeln oder am Hodensack zeigen.

Durch Benagen der Extremitäten kann die Räude bisweilen auf Nase und Mundöffnung übergehen. In hochgradigen Fällen dehnen sich die Veränderungen bis zum Unterbauch aus. Bei längerem Krankheitsverlauf kann es zu warzenähnlichen, rissigen, bis zu zentimeterdicken Hautveränderungen kommen.

Die Fußräude ist ebenfalls von starkem Juckreiz, der besonders in feuchtwarmen Stallungen und nachts auftritt, begleitet. Die Schafe sind unruhig, benagen sich an den Befallsstellen und stampfen mit den Extremitäten auf. Betroffen sind vor allem Zuchtböcke, weniger Mutterschafe und kaum Jährlinge und Lämmer.

Diagnose

Die klinische Verdachtsdiagnose Räude ist verhältnismäßig leicht zu stellen (Juckreiz, borkige Hautstellen, Wollausfall, Unruhe, Kratzen an Gegenständen usw.), muss jedoch durch den mikroskopischen Milbennachweis im Hautgeschabsel gesichert werden. Mittels Mikroskop sind auch die drei beim Schaf auftretenden Milbenarten zu unterscheiden, was nicht zuletzt für die Wahl der Therapie hilfreich ist.

Hautgeschabsel sollten von Randbereichen der erkrankten Hautstellen genommen werden, da die Milben im Zentrum der Krankheitsherde oft gar nicht mehr nachweisbar sind. Differentialdiagnostisch sind vor allem Moderhinke, Maul- und Klauenseuche, Lippengrind, Demodikose, Hautnocardiose, Hautpilzerkrankungen sowie ein Befall mit anderen Ektoparasiten zu berücksichtigen. In den letzten Jahren wurden auch Versuche zum Nachweis von Räude über Blutproben durchgeführt.

Behandlung

Die Bekämpfung der Räude ist tierseuchenrechtlich geregelt und sollte grundsätzlich nur unter tierärztlicher Leitung erfolgen. Insbesondere bei Neuausbrüchen in räudefreien Gebieten sind die epidemiologischen Zusammenhänge aufzudecken und zu verfolgen, um Ausbrüche in weiteren Herden rechtzeitig zu erkennen bzw. zu vermeiden.

Die Auswahl des Wirkstoffes und damit des anzuwendenden Therapieverfahrens richtet sich nach Herdengröße, Anzahl und Befallsintensität der klinisch erkrankten Tiere sowie Jahreszeit. Beim Badeverfahren mit stationären oder mobilen Badeeinrichtungen sind zur Gewährleistung einer hohen Wirksamkeit des eingesetzten Wirkstoffes und der Effektivität der Behandlung folgende Prinzipien zu beachten:

- warmes Badewasser (30–37 °C) verbessert die Durchfeuchtung des Vlieses und gewährleistet damit, dass der Wirkstoff die an schwer zugänglichen Körperstellen (z. B. Verschmutzungen) befindlichen Milben erreicht,
- die Badezeit je Schaf sollte 2–3 min. betragen,
- bei jedem Schaf sollte der Kopf untergetaucht werden, wobei die Ohren nach vorne umzulegen sind, um das Eindringen von Badeflüssigkeit in den äußeren Gehörgang zu vermeiden,
- die vom Hersteller empfohlene Wirkstoffkonzentration in der Badeflüssigkeit ist einzuhalten. Es ist zu beachten, dass bei den meisten Wirkstoffen eine Filterwirkung durch das Wollkleid entsteht, sodass nachdosiert werden muss.

Nachteile des Schafbades bestehen darin, dass es nur in der warmen Jahreszeit durchgeführt werden kann und dass Lungenentzündungen nach Fehlschlucken von Badeflüssigkeit oder Mittelohrentzündungen entstehen können. Da die meisten zum Baden angewandten Wirkstoffe keine sichere Milbeneier abtötende Wirkung haben, ist die Behandlung nach 7–10 Tagen zu wiederholen.

Zu beachten sind auch die Bestimmungen zur Beseitigung der Restflüssigkeit des Schafbades. Sie darf nicht unmittelbar in das Oberflächenwasser gelangen. Empfehlenswert erscheint die Verwendung der Rest-Badeflüssigkeit zur Desinfektion von Stallungen, Stallgeräten, Weidezäunen und sonstigen Gegenständen, mit denen die Schafe in Berührung kommen, denn Räudemilben können bei kühler Witterung und hoher Luftfeuchtigkeit bis zu 7 Wochen außerhalb des Wirtstieres überleben. Gegen

Überlange Wolle fördert Ektoparasiten.

Schaflausfliegen beunruhigen die Tiere.

Fotos: Armin Deutz

die Sarcoptesräude ist auch das „Kopfwaschverfahren" (zweimal im Abstand von 10 Tagen) eventuell in Verbindung mit der Injektionsbehandlung erfolgversprechend.

Zur Injektionsbehandlung stehen verschiedene Avermectine zur Verfügung, deren zweimalige Anwendung im Abstand von 10–14 Tage empfohlen wird.

Beim Einsatz von Antektoparasitika ist wegen deren Rückstandsverhalten besonders auf die relativ langen Wartezeiten für essbares Gewebe und das Anwendungsverbot bei solchen Schafen, deren Milch für die menschliche Ernährung vorgesehen ist, hinzuweisen. Zur Behandlung der Fußräude sind unter Umständen drei Injektionsbehandlungen, evtl. in Kombination mit Fußbädern, erforderlich.

Vorbeugung

Beim Zukauf von Schafen sind die neuen Tiere auf klinische Anzeichen von Räude zu untersuchen, in Verdachtsfällen ist der Erregernachweis anzustreben. In den letzten Jahren wurde auch eine serologische Kontrolle möglich. Als Vorbeugungsmaßnahme gegen die Fußräude sind besonders zugekaufte Zuchtböcke vor dem Einstellen in die Herde gründlich klinisch auf Fußräude zu untersuchen und gegebenenfalls zu behandeln.

Haarlinge, Läuse und Schaflausfliegen

Läuse und Haarlinge sind mit freiem Auge sichtbar. Läuse sind bei Schafen in Europa sehr selten. Haarlinge kommen häufig vor und leben von Haaren, Hautschuppen und Hautdrüsensekreten, was zu einer ständigen juckreizbedingten Beunruhigung bei den befallenen Tieren und damit zum Scheuern führt. Auch durch Haarlingsbefall kann es zu Haarlosigkeit und blutigen Scheuerstellen kommen, die haarlosen Areale sind wie beim Lausbefall nicht scharf begrenzt.

Schaflausfliegen sind ca. 5 mm große, behaarte, jedoch flügellose, blutsaugende Fliegen, die im Wollkleid leben. Durch ihre Stiche und das Umherkriechen beunruhigen sie die Schafe und rufen ebenfalls starken Juckreiz hervor.

Durch äußere Behandlungen (Baden, Waschen, Sprühen, Pudern) mit zugelassenen Insektiziden werden sowohl Haarlinge als auch Läuse und Schaflausfliegen abgetötet.

Durch den Einsatz von systemisch und insektizid wirkenden Präparaten (Aufgussverfahren = pour on, Injektionspräparate, oral zu verabreichende Präparate) werden nur die blutsaugenden Läuse sowie Milben, nicht jedoch die Haarlinge wirksam bekämpft. Bei nachweislichem Befall mit Ektoparasiten ist eine Wiederholung der Behandlung nach 4–5 Wochen angezeigt.

Hautpilzerkrankung

Hautpilzerkrankungen (auch: Glatzflechte, Trichophytie) treten eher bei Jungtieren und vermehrt im Winter auf. Durch Zukauf infizierter Tiere kommt es zur Einschleppung in den Bestand. Der Erreger, hauptsächlich *Trichophyton verrucosum*, ist auch auf den Menschen und andere Haustiere übertragbar. Die Infektion erfolgt über Pilzsporen im infizierten Hautmaterial. Hauptinfektionsweg ist der direkte Hautkontakt.

Weitere Infektionsquellen sind „infizierte" Stallungen, Putzgeräte, Scheuerbürsten, Scheren etc., aber auch Läuse, Haarlinge und Fliegen kommen als Überträger in Betracht. Im Sommer und bei Weidehaltung ist der Infektionsdruck bedeutend geringer.

Bedeutende auslösende Faktoren sind Stress und Überbelegung, Mangel an Nährstoffen, Vitaminen und Spurenelementen, Infektionskrankheiten und insbesondere ungünstige Haltungsbedingungen (feucht, warm, finster).

Als charakteristisches Krankheitsbild finden sich zumeist kreisrunde, münz- bis handtellergroße, haarlose Stellen, welche von der Umgebung scharf abgegrenzt sind. Diese oft etwas erhabenen „spots" sind von einer grauen, asbestartigen und schuppigen Schicht überzogen. Besonders stark befallen sind zumeist der Kopf, der Hals und der Steißbereich.

Neben pilzwirksamen Salben oder Waschungen können auch Impfstoffe eingesetzt werden. Betroffene Schafe sind unbedingt zu scheren. In jedem Fall sind auch Maßnahmen zur Optimierung der Umweltbedingungen der Tiere (Haltung, Stallung, Fütterung und Stallklima) zu ergreifen.

Der ansteckende Maul- und Lippengrind der Schafe und Ziegen

Der ansteckende Maul- und Lippengrind (*Ecthyma contagiosum*, Orf, Sore mouth) tritt auch in österreichischen Schafbeständen immer wieder auf. Diese ansteckende, virusbedingte Infektionskrankheit tritt zumeist bestandsweise gehäuft auf und kann neben milderen Verlaufsformen auch eine Ursache für zum Teil erhebliche Tierverluste, speziell bei Jungtieren, darstellen. Die Erkrankung ist

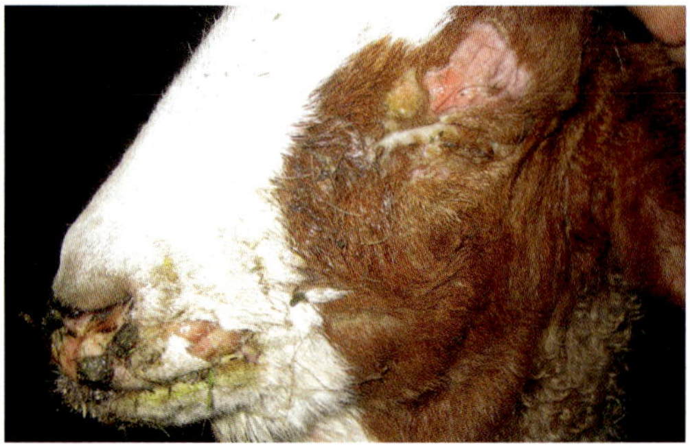

Foto: Johann Gasteiner

Lippengrind ist auch auf den Menschen übertragbar.

weltweit bekannt und stellt als Zoonoseerreger auch für den Menschen eine Gefahr in Form der Schäfer-Krankheit (Orf) dar.

Krankheitsursache und Übertragung von Lippengrind

Das Infektionsspektrum des ovinen Parapoxvirus umfasst in erster Linie kleine Wiederkäuer sowie Wildtiere (z. B. Gämsen), aber auch den Menschen (Zoonose). Als natürliches Erregerreservoir werden hauptsächlich latent infizierte, erwachsene Tiere angesehen (Zukauftiere). Diese Tiere sind Träger und Überträger der Infektion, sie sind aber selbst nach überstandener Infektion immun gegen den Lippengrind. Aufgrund der hohen Widerstandsfähigkeit des Virus können auch kontaminierte Stallungen und Gerätschaften infektiöses Virusmaterial für mehrere Jahre beherbergen.

Nach Ausbruch von Lippengrind erfolgt die weitere Verbreitung der Erkrankung im Tierbestand durch direkten Kontakt von Tier zu Tier sehr rasch (binnen weniger Tage und Wochen). Die Inkubationszeit beträgt 3–14 Tage. Im Anschluss an die überstandene Infektion bildet sich für 5–8 Monate eine stabile Immunität aus. Wenn es ständig zu neuen Infektionen kommt (latent infizierte Herde), so kann die Immunität bis zu einigen Jahren bestehen bleiben, Jungtiere sind jedoch ungeschützt.

Krankheitserscheinungen

Die Krankheitserscheinungen und der Krankheitsverlauf sind bei Schafen und Ziegen sehr ähnlich und bei beiden

Tierarten sind die Jungtiere besonders krankheitsempfänglich. Bei mutterloser Aufzucht, Fütterung über eine Lämmerbar, aber auch nach dem Frühabsetzen kann sich der Erreger besonders rasch unter den Jungtieren ausbreiten. In der Regel erkranken mehr als 50 % der Tiere eines Bestandes. Ältere Tiere sind, vor allem bei enzootischer Verbreitung, meist immun und erkranken, wenn überhaupt, nur geringgradig.

Auf der Haut bilden sich gerötete Papeln und Bläschen, welche nach dem Platzen eingetrocknete, bräunliche Borken und Krusten bilden. Mit Fortdauer der Erkrankung kommt es zu Zubildungs- und Verhornungsprozessen der Haut. Die Haut wird krustös verdickt, wirkt rissig-spröde und zeigt zum Teil hochgradig entzündliche Veränderungen.

In Abhängigkeit vom klinischen Verlauf der Erkrankung werden folgende Formen des Lippengrindes unterschieden: labiale Form (Lippen und Kopf), Fußform, genitale Form (Schamgegend, Euter, Zitzen, Vorhaut) sowie eine bösartige Verlaufsform.

Lippen-Kopf-Form

Die Veränderungen befinden sich im Bereich der feinen, unbehaarten Hautpartien an der Ober- und Unterlippe sowie um die Nasenöffnungen. Im Maul können sich diese Erosionen auf der Maulschleimhaut befinden. Die immer größer werdenden Papeln und Bläschen scheinen miteinander zu verwachsen und können pilz- oder blumenkohlähnliche Wucherungen bilden. Bisweilen können auch Augenlider, Ohren und Backen von der Erkrankung betroffen sein.

In Abhängigkeit vom Befallsgrad, dem Alter und von der allgemeinen körperlichen Konstitution des Tieres wird die Erkrankung unterschiedlich gut überstanden. Bei Jungtieren kann die Milch- und Futteraufnahme durch die Auflagerungen selbst sowie durch die Schmerzen derart behindert/gestört sein, dass es zu einer massiven Schwächung und Unterernährung kommt.

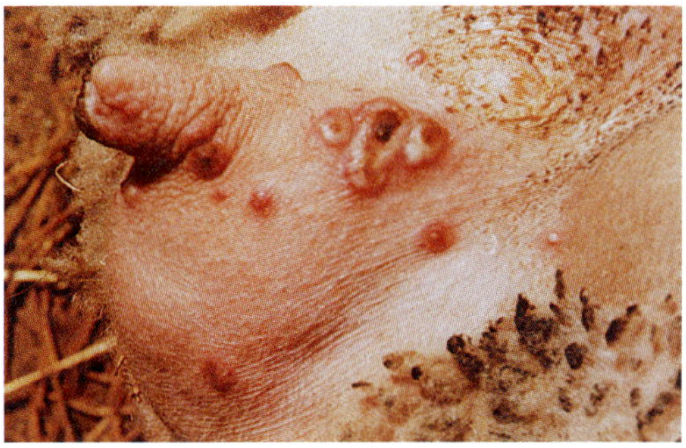

Hauptinfektionsquelle für Lämmer ist die infizierte Euterhaut. Foto: Johann Gasteiner

Eine weitere Gefahr stellt das Hinzukommen von sekundären bakteriellen Infektionen dar. Es entstehen eitrige Entzündungen und stinkende Geschwüre und die Erkrankung mündet in einen lebensbedrohlichen Zustand.

Fußform

Die Veränderungen an den Extremitäten können im Zuge der labialen Form, aber auch unabhängig davon auftreten. Die bereits bei der labialen Form beschriebenen Effloreszenzen findet man im Zwischenklauenspalt, an den Saumbändern der Klauen und seltener auch an den Fesseln.

Sekundärinfektionen können zu Klauenentzündungen mit Lahmheiten, Festliegen und sogar zum Ausschuhen führen.

Genitale Form

Bei dieser Form sind die äußeren sekundären Geschlechtsmerkmale und deren Umgebung (Euter und Zitzen, Schamgegend bzw. Vorhaut, Schenkelinnenflächen, Schwanzansatz, Anus) betroffen. Als Folge können schwere Euterentzündungen und Aborte auftreten.

Bösartige Verlaufsform

Bei dieser Form kommt es zu besonders ausgeprägten Wucherungen in der Mundschleimhaut, zu tiefgreifenden Geschwüren im Maul und in der Speiseröhre sowie zu Fällen von Ausschuhen. Durch den fieberhaften Verlauf ist das Allgemeinbefinden dieser Tiere schwer gestört,

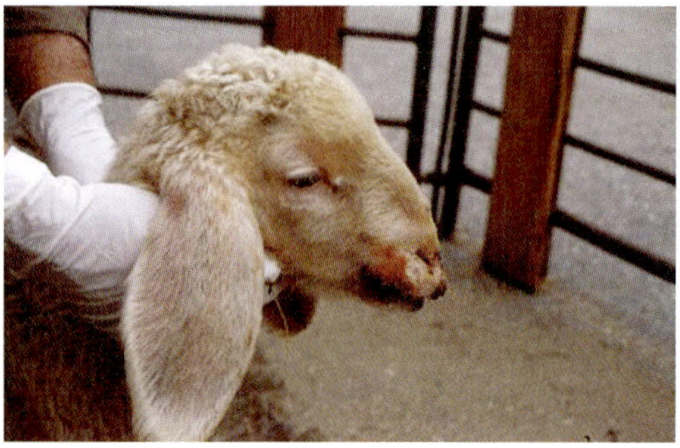

Lippengrind kann bei Lämmern auch Todesfälle verursachen. Foto: Johann Gasteiner

u. a. kommt es zur Futterverweigerung. Die Verlustraten können, wenn diese Form bei Jungtieren auftritt, bis zu 50 %, in Ausnahmefällen sogar bis zu 100 % betragen.

Prädisponierend für das Auftreten der Erkrankung können Mineralstoff-, Spurenelement- und Vitaminmängel, Stressoren, wie z. B. längere Transporte, verschiedene andere viral oder bakteriell bedingte Infektionen sowie Verwurmungen sein.

Bei komplikationsfreiem Verlauf kommt es in der 3. bis zur 5. Woche nach Krankheitsbeginn zu einer Rückbildung der Hautveränderungen. Die Krusten und Borken fallen ab und die darunterliegenden, frisch epithelisierten Hautstellen heilen ohne Narbenbildung wieder aus.

Diagnose

Die genaue klinische Untersuchung kann dem Tierarzt in den meisten Fällen genügend sichere Hinweise für das Vorliegen von Lippengrind liefern.

In Zweifelsfällen kann die Diagnose durch den Nachweis von Viruspartikeln in Krusten und Borken (Elektronenmikroskop, Zellkultur, PCR) abgesichert werden. Krankheiten mit zum Teil lippengrindähnlichen Veränderungen sind die Maul- und Klauenseuche, die Schafpocken, die Papillomatose, die Moderhinke sowie die Blauzungenkrankheit.

Vorbeugende Maßnahmen

Eine Impfung könnte einen belastbaren Infektionsschutz herstellen, ein entsprechender Impfstoff ist jedoch in Österreich nicht zugelassen. In verschiedenen Ländern wird ein so genannter abgeschwächter Lebendimpfstoff erfolgreich eingesetzt, um die Bestandsimmunität aufrechtzuerhalten.

Behandlung

Die räumliche Trennung von erkrankten und noch gesund erscheinenden Tieren lässt sich in der Praxis nicht immer bewerkstelligen. Man sieht in der Trennung keinen Vorteil, da sich der Erreger trotzdem, aber nur verzögert in der ganzen Herde ausbreiten würde, was zu einem verlängerten Krankheitsgeschehen führt. Der Infektionsdruck für die Jungtiere kann bei vollständiger Abtrennung jedoch sicher abgesenkt werden.

Lokalbehandlungen mit zinkoxidhältigen Salben, Sprays oder auch jodhältigen Präparaten sollten wenigstens zweimal täglich durchgeführt werden. Tiere mit besonders starken Krankheitserscheinungen sollten einem Tierarzt vorgestellt werden. Durch entzündungs- und schmerzhemmende Präparate sowie durch Antibiotika (vorbeugend gegen bakterielle Sekundärinfektionen) kann die Heilung von Lippengrind durchaus wirkungsvoll unterstützt werden.

Aufgrund der starken Schmerzen sollte man den Tieren die Futter- und Wasseraufnahme so leicht wie möglich machen. Neben permanentem Angebot von frischem Wasser sollte nicht zu grob strukturiertes Futter, noch besser vermehrt strukturärmeres und nährstoffreicheres Futter angeboten werden (Biertreber, Maissilage, eingeweichte Trockenschnitzel).

Weitere Hauterkrankungen

Als weitere Hauterkrankungen beim Schaf kommen ein **Fliegenmadenbefall** (Myiasis), die **Photodermatitis** (Lichtempfindlichkeit) und der Befall durch die **Herbstgrasmilbe** bzw. durch **Zecken** vor.

Bei starkem **Zeckenbefall** kommt es zu begrenztem Wollausfall, Blutarmut und teilweise zu Hautgeschwüren.

Die **Larven der Herbstgrasmilbe** verursachen an den Innenflächen der Beine um den Einstichort hochrote, rund-ovale Quaddeln und Pusteln mit anschließender Krustenbildung. Die Hauptaktivitätszeit der Larven ist witterungsabhängig und fällt in die Spätsommer- und Herbstmonate.

Ein **Madenbefall** (Myiasis) bei Schafen bleibt häufig längere Zeit unbemerkt. Es handelt sich dabei meist um Oberflächen- oder Scheidenverletzungen (Geburt), in die Eier von Gold-, Fleisch- und Schmeißfliegen gelegt werden. Aus den abgelegten Eiern schlüpfen schon nach rund 24 Stunden Erstlarven, die in die Haut eindringen und sich von Entzündungsprodukten ernähren. Diese Larven machen in 5–11 Tagen drei Häutungen durch und verpuppen sich im Boden. Darüber hinaus kann es in diesen Wunden zu bakteriellen Infektionen mit Eiterungsprozessen und sekundären Hautdefekten kommen. Eine Behandlung des Madenbefalles erfolgt durch Scheren der betroffenen Hautareale, lokale Behandlung und evtl. Wundbehandlung.

Krankheiten des Bewegungsapparates

Moderhinke

Die Moderhinke oder Klauenfäule ist eine bakterielle Klauenerkrankung, die durch die zwei Bakterienarten *Fusobacterium necrophorum* und *Dichelobacter nodosus* (früher *Bacteroides nodosus*) verursacht wird und vorwiegend nach längeren Regenperioden im Spätsommer und Herbst bei Hausschafen, Ziegen, Steinwild und Mufflons auftritt. Erst das Zusammenwirken der beiden angeführten Bakterienarten in sauerstofffreiem Milieu (Hornklüfte der Klauen, Zwischenklauenspalt, ausgewachsene Schalen) bewirkt schmerzhafte, tiefgreifende und meist übelriechende Entzündungen der Klauenlederhaut, die bis zum so genannten „Ausschuhen", d. h. der vollständigen Loslösung des Klauenhorns vom Klauenbein, führen kann.

Vorkommen

Moderhinke tritt weltweit auf und verursacht hohe wirtschaftliche Schäden. Es können bis über 80 % der Tiere einer Herde betroffen sein, bei Merinoschafen sogar bis zu 100 %. Die Vorderextremitäten sind bei Schafen weniger häufig erkrankt als die hinteren.

Moderhinke kommt auch bei Muffel- und Steinwild vor und kann wechselweise zwischen Wild- und Haustieren übertragen werden.

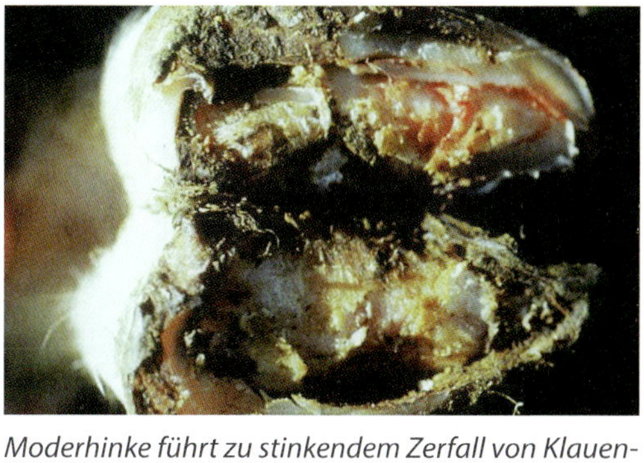

Moderhinke führt zu stinkendem Zerfall von Klauenhorn und ist sehr schmerzhaft. Foto: Johann Gasteiner

Krankheitsentwicklung

Die primäre Infektion erfolgt mit *Dichelobacter nodosus*. Der Erreger haftet leichter bei schlecht gepflegten Klauen, rassebedingt weichem Klauenhorn (Fleischrassen) und Nässe (feuchte Einstreu und Weiden, schlammige Triebwege, hohe Niederschläge). Wahrscheinlich werden durch kleinste Verletzungen an der Haut im Zwischenklauenspalt die Voraussetzungen für das Haften der Erreger geschaffen. Die Infektion mit *D. nodosus* beginnt mit einer Aufweichung der obersten Schichten der Oberhaut im Zwischenklauenspalt, *F. necrophorum* bewirkt Entzündungen und Nekrosen in der Oberhaut. Durch ein spezifisches Enzym (Protease) von *D. nodosus* erfolgt die Zerstörung der Klauenlederhaut. *D. nodosus* wird dabei durch das Leukozidin von *F. necrophorum* vor dem Zugriff zellulärer Antikörper geschützt. Nach rund 4 Tagen kommt es zur Ausbildung der typischen Veränderungen (Loslösung von Sohlen- und Wandhorn) bis hin zum Ausschuhen.

Die Veränderungen verlaufen in Gebieten, in denen Moderhinke schon länger auftritt, weniger drastisch als bei einem Erstausbruch. Maßgebend sind auch Umweltfaktoren (Feuchtigkeit, Temperaturoptimum).

Die Häufigkeit des Auftretens ist im Frühjahr am höchsten, gefolgt von Herbst, Winter und Sommer, und steht in direktem Zusammenhang mit der jeweiligen Niederschlagsmenge.

Auch andere Faktoren beeinflussen den Grad und die Häufigkeit der Moderhinke. Hier ist v. a. das Alter zu nennen. Ältere Schafe sind häufiger betroffen als junge. Bei Zwillingslämmern ist die Krankheit signifikant milder ausgeprägt als bei Einlingen, bei der Nachzucht von jungen Mutterschafen niedriger als bei solchen von älteren.

Die Plasma-Cortisolspiegel („Stresshormon") bei Schafen mit Moderhinke liegt signifikant über dem von Tieren mit gesunden Klauen, wobei der Grad der Erkrankung keinen Einfluss zeigt. Dies kann als Maß für die Schmerzhaftigkeit des Prozesses herangezogen werden und damit besitzt die Moderhinke auch Tierschutzrelevanz und kann bei Nichtbehandlung Rechtsfolgen für den Tierbesitzer haben.

Foto: Armin Deutz

Moderhinke führt später zu Klauenverformung.

Symptome

Die ersten klinischen Erscheinungen treten etwa 10 Tage nach der Infektion in Form von Haarausfall, Entzündung unter Absonderung eines serösen Exsudates und Nekrosen im Zwischenklauen- und Kronsaumbereich auf. Infolge hoher Schmerzhaftigkeit lahmen die Tiere und folgen der Herde mit nickenden Köpfen.

Je nach Ausprägung des Krankheitsbildes ist eine „gutartige" Form der Moderhinke (Entzündung im Zwischenklauenspalt, geringe Ablösungen im Ballenbereich, geringgradige Lahmheit, Tendenz zur Selbstheilung) von einer „bösartigen" Moderhinke (Loslösung des Klauenhornes vom Ballen bis zur Schalenspitze, hochgradige Lahmheit an mehreren Gliedmaßen, keine Selbstheilungstendenz und eventuell Streuen der Erreger über die Blutbahn mit eitrigen Entzündungen und Abszessbildungen in Leber, Niere, Lungen und Gelenken) zu unterscheiden.

Die Erreger überleben in Hornklüften bis zu zwei Jahre. Erkrankte Tiere sind vorerst in der Bewegung stark eingeschränkt, zeigen Lahmheiten unterschiedlichen Grades, bewegen den Kopf im Gehen nickend oder schieben sich auf den Karpalgelenken „kniend" vor, bis sie in hochgradigen Fällen überhaupt festliegen. Das vermehrte Liegen verursacht Liegeschwielen in der Brustbeingegend.

Das Klauenhornwachstum ist an infizierten Klauen v. a. im Wandbereich verstärkt (ca. 3 mm in 30 Tagen). Es wird jedoch verformtes Klauenhorn gebildet, wodurch in der Folge missgebildete Klauen entstehen.

„Kniende Haltung" deutet auf Moderhinke hin.
Foto: Johann Gasteiner

Resistenz, Immunität

Eine natürliche Infektion hinterlässt keine lang andauernde und belastbare Immunität. Einerseits besteht je nach Hornbeschaffenheit eine gewisse Rassendisposition (Rassen mit weichem Klauenhorn sind anfälliger als Rassen mit hartem), andererseits sind manche Linien innerhalb einzelner Rassen widerstandsfähiger gegenüber Moderhinke.

Die Vererbbarkeit der Widerstandskraft gegen Moderhinke dürfte sehr hoch zu sein. Die Resistenz wird auch durch Widder weitervererbt. Die Zucht auf eine Resistenz gegen Moderhinke hat aber noch keine Praxisreife erlangt.

Bekämpfung

Für die Bekämpfung der Moderhinke eignen sich folgende Maßnahmen oder deren Kombination:

1. Klauenbäder

Klauenbäder stellen die wichtigste Maßnahme in der Bekämpfung der Moderhinke dar.

Ein australisches Bekämpfungsprogramm sieht Klauenbäder in folgender Form vor: 5 cm tiefes Klauenbad der gesamten Herde für eine Stunde in 3–5 %-igem Formalin oder 20 %-iger Zinksulphat-/Sodiumlaurylsulphatlösung in dreiwöchigem Abstand, danach Auftrieb auf eine vorher nicht beweidete Fläche. Nach 21 Tagen werden alle Klauen untersucht, Tiere mit gesunden Klauen werden einem neuerlichen einstündigen Fußbad unterzogen und auf eine vorher nicht beweidete Fläche getrieben. Tiere mit kranken Klauen werden zur Behandlung separiert oder geschlachtet. Der Schutz vor Moderhinke durch Zinksulphat-Klauenbäder hält zwischen zwei und sechs Wochen.

Schaf kommt aus dem Klauenbad Foto: Ferdinand Ringdorfer

Bei zehnminütigen Klauenbädern in fünftägigem Abstand über vier Wochen mit 5 %-iger Formalinlösung bzw. in 5 %-iger Sodiumchloridlösung werden Heilungsraten von 37 % bzw. 36 % erreicht. Die Dauer des Fußbades scheint einen entscheidenden Einfluss auf die Heilungsrate zu haben.

Aus einer Kosten-Nutzen-Analyse geht hervor, dass, unabhängig von der Krankheitsinzidenz und den mit der Moderhinke verbundenen wirtschaftlichen Einbußen, Klauenbäder in 10 %-iger Zinksulfatlösung die effizienteste Bekämpfungs-/Prophylaxemaßnahme darstellen.

Die Durchführung von Klauenbädern in Verbindung mit der Schutzimpfung erkrankter Tiere war weniger kosteneffektiv.

Zu den Hauptproblemen bei der Anwendung von Klauenbädern gehören umwelthygienische Fragen sowie der Konzentrationsverlust beim Durchtrieb infolge von Verschmutzung und Harn- und Kotabsatz. Diese Verluste betragen bis zu 33 %.

2. Einsatz von Antibiotika

Zwar ist die Behandlung der Moderhinke mit Antibiotika-Injektionen schwierig, da die Erreger aufgrund des Krankheitsverlaufes im wenig bis nicht durchbluteten Klauenbereich stark vor dem Zugriff gesichert sind, dennoch wurde beschrieben, dass ein langwirksames Antibiotikum (Oxytetracyclin) eine gute Heilungsrate erzielte. Die behandelten Schafe wurden allerdings auf trockenem Untergrund gehalten. Unter Feldbedingungen ist die Heilungsrate nur in Kombination mit Klauenbädern befriedigend.

3. Verbesserung der Heilung durch Impfung

Ohne zusätzliche Managementmaßnahmen, wie Klauenpflege bzw. Klauenbäder bei bereits vorliegender Erkrankung, bietet die Impfung keinen befriedigenden Schutz bzw. Heilungserfolge. Die Klauenpflege ist unbedingt an einem Ort durchzuführen, der später gut zu reinigen und zu desinfizieren ist. Klauenreste sind unschädlich zu beseitigen, dürfen also nicht im Stall- oder Weidebereich liegen bleiben, da die Erreger der Moderhinke noch lange infektiös sind.

Vorbeugung

Voraussetzung für eine möglichst effektive Bekämpfung ist die laufende Kontrolle der Herde auf klinische Anzeichen von Moderhinke. Empfohlen wird die Besichtigung der Klauen aller Tiere in dreiwöchigen Intervallen. Werden bei der Beobachtung der Herde in Bewegung einzelne lahmende Tiere erkannt, so sind diese näher zu untersuchen.

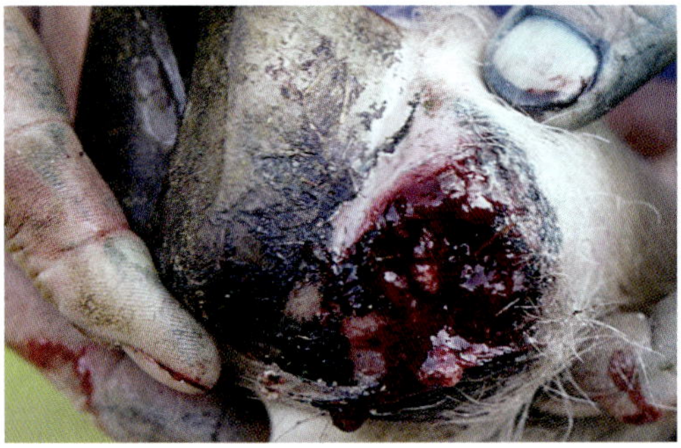

Infektionen im Klauenbereich können zu Fistel- und Geschwürsbildung führen. Foto: Johann Gasteiner

Gelenksentzündungen

Infektiöse, meist bakteriell bedingte Gelenksentzündungen entstehen häufig aufsteigend über kleine Verletzungen im Klauenbereich oder über andere Verletzungen. Für Gelenksentzündungen kommen aber auch nicht infektiöse Ursachen in Frage, wie altersbedingte Arthrosen oder degenerative Gelenkleiden aus anderen Gründen mit begleitenden Entzündungserscheinungen. Unter Polyarthritis versteht man eine gleichzeitige Entzündung mehrerer Gelenke.

Bei Jungtieren sind Gelenksentzündungen meist infektiös bedingt (verschiedene Bakterienarten) und nehmen oft von anderen Entzündungsherden (z. B. Nabelinfektion) ihren Ausgang. Erkrankte Schafe zeigen einen spießigen, klammigen Gang, langsame Bewegungen sowie ein häufiges Stehen bzw. Liegen. Sie sind in Bewegung schon aus größerer Entfernung erkennbar, da Tiere mit Gelenksentzündungen meist auch deutlich lahmen.

Dabei wird die erkrankte Extremität geschont und die noch gesunde stärker belastet. Ein Schaf mit einer Gelenksentzündung z. B. an der rechten Vorderextremität wird im Ziehen scheinbar „in die linke Vorderextremität fallen", den rechten Vorderfuß nur kurz und schonend aufsetzen und dabei gleichzeitig mit dem Kopf „nicken". Weiters auffallend sind die Umfangsvermehrungen der erkrankten Gelenke.

Aus eitrigen Gelenksentzündungen können immer wieder Keime über den Blut- oder Lymphweg abgeschwemmt werden und in der Muskulatur oder in Organen zu Abszessbildungen führen.

Lungenerkrankungen

Erkrankungen der Atemwege können bei Schafen und in geringerem Ausmaß bei Ziegen zu hohen Verlusten führen. Obwohl die Sterblichkeit bei der Mehrzahl der Erkrankungen relativ gering ist, werden Wachstum, Futteraufnahme, Gewichtszunahme, Produktion und Qualität der Wolle sowie die Zusammensetzung des Fleisches erkrankter Schafe negativ beeinflusst. Je intensiver die Produktivität, je mehr Tiere zusammen gehalten werden und je mehr Zukäufe aus unterschiedlichen Betrieben getätigt werden, umso größer ist das Risiko des Ausbruchs von Atemwegserkrankungen. Neben den bakteriell und parasitär bedingten Erkrankungen der Atemwege spielen besonders beim Schaf chronische Virusinfektionen (Lungenadenomatose, Maedi-Visna) eine bedeutende Rolle.

Unter einigen **Haltungsbedingungen** ist besonders mit dem Auftreten von Atemwegerkrankungen zu rechnen:

- gemeinsame Aufstallung von Schafen unterschiedlicher Herkunft
- neu zugekaufte Schafe, z. B. Böcke, die in die Herde integriert werden
- das Mischen (auch zeitweise) abgesetzter Lämmer
- enge Aufstallung und Überbelegung der Buchten in Lämmermastanlagen
- erhöhte Ammoniak- und Schwefelwasserstoff-Konzentrationen in der Stallluft
- chronische Pansenübersäuerungen in der Intensivmast

Ansteckende Lungenentzündungen treten gehäuft bei Jungtieren auf und werden zumeist durch Zusammenwirken von mehreren Erregern hervorgerufen. Lungenwürmer, aber auch verschiedene Arten von Viren sind häufige Wegbereiter bzw. auch Auslöser von Lungenentzündungen.

Infolge einer sekundären bakteriellen Besiedelung kommt es oftmals zu einer Verschlimmerung des Krankheitsverlaufes. Neben einer Optimierung der Haltungsbedingungen (Stallklima, Einstreu, Unterteilung des Bestandes, Quarantänisierung von Zugängen, Fütterung) stellt die Rein-Raus-Belegung in Verbindung mit hygienischen Maßnahmen (Desinfektion bei jedem Belegwechsel) die Grundlage zur Vermeidung von gehäuften Lungenentzündungen dar.

Krankheiten der oberen Atemwege

Bei Entzündungen im Bereich der oberen Atemwege (Nase, Rachen) treten Nasenausfluss, Niesen, seltener Husten und in fortgeschrittenen Fällen deutliche Atemgeräusche infolge Behinderung des Luftstromes auf. Typisch schniefende und schnarchende Geräusche sind bei Siebbeintumoren (Adenopapillomatose) oder bei Verlegung der luftführenden Wege durch Nasendassellarven zu hören.

Krankheiten der tiefen Atemwege

Bei den Krankheiten der tiefen Atemwege wird zwischen akuten und chronischen sowie zwischen milden und schweren Verläufen unterschieden. Milde, meist viral bedingte Erkrankungen werden meist durch Parainfluenza-3-Virus- und Adenovirus-Infektionen hervorgerufen. Erfolgen auf den vorgeschädigten Schleimhäuten zusätzlich sekundäre bakterielle Infektionen, insbesondere *Mannheimia haemolytica* (früher Pasteurella), entwickeln sich oft ausgeprägte Lungenentzündungen, z. T. mit Todesfällen.

Infolge der Atemnot werden die Gliedmaßen weit auseinandergestellt. Foto: Armin Deutz

Chronisch eitrige Pneumonien (Pneumonie = Lungenentzündung) treten als Spätfolge einer Reihe von Lungenerkrankungen, systemischer Erkrankungen oder lokaler eitriger Infektionen auf. Befallen sind vor allem erwachsene Schafe. Am häufigsten wird bei diesen Erkrankungen die Bakterienart *Arcanobacterium pyogenes* aus den Abszessen isoliert.

Abszesse infolge Pseudotuberkulose beschränken sich meist auf die Lungenlymphknoten und sind seltener im Lungengewebe selbst zu finden. Chronisch eitrige Lungenentzündungen sind infolge der Abszessbildung nicht therapierbar.

Maedi-Visna, Lungenadenomatose, Wurmpneumonien

Die Erreger der Maedi-Visna führen erst nach Inkubationszeiten von mehreren Monaten bis Jahren zu einer sich langsam entwickelnden, mit zunehmender Atemnot und Gewichtsverlust einhergehenden Erkrankung. Näher eingegangen wird auf diese Lungenerkrankungen in den jeweiligen Spezialkapiteln.

Typisch bei Wurmpneumonien, die vor allem bei Lämmern im Herbst/Winter zu finden sind, treten ab einer Woche nach der Infektion beschleunigte Atmung, Atembeschwerden besonders beim Ausatmen, trockener oder seltener krampfhafter Husten und Nasenausfluss auf. Sofern bakterielle Sekundärinfektionen hinzukommen, treten auch Fieber und hochgradige Störungen des Allgemeinbefindens sowie Todesfälle auf.

Lungenwürmer

Diese Rundwürmer verlegen und schädigen die tiefen Atemwege, wodurch es zu Gewebezerstörung, Abwehrreaktionen und einer krankhaften Flüssigkeitsansammlung in der Lunge und in der Luftröhre kommt. Eine erhöhte Atemfrequenz, angestrengte Atmung sowie ständiger, zumeist feuchter Husten, aber auch Abmagerung und stumpfes, langes Haarkleid sind die auffälligsten Anzeichen dieser parasitären Bronchitis, die auch Wegbereiter für schwer verlaufende, chronische und bisweilen tödliche Lungenentzündungen sein kann. Die von den Lungenwürmern produzierten Larven werden aus der Lunge aufgehustet, abgeschluckt und mit dem Kot wieder ausgeschieden.

Die Lungenwurmkrankheit ist eine „Erstinfektionskrankheit". Krankheitserscheinungen treten besonders spektakulär nach dem erstmaligen Kontakt mit den Parasiten auf. Nach überstandener Erkrankung bildet sich eine gewisse Immunität aus. Bei besonders hohem Infektionsdruck können aber auch Erkrankungen bei erwachsenen Tieren nach neuerlicher Infektion auf der Weide auftreten.

Nach einer erfolgreichen Behandlung bleibt das Lungengewebe allerdings geschädigt, was zu Kümmern und vermehrter Anfälligkeit gegenüber künftigen Lungenerkrankungen führen kann. Die gezielte medikamentelle Vorbeugung in bekannt lungenwurmverseuchten Gebieten ist deshalb besonders wichtig.

Durch mittlerweile höhere Temperaturen in höheren Lagen sind Infektionen mit Lungenwurmlarven bereits in Seehöhen um 1.800 m möglich.

Der Nachweis eines Lungenwurmbefalles in der Herde wird anhand der Untersuchung von Kotproben (Vorliegen von Lungenwurmlarven) gestellt.

Lungenadenomatose bei Schafen – häufiger als angenommen?

Lungenadenomatose (LA) wurde in Österreich bisher selten beschrieben, tritt aber sicherlich häufig auf.

Vor allem aus Deutschland gehen Beschreibungen bis ins 19. Jahrhundert zurück. Weitere Beschreibungen von Lungenadenomatose stammen aus der Schweiz, aus Italien und aus Ungarn.

Die Lungenadenomatose ist eine chronisch verlaufende Lungenerkrankung, die infolge einer langsamen Infiltration der Lungen zu zunehmender Atemnot und schließlich zum Tod führt.

Die Infektion gesunder Schafe erfolgt durch Aufnahme von tumorvirenhaltiger Bronchialflüssigkeit erkrankter Schafe. Die LA zählt daher zu den Slow-Virus-

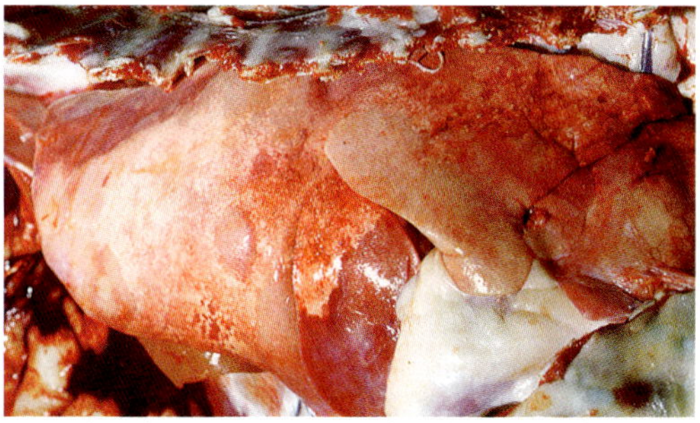

Die erkrankten Lungen sind fleischig und schwer.
Foto: Armin Deutz

Infektionen. Infolge der langen Inkubationszeit erkranken Schafe meist erst im Alter von 2–4 Jahren klinisch an LA.

Die Abklärung von Krankheitsfällen sowie die Bekämpfung der LA gestalten sich in der Praxis äußerst schwierig, da eine sichere Diagnose am lebenden Tier durch die klinische Untersuchung nicht möglich ist und serologische Routineverfahren nicht zur Verfügung stehen.

Das für LA typische Symptom, das Herausfließen von wässrig-schaumigem Nasenausfluss beim Hochheben des Tieres in der Nachhand, wird erst gegen Ende der Erkrankung gesehen. Der klinische Krankheitsverlauf gestattet allgemein nur eine Verdachtsdiagnose, die über weiterführende Untersuchungen abgesichert werden muss.

Geht man davon aus, dass aufgrund der von den Tierbesitzern beobachteten klinischen Symptome auf das Vorliegen von LA geschlossen werden kann, könnten in den einzelnen Betrieben bis zu 7 % der Tiere von der Krankheit betroffen gewesen sein. Eine exakte Feststellung der Erkrankungshäufigkeit ist schwierig, da sich die Besitzer aufgrund der chronisch fortschreitenden Symptomatik eher zur frühzeitigen Schlachtung entschließen, um der gänzlichen Entwertung der Tiere zuvorzukommen. Eine Diagnose wird in solchen Fällen in der Regel nicht gestellt, wäre jedoch notwendig, um die Verbreitung der LA in österreichischen Schafbeständen abschätzen zu können.

Krankheiten des Verdauungstraktes

Pansenübersäuerung

Die Pansenübersäuerung ist die häufigste und auch gefährlichste fütterungsbedingte Erkrankung von Wiederkäuern. Pansenübersäuerung entsteht nach Verfütterung von leicht verdaulichen, stärkereichen, zu kurzen, nicht strukturierten oder gemahlenen Futtermitteln (Getreide, Getreideschrot, Bruchmais, Mühlen- und Bäckereiabfälle usw.). Da diese Futtermittel zumeist auch sehr gerne und dadurch auch in zu großen Mengen aufgenommen werden, wird die Aufnahme von strukturwirksamen Grundfuttermitteln zurückgedrängt. Somit kommt es durch den Rohfasermangel zu einer reduzierten Wiederkautätigkeit und zugleich durch den sehr raschen Stärkeabbau zur Ansammlung großer Mengen freier Fettsäuren im Pansen, insbesondere von Milchsäure. Durch die Säurewirkung (Absinken des pH-Wertes) werden die Pansenmikroben und damit das gesamte Pansenmilieu schwerst geschädigt.

Es kommt zu massiven Entzündungen der Pansenschleimhaut und nach Aufnahme in die Blutbahn können zentralnervale Störungen (Fressunlust, Zähneknirschen, Lahmheiten, Festliegen, Koma) verursacht werden. Bei akuter Pansenübersäuerung tritt der Tod oft binnen Stunden ein.

Eine Kraftfutterüberversorgung ist die häufigste Ursache für Pansenübersäuerung.
Foto: Ferdinand Ringdorfer

Die Speicheldrüsen eines Schafes produzieren täglich – abhängig von der Fütterung – zwischen sechs und zehn Liter Speichel. Die Hauptaufgabe des Speichels ist die Regulierung des Säuregrades im Pansen, wie die Abpufferung der durch den Nährstoffabbau entstehenden kurzkettigen Fettsäuren durch das im Speichel enthaltene Natriumbikarbonat („Speisesoda").

Bei der Aufnahme von oben angeführten Futtermitteln wird wenig gekaut und danach wenig bis gar nicht wiedergekaut, was eine deutlich verringerte Speichelproduktion und geringere Abpufferung des Pansensaftes zur Folge hat.

Neben Kraftfutter ist auch junges Weidegras sehr energie- und rohproteinreich und weist ebenso nur einen geringen Anteil an strukturwirksamer Rohfaser auf. Eine Ergänzung mit strukturreichen Futtermitteln ist daher besonders bei Frühjahrs- und Herbstweide notwendig.

Chronische Pansenazidose

Außer dem beschriebenen akuten Verlauf resultiert aus länger anhaltenden, relativ zu hohen Kraftfuttergaben die chronische Form der Pansenübersäuerung. Die Folgen sind: Verhornungen und Entzündungen der Pansenschleimhaut, Leberabszesse, verminderte Infektionsabwehr, Nierenschäden, Mineralstoffwechselstörungen, Kalziummangel, Organverfettungen, chronische Klauen- und Gliedmaßenschäden sowie unregelmäßige Fresslust, chronische Abmagerung und Durchfall bzw. weicher Kot.

Zur Vorbeugung empfiehlt sich das Zufüttern von Heu, Maissilage oder maishaltigem Kraftfutter vor dem Weideaustrieb. Wichtig ist, dass die Tiere vor dem Weidegang das Zufutter tatsächlich fressen und nicht direkt an der Futterraufe vorbei auf die Weide stürmen!

- Die Möglichkeit der Aufnahme von sehr jungem Wiesengras sollte zeitlich oder räumlich limitiert werden.
- Zusammensetzung des Kraftfutters: schnell fermentierbare Komponenten, wie Gerste und Weizen, durch langsamer abbaubare wie Körnermais, Trockenschnitte und Kleien ersetzen.
- Bei Ganztagesweidehaltung ist die Kraftfuttergabe nur morgens und abends möglich, die maximale Kraftfuttermenge pro Tier und Tag nicht überschreiten.

Pansenfäulnis

Durch Verfütterung von faulenden Futtermitteln (Silagen, während der Lagerung feucht gewordenes Heu, faulige Rüben ...) kommt es im Pansen zu einem Anstieg des pH-Wertes und die Pansenflora kippt. Erkrankte Tiere haben einen schlechten bis fehlenden Appetit, kümmern und magern ab. Auch Todesfälle sind möglich.

Zur Behandlung wird eine Pansenschlundsonde gesetzt. Pansenspülungen mit Wasser, Pansensaftübertragungen und Umstellung auf reine Heufütterung werden empfohlen.

Pansenblähung (Tympanie)

Die linke Hungergrube ist bei Pansenblähung stark vorgewölbt und die Wiederkau- und Pansentätigkeit sowie die Fresslust sind herabgesetzt oder fehlen zur Gänze. Durch den erhöhten Druck auf das Zwerchfell kommt es bei den betroffenen Tieren zu Schweratmigkeit und Kreislaufproblemen. Unbehandelt kann binnen weniger Stunden der Tod durch Ersticken eintreten. Durch Beklopfen der Pansenregion sowie durch Setzen einer Pansenschlundsonde erkennt der behandelnde Tierarzt die Form der Pansenblähung. Bei Pansenblähung mit obenliegender Gasblase entweicht das Gas aus der Sonde (kann auch ein stärkerer Gartenschlauch sein). Bei schaumiger Durchmischung verstopft der schaumige Panseninhalt sehr rasch die Sonde und der Pansen kann in diesem Fall nicht abgegast werden. Weiteres zur Pansenblähung siehe unter Rinderkrankheiten, S. 68.

Parasiten des Verdauungstraktes

Zu den Parasitenarten und allgemeinen Vorbeugungs- und Bekämpfungsmaßnahmen siehe unter Rinderkrankheiten, S. 107.

Faktoren, welche das Auftreten von Parasiten beeinflussen: Weidemanagement und Infektionsdruck

Das Management auf der Weide beeinflusst entscheidend die Parasitendichte und damit den Infektionsdruck. Eine hohe Wirtsdichte je Flächeneinheit (hohe Belegzahlen auf Weiden) kann zu starker Verseuchung mit parasitären Entwicklungs- und Dauerstadien führen. Der Infektionsdruck steigt.

Es kann davon ausgegangen werden, dass die meisten Parasiteneier bzw. -larven den Winter überdauern. Die infektiösen Stadien werden von den Wiederkäuern bereits im Frühling beim Grasen aufgenommen, kumulieren und führen speziell bei Standweidehaltung und hohem Tierbesatz bereits nach wenigen Wochen zu einer starken Vermehrung der Parasiten in den Tieren und auf der Weide. Werden solcherart „vorbelastete Weiden" zusätzlich mit nicht entwurmten Schafen und Jungtieren beweidet, so ist mit sehr starker Verwurmung zu rechnen.

EMILIO et al. (2004) erkannten in ihren Untersuchungen, dass die „Wurmbürde" bei einer strikten Rotationsweidehaltung (max. 10 Tage auf einer Weide, dann Wechsel) um ein Vielfaches geringer war als bei Standweidehaltung. Eine fachgerechte Entwurmung zu Weidebeginn ist dennoch unumgänglich, aber auf den Einsatz von Entwurmungsmitteln während der Weidezeit konnte jedoch bei intensiver Rotationsweide verzichtet werden.

Parasiten finden sich bei Schafen aller Alterskategorien, aber Jungtiere sind am stärksten betroffen.
Foto: Armin Deutz

Um die Reinfektionsraten zu senken, wird weiter empfohlen, im Weidemanagement auf das Herstellen und Bestoßen so genannter „reiner Weiden" zu achten. Als reine Weide versteht man Flächen, auf welchen die Gefahr einer Reinfektion für Schafe/Ziegen entsprechend gering ist.

Reine Weiden sind:

- zumindest seit 1 Jahr nicht von Schafen beweidet,
- vor der Beweidung fand zumindest eine Mähnutzung statt,
- vor der Beweidung durch Schafe/Ziegen fand eine Beweidung durch Rinder oder Pferde statt (umgekehrt sollten jedoch Schaf-/Ziegenweiden nicht direkt von Rindern nachbeweidet werden).

Auch bestimmte Umweltbedingungen fördern das Auftreten von Parasiten. So sind unter anderem die klimatischen Verhältnisse (warmfeuchter Sommer, milder Winter) sowie die Wasserbedingungen auf den Weideflächen (Feuchtstellen und Moraste) von entscheidender Bedeutung für ein vermehrtes Auftreten von Parasiten bzw. Voraussetzung für die Existenz von Zwischenwirten einiger Parasiten. Durch regelmäßige Reinigungsschnitte von Koppeln und Weiden gelangt Sonnenlicht (UV-Strahlung) bis an die Grasnarbe und schädigt/tötet die infektiösen Wurmeier bzw. Larven ab.

Immunabwehr

Die Abwehrkraft des Einzeltieres ist ein weiterer, wichtiger Faktor. Jungtiere, die an einem Mangel (z. B. Nährstoff-, Vitamin- oder Spurenelementemangel) oder einer Grunderkrankung (z. B. Infektionen, Kalzinose) leiden oder besonderem Stress ausgesetzt sind, sind auch vermehrt durch zusätzlichen Parasitenbefall gefährdet.

Jungtiere sind aufgrund ihres noch „untrainierten“ Immunsystems am stärksten durch Parasitenbefall gefährdet. Die weitere Entwicklung und Gesundheit von Jungtieren kann durch Parasitenbefall nachhaltig beeinträchtigt werden. Diese Tiere können zu chronischen Trägern und Ausscheidern von Parasiten werden, wodurch der Infektionskreislauf wieder geschlossen wird.

Wenn empfängliche, von bestimmten Parasiten freie Tiere (v. a. Jungtiere) in eine stark von Parasiten verseuchte Umwelt (z. B. auf eine Weide mit Leberegeln) gelangen, so ist das Immunsystem an diese Situation nicht angepasst. Als Folgen können Infektionen mit katastrophalen Verlaufsformen auftreten (Todesfälle, Häufung von Kümmerern).

Diagnose und chemische Parasitenvorbeugung und -bekämpfung

Durch eine parasitologische Kotuntersuchung kann der Tierarzt relativ einfach nachweisen, welche Endoparasiten gerade in einem Tier bzw. in den Tieren einer Herde parasitieren. Erst diese Diagnose macht eine zielgerichtete Entwurmung möglich.

Ein unkontrollierter oder ungezielter Einsatz (zu geringe Dosis) von Antiparasitika sowie eine Entwurmung zum falschen Zeitpunkt (Winter) hat vielfach zur Resistenzbildung bei den Parasiten gegen bestimmte Wirkstoffgruppen geführt. Dadurch hat eine Reihe von „Wurmmitteln“ ihre Wirksamkeit in der Bekämpfung der Parasiten eingebüßt. Bei Auftreten von Resistenzen ist das Entwurmunspräparat bzw. die Wirkstoffgruppe zu wechseln.

Trächtige Tiere sollten unbedingt 2–4 Wochen vor dem Ablammtermin entwurmt werden. Das verwendete Präparat muss für den Einsatz bei trächtigen Tieren im entsprechenden Trächtigkeitsstadium zugelassen sein, um eine Fruchtschädigung ausschließen zu können.

Neben der obligaten Frühjahrsentwurmung empfielt sich etwa sechs Wochen nach dem ersten Weidetrieb eine Untersuchung von mehreren Sammelkotproben von etwa 5–10 Tieren. Etwaige Wurmkuren während der Weideperiode sollten sich nach den Ergebnissen dieser Kotuntersuchungen richten.

Die Herbstentwurmung sollte ebenfalls wieder als Fixtermin angesehen werden. Die parasitologische Kotuntersuchung kann auch zur Kontrolle eines Behandlungserfolges herangezogen werden.

Neue Entwurmungsstrategien bei Schafen und Ziegen

Nicht zuletzt die Zunahme von Resistenzen gegen Anthelminthika („Wurmmittel“), insbesondere bei Schafen, wie auch wirtschaftliche, ökologische und lebensmittelhygienische Aspekte liefern Diskussionsstoff, um die altbekannten und altbewährten Parasitenbekämpfungsprogramme neu zu überdenken.

Die Bekämpfung der Magen-Darm-Parasiten wird auch zukünftig nicht ohne Antiparasitika möglich sein, aber es stellt sich die Frage, ob die bisher übliche, teure, vorbeugende bestandsweise Behandlung notwendig und zielführend ist.

Gängige Praxis ist es, den gesamten Bestand zu behandeln, unabhängig davon, ob Einzeltiere eine relevante Parasitenbelastung haben oder nicht. Das fördert die Entwicklung von Resistenzen, indem zufällig gegen einen Wirkstoff resistente Parasiten mit hoher Wahrscheinlichkeit mit dem Präparat in Kontakt kommen und sich aufgrund des Selektionsvorteils im behandelten Tier vermehren können. Daneben wird die Rückstandsbelastung durch Behandlungen ein zunehmend öffentlichkeitswirksames Thema mit großen Gefahren für das

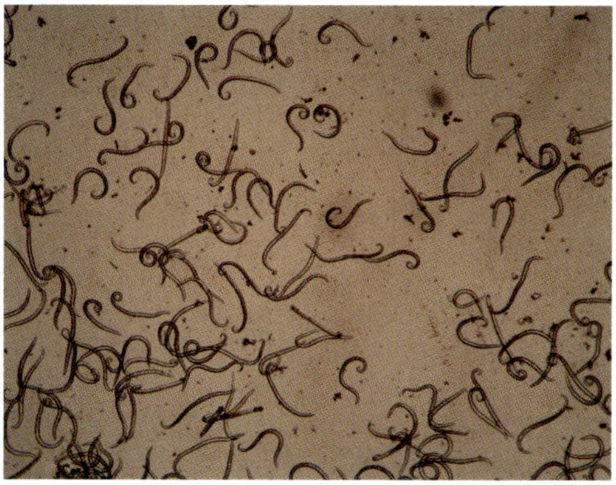

Foto: Armin Deutz

Magen-Darm-Würmer unter dem Mikroskop.

Image von Produkten tierischen Ursprungs (Fleisch, Milch, Eier, Honig usw.).

Es existiert eine große Palette an Entwurmungsmitteln, die zwar unter verschiedenen Handelsnamen vertrieben werden, aber nur auf wenigen Wirkstoffgruppen basieren. Im Hinblick auf Rundwürmer sind das die drei Wirkstoffgruppen Benzimidazole, Levamisole und makrozyklische Laktone.

Resistenzen entstehen immer gegen eine gesamte Gruppe und nicht gegen ein einzelnes Präparat. Gibt es beispielsweise eine Resistenz gegen die Wirkstoffgruppe der Benzimidazole, bleibt diese über Jahrzehnte in der Parasitenpopulation zumindest des Tierbestandes bestehen. Vielen ist dieser Umstand nicht bekannt, auch nicht die Notwendigkeit, dass bei einem Auftreten von Resistenzen ein Wechsel der Wirkstoffgruppe und nicht eines Präparates notwendig ist.

Eine neue Behandlungsstrategie ist die selektive Behandlung (targeted selective treatment, TST). Sie sieht vor, nur solche Tiere gegen Nematoden zu behandeln, die Krankheitssymptome zeigen oder deren Leistung herabgesetzt ist. Bei diesem Konzept werden sowohl die Umweltbelastung als auch die Resistenzbildung minimiert. Eine geringere Anzahl behandelter Tiere scheidet insgesamt weniger Medikamente aus, womit geringere Mengen in die Umwelt (Weiden, Grundwasser usw.) gelangen. Ein geringerer Medikamenteneinsatz erhält auch einen größeren Anteil einer vollkommen auf Anthelmintika empfindlichen Parasitenpopulation und verhindert so die Ausbildung von Resistenzen. Die Strategie der Selektivbehandlung sieht also vor, all die Tiere zu behandeln, die besonders anfällig für Parasiteninfektionen sind und die ein hohes Erkrankungsrisiko haben, wie Lämmer und Kitze in der ersten Weidesaison.

Notwendig für die selektive Behandlung von Einzeltieren ist es auch, die befallenen bzw. behandlungsbedürftigen Tiere innerhalb der Herde sicher zu erkennen. Solche „Marker" sind beispielsweise die Anzahl von Nematodeneiern im Kot (faecal egg counts), der Verschmutzungsgrad der Tiere infolge Durchfalles (diarrhoe index) sowie Leistungsdepression und Abmagerung.

Schon bisher wurde von starren Behandlungsschemata abgeraten und Kotuntersuchungen vor der Behandlung empfohlen. Dennoch wurde oft zu viel behandelt. Wesentlich ist, möglichst frequent – getrennt nach Altersgruppen – Sammeltier-Kotproben von den Schafen zu untersuchen. Unterschieden wird zwischen erwachsenen Tieren, den zum ersten Mal lammenden Schafen und den Lämmern.

Die Erfahrungen zeigen, dass so gut wie nie ein gesamter Bestand, sondern nur eine Gruppe behandelt werden muss. In manchen Betrieben brauchen die Muttertiere teilweise nur eine Behandlung pro Jahr, in manchen Jahren gar keine. Und sie sind es schließlich, die aufgrund ihres Gewichts die meisten Arzneimittelkosten verursachen.

Zumindest in der Schafhaltung müssen wir uns gedanklich von dem Ziel der Parasitenfreiheit verabschieden. Es ist sogar ein steter, geringgradiger Stimulus notwendig, um eine ausreichende Immunität gegenüber den Parasiten anzuregen. Die Immunitätsausübung bei Lämmern verläuft sehr langsam und so ist die Immunabwehr vor einem Dreivierteljahr kaum belastbar.

Eine weitere Möglichkeit liegt zum Beispiel in der Zusammenarbeit mit Ackerbauern, etwa bei der Nutzung von Zwischenfrüchten. Der Auswuchs auf Stoppeln ist ein wertvolles Futter und zudem sind diese Flächen parasitologisch weitgehend unproblematisch, da dort keine Neuinfektionen stattfinden. Zusätzliche effiziente Maßnahmen in der Parasitenbekämpfung sind Koppelwechsel sowie Reinigungsschnitte auf Weideflächen.

Seltenere Erkrankungen

Eperythrozoonose

Die Eperythrozooninfektion des Schafes ist eine meist gutartig verlaufende Infektion mit Mycoplasmen (sehr kleinen Bakterien). Infektionen verlaufen meist ohne klinische Symptome, in selteneren Fällen kann es jedoch zu schweren Erkrankungen kommen.

Die natürliche Übertragung erfolgt durch blutsaugende Insekten, wie Schaflausfliegen, Zecken sowie blutsaugende Fliegen und Mücken. Die Inkubationszeit (Zeit von der Infektion bis zum Auftreten der ersten klinischen Erscheinungen) beträgt bei experimenteller Infektion 3–21 Tage. Die Erreger überleben in den Insekten nur kurze Zeit, eine direkte Übertragung von Schaf zu Schaf durch Tierkontakte konnte nachgewiesen werden. Auch eine Übertragung des Erregers auf noch ungeborene Lämmer in der Gebärmutter wird angenommen.

Vermutlich spielt aber die Übertragung im Zusammenhang mit zootechnischen Maßnahmen, wie Injektionen oder Schafschur, die bedeutendste Rolle. Durch den zunehmenden Einsatz von Impfstoffen und injizierbaren Antiparasitika steigt die Gefahr der Übertragung durch mit Erregern verunreinigte Injektionskanülen. Neben dem Schaf sind auch die Ziege und das Rind für *Mycoplasma ovis* empfänglich.

Das Knochenmark ist wahrscheinlich der eigentliche Vermehrungsort der Bakterien. Im Knochenmark, der Bildungsstätte der roten Blutkörperchen, werden unreife rote Blutkörperchen befallen, die dann in die Blutbahn auswandern. Dort kommt es aufgrund des Befalls mit *Mycoplasma ovis* zu einem beschleunigten Zerfall der roten Blutkörperchen mit meist schubweise verlaufender Blutarmut. Neben der Zerstörung der roten Blutkörperchen wird das erkrankte Schaf durch den Verbrauch an Nährstoffen direkt aus dem Blutplasma geschädigt. Möglicherweise dienen das Knochenmark und die Milz dem Erreger außerdem als Rückzugsgebiet bei chronischen Infektionen.

Eine Eperythrozoonose im Schafbestand wird vom Landwirt meist nicht wahrgenommen. Neben Blutarmut sind zunächst unspezifische Symptome und Leistungsminderung in Form von herabgesetztem Wollwachstum und Wollausfall, mangelhafte Entwicklung des Euters vor der Geburt, Geburt lebensschwacher Lämmer, geringe Milchleistung der Muttertiere, Kümmern der Lämmer und allgemeine Resistenzminderung, gelegentlich Aborte und Todesfälle bei Lämmern zu beobachten. In stark befallenen Herden kann die Sterblichkeitsrate aber bis zu 25 % betragen.

Am Einzeltier kommen sowohl nach experimentellen Infektionen mit *Mycoplasma ovis* als auch unter natürlichen Bedingungen verschiedene Verlaufsformen vor. Dabei sind der Verlauf der Infektion und auch die Länge der Inkubationszeit abhängig von der Infektionsdosis, der Pathogenität (krankmachenden Wirkung) des Erregerstammes und der Resistenzlage des Schafes.

Schaflausfliegen können auch Krankheiten übertragen. Foto: Armin Deutz

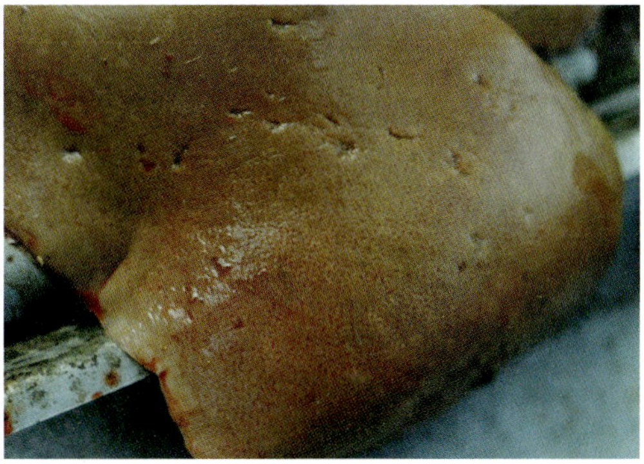

Foto: Josef Frei

Leber eines an Eperythrozoonose erkrankten Schafes

Einzelne Tiere entwickeln eine geringgradige chronische Bakteriämie mit einer geringgradigen, meist in Schüben verlaufenden hämolytischen Anämie als Ausdruck einer erhöhten Belastung der Leberzellen auf die Infektion und den Zerfall der roten Blutkörperchen. Sehr selten treten bei Lämmern auch hochgradige chronische Bakteriämien auf. Möglicherweise handelt es sich hierbei um bereits in der Gebärmutter infizierte, immuntolerante Tiere. Sie zeigen eine schlechte Gewichtsentwicklung und träges Verhalten. Die roten Blutkörperchen dieser Tiere weisen nahezu ständig eine 100 %-ige Besiedelung mit dem Erreger auf.

Da eine Infektion wegen der diagnostischen Schwierigkeiten nur selten festgestellt wird, finden auch Behandlungen recht selten statt.

Die medikamentelle Behandlung ist mit guter Fütterung (Zufütterung von Mineralstoffmischungen) zur Behebung der Blutarmut und gegebenenfalls mit zusätzlichen Eiseninjektionen zu verbinden. Durch eine Behandlung mit Tetrazyklinen wird aber keine absolute Erregerfreiheit des befallenen Schafes erreicht.

Zur Vermeidung indirekter Übertragungen sollten nicht nur in infizierten Herden für Injektionen Einmalkanülen verwendet werden und Scherköpfe sowie chirurgische Instrumente nach jedem Tier gereinigt und desinfiziert werden. Klinisch erkrankte Tiere sollten aus der Herde entfernt werden. Eine regelmäßige Behandlung der Schafe gegen Endoparasiten und bei Befall auch gegen Ektoparasiten stellt ebenfalls eine Vorbeugungsmaßnahme dar.

Krankheiten der Harn- und Geschlechtsorgane

Brucellosen beim kleinen Wiederkäuer

Brucellosen sind durch Bakterien verursachte Tierseuchen, die auch beim kleinen Hauswiederkäuer Bedeutung haben. Die Schafbrucellose im engeren Sinn wird durch *Brucella* (*B.*) *melitensis* verursacht. Dieser Erreger ist wie auch der Verursacher der Rinderbrucellose („Bang´sche Krankheit"), *B. abortus*, auf den Menschen übertragbar. Beim Schaf kann noch eine zweite Brucellenart, *B. ovis*, auftreten.

Sowohl die Brucellose der Schafe und Ziegen (Erreger: *B. melitensis*) als auch die Infektiöse Epididymitis (= Nebenhodenentzündung) des Schafbockes (Erreger: *B. ovis*) sind meldepflichtige Tierseuchen und unterliegen Bekämpfungsmaßnahmen nach dem Tierseuchengesetz.

Brucella melitensis-Infektion bei Tier und Mensch

Die *Brucella melitensis*-Infektion der Schafe kommt vor allem in den Mittelmeerländern vor, weiters überwiegend in vielen tropischen und subtropischen Ländern. In Mitteleuropa waren Ausbrüche selten und heute gehen Neuausbrüche meist auf importierte Schafe zurück. Schafe und Ziegen sind Hauptwirt für *Brucella melitensis*, daneben können Pferd, Esel, Rind, Schwein und Hund sowie der Feldhase infiziert werden. Die als „Maltafieber" bezeichnete *Brucella melitensis*-Infektion des Menschen ist eine gefürchtete Zoonose. Besonders gefährdet sind Landwirte, Tierärzte, Schlachthofarbeiter und andere Personen, die häufiger mit Schafen in Kontakt kommen.

Die klinischen Erscheinungsbilder der Brucellose sind vielgestaltig. Am Krankheitsbeginn sind Abgeschlagenheit, Kopf-, Gelenk- und Muskelschmerzen recht allgemeine und untypische Krankheitszeichen und lassen noch nicht unbedingt eine Brucellose vermuten. Später kommen schwere Fieberschübe, Leber-, Milz- und Lymphknotenschwellungen sowie Gelenksentzündungen, Hoden-, Leber- und Nierenbeckenentzündungen dazu. Ansteckungsquellen sind neben dem direkten Schaf- oder Ziegenkontakt der Genuss von erregerhaltiger Milch und Rohmilchprodukten oder das Einatmen von infektiösem Staub.

Infektionsquellen sind hauptsächlich infizierte Böcke und weibliche Schafe. Der Erreger wird im Zuge von Geburten mit dem Fruchtwasser, den Eihäuten, abortierten oder normal geborenen Lämmern, dem Harn und bei Böcken mit dem Sperma ausgeschieden. Schafe infizieren sich durch Aufnahme des Erregers mit Futter und Wasser, durch das Einatmen von erregerhaltigem Staub, beim Deckakt durch infizierte Böcke sowie durch stechende Insekten und über die Schleimhäute. Infektionen können auch über Hautverletzungen (z. B. im Bereich der Klauen) entstehen.

Die Verseuchung gesunder Herden erfolgt fast ausschließlich durch Zukauf infizierter Schafe oder durch unmittelbaren oder mittelbaren Kontakt mit solchen Schafen, z. B. auf Gemeinschaftsweiden. In Infektionsversuchen ließen sich Schafe oral, durch Injektion infektiösen Materials und über die Lidbindehaut des Auges infizieren.

Die aufgenommenen Erreger verbreiten sich über die Blut- und Lymphbahn im Körper. Daraufhin siedeln sich die Erreger in den Lymphknoten, insbesondere im Bereich der Eintrittspforte, und in der Milz an. Bei trächtigen Schafen finden sich Erreger auch im Mutterkuchen sowie in Teilen der Gebärmutter, bei laktierenden Schafen im Euter und den Euterlymphknoten. Der Zeitraum von der Infektion bis zum Ausbruch der ersten Symptome beträgt mehrere Monate. Eine Infektion kann aber auch ohne klinische Anzeichen verlaufen.

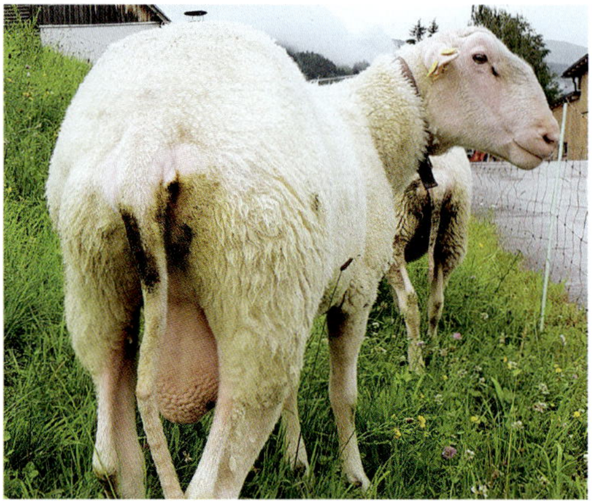

Bei Brucellose kommt es häufig zu einer (einseitigen) Schwellung der Hoden. Foto: Ferdinand Ringdorfer

Das auffälligste klinische Symptom sind Abortusfälle oder Frühgeburten, wobei aber ein Teil der infizierten Schafe normal ablammt. Nach der Durchseuchung des Bestandes werden die Schafe bis auf wenige Tiere wieder tragend und die im Anschluss an die Infektion auftretende Immunität verhindert weitgehend weitere Verlammungen.

Während in akut verseuchten Herden ein hoher Prozentsatz der tragenden Schafe verlammt, kommen in chronisch verseuchten Beständen Abortusfälle vorwiegend bei neu eingestellten Schafen oder bei jungen Tieren vor. Seltener treten Euterentzündungen mit festen derben Knoten im Eutergewebe und stark veränderter Milch auf. Bei Böcken kommen gelegentlich Hoden- und Nebenhodenentzündungen vor, die Abszesse verursachen und im chronischen Verlauf zu einer Verkleinerung der infizierten Hoden führen können.

Brucella-ovis-Infektion

Die bei Schafen weltweit vorkommende Infektion mit *Brucella ovis* äußert sich klinisch bei Böcken in einer mit Samenstauung einhergehenden Nebenhodenentzündung und bei weiblichen Tieren in gelegentlichen Aborten. Der Erreger wurde erst vor rund 50 Jahren aus Hoden und Nebenhoden infizierter Schafböcke nachgewiesen. Dieser Erreger ist im Gegensatz zu anderen Brucelloseformen nicht auf den Menschen übertragbar.

Brucella ovis wird von infizieren Böcken mit dem Sperma, von weiblichen Tieren mit den Eihäuten, mit abortierten Früchten und mit der Milch ausgeschieden. Auch Böcke ohne klinisch erkennbare Nebenhodenveränderungen können den Erreger mit dem Sperma ausscheiden. Die Einschleppung des Erregers in eine Herde geschieht durch infizierte Böcke oder infiziertes Sperma. Infizierte Böcke halten in einer Herde die Verseuchung aufrecht. Sie sind Erregerreservoir und wichtigste Ansteckungsquelle.

Die **Infektion der Böcke** erfolgt durch das Decken weiblicher Schafe, die zuvor von infizierten Böcken gedeckt worden sind, durch direkten Kontakt mit infizierten Böcken („homosexuelles" Verhalten) und durch Aufnahme des Erregers (Futter, Wasser, Einstreu) entweder bei gemeinsamer Haltung mit infizierten Böcken oder durch Haltung nicht infizierter Böcke in zuvor von infizierten Böcken benutzten Stallungen. Junge Böcke sind besonders empfänglich für *B. ovis*-Infektionen. Weibliche Schafe sind nicht so infektionsanfällig wie Böcke.

Auffällig sind Hodenschwellungen besonders im Bereich des Nebenhodenschwanzes. Eine plötzlich auftretende, hochgradige schmerzhafte Schwellung nur eines Hodens gilt als ein höchst verdächtiges Krankheitssymptom. Bei einem Teil der infizierten Böcke fehlen klinisch erkennbare Veränderungen. Böcke mit beiderseitigem Verschluss der Nebenhodenkanäle sind unfruchtbar, in den anderen Fällen ist die Spermaqualität bei infizierten Böcken stark beeinträchtigt.

Die **Krankheitssymptome bei weiblichen Schafen** bestehen in gelegentlich auftretenden Aborten und herabgesetzter Fruchtbarkeit. In mit *B. ovis* infizierten Schafherden kann die Brunst- und anschließende Lammzeit verlängert sein.

Harnsteine bei Schafböcken – Urolithiasis

Auslöser der Harnstein-Erkrankung (Urolithiasis) ist die Entstehung von Harnsteinen (Konkrementen) in den ableitenden Harnwegen. Erkrankungen infolge eines Verschlusses der ableitenden Harnwege treten bei Schaf- und Ziegenböcken immer wieder auf. Urolithiasis führt zu schweren Krankheitsbildern und oftmals zum Verlust des Tieres. Neben der Harnstein-Erkrankung bei erwachsenen Böcken sind in der Praxis immer wieder auch Fälle von Harnstein-Erkrankungen bei männlichen Mastlämmern zu beobachten.

Die Entstehungsweise der Harnsteine ist teilweise noch ungeklärt, es scheint aber das Vorhandensein von Kristallisationskernen eine wichtige Voraussetzung zu sein. In den Nieren (Nierenbecken) und in der Harnblase setzen sich als Beginn der Harnsteinbildung mikroskopisch kleine Harnkristalle ab. Insbesondere in Abhängigkeit von der Fütterung (bei phosphor- und siliziumreichen und zugleich Kalziumarmen Rationen) entstehen vermehrt Kristalle und daraus feiner Harngrieß, welcher sich in den ableitenden Harnwegen absetzt, aber auch immer wieder mit dem Harn ausgeschieden wird.

Krankheits- und fütterungsbedingte Abweichungen des Harn-pH-Wertes fördern die Entstehung von Harngrieß und Harnsteinen. Bakteriell bedingte Infektionen des Harntraktes führen zu einer Alkalisierung des Harnes und fördern die Harnsteinbildung. Entzündungsprodukte stellen in diesem Fall den Kristallisationskern dar. Ebenso kommt es unter andauernd sauren Bedingungen im Pansen (bei chronischer Pansenübersäuerung) zu einer Absenkung des Harn-pH-Wertes und wieder werden Kristalle gebildet.

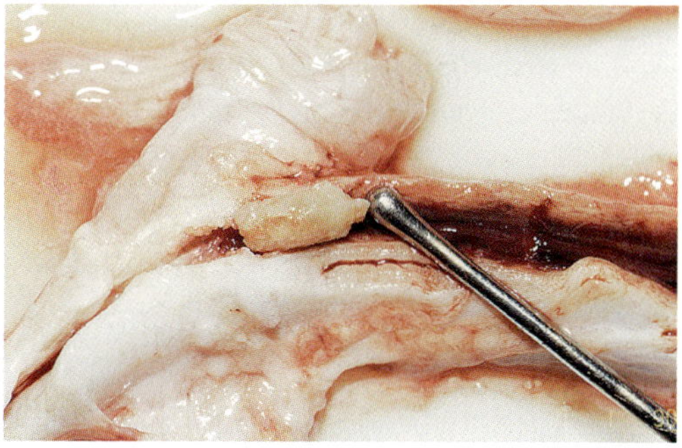

Harnsteine verlegen, wie hier am Präparat, die Harn ableitenden Wege. Foto: Johann Gasteiner

Bei fütterungsbedingt saurem Harn wird die Phosphat- und Oxalatausscheidung über die Nieren zusätzlich erhöht. Eine vermehrte Kristallisation und Ausfällung von Harngrieß führt zu einer Schädigung der Nieren und Beeinträchtigung der Nierentätigkeit.

Die Kristalle verklumpen zu Grieß, Sand, kleineren Steinchen und schließlich können mehr als erbsengroße Harnsteine entstehen. Stressoren wie lange Transporte, chronischer Wassermangel und Entzündungen der harnbildenden und harnableitenden Organe führen zu einer vermehrten Konzentration des Harnes, wodurch die Bildung von Harnsteinen stark begünstigt wird.

Die Fütterung als zentrale Ursache für die Harnsteinbildung

Als besonderer krankheitsbegünstigender Faktor gilt vor allem die Fütterung. Durch längerdauernde und hohe Kraftfutteraufnahmen kommt es zu Änderungen der Harnzusammensetzung, sodass der Kolloidschutz des Harns nicht mehr vorhanden ist. Außerdem kann die erhöhte Aufnahme von Carbonaten, Silikaten (vor allem im Grünfutter) und Phosphaten (vor allem bei Fütterung von Getreideschrot und das daraus resultierende Kalzium-Phosphor-Verhältnis des Futters von 1:2) zu einer Erhöhung kristallogener Substanzen im Harn führen.

In der Praxis erkranken dann oftmals junge Zuchtböcke, welche durch überhöhte Kraftfuttergaben in Mastkondition gebracht wurden, um ein ansprechendes äußeres Erscheinungsbild abzugeben.

Endokrine Störungen des Kalziumstoffwechsels (z. B. bei Hyperparathyreoidismus) und Störungen des Harnsäurestoffwechsels können ebenfalls eine Ursache sein. Die Größe der Steine reicht von Reiskorn-, Linsen- und Erbsengröße bis hin zu mehreren Zentimetern.

Männliche Tiere und ihre besonderen anatomischen Verhältnisse

Erkrankungen durch Harnsteine treten nur bei männlichen Tieren klinisch in Erscheinung. Bei weiblichen Tieren können zwar ebenso Harnsteine entstehen, diese werden jedoch meist komplikationslos über die Harnröhre ausgeschieden. Mechanische Verschlüsse der harnbableitenden Wege durch Harnsteine finden sich aufgrund der speziellen anatomischen Gegebenheiten nur bei männlichen Schafen und Ziegen. Die Harnröhre ist bei Schaf- und Ziegenböcken zentral im Penis eingebettet. Der Verlauf der Harnröhre ab Beginn des Harnblasenhalses ist durch mehrere Engstellen charakterisiert. Nach dem Umschlag um den hinteren Beckenrand (1. Engstelle) verfolgt der Penis und damit die Harnröhre eine S-förmige Krümmung (2. Engstelle) bis die Harnröhre nach außen in Form eines 2–4 cm langen, wurmartigen Fortsatzes mündet (3. Engstelle, Processus urethralis). Harnsteine, aber auch größere Mengen von Harngrieß und Harnsand können sich an diesen Engstellen anlagern und führen somit zum teilweisen oder gar vollständigen mechanischen Verschluss der Harnröhre.

Krankheitserscheinungen

Durch das Festsetzen eines oder mehrerer Harnsteine sowie durch die daraus entstehende Schleimhautschwellung in der Harnröhre kommt es zum Harnrückstau in die Blase. Dieser Zustand ist durch die vermehrte Blasenfüllung und den vermehrten Druck auf die Blase sehr schmerzhaft für das Tier. Der Harnrückstau kann außerdem zu einer Schädigung des Nierengewebes und zu einer damit verbundenen Harnvergiftung (Rückstau harnpflichtiger Substanzen in das Blut = Urämie) führen.

Als klassische Symptome von Urolithiasis finden sich eine sägebockartige Stellung mit gekrümmtem Rücken und aufgezogenem Bauch, unterständigen Gliedmaßen und Pressen auf Harn. Oftmals kommt es aufgrund der Schmerzen zu Zähneknirschen. Harntröpfeln (evtl. blutig) kann ebenfalls vorkommen, wobei das Wollvlies um die Region der Vorhautöffnung mit Harngrieß verklebt sein kann. Infolge des Harnpressens und auch als eine Folge der starken Schmerzen steigt die Atemfrequenz stark an, die Atmung wird pumpend und es kann Schaum vor dem Maul und in den Nüstern stehen.

Aufgrund dieser Symptome werden akute Erkrankungen durch Harnsteine in der Praxis von Tierbesitzern fälschlich immer wieder mit einer akuten Lungenerkrankung verwechselt, bei welcher z. B. jedoch immer Fieber nachzuweisen ist.

Besteht eine akute Urolithiasis über mehrere Tage, so kann das eine Blasenruptur zur Folge haben. Dabei wird die Harnblase für den Harn durchlässig, Harn sammelt sich literweise in der Bauchhöhle und kurzfristig kann sogar eine scheinbare Besserung der Symptome eintreten. Nach einer Ruptur der Harnblase kommt es jedoch binnen weniger Stunden bis Tage zum Festliegen des Tieres und zum Tod aufgrund einer sich entwickelnden Bauchhöhlenentzündung und Harnvergiftung.

In dieser so genannten Intoxikationsphase (Harnvergiftung) finden sich zusätzlich graue verwaschene Schleimhäute und der Ammoniak-Geruch des erkrankten Tieres wird, ausgehend von Haut und Atemluft, ungewöhnlich stark stinkend. Dieser Zustand einer akuten Harnvergiftung (Urämie) führt zu einer Reihe weiterer Komplikationen.

Eine Magen-Darm-Entzündung ist als direkte Folge der Urämie anzusehen.

Als **Symptome** für eine Urämie gelten:

- Wirkungen auf den Verdauungstrakt: Appetitlosigkeit, Übelkeit, Erbrechen, Durchfälle, urämischer Geruch und Abmagerung.
- Im Blutserum kann man überhöhte Werte von Harnstoff, Kreatinin und Harnsäure feststellen. Weiters kommt es häufig zu einer Entgleisung des Elektrolythaushaltes und massiven Veränderungen des Blutbildes.
- Als Ausdruck von Störungen des Herzens und der Blutgefäße können Herzmuskelentzündungen und Ödeme („Flüssigkeitslunge") auftreten.
- Aufgrund der Einwirkung verschiedener Gifte auf das Gehirn kann es bei urämischen Tieren zu zentral-nervalen Erscheinungen wie Taumeln, Torkeln, scheinbarer Blindheit, Apathie und Festliegen mit Ruderbewegungen kommen.

Behandlung

Bei der Untersuchung des Tieres ist unbedingt die Penisspitze vorzuverlagern und der wurmartige Harnröhrenfortsatz auf das Vorliegen von verschließenden Harnsteinen zu überprüfen. Beim Festsitzen eines Steines an der Penisspitze muss der Harnröhrenfortsatz mit einem Scherenschlag amputiert werden.

Tiefer sitzende Harnsteine können evtl. mit einem Katheter sondiert werden. In manchen Fällen kann der Harnstein auch in die Blase zurückgespült werden, um dann durch einen operativen Eingriff über die Bauchhöhle bzw. endoskopisch entfernt zu werden. Limitierend für den Einsatz dieser Methoden sind deren Kosten und weniger deren technische und medizinische Umsetzbarkeit. Kann der Katheter bis in die Harnblase geführt werden, so fließt spontan Harn ab und es kommt zu einer raschen Besserung der Symptomatik.

Bei unkomplizierten Fällen können bereits Gaben eines Spasmolytikums und die damit verbundene „Entkrampfung" zum Abgehen des Harnsteines und damit zur Heilung führen. In Verbindung mit der Gabe eines Diuretikums und Entzündungshemmern kann bei Fällen im frühen Stadium durchaus Heilung erzielt werden.

Chirurgische Methoden, die Harnröhre an der Lokalisation des Steines längs zu spalten, um diesen zu entfernen, werden in der Praxis kaum noch durchgeführt, sind eher selten von bleibendem Erfolg gekrönt und verhindern die künftige Zuchttauglichkeit des betreffenden Tieres.

Der Erfolg der Therapie ist abhängig von Stadium und Schweregrad der Erkrankung sowie von der Lokalisation der Steine. Ist es bereits zu einer Zerreißung der Harnblase gekommen, so ist das betreffende Tier rasch tierschutzgerecht zu töten.

Therapeutisch unterstützend sollte bei erkrankten Tieren, denen Harnsteine entfernt werden konnten, die Harnproduktion und die Harnableitung durch entsprechende Medikamente gefördert werden. Eine systemische Antibiose ist dann ebenfalls angebracht.

Vorbeugende Maßnahmen

Der übermäßige Einsatz von Kraftfuttermitteln ist speziell bei männlichen Tieren zu überdenken. Insbesondere Getreideschrote haben einen hohen Gehalt an Phosphaten und führen bei intensiverem Einsatz sehr rasch zur Pansenübersäuerung. Auch mit entsprechend guten Grundfuttermitteln und einem moderaten Kraftfuttereinsatz lässt sich bei männlichen Tieren eine gute Körperkondition erzielen. Zur Mast bestimmte Lämmer sollten allmählich entwöhnt werden, auch hier ist die Wasserversorgung von höchster Priorität. Ein Zusatz von 1–1,5 % Kalzium- oder Ammoniumchlorid zum Futter reguliert den pH-Wert des Urins herab und kann der Bildung von Phosphatsteinen vorbeugen.

Grundsätzlich sollte darauf geachtet werden, dass allen Tieren Wasser von entsprechender Qualität jederzeit nach Belieben zur Verfügung steht. Außerdem lässt durch eine Futterumstellung (z. B. durch Zugabe von Luzerne, welche viel Kalzium enthält) das Kalzium-Phosphor-Verhältnis verbessern. Als weitere Maßnahme sollten Salzlecksteine zur freien Verfügung gestellt werden, was zu einer Anregung des Durstes führt und somit die Wasseraufnahme erhöht.

Euterentzündung beim Schaf

Unter Euterentzündung (= Mastitis) versteht man eine Entzündung der Milchdrüse. Dabei unterscheidet man subklinische (ohne äußerlich erkennbare Krankheitszeichen) und klinische (erkennbare Veränderungen des Euters oder der Milch) Formen von Mastitiden. Ursachen von Euterentzündungen sind Infektionserreger und ihre Stoffwechselprodukte, mechanische Einwirkungen (Stoß, Verletzungen), Hitze, Kälte usw. Im Folgenden wird auf die infektiös bedingten Mastitiden, die den überwiegenden Teil der Gesundheitsstörungen des Euters verursachen, eingegangen.

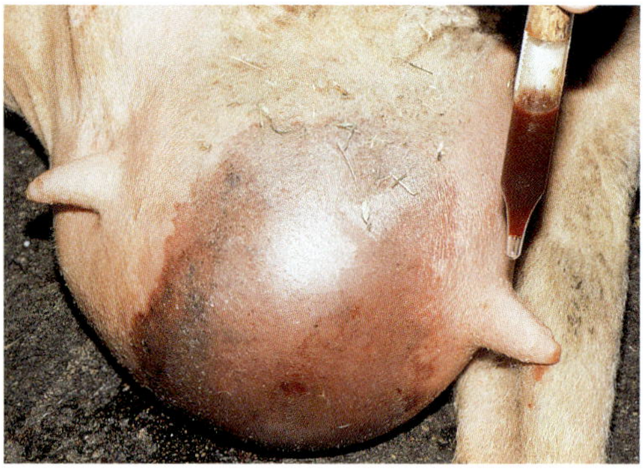

Eine akute Mastitis führt häufig zum Verenden des Schafes. Foto: Armin Deutz

Das Spektrum der Mastitiserreger muss weit gefasst werden. Als häufigste Erreger sind verschiedenste Bakterienarten (Staphylokokken, Streptokokken, *Escherichia coli*, Pasteurellen, *Actinomyces pyogenes* u. v. a.) zu nennen. Daneben können auch Mycoplasmen, Chlamydien, Pilze und sogar Viren Euterentzündungen verursachen.

Zur Entstehung einer Euterentzündung genügen meist nicht Infektionserreger alleine, sondern es bedarf zusätzlicher nachteiliger Faktoren seitens des Tieres oder der Umwelt. Man spricht deshalb bei der Mastitis, wie bei einigen weiteren wichtigen Infektionskrankheiten, von einer Faktorenkrankheit.

Faktoren, die sich im Mastitisgeschehen gegenseitig beeinflussen, sind:

- **Erreger** (Art, Zahl, krankmachende Wirkung, Antibiotikaempfindlichkeit usw.)
- **Tier** (Empfänglichkeit, unspezifische und spezifische Abwehrmechanismen, Laktationsstadium, Leistung, Verletzungen, andere Krankheiten usw.)
- **Umwelt** (Haltung, Hygiene, Melktechnik, Klima, Fütterung, Stress, „Milchräuber“ usw.)

Aus dieser Aufzählung ist ersichtlich, dass das Erkrankungsrisiko durch Optimierung der beeinflussbaren Faktoren wesentlich vermindert werden kann.

Beispiel: In unseren Untersuchungen konnten wir erheben, dass beispielsweise so genannte „Milchräuber" ein wesentlicher Übertragungsfaktor von Schafmastitiden sind. Darunter versteht man Lämmer, welche an fremden Muttertieren saugen oder zu saugen versuchen und dadurch Krankheitserreger von Euter zu Euter übertragen können. Im Falle, dass sie vom fremden Muttertier abgewehrt werden, fügen sie diesem meist durch Bisse Zitzenverletzungen zu, die wiederum ein Risikofaktor für Euterentzündungen sind.

Die Hauptfehler in der Haltung von Milchschafen und -ziegen sind Hygieneprobleme, mangelhaftes Anrüsten, Blindmelken, zu lange Melkzeiten, falsche Melkreihenfolge (euterkranke vor eutergesunden Tieren), falsch durchgeführtes Hygieneprogramm, nasse Euter- und Zitzenreinigung sowie ungezielte Behandlungen.

Mastitisformen

Wie anfangs erwähnt, kann man die Euterentzündungen in eine **subklinische** und **klinische** Form unterteilen. Klinische Mastitiden trennt man wiederum in **akute** (Schwellung, Verhärtung, Rötung, Ödem, Schmerzhaftigkeit, vermehrte Wärme des Euters und meist Fieber) und in **subakute** bzw. **chronische** (schleichender Krankheitsverlauf, verringerte Milchleistung, geringfügige Milchveränderungen, erhöhter Zellgehalt, Knoten etc.).

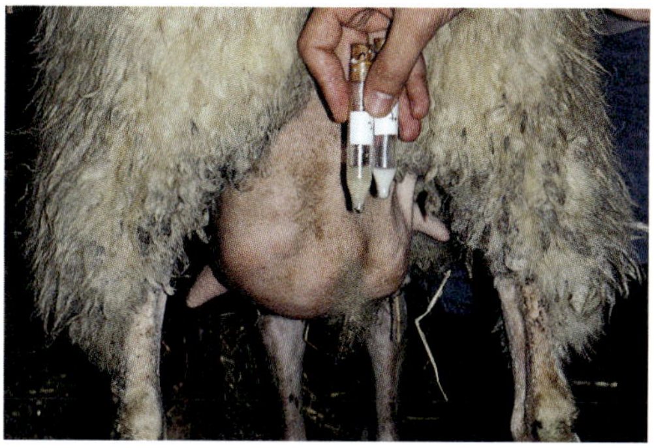

Die bakteriologische Milchuntersuchung ist Grundvoraussetzung zur Sanierung von Mastitis-Problembetrieben. Foto: Armin Deutz

Subklinische Mastitiden verursachen durch ihre „Unscheinbarkeit" enorme Schäden:

- Verringerte Milchmenge
- Infektionsgefahr für eutergesunde Tiere durch Keimausscheidung und -anreicherung in der Umgebung
- Quantitative Veränderung der Milchbestandteile, Abnahme der wertbestimmenden Inhaltsstoffe und damit milchtechnologische Nachteile
- Lebensmittelhygienische Aspekte (Rohmilch > Lebensmittelinfektionen)

Besonders im Bereich der Direktvermarktung und der Produktion von Rohmilcherzeugnissen sind die lebensmittelhygienischen Aspekte zu berücksichtigen, indem laufend die Eutergesundheit des Bestandes beobachtet wird.

Diagnose

Zu erkennen sind subklinische Mastitiden durch eine Zellgehaltsbestimmung und eine bakteriologische Milchuntersuchung. Bei den meist unauffälligen chronischen Mastitiden findet man, wie oben angeführt, neben einer Erhöhung des Zellgehaltes auch klinische Veränderungen am Euter und/oder Milchveränderungen.

Um subklinisch und chronisch euterkranke Tiere aus der Herde herauszufinden, sind folgende Maßnahmen zu kombinieren:

- Schätzung (z. B. Schalmtest) oder Zählung (z. B. Fossomatic) des Zellgehaltes
- Klinische Euteruntersuchung
- Aseptische Milchprobenentnahme für eine bakteriologische Milchuntersuchung

Die bakteriologische Milchuntersuchung im Labor soll mit verschiedenen Methoden den Erreger aus Milchproben identifizieren und seine Antibiotikaempfindlichkeit feststellen. Voraussetzung für ein aussagekräftiges Untersuchungsergebnis ist eine saubere Milchprobenentnahme in dafür vorgesehene sterile Proberöhrchen und ein möglichst exakter Vorbericht.

Je nach Art des Erregers, seiner Antibiotikaempfindlichkeit und dem klinischen Zustand des Patienten kann der Tierarzt seine Therapie dem jeweiligen Fall anpassen. Die klinische Euteruntersuchung z. B. auf Knoten ist am leichtesten am ausgemolkenen Euter durchzuführen.

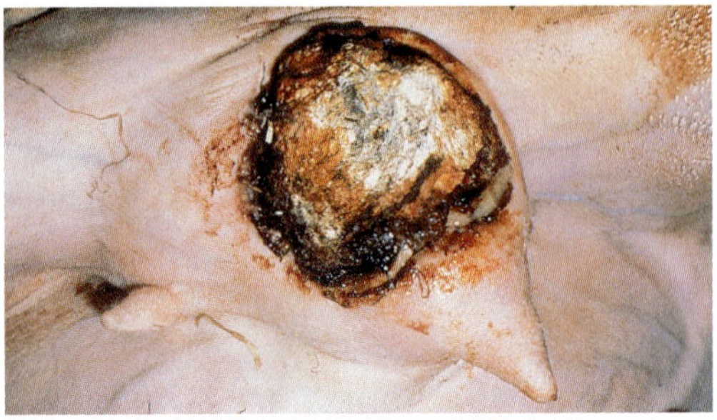

Abgestorbenes Eutergewebe im Zuge einer Staphylococcus aureus Mastitis Foto: Armin Deutz

Bei akuten Euterentzündungen kann man natürlich das Ergebnis eines Untersuchungslabors nicht abwarten, sondern muss sofort und intensiv mit Behandlungsmaßnahmen beginnen. Wichtiger Teil einer solchen Therapie ist ein häufiges (z. B. in zweistündigen Intervallen) Ausmelken, um möglichst viele Krankheitserreger, deren Enzyme und Stoffwechselprodukte aus dem Euter zu entfernen.

Zusammenfassend kann für die Eutergesundheit von Milchschafen empfohlen werden:

- regelmäßige Überprüfung des Zellgehaltes (z. B. wöchentlicher Schalmtest)
- regelmäßige Kontrolle der Euter (Asymmetrie, Knoten), auch bei „Nicht-Milchschafen"
- Beachtung stall-, weide- und melkhygienischer Grundsätze
- optimale Einstellung der Melkmaschine
- bakteriologische Milchuntersuchung in regelmäßigen Abständen sowie bei Verdacht auf Euterentzündungen (hoher Zellgehalt, asymmetrische Euter, Knoten usw.)
- getrennte Aufstallung oder Ausmerzen euterkranker Tiere
- Achtung auf „Milchräuber" unter den Lämmern

Beim Schaf verlaufen akute Euterentzündungen aber häufig derart rasant (besonders *Staphylococcus aureus*-Mastitiden), dass es wenige Stunden nach dem Erkennen der Mastitis für eine Behandlung und eine Ausheilung der Euterhälfte schon zu spät sein kann. Bei derartigen Euterentzündungen färben sich akut infizierte Euterbereiche dunkelblau bis schwarz, werden kühl, sterben ab, werden durch Bindegewebe vom gesunden Euter abgegrenzt und können in ihrer Gesamtheit aus dem Euter fallen, wobei eine eiternde Wundhöhle zurückbleibt. Wenn aber die Abgrenzung vom gesunden Bereich zu langsam erfolgt, verendet das Tier an der Giftwirkung der bakteriellen Stoffwechselprodukte und Enzyme sowie an Herz-Kreislauf-Schock.

Krankheiten des Nervensystems

Listeriose

Listeriose ist eine bakteriell bedingte Infektionskrankheit bei Tieren und beim Mensch. Bei Schafen kann die Erkrankung verschiedene Krankheitsbilder hervorrufen. Neben Aborten, vermehrter bis seuchenhafter Lämmersterblichkeit und Euterentzündungen sind Infektionen des zentralen Nervensystems (Gehirn) und damit verbundene Ausfallserscheinungen von Funktionen der Kopfnerven am häufigsten anzutreffen.

Mangelnde Silagequalität (hier Schimmel) ist eine häufige Ursache von Listeriose. Foto: Armin Deutz

Der klassische Übertragungsweg ist die Aufnahme von erregerhältigem Material (vor allem Silage), nur selten wird die Erkrankung von Tier zu Tier übertragen. Eine direkte Übertragung von listeriosekranken Tieren auf den Menschen wird von manchen Autoren für möglich gehalten. Meistens sind jedoch sekundär kontaminierte Lebensmittel (v. a. Milchprodukte) der Ausgangspunkt von Ausbrüchen bei Menschen, wobei Kleinkinder, Schwangere und Personen mit geschwächter Immunabwehr besonders gefährdet sind.

Erreger der Listeriose ist *Listeria monocytogenes* (*L. m.*) (seltener auch *Listeria ivanovii*). Es ist ein grampositives Stäbchenbakterium, in der Umwelt weit verbreitet, relativ resistent und braucht zur Vermehrung einen pH-Wert größer 5. Dadurch ergeben sich auch die Zusammenhänge zwischen den in der Praxis vermehrt zu beobachtenden Fällen von Listeriose an silagefütternden Schafbetrieben und der Silagequalität.

Wird die Silage zu trocken eingebracht (T-Gehalt über 50 %; optimal ist ein T-Gehalt von 35 %), kommt es nur zu einer minderen Säuerung und somit zu pH-Werten von pH > 5. Diese Silagen sind infolge dann sehr instabil und es kommt sehr leicht zu Nacherwärmungen, was wiederum zu einer starken Vermehrung der Listerien in der Silage führen kann.

Es sind mehrere Serotypen von *L. m.* bekannt. Listerien vermehren sich intrazellulär. Antikörper schützen somit nicht vor einer Erkrankung. Bei Schafen ist auch *L. ivanovii* als Erreger von Aborten, nicht aber von Hirnerkrankungen beschrieben.

Eine Enzephalitis ist eine Entzündung des Gehirns, wie sie bei Listeriose auftritt. Sind auch die Hirnhäute (Meningen) von der Entzündung betroffen, spricht man von einer Meningoenzephalitis (z. B. Infektion mit dem FSME-Virus). Bei zusätzlicher Beteiligung des Rückenmarks spricht man von einer Enzephalomyelitis (z. B. Kinderlähmungsvirus Polio).

Andere mögliche Folgen einer Infektion mit Listerien sind Augenveränderungen (Entzündung der Lidbindehäute und der Augen selbst), Blutvergiftung (vor allem bei Lämmern mit der möglichen Folge einer Meningoenzephalitis), Euter- bzw. Hodenentzündung, Abort und Lungenentzündung.

Krankheitsentstehung

Da der Kontakt mit Listerien für Schafe höchstwahrscheinlich ein nahezu alltägliches Ereignis ist, dürften zusätzliche Faktoren notwendig sein, damit eine Erkrankung ausgelöst wird (verschiedene Stressoren, wie z. B. Transporte, Mängel an Vitaminen und Spurenelementen, Abwehrschwäche, hoher Infektionsdruck, parasitär bedingte Schädigungen der Darmschleimhaut).

Der häufigste Infektionsweg sind kleinste Verletzungen in der Schleimhaut von Mundhöhle, Nasenhöhle und den Lidbindehäuten. Die Bakterien steigen dann über die Nervenbahnen, vor allem entlang von Ästen des *Nervus trigeminus* oder anderer Hirnnerven, zum Hirnstamm auf. Dort entsteht eine eitrige Gehirnentzündung mit mikroskopisch kleinen Abszessen, in deren Verlauf die Kerngebiete verschiedener Hirnnerven betroffen werden können. In der Folge entsteht auch eine nicht-eitrige Rückenmarksentzündung.

Krankheitserscheinungen

Infektionen mit Listerien treten in der Praxis immer wieder auf und am häufigsten finden sich Infektionen des

Bei Gehirnlisteriose treten häufig Gleichgewichtsstörungen, Kreiswandern, Blindheit und Festliegen auf. Foto: Johann Gasteiner

Gehirns. Je nach Ort und Grad der Veränderungen im Gehirn stehen unterschiedliche Ausfallserscheinungen verschiedener Hirnnerven im Vordergrund. Typischerweise findet man Gleichgewichtsstörungen, Nackensteifheit, Schiefhalten des Kopfes, Kreisbewegungen, herabhängende Ohren und Blindheit. Die verschiedenen Reflexe (Halte-, Stell- und Abwehrreflexe) sind beeinträchtigt oder aufgehoben. Auch Erbrechen wird als frühes Symptom beschrieben.

Erkrankte Tiere können aufgenommene Futterbissen oftmals nicht mehr abschlucken, der Futterbissen hängt dann längere Zeit im Maul („Pfeifenraucher"). Auch das Speicheln kann sehr ausgeprägt sein, da der produzierte Speichel nicht mehr abgeschluckt werden kann. Fieber muss bei erkrankten Tieren nicht bestehen. Störungen des Allgemeinbefindens (Schwäche, Festliegen, Futterverweigerung ...) sind die Folgen spezifischer Schäden im Gehirn und wohl auch als Folge von Austrocknung und Übersäuerung anzusehen.

Bei Schafen mit den beschriebenen Symptomen ist differentialdiagnostisch auch an Entzündungen des Mittel- und Innenohres zu denken, weiters an akuten Vitamin-B-Mangel (CCN), andere bakteriell bedingte Enzephalitiden, Tollwut, Bleivergiftung, Hirnbasisabszesse, an die nervöse Form der Ketose und an Scrapie zu denken.

Nachweis und Behandlung von Listeriose

Eine Diagnose am lebenden Tier kann nicht eindeutig gestellt werden. Die Ergebnisse der klinischen Untersuchung, die zumeist doch Ausfallserscheinungen feststellt, die Befunde aus der Liquoruntersuchung sowie die oftmals bestehende Entzündung der Lidbindehäute erlauben dem Tierarzt eine fundierte Verdachtsdiagnose. Der Vorbericht „Verfütterung von Silage" erhärtet diese Verdachtsdiagnose. Am toten Tier wird die Diagnose durch pathologisch-histologische Untersuchungen und durch den Erregernachweis gestellt.

Solange die betroffenen Tiere noch stehfähig sind, ist ein tierärztlicher Behandlungsversuch möglich. Innerhalb einiger Tage kann sich durchaus Besserung einstellen. Die Ausfallserscheinungen bilden sich langsam zurück. Aborte sind bei der enzephalitischen Form eher selten. Neben der Verabreichung hirngängiger Antibiotika und von Entzündungshemmern ist die Korrektur von Störungen des Flüssigkeits- und Säuren-Basen-Haushaltes sehr wichtig.

Auch ein Kippen der pH-Verhältnisse im Pansen muss durch entsprechende Behandlungen verhindert werden. Festliegende Tiere, Tiere mit Ruderbewegungen und apathisch-schläfrige Tiere sollten nicht mehr behandelt, sondern tierschutzgerecht euthanasiert werden.

Vorbeugung von Listeriose durch richtige Bereitung und Fütterung von Silagen

Hauptinfektionsquelle für kleine Wiederkäuer dürfte in den meisten Fällen die Verfütterung von vermehrt listerienhaltigen Silagen, zumeist von Gras-, aber auch von Maissilagen sein. Bei ungenügend abgesäuerten Silagen (pH-Wert >5) kann es zu einer starken Vermehrung der Listerien kommen. Diese zu hohen pH-Verhältnisse können grundsätzlich auf zwei mögliche Ursachen zurückgeführt werden: Fehler in der Silagebereitung und Fehler nach dem Öffnen des Silos

1. Fehler bei der Silagebereitung

Grundsätzlich ergeben sich bereits große Probleme hinsichtlich der Gärqualität, wenn verregnetes, mit Erde verschmutztes oder auch überständiges Futter siliert wird. Sowohl Nasssilagen (Trockensubstanzgehalte unter ca. 27 %) als auch zu trockene Silagen (über 40 %) zeigen oftmals keine optimale Vergärung. Vor allem in zu trockenen Silagen kommt es zu einer ungenügenden Absäuerung, die Silagen sind in der Folge sehr instabil und bieten eine ideale Voraussetzung zur Vermehrung von Listerien. Teilweise können durch den Einsatz von Silierhilfsmitteln (vor allem Ameisen- bzw. Propionsäure) „Problemsilagen" stabilisiert und in der Folge Fälle von Listeriose vermieden werden.

Zu lange Schnittlängen bzw. ein zu tiefer Schnitt, eine ungenügende Verdichtung des Siliergutes, aber auch undichte Silofolien oder der Verzicht auf einen Folienschutz stellen weitere, in der Praxis häufig zu beobachtende Fehlerquellen dar. Werden Silagen in Form von Rundballen zugekauft, so kann eine Beurteilung der Silagequalität durch Einsatz eines Probenbohrers vorgenommen werden.

Schafen darf nur frisch entnommene und qualitativ einwandfreie Silage vorgelegt werden.
Foto: Johann Gasteiner

2. Fehler nach dem Öffnen des Silos

Ein wesentliches Problem bei der Verfütterung von Silagen an kleine Wiederkäuer dürfte im Managementbereich zu suchen sein. Aufgrund der zumeist geringen Tierzahl und dem damit verbundenen geringen täglichen „Futterverbrauch" kommt es zu einer nachträglichen Erwärmung der Silage. Dies führt zu einem Anstieg des pH-Wertes und in der Folge zu einer raschen Vermehrung von unerwünschten Mikroorganismen, darunter auch Listerien.

Um diese Nacherwärmung zu verhindern, sollte das Siliergut relativ feucht (ca. 30 % Trockensubstanzgehalt) eingeführt und die Silage nach dem Öffnen entsprechend rasch verfüttert werden. Als täglicher Vorschub (Entnahmemenge Fahrsilo) bei maschineller Entnahme durch beispielsweise einen Siloblockschneider (was auf Schaf- und Ziegenbetrieben selten ist) werden wenigstens 20 cm (alle 2–3 Tage Abnahme einer ganzen „Reihe") empfohlen. Bei händischer Entnahme entsteht eine noch größere Oberfläche, wodurch der Vorschub noch größer sein müsste. Dieser Vorschub ist jedoch nur bei entsprechend hohen Tierzahlen gewährleistet, andernfalls wird immer qualitativ minderwertige, mit Listerien belastete Silage verfüttert werden.

Unter warmen Witterungsbedingungen geht der Verderb von Silage noch rascher vor sich, weshalb in dieser Zeit, ohne entsprechenden Vorschub, eine Verfütterung von Silagen an kleine Wiederkäuer unter keinen Umständen zu empfehlen ist.

Bei Verfütterung von Grassilage aus Rundballen sollte darauf geachtet werden, dass sie so klein wie möglich gepresst werden, damit sie rasch aufgebraucht werden können. Geöffnete Rundballen sollten nicht im warmen Stall, sondern (immer unter Dach) beispielsweise in der Tenne gelagert werden. Solcherart gelagert, sollten in der kalten Jahreszeit geöffnete Rundballen nach spätestens einer Woche gänzlich verfüttert sein.

Auch der Einsatz von Präparaten, welche den Verderb der Silage verzögern (verschiedene Säuren wie Ameisen- oder Propionsäure) ist in diesem Zusammenhang zur Erhaltung der Futterqualität und der Tiergesundheit sehr hilfreich.

Drehkrankheit

Der „Drehwurm" stellt das Finnenstadium (Larven) des Hundebandwurmes dar. Nach Aufnahme von Bandwurmgliedern durch Schafe verteilen sich die Larven des Bandwurmes über den Blutweg im Körper und nisten sich vorzugsweise im Gehirn und im Rückenmark ein. Durch diesen Sitz im ZNS kommt es zu verschiedensten Formen von Bewegungsstörungen („Drehkrankheit") und Ausfallserscheinungen.

Die Drehkrankheit kommt heute in Mitteleuropa nur noch sehr selten vor. Symptome der „Drehkrankheit" sind jedoch auch bei anderen Erkrankungen, wie bei bakteriell und viral bedingten Hirnhauterkrankungen, CCN, Kupfermangel, Listeriose, Hirnabszessen und Tumoren, zu finden.

Sternguckerkrankheit (CCN)

Bei der Sternguckerkrankheit (Cerebrocorticalnekrose, CCN) handelt es sich um einen akuten Vitamin-B_1-Mangel (Thiamin). Betroffen sind zumeist jüngere Schafe z. B. bei reiner Milchfütterung oder während einer Futterumstellungsphase, wie z. B. auf Mastrationen mit hohem Kraftfutter- und Maissilageanteil. Durch den Mangel an Thiamin kommt es zu Gehirnschäden (Hirnödem und in der Folge druckbedingtes Absterben von Gehirnteilen) mit entsprechenden Ausfallserscheinungen, wie Blindheit, Schielen, Muskelzittern und Muskelzuckungen, Festliegen, Leerkauen, Streckkrämpfen der Vorderextremitäten und krampfähnlichem Durchstrecken des Hals-Kopf-Bereiches (Opisthotonus). Aus diesem Grund schielen die erkrankten Tiere zumeist nach oben, daher auch die Bezeichnung Sterngucker.

Der Tierarzt kann aufgrund der Symptome eine Vermutungsdiagnose aussprechen. Die Behandlung von CCN (mehrmalige Injektion größerer Mengen von Vitaminen des B-Komplexes) im Anfangsstadium ist zumeist sehr erfolgreich, wodurch eine Vermutungsdiagnose bestätigt wird.

Erkrankungen mit ähnlichen Erscheinungsbildern sind z. B. bakteriell und viral bedingte Hirn- und Rückenmarksentzündungen, Bleivergiftung, nervöse Form der Ketose, Tollwut, Tetanus, Weidetetanie und auch BSE.

Vorbeugend kann nur die behutsame Umstellung auf kraftfutterhaltige Rationen empfohlen werden, bei Ausbruch von Krankheitsfällen sollte dem Futter Vitamin B_1 zugemischt werden (3–10 mg/kg Futter). Auch Gaben von Bierhefe erhöhen die Versorgung mit Vitaminen des B-Komplexes.

Spezifische Infektionskrankheiten und Seuchen

Die Maul- und Klauenseuche wird im Kapitel Meldepflichtige Tierseuchen, S. 33, behandelt, da sie auch andere Tierarten betrifft.

Scrapie (Traberkrankheit) – Meldepflicht!

Die Traberkrankheit ist eine übertragbare degenerative Erkrankung des Nervensystems beim Schaf und selten bei der Ziege, die tödlich verläuft. Scrapie kommt weltweit in zahlreichen Ländern vor, seit etwa 250 Jahren ist sie vom klinischen Bild in Deutschland, Frankreich und Großbritannien bekannt. Zur Verbreitung der Traberkrankheit hat offensichtlich der weltweite Export von Zuchtschafen aus verseuchten Ländern beigetragen.

Die Krankheit gehört zu einer Gruppe ähnlicher, langsam verlaufender Erkrankungen („slow infections") bei Säugetieren, die als transmissible spongiforme Enzephalopathien (TSE) bezeichnet werden und die als BSE (Bovine Spongiforme Enzephalopathie) über drei Jahrzehnte enorme Probleme in der Rinderhaltung bereitet hat.

In Großbritannien kam es 1985 nach dem Verfüttern von nicht ausreichend vorbehandeltem Tierkörper- und Knochenmehl infizierter Schafe an Rinder zum Ausbruch der Bovinen Spongiformen Enzephalopathie (BSE) und zu ihrer dramatischen Ausbreitung in den Folgejahren.

Der Erreger ist ein unkonventionelles, infektiöses Protein (Prion), das sich aus einem normalerweise bei vielen Tierarten und beim Menschen in den Nerven- und anderen Zellen vorhandenen zellulären Prionprotein (PrPc) ableitet. Der Erreger ist sehr widerstandsfähig gegen übliche Desinfektionsmaßnahmen.

Das Erkrankungsalter bei Schafen liegt üblicherweise zwischen 1,5 und 5 Jahren. Erste klinische Symptome sind Verhaltensstörungen, wie Schreckhaftigkeit, Ängstlichkeit, unruhiger oder eigenartig starrer Blick, hochgestellte Ohren, eigenartiges Lippenspiel („Bibbern", „Gnubbern"), Ohrenzittern, nickende und seitliche Kopfbewegungen, vermehrter Speichelfluss, Zusammenstürzen beim Abfangen und beim Erschrecken.

Spätere auffällige und krankheitstypische Symptome sind der traberartige Gang („Traberkrankheit") mit den Vordergliedmaßen und der „hahnentrittige" Gang der Hintergliedmaßen, ein feines Muskelzittern an Kopf und Nacken, Schreckhaftigkeit, Gewichtsverlust sowie Vlies- und Hautschäden. Infolge des Juckreizes stampfen die Tiere mit den Gliedmaßen, sie benagen und scheuern Schwanzansatz, Kruppe, seitliche Brustwand und Beine, was zu Vliesschäden und Hautverletzungen führt. Beim Kratzen durch den Menschen ist ein „Bibbern" der Lippen festzustellen.

Die Nachhandschwäche führt zu einem unsicheren und schwankenden Gang, zum Schleifen der Zehen auf dem Boden, zu unkoordinierten Bewegungen, zum Stolpern und Zusammenknicken in den Gelenken. Nach einer Phase des Festliegens meist in Seitenlage kommt es zum Tod der Tiere. Die Krankheitsdauer kann zwischen wenigen Wochen und sechs Monaten schwanken, im Mittel beträgt sie 1–2 Monate. Die Traberkrankheit hat eine Inkubationszeit (Zeit zwischen Infektion und Auftreten der ersten klinischen Symptome) von 2–5 Jahren. Der Krankheitsverlauf ist nicht in allen Fällen durch ausgeprägte klinische Symptome gekennzeichnet. Juckreiz und Entkräftung können fehlen. Unterschiede im Krankheitsbild und -verlauf sind nicht nur genetisch bedingt, sondern beruhen offenbar auch auf einer unterschiedlichen Virulenz des Erregers.

Die Traberkrankheit ist gemäß Tiergesundheitsgesetz 2024 eine **meldepflichtige Tierseuche** und ihre Bekämpfung ist tierseuchenrechtlich geregelt.

Die unterschiedliche Empfänglichkeit für die Traberkrankheit ist genetisch begründet. Eine Genotypisierung bestimmter Genabschnitte ermöglicht es, den Grad der Empfänglichkeit des einzelnen Tieres zu bestimmen. Der Genotyp ARR/ARR hat das geringste Risiko, an der Traberkrankheit zu erkranken. Die Zuchtstrategie in Risikogebieten sollte so ausgerichtet sein, dass die Böcke nach Möglichkeit den Genotyp ARR/ARR oder zumindest den Genotyp ARR/AHQ aufweisen. Bei den weiblichen Zuchttieren sollten vor allem Schafe mit den Genotypen VRQ/VRQ, ARQ/VRQ und ARH/ARQ nicht mehr zur Zucht verwendet werden. Wenn die weiblichen Zuchttiere nicht genotypisiert werden, sollte nur die weibliche Nachzucht aus den Nachkommen der ARR/ARR-Böcke ausgewählt werden.

Maedi-Visna

Seit dem Jahr 1986 werden in Österreich gezielte Untersuchungen auf Maedi-Visna bei weiblichen und männlichen Zuchtschafen durchgeführt. In einem österreichweiten Tiergesundheitsprogramm werden in Schafbetrieben Untersuchungen nach *Brucella ovis* und Maedi-Visna durchgeführt. Diese Maßnahme garantiert den Erhalt des hohen Gesundheitsstandards in Schaf- und Ziegenzuchtbetrieben.

Das Maedi-Visna-Virus der Schafe zählt zur Gattung Lentivirus der Familie *Retroviridae*. Charakteristisch für Lentiviren ist eine lebenslange Persistenz (Erreger ist zeitlebens im infizierten Tier vorhanden = Dauerträgertum), verbunden mit langen Inkubationszeiten (Zeitraum von der Ansteckung bis zum Auftreten der ersten klinischen Erscheinungen) von Monaten bis Jahren und schwer vorauszusagenden Krankheitsverläufen, sofern es überhaupt zum Ausbruch der Erkrankung kommt. Viele infizierte Tiere zeigen keine oder nur unauffällige Krankheitssymptome, scheiden aber den Erreger dauernd aus.

Das Virus wird hauptsächlich zellgebunden, aber auch frei in der Milch und im Nasensekret infizierter Tiere ausgeschieden. Von untergeordneter Bedeutung sind Übertragungsmöglichkeiten über kontaminierte Injektionskanülen (z. B. bei Reihenimpfungen oder im Rahmen der Parasitenbekämpfung), durch Insekten oder die intrauterine Übertragung vom Muttertier auf die ungeborene Frucht.

Das Ausmaß der Organveränderungen und die verschiedenen befallenen Organe werden vom Virusstamm und von der Abwehrlage des Wirtstieres beeinflusst. Zielorgane der Infektion sind insbesondere Lunge, Gelenke, Euter und zentrales Nervensystem, wo sich durch die chronische Entzündung Organveränderungen ergeben.

Während beim Schaf hauptsächlich chronische Lungenentzündungen (Maedi = isländisch Schweratmigkeit) und selten Hirnhautentzündung und Gehirn-Rückenmarksentzündung (Visna = isländisch für Verfall/Auszehrung) beobachtet werden, überwiegen bei der Ziege Gelenksveränderungen. Die neurologische Erkrankungsform tritt bei der Ziege in Mitteleuropa nur selten auf. Virusstämme von Schafen und Ziegen können sehr nahe miteinander verwandt sein.

Gegen Maedi-Visna der Schafe gibt es grundsätzlich keine antivirale Behandlungsmöglichkeit. Aufgrund der genetischen Variationsmöglichkeiten des Erregers sowie weiterer immunologischer Faktoren war bisher eine Impfstoffentwicklung nicht möglich. Daher beschränken sich die Strategien zur Eindämmung von MV auf Bekämpfungs- und Sanierungsmaßnahmen auf Bestandesebene durch Ausschluss von Seroreagenten (= im Bluttest positive Tiere) aus der Herde und auf eine Unterbindung der Infektionsketten, insbesondere vom Muttertier auf das Lamm über Kolostrum- oder Milchaufnahme und horizontal zwischen Herdenmitgliedern über die Inhalation virushaltiger Aerosole.

Durch gezielte Untersuchungen wird der hohe Gesundheitszustand der österreichischen Schafherden überwacht und erhalten. Foto: Johann Gasteiner

Neben dem Durchschnittsalter der Herde und den Haltungsbedingungen wird die Lentivirusinfektion zumindest beim Schaf offensichtlich vom prädisponierenden Faktor Rasse mitbestimmt. Eine erhöhte Infektions- und Erkrankungsrate konnte wiederholt bei den Rassen Ostfriesisches Milchschaf und Texel festgestellt werden.

Auch die wirtschaftlichen Einbußen durch subklinische Infektionen mit MV werden unterschätzt, doch lassen sich diese nur schwer darstellen, weil allgemein akzeptierte Standards zur Produktivitätsbeurteilung fehlen und sich die vorhandenen Studien in Bezug auf Studiendesign, untersuchte Rassen, unterschiedliche Haltungsformen und weitere Faktoren unterscheiden.

Somit ist für Schafhalter die Notwendigkeit zur MV-Sanierung mitunter nicht eindeutig erkennbar. Einen Anreiz zur Sanierung stellen für einige Züchter lediglich Exportauflagen bzw. Auflagen von Zuchtverbänden dar.

Pseudotuberkulose bei Schafen

Unter Pseudotuberkulose versteht man eine durch Bakterien (*Corynebacterium pseudotuberculosis*) hervorgerufene Infektionskrankheit von Schafen und Ziegen. Die Erkrankung kommt praktisch weltweit vor und stellt in warmtrockenen Gebieten eine bei Ziegen besonders schwer verlaufende und deshalb verlustbringende Erkrankung dar. In unseren Breiten verläuft die Erkrankung zumeist mild und wird daher eher als lästig und unhygienisch angesehen.

Die Erreger der Pseudotuberkulose dringen in die Lymphbahnen ein und werden in den Lymphknoten quasi gefiltert. Durch die vermehrte Ansammlung der Bakterien in den Lymphknoten kommt es zur Abszessbildung. Zwei bis sechs Monate nach der Infektion brechen diese Abszesse auf und es entleert sich zumeist weißlich-grauer, dickbreiiger Eiter.

Neben den unter der Haut liegenden Lymphknoten (Kopf-, Hals-, Bug-, Kniefalten- und Euterlymphknoten) können auch innere Lymphknoten und Lymphorgane von der Abszessbildung betroffen sein. Je nach Lage dieser Abszesse kann es zu Störungen der Organfunktionen kommen (wie Schluckstörungen, Verdauungsstörungen durch Behinderung der Magen-Darm-Tätigkeit, Atemprobleme ...).

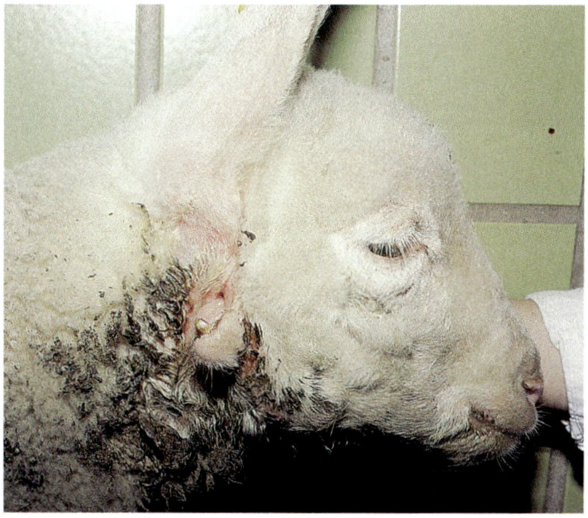

Bei Pseutotuberkulose kommt es zur Abszessbildung in den Lymphknoten, oftmals im Bereich des Kopfes.
Foto: Armin Deutz

Nachdem bei infizierten Tieren die Abszesse aufgebrochen sind, findet sich der erregerhaltige Eiter in der gesamten Umgebung der Tiere. Insbesondere an hölzernen Aufstallungen, Putzgeräten, Zäunen und Scheuerpfählen werden die Erreger abgestreift. Durch indirekten oder direkten Kontakt gelangen die Bakterien über kleinste Hautverletzungen in weitere Tiere des Bestandes. Auch Stacheldrähte, Hautparasiten, verschmutzte Klauenwerkzeuge und Badeflüssigkeiten können zu Infektionen führen. Bei Aufbrechen von abszedierenden Lymphknoten in das Euter werden die Erreger über die Milch ausgeschieden, wodurch die Jungtiere wieder infiziert werden können.

Knotige Veränderungen unter der Haut an Stellen, an welchen sich Lymphknoten befinden, legen die Vermutung bereits nahe, dass es sich um Pseudotuberkulose handeln könnte. Da solche Knoten und Abszesse jedoch auch von anderen Bakterien verursacht werden können (Staphylokokken, Streptokokken, *Arcanobacterium pyogenes*), sollte die Diagnose durch eine bakteriologische Untersuchung von frischem Abszessmaterial abgesichert werden.

Neben Schafen und Ziegen können sich auch andere Tierarten und sogar der Mensch, selten aber doch, nach Erregerkontakt infizieren. Bei der Übertragung der Erkrankung spielen diese jedoch keine Rolle als Infektionsquelle.

Tiere freier Herden werden zumeist durch Zukauftiere infiziert. Daher sollte bei jedem Zukauf auf die Gesundheit der Zukauftiere und ihrer Stammherde geachtet werden. Auch kleine Hautverletzungen sollten sofort gesäubert und desinfiziert werden.

Neben allgemeinen Regeln der Hygiene und Absenkung des Verletzungsrisikos für die Tiere (Entfernen von Stacheldrähten, Desinfektion von Klauenwerkzeugen ...) sollten Schafe mit aufgebrochenen Abszessen bis zur Ausheilung von der Herde abgetrennt werden. Die Fistelöffnung soll bis zur Heilung gereinigt und desinfiziert werden, bei Knoten im Euter oder bei immer wiederkehrenden Beschwerden empfiehlt sich die Abschaffung des Tieres.

Der Einsatz von Antibiotika bringt zumeist nicht den gewünschten Erfolg. Das Medikament kann nicht in entsprechender Konzentration an den Wirkort gelangen und deshalb sind die Erreger in der Abszesskapsel vor der Wirkung des Antibiotikums geschützt.

Paratuberkulose bei Schafen – Anzeigepflicht seit 2006

Infektionen mit dem weltweit verbreiteten Erreger von Paratuberkulose, *Mycobacterium avium* ssp. *paratuberculosis* (MAP), finden sich hauptsächlich bei Rindern, Schafen, Ziegen sowie bei Wild- und Zoowiederkäuern. MAP konnte aber auch bei Schweinen, Pferden, Affen, Kaninchen u. a. sowie im Darm des Menschen nachgewiesen werden.

MAP wird von infizierten und erkrankten Tieren mit dem Kot und auch mit der Milch ausgeschieden und kann bis zu einem Jahr in der Umwelt überleben. Die Verunreinigung der Milch mit erregerhaltigem Kot trägt neben der direkten Erregerausscheidung über die Milch ganz wesentlich zur Verbreitung von MAP bei. Die Infektion erfolgt in erster Linie durch orale Aufnahme von erregerhaltiger Milch im Jungtieralter. Eine Übertragung durch Magen-Darm-Würmer gilt aufgrund verschiedener Untersuchungen ebenfalls als möglich.

Von der Infektion bis zum Auftreten der ersten Krankheitserscheinungen dauert es bei Schafen und Ziegen etwa 1–4 Jahre, bei Rindern 2–10 Jahre. Diese lange Inkubationszeit erschwert die Erkennung und Sanierung von Paratuberkulose und fördert die Verbreitung des Erregers.

Klassische Symptome dieser in Österreich meldepflichtigen Tierseuche sind Leistungsrückgang, chronische Abmagerung bei guter Fresslust und Schwellung innerer Lymphknoten. Gelegentlich tritt breiig-wässriger Kot wie bei Wurmbefall auf, welcher oftmals eine zusätzliche Komplikation bei Paratuberkulose darstellt. Der Allgemeinbefund (Puls, innere Körpertemperatur, Atmung) von erkrankten Tieren ist lange Zeit in der Norm. Das Krankheitsbild kann sich über mehrere Monate bis Jahre hinziehen, bis das Tier schließlich getötet wird oder

Paratuberkulose wird auch durch die Aufnahme von erregerhaltiger Milch übertragen.
Foto: Armin Deutz

infolge von Entkräftung und Auszehrung verendet. Parallel bestehende tiergesundheitliche Bestandsprobleme, wie Kalzinose oder starker parasitär, viral oder bakteriell bedingter Infektionsdruck, kann zu einer raschen Ausbreitung der Paratuberkulose im Tierbestand führen.

Tritt in einem Bestand ein Krankheitsfall von Paratuberkulose auf, so ist mit bis zu 30 % unerkannt (subklinisch) infizierten Tieren im betreffenden Betrieb zu rechnen. Diese Tiere scheiden den Erreger ebenfalls aus und tragen so zur Verbreitung der Erkrankung wesentlich bei. Klinisch erkrankte Tiere stellen somit nur die Spitze des Eisberges dar.

Die Erkennung von subklinisch infizierten Trägern von MAP stellt auch in Zeiten von verbesserten serologischen Methoden und PCR ein großes diagnostisches Problem dar. Die Sanierung paratuberkulosepositiver Betriebe gestaltet sich daher in der Praxis als sehr schwierig (teuer, langwierig und wenig erfolgreich).

Eine gegenseitige Infektion zwischen Rindern, kleinen Wiederkäuern und Wildwiederkäuern ist möglich. Grundsätzlich sind die Typen von MAP nicht speziesgebunden.

Paratuberkulose bei Schafen ist weltweit verbreitet. Import- und Zukauftiere können mit keiner Untersuchungsmethode mit Sicherheit als „frei von Paratuberkulose“ erkannt werden, auch, weil sie meist noch zu jung für einen Paratuberkulosetest sind. Einer verstärkten Verbreitung der Seuche in Österreich nach Import/innergemeinschaftlicher Verbringung steht somit nichts im Wege. Auch in Österreich traten in den letzten Jahren Fälle von Paratuberkulose bei Rindern, Schafen, Ziegen, Zoo- und Wildwiederkäuern auf.

Paratuberkulose kann nicht geheilt werden und endet für die erkrankten Tiere immer tödlich.

Die Sanierung eines Problembetriebes wird durch Erkennung und Keulung infizierter/erkrankter Tiere angestrebt. Parallel dazu wird durch betriebshygienische Maßnahmen versucht, den Infektionsdruck zu vermindern und damit die Neuinfektionsraten zu senken (strikte Trennung von jungen und erwachsenen Tieren).

Die Chancen, eine Herde von Paratuberkulose nachhaltig zu sanieren, sind wohl als gering zu bezeichnen. Haltungssysteme mit innigem Muttertier-Jungtier-Kontakt sind zwar tiergerecht, im Zusammenhang mit der Paratuberkulose wird dadurch aber die Erregerausbreitung innerhalb einer Herde regelrecht gefördert.

Clostridiosen

Die Bakteriengattung *Clostridium* umfasst eine Vielzahl von Arten, welche alle streng anaerobe Sporenbildner sind. Ihr natürlicher Lebensraum ist der Erdboden und manche Arten besiedeln regelmäßig den Magen-Darm-Trakt von Säugetieren. Die Sporen (= Dauerformen) von Clostridien sind äußerst resistent gegenüber Umwelteinflüssen und können so sehr viele Jahre überdauern und infektionstüchtig bleiben.

Pathogene Clostridien sind oft Gasbildner (Gasödeme) und bilden besonders starke Gifte, weshalb Infektionen mit Clostridien im Allgemeinen besonders rasch und zumeist tödlich verlaufen.

Durch Clostridiosen verursachte Erkrankungen bei Schafen sind Rauschbrand, Pararauschbrand, Bradsot-Erkrankungen, Lämmerdysenterie, Breinierenkrankheit, Enterotoxämie, nekrotisierende Mastitis und Tetanus. Eine wirksame Vorbeugung gegen clostridienbedingte Infektionen bietet die Impfung.

Wundstarrkrampf (Tetanus)

Das Bakterium *Clostridium tetani* bildet ebenso wie alle anderen Clostridien-Arten als Dauerform Sporen, wodurch sie in der Umwelt (Erdboden) jahrelang überleben können. Wenn *Clostridium tetani* günstige Lebensbedingungen vorfindet, kommt es zur Vermehrung und Toxinbildung (d. h. giftige Stoffwechselprodukte entstehen). Der Wundstarrkrampf ist eine klassische Wundinfektion. Bei dem vom Erreger gebildeten Gift handelt es sich um ein sehr starkes Nervengift, das zentralnervale Symptome auslöst.

Alle Säugetiere können an Tetanus erkranken, Schafe, Ziegen und Pferde (sowie auch der Mensch) sind gegenüber dieser Erkrankung besonders empfindlich. Eine häufige Ursache von Wundstarrkrampf bei Jungtieren ist eine Infektion über den Nabel.

Nach einer Inkubationszeit (= Zeit zwischen Eindringen des Erregers und Ausbruch der Erkrankung) von mehreren Tagen bis Wochen kommt es zu unkontrollierbaren Muskelkrämpfen. Zu Beginn der Erkrankung nehmen diese Tiere die für Wundstarrkrampf typische starre, sägebockartige Stellung ein. Im weiteren Krankheitsverlauf kann das Kiefer nicht mehr geöffnet werden (Kiefersperre), es kommt zum Festliegen und der Kopf wird nach oben und rückwärts gebogen (Opisthotonus). Das dritte Augenlid fällt vor und die Ohren stehen steif vom Kopf ab. Bei festliegenden Tieren werden auch die Gliedmaßen starr vom Körper weggestreckt und können nicht mehr gebeugt werden (auch nicht vom Untersuchenden). Die Skelettmuskulatur fühlt sich bretthart an. Weitere Symptome sind Schweratmigkeit und Pansenblähung.

Der Tod tritt nach wenigen Tagen aufgrund der Lähmung der Atemmuskulatur durch Ersticken ein. Äußere Reize, wie plötzlicher Lärm, Licht oder auch Berührung, führen zu verstärkten Krampfanfällen. Bei Wiederkäuern kommt es aufgrund des Sistierens der Magen-Darm-Peristaltik sowie infolge der Inappetenz zur Pansenblähung und zum Kippen des Vormagenmilieus, weshalb

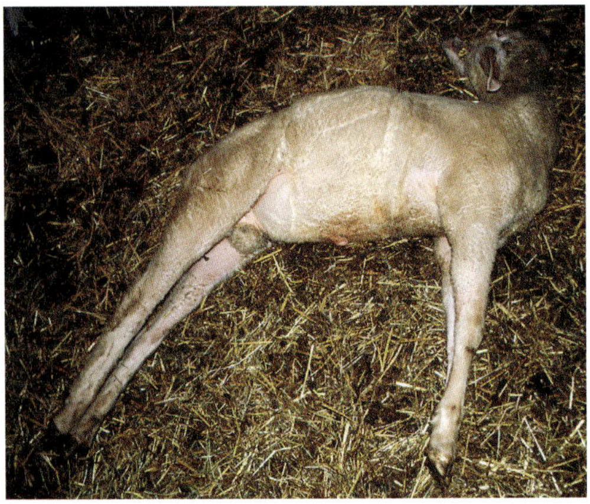

Bei Tetanus kommt es zu schweren Krämpfen, und die Krankheit endet tödlich. Foto: Johann Gasteiner

die Prognose bei diesen Tierarten besonders schlecht zu beurteilen ist.

Der Wundstarrkrampf wird nicht von einem erkrankten Tier auf andere Tiere übertragen, da die Erreger nicht ausgeschieden werden. Tetanus tritt deshalb zumeist nur in Form einer Einzeltiererkrankung auf.

Da es sich beim Tetanus um eine Wundinfektion handelt, ist der Vorbericht (Verletzungen, Kastration, Schurwunden, Kupieren ...) besonders wichtig. Die Erreger des Tetanus vermehren sich besonders in verschmutzten, unversorgten und tieferen Wunden (Luftabschluss), welche auch leicht übersehen werden können. Es sind auch Fälle von Tetanus bekannt, wo keine äußeren Verletzungen nachweisbar waren. Man spricht dann vom kryptogenen Tetanus, das heißt, man weiß nicht konkret, woher die Infektion stammt, die Ursache könnte möglicherweise auf eine Infektion über den Darm oder auf einen Zahnwechsel zurückzuführen sein.

Aufgrund der klinischen Symptome, der klinischen Untersuchung sowie aufgrund des Vorberichtes (offene Verletzung ...) kann die Diagnose Tetanus vom Tierarzt gestellt werden. Bei bereits verendeten Tieren ist es jedoch schwieriger und aufwändig, die endgültige Diagnose Tetanus zu stellen. Dazu muss entweder der ganze Tierkörper oder verändertes Gewebe von der vermuteten Eintrittsstelle an eine veterinärmedizinische Untersuchungsanstalt eingesandt werden. Aus wirtschaftlichen Gründen wird dann jedoch zumeist auf weiterführende Untersuchungen und damit auf eine exakte Diagnose verzichtet.

Erkrankungen mit einem ähnlichen Krankheitsbild sind Schädel-Hirn-Traumata, Gehirn- und Hirnhautentzündungen infektiösen Ursprunges (Tollwut, Listeriose, Streptokokken), verschiedene Vergiftungen sowie akuter Vitamin-B-Mangel.

Die Behandlung von an Wundstarrkrampf erkrankten Rindern, Schafen oder Ziegen ist praktisch aussichtslos. Bei gesicherter Diagnose (Tierarzt) und fortgeschrittenem Krankheitsstadium sind an Tetanus erkrankte Tiere tierschutzgerecht zu töten.

Vorbeugende Maßnahmen

Operationen und blutige Eingriffe dürfen nur unter sauberen und sterilen Bedingungen vorgenommen werden, Wunden und Verletzungen sind entsprechend zu versorgen. Eine fachgerechte Wundreinigung, Desinfektionsmaßnahmen und eine vorbeugende antibiotische Versorgung können helfen, etwaige Wundinfektionen zu verhindern. Gegen Tetanus kann wirksam vorbeugend geimpft werden (passive Immunisierung durch Verabreichung eines Hyperimmunserums). Diese Impfung ist insbesondere nach blutigen Operationen und Verletzungen angezeigt. Zusätzlich wird eine Behandlung mit Antibiotika durchgeführt.

Bei Neugeborenen muss sofort im Anschluss an die Geburt eine fachgerechte Nabeltoilette durchgeführt werden, die am nächsten Tag wiederholt werden sollte.

Allgemeinerkrankungen

Stoffwechselerkrankungen

Unter dem allgemeinen Begriff „Stoffwechselerkrankungen" wird eine Vielzahl von Erkrankungen zusammengefasst, wobei im Zusammenhang mit landwirtschaftlichen Nutztieren in erster Linie die relativ häufig vorkommenden Störungen des Mineralstoffwechsels (Gebärparese), des Energiehaushaltes (Trächtigkeitsketose) und des Vormagensystems (Pansenübersäuerung) gemeint sind. Diese Erkrankungen sind im Gegensatz zu vielen anderen Stoffwechselerkrankungen erworben. Als Folge der genannten Stoffwechselstörungen kann es zum Festliegen der erkrankten Tiere kommen.

Zu beachten gilt es in jedem Fall, dass all diese Stoffwechselstörungen nicht nur klinisch, sondern sehr viel häufiger auch subklinisch auftreten. Subklinische Erkrankungen werden vom Tierbesitzer bzw. vom Tierarzt, wenn überhaupt, nur durch weiterführende Untersuchungen wahrgenommen, bleiben deshalb oft unbehandelt und können folglich genauso wie klinische Erkrankungen entsprechende gesundheitliche Folgeschäden nach sich ziehen.

Gebärparese

Die Gebärparese tritt ebenso wie die Trächtigkeitsketose um den Ablammtermin auf. Bereits hochtragende Schafe (zumeist sind es ältere Tiere) können vor der Ablammung, insbesondere bei Mehrlingsträchtigkeit, daran erkranken. Die Tiere sondern sich von der Herde ab, können dieser nicht mehr folgen, fressen schlecht, werden apathisch, zittern, beginnen zu taumeln und liegen schließlich fest. Bei Ziegen tritt Parese überwiegend erst nach dem Abkitzen auf.

Im Falle einer Hypokalzämie ist der Regelmechanismus zur Bereitstellung von Kalzium und Phosphor gestört. Die Aufnahme von Mineralstoffen über den Darm ist vermindert, wenn im Rahmen der Vorbereitungsfütterung ein absolutes Überangebot an Kalzium und auch Phosphor bestand. Aber auch ein absoluter Mangel an Kalzium in der Ration führt zu verminderten Kalziumgehalten im Blut mit den entsprechenden Ausfallserscheinungen. Die zunehmende Mineralisierung des Skelettes der Früchte muss über den Mineralstoffhaushalt ebenso gedeckt werden wie der Abgang an Mineralstoffen über die einsetzende Laktation. Im Falle eines Phosphormangels kann ursächlich von einer zu niedrigen Versorgung im Rahmen der Vorbereitungsfütterung ausgegangen werden.

Folgende Faktoren haben einen negativen Einfluss auf den Kalzium- und Phosphor-Stoffwechsel:

- Absolut zu hohes oder zu niedriges Angebot an Kalzium, Phosphor und auch Vitamin D_3 über die Nahrung
- Störung des Regelkreises Parathormon-Calcitonin
- Älteres Muttertier
- Mehrere Feten
- Einsetzende Laktation und hohe Milchleistung (besonders bei Milchschafen/Milchziegen)
- Stressoren wie Transporte, extreme Witterungsbedingungen, Krankheiten (Parasiten, Infektionen)

Elektrolytkonzentrationen im Blutserum gesunder Kontrolltiere sowie bei Schafen mit Gebärparese bzw. Trächtigkeitsketose

Parameter (mmol/l)	Gesunde Schafe	Festliegende Schafe: Gebärparese	Festliegende Schafe: Ketose
Kalzium	2,3	1,3	2,3
Phosphor	1,6	1,3	1,6
Magnesium	1,0	1,2	1,0

Die diagnostische Unterscheidung zwischen Parese und Ketose erfolgt über eine Untersuchung des Blutserums, wobei Mischformen häufig sind. Lediglich anhand der klinischen Symptomatik ist eine Unterscheidung zwischen diesen beiden Erkrankungen sehr schwierig.

Die Behandlung besteht aus der tierärztlichen Verabreichung einer Ca-Lösung. Der Serum-Phosphorspiegel wird durch Injektionspräparate bzw. auch durch orale Medikation beeinflusst, wobei mit einem verzögerten Wirkungseintritt zu rechnen ist.

Empfehlungen für die tägliche Energie- und Nährstoffversorgung von trächtigen Schafen (4.–5. Trächtigkeitsmonat, zwei Föten; GfE 2003)

Körper-gewicht kg	Energie MJ ME	Rohprotein g	Kalzium g	Phosphor g	Magnesium g	Natrium g
50	16,0	170	9	6	1,5	2
60	17,0	180	9	6	1,5	2
70	18,3	190	9	6	1,5	2
80	19,7	210	9	6	1,5	2

Tabelle: Empfehlungen für die tägliche Energie- und Nährstoffversorgung von laktierenden Schafen (GfE 2003)

Milch kg/Tag	Energie MJ ME	Rohprotein g	Kalzium g	Phosphor g	Magnesium g	Natrium g
1	18	225	10,3	6,0	1,9	1,5
2	26	365	15,7	7,7	2,7	2,0
3	34	505	24,0	9,6	3,6	2,5
4	42	645	26,5	11,4	4,4	3,0

Eine Vorbeugung von Gebärparese, aber auch von Trächtigkeitsketose wird nur durch eine adäquate Nährstoffversorgung gewährleistet, wobei auf entsprechend qualitativ hochwertige Futterkomponenten zu achten ist (Keimzahlen, Verschimmelung-Verpilzung-Mykotoxine, Rohaschegehalte, Nährstoffgehalte). Regelmäßige Futtermitteluntersuchungen sind durch Tabellenwerte nicht zu ersetzen. In Abhängigkeit von diesen Ergebnissen ist die Mineralstoffversorgung der Tiere zu beachten und entsprechend dem Leistungsstadium (Beginn oder Ende Laktation, hochtragend) sind Mineralstoffgaben individuell anzupassen. Eine Gabe von Mineralstoffpräparaten nach dem Gießkannenprinzip, aber auch der Verzicht auf den Einsatz von Mineralstoffmischungen ist bei Problembetrieben als Hauptursache für die Gebärparese anzusehen.

Trächtigkeitsketose (auch: Trächtigkeitstoxikose)

Eine Störung des Energiestoffwechsels kann bei Schafen/Ziegen jeden Alters und jeder Rasse auftreten. Eine Häufung von Erkrankungen findet sich bei älteren Tieren, bei Tieren mit Mehrlingsträchtigkeit sowie bei hoher Milchleistung. Durch das Größenwachstum der Föten,

Foto: Ferdinand Ringdorfer

Gebärparese und Trächtigkeitsketose können sich in ihrer krankmachenden Wirkung verstärken.

insbesondere im letzten Drittel der Trächtigkeit, steigt der Energiebedarf sehr stark an.

Sinkt die energetische Versorgung des Muttertieres ab, so hält der Stoffwechsel dennoch immer zuerst die Versorgung der Feten aufrecht, was zu Lasten der Energieversorgung des Muttertieres geht. Dadurch kann auch ein klinisch gesundes Mutterschaf bei der Geburt zu geringe Energiereserven haben und sich in einer sehr labilen Stoffwechsellage befinden. Jede zusätzliche Belastung (Schwergeburt, subklinische/klinische Parese, Parasitenbefall, Kalzinose, Euterentzündung, fieberhafte Infektionen bzw. jeder die Fresslust störende Stressor) wird nun unweigerlich zu einer Entgleisung des Energiestoffwechsels mit dem Krankheitsbild der Trächtigkeitsketose führen.

Zunächst finden sich schleichende Symptome wie gestörte Fresslust, taumelnder Gang, Apathie und allgemeine Schwäche. Das Absinken des Blutzuckerspiegels (unter 1,9 mmol/l) führt allmählich zu einem schockartigen Zustand (hypoglykämischer Schock) mit Störungen des Allgemeinbefindens und der Wahrnehmung bis hin zum Koma. Das erkrankte Schaf kommt zum Festliegen in Froschhaltung oder Seitenlage. Ketonkörper, welche im Rahmen der Energiebereitstellung im Körper aus Körperfett nun massenhaft entstehen, können in Blut und Harn, aber auch in der Milch mit speziellen Testmethoden (Teststreifen bzw. Labor) nachgewiesen werden.

Ohne Behandlung beträgt die Sterblichkeit der Trächtigkeitsketose mehr als 90 %. Selbst die Behandlung bereits klinisch erkrankter Schafe bzw. festliegender Schafe ist beileibe nicht immer von Erfolg gekrönt. Im akuten Fall ist eine Dauertropfinfusion einer Glukoselösung angebracht. Intravenöse „Sturzinfusionen" von Glukose können durchaus zum plötzlichen Verenden des Schafes führen.

Zur Therapie und evtl. auch zur Vorbeugung der subklinischen Ketose sind Gaben von Natriumpropionat, Propylenglykol (Glukoplastika; 2 x täglich bis 40 g) wirksam und können mit der Injektion eines Glukokortikoids kombiniert werden. Zucker bzw. Zuckerlösungen (Gefahr der Pansenübersäuerung) oder auch Alkohol dürfen kleinen Wiederkäuern nicht eingegeben werden.

Die Vorbeugung von Ketose konzentriert sich hauptsächlich auf die Fütterung der hochtragenden und frisch laktierenden Schafe und Ziegen. Es ist eine leicht verdauliche und energetisch aufgewertete Ration zu füttern, wobei es bei den Altmelkenden und Trockenstehenden gilt, Verfettung und insgesamt natürlich eine Pansenübersäuerung zu verhindern.

Im Rahmen der Ketose kommt es bei den betroffenen Schafen zu degenerativen Leberveränderungen, welche das Krankheitsbild zusätzlich verschärfen können. Die Leber selbst verfettet im Rahmen der überschießenden Einschmelzung von Körperfett massiv und kann ihren Stoffwechselleistungen nicht mehr nachkommen. Es kommt zum Anstieg der „Leberwerte" und klinisch kann eine Gelbsucht nachgewiesen werden.

Weidetetanie

Die Weidetetanie kann unabhängig von der Ablammung und auch bei jüngeren Tieren auftreten. Der geringe Magnesiumgehalt der jungen Weidegräser sowie der Rohfasermangel frischer, üppiger Weiden (Weidedurchfälle und daraus resultierende Mineralstoffverluste) sind die Hauptursachen für akuten Magnesiummangel. Die Folgen sind schwere Krampfanfälle und Festliegen von Weidetieren.

Weidetetanie kann bei fehlender/mangelhafter Mineralstoffergänzung auch zu einem Bestandsproblem, speziell im Frühling und Herbst, führen. Der Vorbericht „Weidehaltung" sowie die akute Krämpfigkeit liefern dem Tierarzt bereits gute Hinweise für das Vorliegen einer Weidetetanie. Durch eine Blutuntersuchung kann die Diagnose abgesichert werden. Wenn auf einem Betrieb Fälle von Tetanie auftreten, muss die Mineralstoffversorgung der Tiere überprüft werden.

Ein geringer Magnesiumgehalt junger Weidegräser und evtl. Weidedurchfall sind die Wegbereiter für Weidetetanie. Foto: Ferdinand Ringdorfer

Nachgeburtsverhalten und Fruchtbarkeitsstörungen als Folge von Mineralstoffmangel

Der mangelhafte/fehlende Abgang der Nachgeburt ist eine häufige Ursache für nachfolgende Infektionen und Fruchtbarkeitsprobleme. Wenn die Nachgeburt nicht innerhalb von 12 Stunden vollständig abgeht, ist eine tierärztliche Untersuchung und Behandlung des Schafes erforderlich. Leider ist die Kontrolle des Nachgeburtsabganges oft nur schwer möglich.

Ein Mangel an Kalzium kann durchaus mit einem Nachgeburtsverhalten in Zusammenhang stehen. Durch das Fehlen von Kalzium ist die Muskulatur in der Gebärmutter nicht in der Lage, die Nachgeburt auszutreiben. In der weiteren Folge kommt es, vor allem bei unbehandelten Tieren, zur bakteriellen Besiedelung und Zersetzung und es entsteht eine Gebärmutterentzündung.

Schlechte Fruchtbarkeitsergebnisse treten häufig aufgrund von Schwierigkeiten in der Brunstbeobachtung und Haltung sowie bei mangelhafter Fütterung auf. Die Bedeutung von Phosphor, Selen, Mangan und Jod ist hinsichtlich des Brunstgeschehens besonders hervorzuheben. Eine ausgewogene Mineralstoff-, Spurenelemente- und Vitaminversorgung (ß-Carotin) hat deshalb größte Bedeutung für das Fruchtbarkeitsgeschehen.

Spurenelemente

Bei den Spurenelementen sind vor allem Mangan, Zink, Kupfer und Selen von besonderer Bedeutung. Bei diesen Elementen kann in der Fütterung ein Ergänzungsbedarf bestehen. Vor allem als Bestandteile von Enzymen bzw. als Hilfsstoffe (Aktivatoren) erfüllen Spurenelemente vielfältige Aufgaben im tierischen Organismus.

Hohe Mangangehalte (Mn) weisen das Skelett, die Leber und die Nieren auf. Manganmangel kann zu vermindertem Zuwachs, zu schlechter Skelettausbildung und herabgesetzter Fruchtbarkeit führen.

Zink (Zn) greift im Stoffwechsel als Enzymaktivator wesentlich in die Zellteilung ein. Bei Schafen kann sich starker Zinkmangel in Form von Hautschäden (Euter, Hinterbeine) und vermehrten Klauenproblemen zeigen.

Kupfermangel (Cu) führt vor allem zu einer Verschlechterung der Pigmentierung und der Struktur der Haare.

Selen- und/oder Vitamin-E-Mangel

Diese Mangelerkrankung tritt vor allem bei Tieren in Extensivhaltung auf, wenn auf den Einsatz von Mineralstoffmischungen und Kraftfutter verzichtet wird.

Das Spurenelement Selen sowie das Vitamin E haben wichtige Aufgaben in der Verhütung „oxidativer“ Schädigungen von Körperzellen. Dabei werden für Zellen schädliche Stoffe entgiftet. Selen und Vitamin E können sich in dieser Funktion weitgehend vertreten.

Die Selenversorgung der Tiere hängt sehr stark von der Zusammensetzung der Ration, dem Selengehalt des Bodens sowie von der Selenverfügbarkeit im Boden ab.

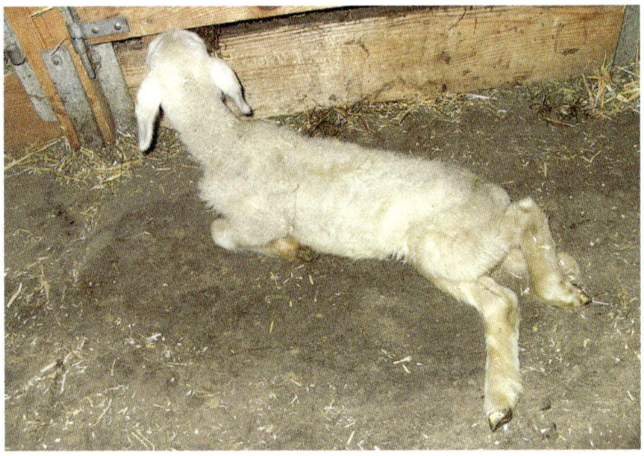

Akuter Selenmangel führt bei Lämmern zu Muskelschwäche („Weißmuskelkrankheit“) und Festliegen.
Foto: Johann Gasteiner

Diesbezüglich können starke regionale Unterschiede bestehen.

Der Vitamin-E-Gehalt des Futters wird von Wetterbedingungen bei der Werbung sowie von nachfolgenden Lagerbedingungen beeinflusst. Nach einem verregneten Sommer ist der Vitamin-E-Gehalt in Grundfuttermitteln zumeist geringer.

Ein akuter Mangel an Vitamin-E/Selen macht sich insbesondere bei Jungtieren durch Saugschwäche, Muskelschwäche und -zittern, Festliegen (Weißmuskelkrankheit) sowie durch Herzschwäche und Atemnot bemerkbar.

Bei Jungtieren kann bis etwa zwei Wochen nach dem ersten Auftrieb auf die Weide die „paralytische Myoglobinurie" auftreten. Die erkrankten Tiere liegen fest, der Harn ist schwarzbraun verfärbt und die Rückenmuskulatur ist derb bis hart. Bei erwachsenen Schafen kann es durch Mangel an Vitamin-E/Selen zu verminderter Fruchtbarkeit sowie zu einer Beeinträchtigung der Fresslust kommen.

Bei akuten, nachgewiesenen Mangelzuständen wird eine ein- bis zweimalige Injektion durch den Tierarzt zu einer Stabilisierung des Vitamin-E/Selengehaltes im Tier führen, die durch den Mangel hervorgerufenen Schäden bedürfen aber möglicherweise einer längeren Heilungsphase. Parallel zur Behandlung sollten die Haltungsbedingungen optimiert werden. Eine Ergänzung durch „selenangereichertes" Mineralfutter ist möglich und wird angeraten, sollte jedoch in Abstimmung mit dem Selengehalt in den Grundfuttermitteln erfolgen, um eventuelle Überversorgungen zu vermeiden. Bei chronischem Selenmangel in der Ration sollten Mineralfutter mit ausreichendem Spurenelementgehalt zum Einsatz kommen.

Neben der Beratungsfunktion und -kompetenz des Hoftierarztes wird hier ausdrücklich auf die extreme Giftigkeit von Selen bei Überdosierung hingewiesen.

Zinkmangel bei Schafen

Zink ist ein essentielles Spurenelement, es ist also lebensnotwendig. Zink ist nach Eisen das zweithäufigste Spurenelement im Körper und muss ständig über die Nahrung zugeführt werden, da es im Tier nicht gespeichert werden kann. Es übernimmt im Körper eine ganze Reihe von wichtigen Funktionen. Zink hat eine wesentliche Rolle im Zucker,- Fett- und Eiweißstoffwechsel und ist am Aufbau der Erbsubstanz beteiligt. Auch das Zellwachstum, insbesondere das der äußeren Haut, das Immunsystem, aber auch viele Hormone und ihre Wirkung sind von der optimalen Versorgung mit Zink abhängig.

Ein Mangel an Zink ist sowohl bei Schafen als auch bei Ziegen bekannt und ist auch in der Praxis immer wieder anzutreffen bzw. wird er aufgrund seines doch charakteristischen Erscheinungsbildes immer wieder vermutet.

Durch eine versuchsweise zinkfreie Ernährung von kleinen Wiederkäuern konnte das Krankheitsbild des Zinkmangels ausgelöst werden. Zink ist im Körper an ein Eiweiß gebunden und findet sich vor allem in den Haaren, in der Haut, in Knochen, in der Muskulatur, in der Prostata und in den Hoden. Insbesondere chronische Hauterkrankungen und Haut- sowie Hornbildungsstörungen, allgemeine Entwicklungsstörungen und Fruchtbarkeitsprobleme stehen bei Zinkmangel im Vordergrund des Krankheitsgeschehens.

Ein Überangebot an Kalzium, aber auch an Cadmium in der Nahrung stört somit antagonistisch die Aufnahme von Zink aus dem Verdauungstrakt, wodurch ein sekundärer Zinkmangel entstehen kann.

Zinkmangel tritt vorzugsweise bei Lämmern und Kitzen und insbesondere bei mutterlos aufgezogenen Jungtieren auf. Aber auch von erwachsenen, zumeist laktierenden Tieren sind Krankheitsfälle bekannt. Beginnende, jedoch unspezifische Symptome sind verminderte Fresslust, Kümmern und evtl. verstärkter Speichelfluss. Es besteht vermehrter Haar- und Wollausfall am gesamten Körper. Dadurch kommt es auch zu einer „Brillenbildung", also Haarlosigkeit rund um die Augen, das Maul und Haarlosigkeit an den Sprunggelenken, da diese Regionen mechanisch permanent beansprucht werden. Nachwachsende Haare sind auffallend dünn und fallen bei der geringsten Beanspruchung wieder aus.

Auf der faltigen Hautoberfläche bilden sich krustig-schuppige Auflagerungen, die insbesondere im Nasen-Oberlippen- und Maulbereich sowie um die Sprunggelenke sehr stark ausgeprägt sein können (Hyper- und Parakeratose). An den veränderten Hautstellen besteht trotz Rötung, Verkrustung und Verhornung kein Juckreiz. Im Bereich des Hornansatzes kann es ebenfalls zu blutig-krustigen Veränderungen kommen, allenfalls wachsende Hörner sind missgebildet und weisen keine Ringbildung auf.

Auch die Maulschleimhaut (Zungen, Backen, Gaumen) sowie die Schleimhaut der Speiseröhre und der Vormägen können Verhornungsstörungen im Sinne einer Parakeratose aufweisen, wodurch vermehrte Speichelsekretion, Appetitmangel und Kümmern erklärt werden können.

Auch laktierende Schafe und Ziegen haben einen höheren Bedarf an Zink, da es in hohem Maße über die Milch abgegeben wird. Bei dieser Tiergruppe ist deshalb eine adäquate Zinkversorgung bei gleichzeitiger Vermeidung einer Überversorgung mit Kalzium von besonderer Bedeutung.

Zinkmangel während der Trächtigkeit führt sowohl beim Muttertier als auch beim Jungtier nach der Ablammung zu einer verminderten Kondition. Fruchtbarkeitsstörungen oder chronische Klauenerkrankungen und Lahmheiten können in engem Zusammenhang mit Zinkmangel stehen.

Aufgrund der Symptomatik, insbesondere aufgrund der Hautveränderungen an den beschriebenen Stellen, kann der untersuchende Tierarzt eine Vermutungsdiagnose stellen, welche durch entsprechende, weiterführende Laboruntersuchungen abgesichert werden sollte.

Vorbeugung

Aufgrund der geringen Speicherkapazität ist der Organismus auf eine regelmäßige, das heißt tägliche, Zufuhr von Zink angewiesen. Der Bedarf von Zink wird mit > 30 ppm/d und Tier angegeben. Das entspricht einer täglichen Versorgung von wenigstens 0,8 mg/kg Körpergewicht. In höheren Konzentrationen ist Zink in Weizenprodukten, Fischmehl und Seetang vorhanden.

Zink ist wesentlicher Bestandteil von Mineralstoffmischungen, wobei sowohl organische (Methioninzink) als auch anorganische (Zinksulfat, Zinkoxid) zum Einsatz kommen können. Nach dem derzeitigen Stand des Wissens nimmt der Organismus von Wiederkäuern organisch und anorganisch gebundenes Zink gleichermaßen als Zinkquelle an. Nur durch den regelmäßigen und richtigen Einsatz von vitaminisierten Spurenelement- und Mineralstoffmischungen sind Mangelerkrankungen vermeidbar. Allgemeine Mengenempfehlungen zu Mineralstoffgaben bei Schafen und Ziegen können aufgrund stark unterschiedlicher Einmischraten nicht abgegeben werden, sondern sind dem entsprechenden Beipacktext/Sackanhänger der jeweiligen Mischung zu entnehmen.

Überversorgung mit Zink

Schäden durch übermäßige Zufuhr von Zink sind eher selten. Neben einem möglichen Eintrag aus industriellen Emissionen auf Pflanzen und Böden könnte eine abnorm hohe Überversorgung mit zinkhaltigen Wirkstoffmischungen (mehr als 2.000 mg Zink/kg Körpergewicht) bzw. Mischungsfehler zum seltenen Krankheitsbild der Zinkvergiftung führen. Dabei stehen Wachstumsstörungen, Futterverweigerung und Nierenerkrankungen im Vordergrund

Wie viel Salz benötigen Schafe?

Die Frage der Notwendigkeit der Vorlage von Salz an kleine Hauswiederkäuer, ob als Bergkern, Viehsalz oder mineralisierter Leckstein bzw. in verschiedenen Mineralstoffmischungen, liefert seit Langem Diskussionsstoff.

Die Versorgung mit Viehsalz ist insbesondere bei Weidehaltung sehr wichtig. Foto: Ferdinand Ringdorfer

Obwohl Pflanzenfresser mit ihren Salzvorräten gut haushalten können, sind Salzvorlagen – abhängig von einigen Faktoren – anzuraten bis notwendig.

Der Bedarf an Mineralstoffen wird vom Körpergewicht, vom Trächtigkeits- bzw. Säugestadium und der Leistung (Zuwachs etc.) entscheidend beeinflusst. Kalzium (Ca), Phosphor (P), Magnesium (Mg) und Natrium (Na) sind hier sicherlich von größter Bedeutung, was allfällige Mangelzustände betrifft. Bei freier Futterwahl auf Weiden, aber auch bei ausgeglichener Rationsgestaltung im Rahmen der Fütterung ist eine Versorgung mit den Mengenelementen, insbesondere mit Kalium (K), Schwefel (S), Chlor (Cl) und auch Magnesium (Mg), im Allgemeinen gegeben. Demnach brauchen diese Mengenelemente nicht über Mineralstoffmischungen zusätzlich verabreicht werden.

Mineralstoffe werden für den Stoffwechsel genauso benötigt wie organische Futterkomponenten. Die meist in wasserlöslicher Form aufgenommenen Mineralien, wie z. B. die Mengenelemente Kalzium, Phosphor, Natrium, Kalium, Chlor, Magnesium, oder die Spurenelemente (Selen, Eisen, Jod usw.) werden entweder direkt im Gewebe eingebaut, bilden einen Bestandteil von Stoffwechselprodukten oder spielen eine Rolle in der Regulierung des osmotischen Druckes und Säuregrades von Körperflüssigkeiten. Mineralstoffe haben also eine essentielle Bedeutung im Körper. Über den Blutweg gelangen sie in alle Zellen und wirken entweder alleine oder als Teil körpereigener Wirkstoffe (z. B. Hormone).

Vieh- bzw. Kochsalz (Natriumchlorid) besteht aus den Elementen Natrium und Chlor. Natrium ist ein wichtiger Bestandteil von Körperflüssigkeiten und daher für die Nährstoffaufnahme und -ausscheidung bedeutend.

Natrium hat wie Magnesium und Kalium einen entscheidenden Einfluss auf die Nervenfunktionen und die Muskelkontraktion. Es kommt im Körper besonders im Speichel (Pufferfunktion!), Blutserum und in der Muskulatur vor, wo Natrium am Ablauf der Muskelbewegungen beteiligt ist. Chlor kommt im Blut vor und ist notwendig bei der Verdauung im Magen (Labmagen beim Wiederkäuer), wo es einen Bestandteil der Salzsäure bildet. Im Stoffwechsel ist Chlor ein Begleiter von Natrium und Kalium. Da die Futtermittel unserer landwirtschaftlichen Nutztiere ausreichend Chlor enthalten, sind bisher keine Chlor-Mangelerscheinungen bekannt, ein Natriummangel ist aber durchaus möglich.

Da in Pflanzen 4–80-mal mehr Kalium als Natrium enthalten ist, müssen Wiederkäuer täglich große Kaliummengen ausscheiden und diese durch Natrium ersetzen. Falls täglich Natrium zur Verfügung steht, können sie „salzsüchtig" werden und den Überschuss nur durch größere Wasseraufnahmen ausscheiden. Dieser erhöhte Wasserbedarf muss besonders bei Heufütterung und bei Tieren mit hoher Milchleistung berücksichtigt werden.

Ein Natriummangel senkt die Eiweiß- und Energieverwertung und wirkt sich negativ auf die Fruchtbarkeit aus. Weiters können Wachstum, Milchproduktion sowie Milchfettgehalt vermindert sein. Der Natriumbedarf ist bei laktierenden Tieren stark erhöht. Wiederkäuer können aber wegen des guten Haushaltes mit Natrium mehrere Wochen ohne größere Natrium-Zufuhr auskommen.

Der tägliche Bedarf an NaCl wird für Schafe und Ziegen mit 5–10 g angegeben. Nach längerem Salzentzug bzw. salzarmer Ernährung kann es zu suchtartiger Aufnahme von kochsalzhältigen Futtermitteln kommen.

Gefahr Salzvergiftung

Als toxische Dosis wird eine Aufnahme von mehr als 2 g je kg Lebendgewicht angegeben. Die Toxizität hängt auch sehr stark von der Menge des zur Verfügung stehenden bzw. aufgenommenen Wassers ab. Bei Wassermangel kommt es sehr viel rascher zu Krankheitserscheinungen einer Salzvergiftung als bei entsprechend hoher Wasseraufnahme. Bei Salzvergiftung nimmt der Appetit der Tiere stark ab und es besteht ausgeprägtes Durstgefühl, sodass auch abgestandenes Wasser aus Pfützen aufgenommen wird. Mit Fortdauer des Salzüberhanges kommt es zu nervösen Erscheinungen (Zittern) und zu kolikartigen Schmerzäußerungen und Harndrang.

Die Herz- und Atemfrequenz ist erhöht. Auch akute Fälle mit Festliegen sind möglich, in diesem Fall tritt der Tod des Tieres binnen weniger Stunden ein. Bei chronischer Vergiftung (Überversorgung über das Futter oder salzhaltiger Tränke, evtl. auch permanent feuchte Lecksteine, wovon viel aufgenommen werden kann) kommt es zur Teilnahmslosigkeit und zu dauernd weichem Kot bis Durchfall. Die Tiere trocknen aus, magern chronisch ab und zeigen vermehrt Ödembildung sowie Blutarmut.

Wasser

Da das Wasserangebot in sehr enger Beziehung mit der Salzversorgung steht, sollen die Aufgaben von Wasser im Körper der Tiere näher beschrieben werden. Wasser ist lebensnotwendig und mit ca. 65 % Hauptbestandteil des Körpers. Die vielfältigen Aufgaben von Wasser im Organismus können wie folgt zusammengefasst werden:

- **Wasser als Lösungsmittel:** Wasser ist als universelles Lösungsmittel Bestandteil aller Körperflüssigkeiten, zum Beispiel von Blut, Lymphe und Harn. Darin sind sowohl Nährstoffe als auch Stoffwechselabbauprodukte gelöst.
- **Wasser als Transportmittel:** Im Verdauungstrakt und im Blut sorgt das Wasser für den Stofftransport von einem Ort im Körper zu einem anderen (und letztlich auch aus dem Körper hinaus).
- **Wasser als Kühlmittel:** Bei großer Hitze und Muskelarbeit verhindert vermehrtes Schwitzen ein zu starkes Ansteigen der Körpertemperatur. Wenn Schweiß verdunstet, wird Wärme verbraucht und die Haut kühlt ab.
- **Wasser als Baustoff:** Wasser gehört zu den wichtigsten Bauelementen im Körper. Es ist Bestandteil aller Zellen, Gewebe und Körperflüssigkeiten.
- **Wasser als Reaktionspartner:** Ständig laufen in jeder Körperzelle, aber auch im Verdauungstrakt Reaktionen ab, an denen Wasser beteiligt ist bzw. die Wasser erst möglich macht.

Der Wasserbedarf wird zu einem gewissen Teil direkt über die Nahrungsaufnahme gedeckt, da ja die Pflanzen einen mehr oder weniger großen Wassergehalt haben. Je höher der Wassergehalt der aufgenommenen Pflanzen bzw. der eingesetzten Futtermittel ist, umso weniger Wasser müssen Schafe und Ziegen aufnehmen. So haben etwa Rüben einen Wassergehalt von etwa 88 %, Anwelksilagen einen Wassergehalt von 65–70 % und Heu weniger als 14 %.

Zum Wasserbedarf gibt es daher auch viele unterschiedliche Angaben. Der tägliche Wasserbedarf ist in erster Linie abhängig vom Feuchtigkeitsgehalt der aufgenommenen Ration sowie von den Umgebungstemperaturen bzw. auch der Luftfeuchtigkeit.

Unter herkömmlichen Fütterungsbedingungen wird der Wasserbedarf mit 1,5 Litern/10 kg Körpergewicht angenommen. Dieser Bedarf steigt bei Fütterung mit sehr trockenen Futtermitteln auf mehr als 4 Liter/10 kg Körpergewicht und sinkt bei Saftfuttergaben unter 0,5 Liter/10 kg Körpergewicht.

Wassermangel kann insbesondere bei sehr tiefen Minus-Temperaturen im Winter oder langen Trockenperioden im Sommer auftreten. Bei akutem Wassermangel wird das Wiederkäuen („Eindrücken") eingestellt, das Milieu der Pansenfauna kippt und es entwickelt sich trotz mit Äsung gefülltem Pansen sehr rasch ein lebensbedrohlicher Zustand.

Vergiftungen

Vergiftungen durch Giftpflanzen bei Schafen und Ziegen

Als Folge der Intensivierung der Grünlandbewirtschaftung kamen giftpflanzenbedingte Erkrankungen und Verluste bei Pflanzenfressern in solchen Gebieten nur noch vereinzelt vor. In jüngerer Zeit ist wieder eine zunehmende Tendenz an Schadensfällen, welche durch Aufnahme von Giftpflanzen und -teilen verursacht werden, zu beobachten. Dieser Trend lässt sich auf verschiedene Ursachen zurückführen. Die unterschiedlichen Bewirtschaftungsformen landwirtschaftlicher Nutzflächen können ebenso wie eine Grünland-Extensivierung (Brachen) das Risiko eines verstärkten Besatzes mit Giftpflanzen bergen. Eine weitere mögliche Ursache liegt in der zunehmenden Vorliebe vieler Freizeitgärtner für Zierpflanzen mit giftigen Inhaltsstoffen (Oleander, Eibe, Buchsbaum, Seidelbast ...). Haben Pflanzenfresser direkten Zugang zu solchen Pflanzen bzw. werden Pflanzen oder -teile unsachgemäß auf Wiesen oder Weiden entsorgt, so kann es dadurch ebenfalls zu Vergiftungsfällen kommen.

Abgrenzung der Symptomatik einer Vergiftung von der einer Infektionskrankheit

Bei akuter Erkrankung mehrerer Pflanzenfresserarten (Schafe, Ziegen, Rinder und Pferde) sollte neben einer infektiösen Ursache auch an die Möglichkeit einer Vergiftung (Pflanzenvergiftung) gedacht werden.

Der **Verdacht** auf eine Vergiftung ist insbesondere unter folgenden Umständen gegeben:

- Mehrere Tiere oder auch unterschiedliche Tierarten erkranken.
- Zusammenhang mit der Futter- oder Wasseraufnahme
- Die Krankheitserscheinungen treten zumeist plötzlich auf.
- Die Krankheit ist nicht übertragbar.
- Die erkrankten Tiere zeigen kein Fieber (außer evtl. zentral erregende Gifte).
- Es besteht weitgehend Therapieresistenz.

Auf intensiven Grünlandflächen sind üblicherweise kaum Giftpflanzen zu finden. Foto: Ferdinand Ringdorfer

- Neben Störungen des Verdauungstraktes (Durchfall, Koliken) stehen oft Veränderungen mit zentralnervalen Krankheitserscheinungen im Vordergrund (Störungen des Verhaltens, der Bewegungsfähigkeit und der Empfindungen wie Sehen, Hören, Tastsinn ...).

Die Abgrenzung einer Infektionskrankheit von einer Vergiftung erfordert einen exakten Vorbericht durch den Tierhalter. Da sich der direkte Giftnachweis zumeist sehr schwierig gestaltet, sind genaue Nachforschungen bezüglich der Pflanzengesellschaft des gerade genutzten Grünlandes sowie des Raufutters notwendig. Bei verendeten Tieren empfiehlt sich bei Verdacht eine baldige Untersuchung des Panseninhaltes auf Giftpflanzen und -teile durch eine entsprechende Untersuchungsstelle.

Beziehungen zwischen Dosis und Wirkung

„Alle Dinge sind Gift und nichts ist ohne Gift. Allein die Dosis macht, dass ein Ding kein Gift ist." Diese mehr als 500 Jahre alte Feststellung von Paracelsus (1493–1541) besitzt auch heute noch ihre volle Gültigkeit. Als praktisches Beispiel dient hier der Goldhafer, der ein wertvolles Futtergras darstellt. Bei starkem Goldhafervorkommen kann jedoch durch dessen mehrmonatige Verfütterung das Krankheitsbild der Enzootischen Kalzinose ausgelöst werden.

Für die Einteilung von Giftstoffen wird der Begriff letale Dosis (= tödliche Menge, LD) angewandt. Dabei gibt die orale LD50 jene Menge an Gift an, nach deren Verabreichung über den Verdauungstrakt 50 % der Versuchstiere aufgrund der Giftwirkung verenden.

Weiters muss zwischen akut, subchronisch und chronisch toxisch wirkenden Substanzen unterschieden wer-

Klassifizierung von Giftstoffen

Kategorie	Orale LD50 mg/kg
sehr giftig	≤ 25
giftig	$> 25 \leq 200$
mindergiftig	$> 200 \leq 2000$

den. Die Giftwirkung ist dabei abhängig von der **Menge** des einwirkenden Giftes sowie der **Dauer** bzw. **Häufigkeit** der **Gifteinwirkung**.

Die bedeutendsten Pflanzengifte

Eine Vergiftung erfolgt hauptsächlich nach Aufnahme des Giftes über den Verdauungstrakt. Die meisten pflanzlichen Giftstoffe sind sekundäre Pflanzenstoffe (Exkrete), welche nach Verstoffwechselung von Kohlenhydraten, Fetten und Aminosäuren entstehen. Pflanzliche Gifte gehören in erster Linie zur Gruppe der Glykoside (z. B. Blausäure, Digitalis-Saponin), Alkaloide (z. B. Atropin, Nikotin, Papaverin) oder Gerbstoffe.

Mykotoxine (Pilzgifte) sind giftige Stoffwechselprodukte bestimmter Pilze. Wenn die Lagerbedingungen von Futtermitteln die Vermehrung dieser Pilze erlauben (warm, feucht, ungenügender Luftabschluss, Hygienezustand), so können durch diese Pilzgifte eine Vielzahl von Krankheitserscheinungen ausgelöst werden.

Johanniskraut

Herbstzeitlose

Fotos: Armin Deutz

Pflanzenvergiftung durch Aufnahme von Herbstzeitlosen

Die Herbstzeitlose stellt die bedeutendste heimische Giftpflanze dar. Die im Herbst violett blühende Herbstzeitlose ist ein auf manchen Feuchtwiesen massenhaft verbreitetes Unkraut. Die Samen werden erst im darauffolgenden Frühling ausgebildet. Die Pflanzen werden von Weidetieren zwar auch in grünem Zustand aufgenommen, häufiger werden jedoch Vergiftungsfälle durch Herbstzeitlose in Heu oder Grassilage verursacht. Das Gift der Herbstzeitlose wird durch Heuwerbung oder Silierung nicht neutralisiert.

Das in allen Pflanzenteilen enthaltenene Alkaloid Colchicin ist ein Mitosegift (stört die Zellteilung) und ein Kapillargift (Schädigung der Wände von Blutgefäßen). Nach Aufnahme von Teilen der Herbstzeitlose kommt es im Magen-Darm-Bereich zu schwerwiegenden Schleimhautreizungen. Dadurch werden die hochgradigen, teilweise blutigen Durchfälle ausgelöst. Eine Dosis von 0,25 mg Colchicin pro kg Körpergewicht führt bereits zu starkem Durchfall, eine Dosis ab 1 mg Colchicin pro kg Körpergewicht ist tödlich.

Die Tiere erkranken zumeist 1–3 Tage nach erstmaliger Aufnahme von Herbstzeitlosen, da Colchicin im Magen-Darm-Trakt erst umgesetzt wird. Die erkrankten Tiere zeigen gestörte bis aufgehobene Fresslust, Pansenstillstand, vermehrten Speichelfluss, Schweißausbruch, Unruhe, kolikähnliche Erscheinungen, Zittern, Taumeln, Nachhandlähmung, Festliegen und Kreislaufstörungen.

Weiters besteht ein hochgradiger, gelblich-brauner, stinkender, bisweilen blutiger Durchfall. Etwa die Hälfte der an diesen Symptomen leidenden Tiere verendet binnen der ersten 12 Stunden nach Krankheitsbeginn. Da Colchicin von vergifteten Tieren über die Milch ausgeschieden wird, können damit gefütterte Jungtiere ebenfalls Vergiftungserscheinungen wie Durchfall zeigen. Im Panseninhalt toter Schafe können bei genauerer Untersuchung möglicherweise Reste von Blättern der Herbstzeitlosen oder deren Samen nachgewiesen werden.

Behandlung

Nach sofortigem Futterwechsel empfiehlt sich eine Pansenspülung mit großen Mengen von Wasser, um noch im Pansen verbliebene Giftpflanzenteile zu entfernen. Neben einer anschließenden Pansensaftübertragung werden schleimig einhüllende Präparate, Tierkohle sowie atemanregende Präparate verabreicht. Zur Kreislaufstabilisierung und rascheren Giftausschwemmung empfiehlt sich auch eine Dauertropfinfusion.

Bedeutende heimische Giftpflanzen

Giftpflanze	Vorkommen und Krankheitserscheinungen
Farne (Adlerfarn, Wurmfarn)	■ Chronische Vergiftung ■ Blut in Kot und Harn – Blutarmut ■ Erblindung
Sumpf-Schachtelhalm	■ Giftwirkung auch im Heu erhalten ■ plötzlicher Milchrückgang, Durchfall ■ Unruhe, Schwanken, Taumeln, Apathie ■ Milch wird wässrig-blau
Scharfer Hahnenfuß	■ nur in grünem Zustand bei Massenvorkommen giftig ■ Durchfälle, Bauchkrämpfe, Blut im Harn
Lupine	■ Muskelzittern, Krämpfe, Lähmungen, Tod ■ chronische Abmagerung, Gelbsucht ■ fruchtschädigende Wirkung möglich
Eibe	■ alle oberirdischen Teile der Eibe sind äußerst giftig ■ Unruhe, Krämpfe, Taumeln, Blindheit, Niederstürzen, Durchfall, Ersticken ■ plötzliche Todesfälle ■ Gift wird über Milch ausgeschieden
Klappertopf	■ nur in grünem Zustand giftig ■ Erbrechen, Krämpfe, blutiger Durchfall und Nierenentzündung
Jakobskreuzkraut	■ gerne auf Brachgebieten ■ Leberschäden, Koliken, Durchfall, Blutarmut
Blaugrünalgen	■ entstehen in kleineren stehenden Gewässern bei anhaltender Wärme ■ sehr giftig (Wasseraufnahme) ■ Unruhe, Muskelzittern, Atemlähmung ■ plötzliche Todesfälle möglich
Pilzgifte (*Mykotoxine*)	■ zumeist chronische Vergiftung ■ Fruchtbarkeitsstörungen ■ Durchblutungsstörungen, Verwerfen ■ Leberschäden, Minderleistung ■ Störungen des Immunsystems

Es gibt noch eine Vielzahl vom heimischen Giftpflanzen, welche jedoch zumeist aufgrund ihres Geschmackes (scharf, bitter, ätherische Öle) von den Weidetieren üblicherweise nicht aufgenommen werden. Dazu zählen u. a. die Sumpfdotterblume, die Einbeere, das Bingelkraut, das Wiesenschaumkraut, der Buchweizen, der Eisenhut, der Fingerhut, die meisten Wolfsmilcharten, die Nachtschattengewächse (besonders die oberirdischen Teile der Kartoffel), der Seidelbast, der Almrausch, der Buchsbaum, verschiedene Kohlarten, der Weiße Germer, der Steinklee sowie Eichenblätter und Eicheln.

Beliebte Zierpflanzen wie Thujen, Oleander, Goldregen, Maiglöckchen und die Engelstrompete sind ebenfalls sehr giftig.

Es sind mehr als 200 Pflanzenarten bekannt, welche bei landwirtschaftlichen Nutztieren Vergiftungserscheinungen hervorrufen können. Bei gleichzeitiger Erkrankung mehrerer Tiere, insbesondere auf der Weide, ist immer eine mögliche Pflanzenvergiftung in Betracht zu ziehen.

Die Diagnose wird durch Zusammenfassung der Befunde aus Vorbericht, klinischer Symptomatik, Zerlegungsbefund und Giftpflanzennachweis (Raufutterbeurteilung, Panseninhalt, Flurbegehung) gestellt. Ein direkter Giftnachweis ist unter praktischen Bedingungen zumeist undurchführbar oder zu kostenintensiv.

Aufgrund ihrer bleibenden Giftwirkung nach Konservierung stellen jedoch in unseren Breiten die Herbstzeitlose und ab einer bestimmten Aufnahmedauer bzw. Menge auch der Goldhafer die bedeutendsten Giftpflanzen des alpinen Grünlandes dar.
Während es nach Aufnahme von Herbstzeitlosen ähnlich der Eibenvergiftung binnen weniger Tage zu akuten Krankheitserscheinungen kommt, wird das Krankheitsbild der Enzootischen Kalzinose erst nach Verfütterung größerer Mengen Goldhafers über mehrere Monate hindurch ausgelöst.

Enzootische Kalzinose (Weidekrankheit)

Durch länger dauernde Aufnahme einer Ration, welche mehr als 20–30 % Goldhafer enthält, kommt es bei Wiederkäuern zur Ausbildung der klinischen Symptome der Kalzinose. Als krankheitsauslösender Faktor im Goldhafer konnte sein hoher Gehalt an Vitamin-D-ähnlichen Substanzen ermittelt werden.

Der Vitamin-D-Bedarf von Schafen und auch Ziegen kann durch vermehrte Aufnahme von Goldhafer bis um das 20-Fache überschritten werden. Die Auswirkungen im Organismus kommen einer Vitamin-D-Vergiftung gleich. Durch gesteigerte Aufnahme von Kalzium und Phosphor aus dem Darm kommt es zu einer Erhöhung des Kalzium- und Phosphorspiegels im Blutserum.

Innere Organe, insbesondere die Herzklappen, die Lungen, die Nieren, die großen Arterien und die Sehnen, lagern massiv Kalk ein. Diese kalzinotisch veränderten Organe und Blutgefäße zeigen bei der Sektion je nach Schweregrad der Erkrankung eine feste bis harte, starre Konsistenz (typisch: „Bimssteinlunge"). Die Kalkablagerungen sind in besonders ausgeprägten Fällen tastbar und sichtbar, die veränderten Gewebeteile knirschen beim Anschneiden.

Krankheitsbild und Krankheitsverlauf

Erst nach mehrmonatiger Aufnahme von goldhaferhaltigem Futter ist bei den betreffenden Tieren mit Krankheitserscheinungen zu rechnen. Bei Schafen und Ziegen äußert sich die Kalzinose, ähnlich wie bei Rindern, mit folgenden Krankheitserscheinungen: vermehrtes Liegen, Verweilen auf den Karpalgelenken („knieende" Haltung wie sie auch bei der Moderhinke zu beobachten ist), schmerzhaftes und deshalb unwilliges Aufstehen, vorbiegige Haltung der Karpalgelenke, aufgekrümmter Rücken, Bewegungsunlust sowie steifer und spießiger Gang.

Weiters finden sich Fressunlust, chronische Abmagerung, verminderte Milchleistung, stumpfes, glanzloses Haarkleid, erhöhte Atemfrequenz und erschwerte Atmung, die Pulsgefäße sind vermehrt gespannt, es besteht eine beschleunigte Herztätigkeit und oftmals sind Herzrhythmusstörungen nachweisbar. Erkrankte Tiere zeigen

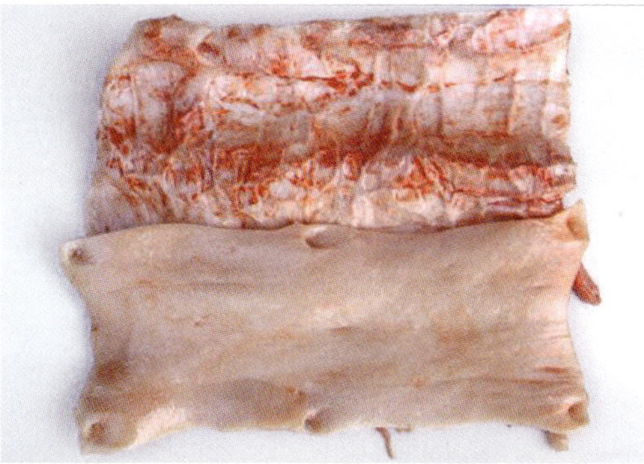

Foto: Johann Gasteiner

Enzootische Kalzinose führt zur bleibenden Verkalkung innerer Organe und Gewebe wie der Aortenwand (oben verkalkt, unten gesund).

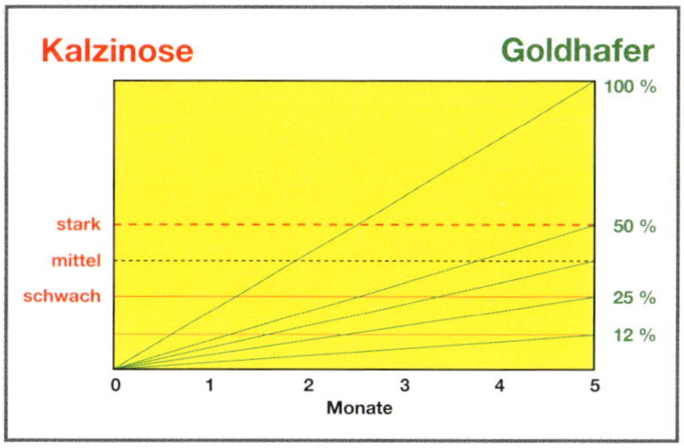

Zusammenhänge zwischen Erkrankungsgrad an Kalzinose (schwach, mittel, stark), Goldhaferanteil in der Ration (%) und Dauer der Verfütterung in Monaten

mit Fortdauer der Erkrankung Fruchtbarkeitsstörungen und körperlichen Verfall. Bei der Kalzinose handelt es sich um ein Herdenproblem, es sind zumeist mehrere Tiere eines Bestandes mehr oder weniger stark vom klinischen Krankheitsbild, aber auch subklinisch, also vorerst nicht erkennbar, betroffen. Die Verkalkungen sind nicht heilbar.

Krankheitsbegünstigende Faktoren

Goldhafer: Zum Zeitpunkt des Schossens findet sich der höchste Anteil an Vitamin-D-artigen Substanzen im Goldhafer.

Konservierungsart: Durch Heuwerbung wird der Gehalt an Vitamin D im Goldhafer vermindert, geringgradig auch nach Silagebereitung. In grünem Zustand findet sich der höchste Gehalt an Vitamin D im Goldhafer.

Rationsgestaltung: Durch Beifütterung goldhaferfreier Rationskomponenten (Raufutter von goldhaferfreiem Grünland, Kraftfutter) kann die Belastung gesenkt werden. Ca-und P-reiche Minerallecksteine dürfen während einer Goldhaferbelastung nicht angeboten werden.

Alter der Tiere: Jüngeren Tieren wird eine höhere „Resistenz" gegenüber dem Goldhafer zugesprochen. Da die Krankheitserscheinungen der Kalzinose jedoch erst nach Monaten oder Jahren ausgebildet werden, ist diese Aussage zu überdenken.

Weiters zu berücksichtigende Faktoren sind die Dauer und Kontinuität der Goldhaferverfütterung, der Gehalt an Goldhafer in der Ration sowie die tatsächlich aufgenommene Menge an Goldhafer.

Für die Diagnose der Kalzinose geben der Vorbericht und die klinische Untersuchung entsprechende Hinweise, welche durch weitere Untersuchungen bestätigt bzw. entkräftet werden müssen. Der Schweregrad des klinischen Erscheinungsbildes der Kalzinose ist vom Verkalkungsgrad der inneren Organe abhängig und kann durch Haltungsbedingungen (Anbindehaltung, einstreulose und harte Liegeflächen), inadäqute Mineralstoffversorgung (Kalzium- und Phosphorüberversorgung), aber auch durch Stoffwechselstörungen und Unterversorgung mit Spurenelementen (Selenmangel) verstärkt, verschleiert oder vorgetäuscht werden. Erst sehr ausgeprägte Fälle von Kalzinose sind durch den klinischen Untersuchungsgang eindeutig als solche diagnostizierbar.

Eine Pflanzenanalyse der Grundfuttermittel gibt weitere Anhaltspunkte für eine Beteiligung des Goldhafers an Krankheitserscheinungen in Problembetrieben. Die Kenntnis des Anteiles von Goldhafer im untersuchten Futter erlaubt gewisse Rückschlüsse auf die von den Tieren tatsächlich aufgenommene Menge Vitamin-D-wirksamer Substanzen.

Die Bestimmung des Gehaltes an Kalzium und Phosphor im Blutserum kann zum Nachweis der Kalzinose herangezogen werden. Die Serum-Mineralstoffgehalte von Ca und P unterliegen jedoch jahreszeitlichen und fütterungs- sowie leistungsbedingten Einflüssen, sodass trotz Vorliegens von physiologischen Serum-Mineralstoffgehalten eine bestehende Kalzinose nicht mit Sicherheit ausgeschlossen werden kann.

Behandlung und Vorbeugungsmaßnahmen

Ausgeprägte Fälle von Kalzinose sind nicht heilbar, diese Tiere müssen geschlachtet werden. Durch tiergerechte Haltungssysteme können die Folgen gering- bis mittelgradiger Fälle von Kalzinose gemildert werden. Wichtig ist die sofortige Beendigung der Verfütterung von goldhaferhaltigem Futter. Die Tiere von Kalzinose-Problembetrieben werden durch zusätzlich bestehende Krankheitsfaktoren besonders geschwächt. Eine optimale Versorgung mit Vitaminen bei gleichzeitiger Vermeidung der Gabe von Vitamin D und Spurenelementen sowie eine regelmäßige Entwurmung sind deshalb besonders wichtig.

Liegt der Goldhaferanteil generell über 20 %, sollten unbedingt Maßnahmen ergriffen werden, die die Tierbelastung vermindern und damit einen Krankheitsausbruch verhindern.

Vorbeugende Maßnahmen

- **Pflanzenbauliche Maßnahmen** zur Reduktion des Goldhafers in den Pflanzenbeständen:
  - Vermeidung einer Überdüngung mit Phosphat und Stickstoff
  - Bodenkalkung durchführen
  - Erhöhung der Schnittnutzung auf 4–6 mal/Jahr
  - Methoden der Grünlanderneuerung durch goldhaferfreies Saatgut (Übersaat, Nachsaat, Neuansaat)
- **Fütterungstechnische Maßnahmen** zur Reduktion der Goldhaferbelastung:
  - Alle Maßnahmen zur Senkung des Goldhaferanteiles in der Ration (Zufüttern von goldhaferfreiem Grundfutter, Futter zukaufen, Kraftfuttereinsatz optimieren, Meiden belasteter Weiden, Heufütterung günstiger als Grassilage)
  - Flächen, welche üblicherweise durch Mahd genutzt werden, sollten nur bei geringem Goldhaferbesatz nachgeweidet werden. Die Herbstweide birgt erhöhte Kalzinosegefahr, da der Gehalt an Goldhafer beim 2. und 3. Aufwuchs üblicherweise erhöht ist.
  - Einsatz von Viehsalz und Vitaminen, Vermeiden von Minerallecksteinen und Vitamin-D-Gaben.

Kupfervergiftung und Kupfermangel

Kupfer ist ein Spurenelement, das als Bestandteil von vielen Enzymen im Stoffwechsel sowie von Struktur- und Transport-Proteinen und Gerinnungsfaktoren lebensnotwendig ist. Häufiger als bei allen anderen Haustieren treten beim Schaf Störungen des Kupferstoffwechsels auf, was auf Schwierigkeiten in der Regulation des Kupferstoffwechsels und der Kupferspeicherung zurückgeführt wird. Beim Schaf kann es bei Unterversorgung zu Kupfermangel oder bei Überversorgung recht leicht zu einer akuten oder chronischen Kupfervergiftung kommen, da die Kupfertoleranz der Schafe sehr gering ist. Der Kupferbedarf beträgt etwa 0,1 mg pro Tag und kg Körpergewicht, was einem Kupferangebot von etwa 10 mg/kg Trockensubstanz (TS) in der Gesamtration mit einer Toleranzbreite von 5–15 mg/kg TS entspricht.

Rassenunterschiede

Kupfermangel kommt etwa ebenso häufig vor wie Kupfervergiftung. Hinsichtlich der Anfälligkeit für einen Kupfermangel bzw. für eine Kupfervergiftung gibt es neben individuellen Empfindlichkeiten auch starke Rasseunterschiede. In aufsteigender Reihenfolge besteht die Gefahr einer Kupfervergiftung bei Merino-, Schwarzkopf-, Suffolk-, Milch- und Texelschafen. Infolgedessen sind Merinoschafe eher für einen Kupfermangel, dagegen Texelschafe eher für eine Kupfervergiftung anfällig. Grund dafür sind Unterschiede in der Kupferspeicherung.

Kupferstoffwechsel und -speicherung

Die Bindung des Kupfers an Transport- und Speicherproteine dient nicht nur der Kupferspeicherung, sondern ist auch ein Zellschutz, da freie Kupferionen Sauerstoff-Radikalbildner sind und dadurch zellschädigend wirken würden. Sowohl bei der chronischen Kupfervergiftung als auch beim Kupfermangel sind die komplexen Aufnahme-,

Transport- und Speichermechanismen des Kupfers von entscheidender Bedeutung. Das mit der Nahrung aufgenommene Kupfer wird nur scheinbar in annähernd gleicher Menge wieder über den Kot ausgeschieden. Tatsächlich besteht aber ein komplexer innerer Kupfer-Kreislauf, bei dem Kupfer im Magen und vorwiegend im Dünndarm freigesetzt und hauptsächlich von dort absorbiert und schließlich an Transportproteine gebunden wird. Über den Blutkreislauf gelangt das Kupfer in die Leber, wo es an weitere Transportproteine, Enzyme und Speicherproteine gebunden wird. Das die Leber verlassende Blut enthält nur wenig Kupfer, das der Kupferversorgung anderer Organe dient.

Bei der Kupferaufnahme spielen andere Mengen- und Spurenelemente eine wesentliche Rolle. Diese so genannten Kupferantagonisten (Molybdän, Schwefel, Zink, Eisen, Kalzium, Cadmium) können aus dem Boden oder durch Düngung sowie industrielle Emissionen ins Futter gelangen und behindern durch Komplexbildung oder Konkurrenz zu Bindungsstellen die tatsächliche Kupferaufnahme.

Ein Überschuss an Antagonisten, wie etwa Molybdän oder Schwefel, im Futter kann so einen Kupfermangel provozieren, obwohl eigentlich ein ausreichender Kupfergehalt im Futter vorliegen würde.

Kupfermangel

Kupfermangel äußert sich vor allem bei Lämmern nach unzureichender Kupferversorgung der Mutterschafe während der Trächtigkeit und führt zu schweren Entwicklungsstörungen des Zentralnervensystems, z. T. noch bei den ungeborenen Lämmern.

Die Kupferkonzentration in Blutplasma oder Milch korreliert nicht mit der aktuellen Kupferaufnahme und auch nicht mit übermäßiger Kupferspeicherung. Deshalb wird eine chronische Kupfervergiftung bei Mutterschafen weder vor noch nach dem Ablammen auf die Lämmer übertragen. Umgekehrt jedoch sinken bei chronischem Kupfermangel die Plasmakonzentrationen unter 5 µmol/l, sodass Kupfermangel um den Ablammzeitpunkt die Lämmer beeinträchtigt und es dabei zu schwersten Störungen kommt.

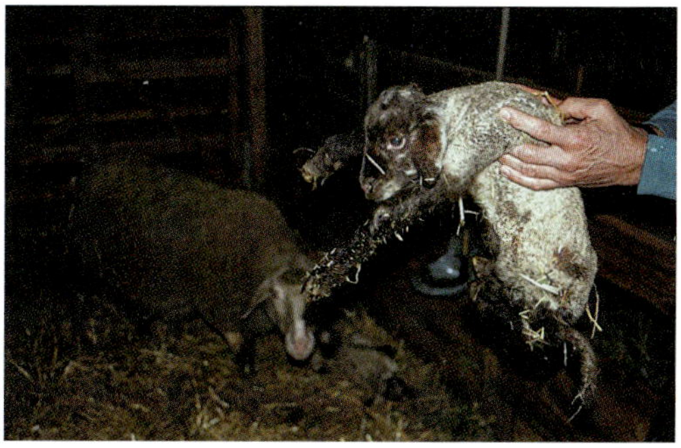

Kupfermangel führt bei Lämmern zu schweren Entwicklungsstörungen. Foto: Ferdinand Ringdorfer

Kupfervergiftung

Eine akute Kupfervergiftung durch eine von 100–1.000-fach über dem Bedarf liegende Dosis führt wie bei anderen Tierarten auch zu einer akuten hämorrhagischen Gastroenteritis (blutigen Magen-Darm-Entzündung) und tritt beim Schaf relativ selten auf.

Dagegen zeigt sich eine chronische Kupfervergiftung nach langfristiger Zufuhr 10–50-facher Dosen bei älteren Schafen und Mastlämmern als schleichende Lebererkrankung. In Einzelfällen kommt es nach Monaten zu plötzlich einsetzender akuter Leberstörung und Zerfall von roten Blutkörperchen durch freiwerdendes Kupfer mit nachfolgender Gelbsucht.

Vorbeugungsmaßnahmen

Mineralstoffmischungen oder mineralisierte Lecksteine für Rinder oder andere Tierarten dürfen Schafen nicht vorgelegt werden, da in diesen der Kupfergehalt für Schafe häufig zu hoch liegt und zu Kupfervergiftungen führen kann.

Die Ablammung

Bei einer Trächtigkeitsdauer von 21–22 Wochen (abhängig von Rasse, Anzahl der Lämmer und der Nährstoffversorgung) kommt es 8–10 Tage vor der Ablammung zu äußeren Anzeichen der nahenden Ablammung, wie Schwellung der Zitzen und der Schamgegend, Einschießen der Milch und Absenkung/Lockerung der Beckenbänder.

Die Mutterschafe sondern sich von der Herde ab und sollten jetzt spätestens in eine separate, hygienische Ablammbucht verbracht werden. Ablammungen im Freien bzw. auf der Weide sollten nur unter entsprechend günstigen Witterungsbedingungen stattfinden.

Nach einer Weitungsphase (2–4 Stunden), während der die Fruchtblase den Geburtsweg mechanisch weitet, kommt es zur Austreibungsphase. Das Austreiben der Frucht bzw. Früchte ist üblicherweise binnen einer Stunde abgeschlossen. Die Nachgeburt sollte innerhalb von 3 Stunden abgehen. Sollte die Nachgeburt nicht binnen 6 Stunden abgegangen sein, so empfiehlt sich die Abnahme durch einen Tierarzt und eine antibiotische Behandlung zur Verhinderung einer Gebärmutterinfektion.

Als Anzeichen von Schwergeburten sind eine verzögerte Austreibungsphase, besondere Unruhe und Schmerzäußerungen und starkes, ergebnisloses Pressen zu werten. Die manuelle Geburtshilfe setzt Hygiene und entsprechende Erfahrung voraus, Empfehlungen hierzu finden sich unter www.alpinetsheep.eu

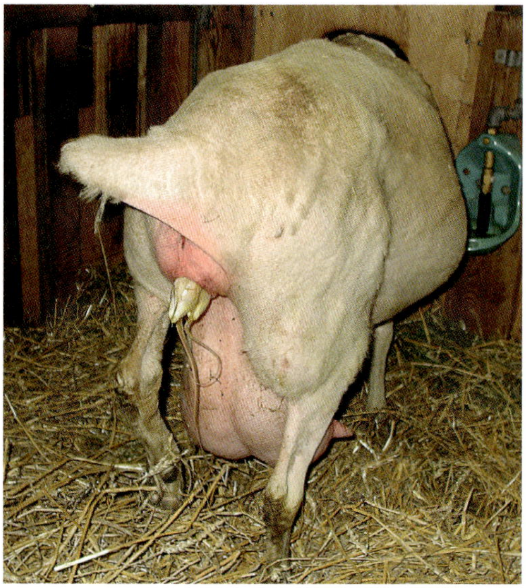

Während der Austreibungsphase weitet sich der Geburtsweg. Foto: Ferdinand Ringdorfer

Erkrankungen bei Lämmern und Jungtieren

Der Hypoglykäme-Hypothermie-Komplex neugeborener Lämmer

Der Hypoglykämie-Hypothermie-Komplex stellt eine der Hauptursachen der nicht infektiös bedingten Verluste von neugeborenen Lämmern dar. Durch eine zu geringe bzw. fehlende Kolostrumaufnahme in den ersten Lebensstunden bei gleichzeitig erhöhten Körperwärmeverlusten kommt es rasch zu einem akuten Mangel an Energie (Glukosemangel, Hypoglykämie) und zum starken Absinken der Körpertemperatur (Hypothermie).

Zusätzliche Faktoren, wie Mehrlingsträchtigkeiten, Schwergeburten, nass-kalte Witterung, Krankheit des Muttertieres oder auch zu gering ausgebildete Lamm-Muttertier-Bindung, können das Krankheitsbild auslösen oder auch verstärken. So kann ein Teufelskreislauf entstehen, an dessen Ende der Tod des Lammes durch Unterkühlung und Verhungern steht.

Krankheitsentstehung

Neugeborene Lämmer haben nur geringe Energiereserven in Form von Glukose im Blut sowie in Form von Glykogen (Speicherzucker) in der Leber und in der Muskulatur. Weitere weniger rasch verfügbare Energielieferanten sind Körperfette und in geringerem Ausmaß auch Proteine. Die neugeborenen Lämmer sind deshalb auf eine rasche Versorgung mit hochwertigem Kolostrum angewiesen.

Die Glukose dient den Körperzellen als Energielieferant, gleichzeitig entsteht auch Wärme, die zur Aufrechterhaltung der physiologischen Körpertemperatur lebensnotwendig ist. Während der physiologische Blut-

Lämmer sind gegenüber Nässe und Kälte sehr empfindlich. *Foto: Ferdinand Ringdorfer*

zuckerspiegel bei Lämmern über 3,3 mmol/l liegt, sinkt dieser Wert bei hypoglykämischen Lämmern auf Werte unter 3 mmol/l ab.

Das Lamm hat zum Zeitpunkt der Geburt eine innere Körpertemperatur, die auch der Temperatur in der Gebärmutter entspricht (38,5–39,5 °C). Das Lamm kommt jedoch „vollständig durchnässt" zur Welt und durch das Trocknen an der Luft wird dem Körper Verdunstungswärme entzogen, sodass das Lamm an der Körperoberfläche stark abkühlt. Die physiologische innere Körpertemperatur beträgt bei Lämmern 38,5–39,5 °C, bei einer Körpertemperatur von 38,5–37 °C spricht man von mäßig hypothermisch und unter 37 °C ist das Tier hochgradig hypothermisch.

Der Hypoglykämie-Hypothermie-Komplex stellt eine multifaktoriell bedingte Erkrankung dar, wobei einzelne Faktoren oder Umstände zur Auslösung der Erkrankung genügen oder sich gegenseitig verstärken können. Mit dem Absinken der inneren Körpertemperatur kommt es bei dem betroffenen Lamm zu einem Rückgang oder vollständigen Fehlen der Sauglust und zu einem herabgesetzten/fehlenden Bewegungsdrang. Die eigene Wärmeproduktion geht weiter zurück und die Prognose verschlechtert sich stündlich.

Mögliche **Auslöser** des Hypoglykämie-Hypothermie-Komplexes:

- untergewichtige Lämmer, oftmals bereits mit verminderter Vitalität, besonders gefährdet sind Lämmer nach Mehrlingsträchtigkeiten oder Schwergeburten
- Lämmer mit Atemnotsyndrom, Fruchtwasseraspiration, Blutübersäuerung, Mangel an Surfacant-Faktor (mangelnde Lungenreife)
- kalte Witterung (< 10 °C) und Wind bzw. Zugluft, Regen- oder Schneefall
- Milchmangel des Muttertieres (infolge Verwurmung, Stoffwechselerkrankung, Euterentzündung)
- Lämmer mit akuten Nabel-, Darm-, Lungen- oder Gelenksinfektionen
- „Angeborene" Stoffwechselerkrankungen (Kupfermangel, Selenmangel, Anämie)
- Unfähigkeit des Lammes, Milch aufzunehmen oder zum Euter zu gelangen (Sehnenverkürzungen an den Gliedmaßen, Missbildungen)
- Gestörte Lamm-Muttertier-Beziehung („Verstoßen" des Lammes)
- Extensives Aufzuchtverfahren, schlechte Haltungsbedingungen, bauliche Mängel und minderes Management (fehlendes Engagement bei der Tierbeobachtung)

Krankheitsbild

Die betroffenen Lämmer stehen oder liegen zumeist abseits der Herde und zittern stark. Die Lämmer sind schwach und haben eine gesenkte Kopf-Hals-Haltung. In Abhängigkeit vom Schweregrad der Erkrankung reagiert das Tier weniger stark oder gar nicht mehr auf äußere Reize, weist kaum noch Reflexe auf und scheint in einen Dämmer- oder Schlafzustand verfallen. Die Sauglust sowie der Schluckreflex sind oftmals bereits vollständig aufgehoben. Aus diesem Grund haben derart erkrankte Lämmer zumeist auch eine feucht-nasse Maulgegend bzw. verstärkten Speichelfluss. Die Messung der inneren Körpertemperatur im Rektum ergibt subnormale Werte (unter 38 °C) und ermöglicht damit bereits eine Verdachtsdiagnose. Auf eine Blutuntersuchung zur Bestimmung des Blut-Glukosegehaltes wird unter praktischen Verhältnissen oftmals aus zeitlichen und wirtschaftlichen Gründen verzichtet.

Behandlung

Initial bewährt sich, insbesondere bei ausgeprägten Fällen von Hypothermie, eine intraperitoneale und subkutane Injektion einer körperwarmen, 10 %-igen Glukoselösung. Aufwändiger, jedoch auch wirkungsvoller ist der Einsatz einer Dauertropfinfusion. Neben diesen tierärztlichen Maßnahmen sollte körperwarme Muttermilch über eine Schlundsonde verabreicht werden (10 ml/kg Köpergewicht). In schweren Fällen von Hypothermie sollte das Kolostrum vorerst durch Gaben einer 20 %-igen Glukoselösung ersetzt werden und ebenfalls im körperwarmen Zustand über eine Sonde eingegeben werden.

Als begleitende Maßnahme muss das erkrankte Lamm in eine angenehm temperierte Umgebung gebracht werden, wo es zugfrei und trocken ist. Ein Stallabteil ist entsprechend tief einzustreuen und mithilfe einer Wärmelampe gelingt es dann zumeist, die innere Körpertemperatur des Lammes wieder anzuheben.

Einsatz der Schlundsonde beim Lamm

Bei dieser Tätigkeit ist ein Helfer von großem Nutzen. Das Lamm wird fixiert, indem es vom Helfer zwischen den Knien „eingeklemmt" wird. Der Kopf des Lammes darf nicht seitwärts gebogen werden und auch nicht zu stark gestreckt werden. Die feine Sonde (Durchmesser etwa bleistiftdick) wird in das Maul eingeführt und über der Zunge mit sanftem Druck nach hinten geleitet. Die Sonde soll ohne nennenswerten Widerstand über die Speiseröhre in die Magenabteilung geschoben werden können. Die Wegstrecke, welche die Sonde eingeführt werden muss, kann man sich vor Beginn der Tätigkeit herausmessen und sie entspricht ziemlich genau dem Weg von der Maulöffnung bis knapp hinter das Schultergelenk. Man kann sich diese Strecke auf der Sonde markieren.

Gelangt die Sonde in die Luftröhre, so kann außen an der Sondenöffnung ein atemsynchroner Luftzug bemerkt werden. Abwehrbewegungen des Lammes und Husten können, müssen aber nicht vorkommen und ihr Fehlen liefert daher keinen eindeutigen Hinweis für den richtigen Sitz der Sonde. Vor dem Entfernen der Schlundsonde sollte kurz hineingeblasen werden, um Reste daraus zu entfernen, dann wird das Ende der Sonde abgeknickt und die Sonde wird wieder herausgezogen. Es gilt zu bedenken, dass das Eingießen von Milch in die Lunge wahrscheinlich das Todesurteil für das Lamm darstellt. Das Setzen der Schlundsonde sollte unter Anleitung eines Tierarztes erlernt werden.

Nabelentzündung

Durch bakterielle Infektion (Streptokokken, *Arcanobacterium pyogenes*, Nekrobakterien, Coliforme und Clostridien) des Nabels Neugeborener kommt es zu einer Entzündung des Nabelstumpfes. Die Erkrankung tritt bei Sauglämmern vermehrt auf und kann zu empfindlichen Schäden (Kümmern) und zu gehäuften Todesfällen führen.

Krankheitsbild

Erkrankte Lämmer zeigen verminderte bis aufgehobene Sauglust und Kümmern. Der Bauch ist aufgezogen und der Rücken wird gekrümmt, aber zumeist liegen die erkrankten Lämmer in zusammengekauerter Haltung. In Abhängigkeit von der Immunitätslage des betroffenen Tieres (Kolostrumversorgung) sowie von der Art der Erreger gibt es milde bis perakute Verlaufsformen mit plötzlichen, manchmal sogar seuchenhaften Todesfällen infolge „Blutvergiftung" (Septikämie).

Das Krankheitsbild kann auch durch „Streuung" der Erreger über den Nabelstrang, aber auch den Blut- oder Lymphweg kompliziert werden. Infektionen der Leber (Abszesse), Gelenke (Arthritis) bis hin zu Bauchhöhlenentzündungen und Nierenschäden können die Folge sein. Bei streuenden Infektionen in die Gelenke (Polyarthritis) kommt es zu Schwellungen im Gelenksbereich, Schmerzhaftigkeit und ausgeprägter Lahmheit. Diese komplizierten Fälle können auch durch eine intensive Behandlung zumeist nicht mehr geheilt werden.

Behandlung und Vorbeugung

Erkrankte Tiere müssen tierärztlich behandelt werden, wobei die Prognose bei unkomplizierter Nabelentzündung als günstig einzustufen ist. Mit Fortdauer der Erkrankung sowie nach Streuen der Infektion sinkt die Prognose rasch.

Die Vorbeugung beginnt mit Hygiene, laufender Desinfektion von Ablammbuchten und des Lämmerstalles sowie konsequentem Einstreuwechsel. Ein gutes Stallklima, optimal genährte Mutterschafe und hygienische Maßnahmen während der Ablammmung müssen unbedingt berücksichtigt werden. Der Nabelstumpf neugeborener Lämmer ist mit einer Jodtinktur oder ähnlichen Präparaten zu behandeln, auf Problembetrieben ist diese Behandlung am 2. und 3. Lebenstag zu wiederholen. Durch die frühzeitige und mehrmalige Versorgung der Lämmer mit Kolostrum werden sie mit Abwehrstoffen versorgt.

Durchfall bei Lämmern

Lämmer können bereits ab dem 3. Lebenstag an Neugeborenendurchfall erkranken. Die überwiegende Mehrheit von Durchfällen bei Lämmern ist infektiös bedingt, wobei Diätfehler (mangelnde Kolostrumversorgung, zu hohe Tränkemengen) und Hygienemängel sehr oft den Grundstein für das Kippen der Darmflora darstellen. Erst dieses Kippen der Darmflora ermöglicht es den Durchfallerregern, sich im Darm massiv zu vermehren. Durchfallerkrankungen treten vielfach bestandsweise gehäuft auf und können schwere Verluste (Kümmerer, Todesfälle) verursachen.

Auch verschiedene Umweltfaktoren, wie mindere Hygiene in den Bereichen Ablammung, Aufstallung und Tränkung, aber auch Vitamin- und Spurenelementemängel oder Überbelegung, haben bei der Krankheitsentstehung eine entscheidende Bedeutung.

Durchfallerreger bei Lämmern

Als Erreger von Durchfällen können sowohl Viren (am häufigsten werden Rota- und Coronaviren festgestellt) als auch Bakterien (*E. coli,* Salmonellen und Clostridien) und Parasiten (Kokzidien) in Form von Einzel- oder Mischinfektion eine Rolle spielen.

Bei Lämmern ab einem Alter von etwa drei Wochen, speziell aber in der Umstellungsphase zum Absetzen der Milchtränke können auch Kokzidien (einzellige Darmparasiten) die Verursacher von schwerwiegenden, oftmals blutigen Durchfällen sein. Die Kokzidiose tritt vielfach in der Phase des Absetzens auf und kann durch eine parasitologische Kotuntersuchung erkannt werden.

Krankheitserscheinungen

Erkrankte Lämmer leiden unter starkem, stinkendem Durchfall, wobei dem dünnflüssigen Kot auch Blut, Teile der Darmschleimhaut und Fibrinfetzen beigemengt sein können. Aufgrund der raschen Austrocknung des Körpers kommt es zu einer starken Kreislauf- und Nierenbelastung. Die Hautelastizität des Lammes vermindert sich dramatisch.

Durch die starken Elektrolyt- und Pufferverluste kommt es zu einer raschen Übersäuerung des Organismus und gleichzeitig besteht akuter Blutzuckermangel. Die Tiere sind matt, schwach und haben eingesunkene Augäpfel. Im weiteren Krankheitsverlauf zeigen die Lämmer Trinkschwäche, eine herabgesetzte innere Körpertemperatur, Mattigkeit, Schwäche und Festliegen (aufgrund der Blutübersäuerung).

Der Durchfall führt zu einer starken Schädigung der Darmschleimhaut und wichtiger innerer Organe wie der Nieren. Infolge der allgemeinen Schwächung kann es zu weiteren Komplikationen kommen. Infektionen des Atmungstraktes (Bronchitis, Lungenentzündung), aber auch Erkrankungen des Nabels und der Gelenke treten bei durchfallkranken Lämmern viel häufiger auf.

Nachweis der Durchfallerreger

Für die Behandlung eines an Durchfall erkrankten Einzeltieres ist ein Versuch der Abklärung der Ursache (Erregerisolierung) aus wirtschaftlicher Hinsicht nicht unbedingt sinnvoll. Bei bestandsweise gehäuftem Auftreten von Durchfällen und bei Tierverlusten sollten jedoch Kotproben von mehreren erkrankten Lämmern durch den Tierarzt zur Untersuchung an ein geeignetes Labor gesendet werden. Dort werden virologische, bakteriologische und parasitologische Untersuchungen durchgeführt. Es ist

Besonders Lämmer sind durch Kokzidiose sehr gefährdet. Foto: Johann Gasteiner

jedoch zu beachten, dass die wichtigsten viralen Erreger, die zumeist ursächlich für den Durchfall verantwortlich sind, nur für wenige Tage nach dem Krankheitsausbruch nachweisbar sind.

Aus der Farbe des Durchfalles oder auch aus der Kotkonsistenz kann weder auf die Durchfallursache noch auf den Erreger geschlossen werden.

Behandlung

Bei starkem Durchfall können Lämmer täglich eine Flüssigkeitsmenge von bis zu 20 % ihrer Körpermasse verlieren. Die Behandlung hat daher, unabhängig von der Durchfallursache, vorrangig das Ziel, den Verlust von Flüssigkeit, Elektrolyten, Puffersubstanzen und Nährstoffen wieder auszugleichen.

Bei einer bestandsweisen Häufung von Durchfallerkrankungen sowie bei Lämmern mit Trinkschwäche und gleichzeitig bestehendem Durchfall ist in jedem Fall möglichst rasch ein Tierarzt beizuziehen. Mittel- bis hochgradig erkrankte Lämmer können nur durch tierärztliche Behandlung (Infusionen) gerettet werden.

Der Einsatz von „durchfallstopfenden" Präparaten kann durchaus als ergänzende Maßnahme angesehen werden, um den Durchfall zu lindern. Die Wiederherstellung der normalen Kotkonsistenz („Heilung des Durchfalles") kann aber letztlich nur vom Organismus selbst ausgehen. Wichtigste Maßnahmen bleiben deshalb immer der Flüssigkeits- und Elektrolytersatz sowie die Blutpufferung, damit das Lamm bei Kräften bleibt.

Neben der konsequenten Kolostrumversorgung hat auch die Kolostrumqualität (Gehalt und Zusammensetzung der Abwehrstoffe) einen bedeutenden Einfluss auf die Gesundheit des Lamms.
Durch Einfrieren von Kolostrum älterer Mutterschafe in Plastikbehältern hat man bei Bedarf immer Biestmilch bester Qualität zur Hand, um die Lämmer optimal zu versorgen (z. B. bei Krankheit oder auch nach Tod des Muttertieres).

Rachitis (Knochenweiche)

Diese auf eine unzureichende P-Versorgung und chronischen Vitamin-D-Mangel zurückzuführende Erkrankung heranwachsender Schafe führt zu einer mangelhaften Verknöcherung des Skeletts. Auch durch eine übermäßige Ca-Versorgung der Jungtiere (z. B. alleinige Gaben von Futterkalk) und großen Lichtmangel (Fehlen von UV-Licht in besonders dunklen Stallungen) kann Rachitis ausgelöst werden.

Bei Jungtieren mit Rachitis finden sich typische und schmerzhafte Veränderungen im Gliedmaßenbereich, wie harte Verdickungen/Auftreibungen in der Umgebung von Gelenken, Fassbeinigkeit, Säbelbeinigkeit, Überköten sowie ein erhöhtes Auftreten von Knochenbrüchen.

Neben verschiedenen Graden der Störung des Gangbildes treten bei Tieren mit Rachitis zumeist auch Lecksucht und Kümmern auf. Nur durch den regelmäßigen Einsatz einer entsprechend vitaminisierten Mineralstoffmischung bei Jungtieren (etwa 30 g/Tag) und einer tiergerechten Haltung (gute Lichtverhältnisse) kann Rachitis vermieden werden.

Bei noch säugenden Lämmern ist, insbesondere in Problembetrieben, der Einsatz einer Spurenelement- und Kalzium-betonten Mineralstoffmischung erforderlich, da über die Milch genügend Phosphor aufgenommen wird. Werden jedoch nicht mehr säugende Jungtiere lediglich mit ausgewachsenem Heu versorgt und wird auf eine adäquate Mineralstoffversorgung verzichtet, so ist mit dem Auftreten von Rachitis zu rechnen. Der oft fehlende/geringe Kraftfuttereinsatz in der Schafhaltung verschärft diese Problematik, da das Getreide im Kraftfutter ein wichtiger P-Lieferant für die Tiere ist. Diese Tiere sind mit einer entsprechend P-betonten Mineralstoffmischung zu versorgen.

Weidehaltung ist in der Schafproduktion weit verbreitet und fördert die Gesundheit der Tiere.
Foto: Ferdinand Ringdorfer

Maßnahmen zur Optimierung der Haltungsbedingungen zur Krankheitsprävention finden Sie in den Handbüchern für Schafe und Ziegen – Selbstevaluierung Tierschutz. Sie können diese direkt über den QR-Code herunterladen oder unter https://www.tierschutzkonform.at

Die wichtigsten Schweinekrankheiten

In diesem Kapitel werden überwiegend Erkrankungen behandelt, die in kleineren Schweinehaltungen auftreten. Die Beschäftigung mit den Krankheiten in spezialisierten Schweinebetrieben oder mit Themen, wie Fruchtbarkeit oder Fleischqualität, würden den Rahmen dieses Buches sprengen.

Folgende Tabelle gibt eine kurze Übersicht über die wichtigsten Schweinekrankheiten, wobei die meldepflichtigen Seuchen, wie Schweinepest und Tuberkulose, im Kapitel „Meldepflichtige Tierseuchen" behandelt werden (S. 33).

Einteilung	Krankheit/Erreger
Bakterielle Erkrankungen	Brucellose* Rotlauf* Leptospirose* Salmonellose* Tuberkulose* Enzootische Pneumonie oder „Ferkelgrippe" Durchfallerkrankungen
Parasitäre Erkrankungen	Befall mit Spulwürmern Räude Schweinelausbefall Trichinen (beim Schwein keine Symptome > Zoonose!)*
Virusbedingte Erkrankungen	Europäische und Afrikanische Schweinepest Aujeszky'sche Krankheit Maul- und Klauenseuche* Durchfallerkrankungen, Abortusfälle

* Mögliche Infektionsgefahr für den Menschen

Brucellose

Brucellose der Schweine (Erreger: *Brucella suis*) kann bei Freilandhaltung relativ leicht von erkrankten Feldhasen oder von Wildschweinen auf Hausschweine übertragen werden. **Leptospiren** kommen als auf den Menschen übertragbare Bakterien bei vielen verschiedenen Haus- und Wildtieren vor, Infektionsrisiken für den Menschen im Umgang mit Schweinen ergeben sich hauptsächlich bei der Geburtshilfe oder bei der Reinigung von Stallungen mit Hochdruckreinigern und dabei stattfindenden Infektionen über die Lidbindehäute. **Salmonellose** und **Tuberkulose** bei Schweinen sind bei uns sehr selten.

Schweinerotlauf

Der Schweinerotlauf ist eine bakterielle Infektionskrankheit, die vom Erreger *Erysipelothrix rhusiopathiae* verursacht wird. Hohes Fieber (> 41 °C), Mattigkeit und charakteristische Hautveränderungen (dunkelrote bis blaue, beetartig erhabene, viereckige Stellen auf der Haut) sind die auffälligsten Anzeichen des Rotlaufs beim Schwein. Die Krankheit tritt gelegentlich auf und wird meist durch zusätzliche Belastungen des Schweines begünstigt: Futterwechsel, Wetterumschwung, Zugluft im Stall oder andere Stressfaktoren, die das Immunsystem belasten.

Geht die Krankheit in eine chronische Form über, können Wochen später unheilbare Komplikationen, wie Gelenks- oder Herzklappenentzündungen, auftreten.

Der Erreger ist auch auf den Menschen übertragbar (= Zoonose) und verursacht hier Hautschwellungen und Hautrötungen sowie Fieber. Durch kleine Verletzungen an der Hand, die bei der Fleischzerlegung passieren können, dringt der Erreger in den Körper ein.

Als „Rotlauf" beim Menschen werden aber häufig Wundinfektionen mit anderen Bakterien bezeichnet, ohne dass eine tatsächliche Rotlaufinfektion vorliegen würde.

In der akuten Form ist der Rotlauf sehr gut therapierbar. Bei chronischen Verlaufsformen bleiben Behandlungserfolge oft aus. Optimale Haltungsbedingungen und

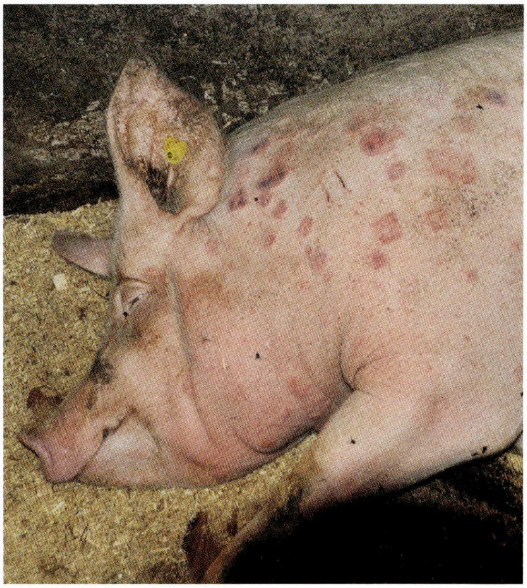

Typische „Backsteinblattern" auf der Haut bei einem Schwein mit Rotlauf Foto: Walter Obritzhauser

eine Schutzimpfung, die in Stallungen mit gehäuftem Auftreten von dieser Erkrankung empfohlen werden kann, verringern die Erkrankungsrate deutlich.

Enzootische Pneumonie oder „Ferkelgrippe"

Die Enzootische Pneumonie des Schweins wird durch den Erreger *Mycoplasma hyopneumoniae*, eine intrazellulär lebende Bakterienart, hervorgerufen und wurde erstmals in den 1960er-Jahren beschrieben. Seit dieser Zeit hat sie sich in den wesentlichen schweineproduzierenden Ländern zu einer der bedeutendsten Atemwegserkrankungen beim Schwein entwickelt. Nach einer Infektion mit diesem Erreger pfropfen sich meist noch weitere Krankheitserreger auf die geschädigten Schleimhäute des Atmungstraktes auf und verschlimmern das Krankheitsgeschehen (vergleiche Rindergrippe!). Eine Infektion mit dem Erreger der Ferkelgrippe schwächt das Immunsystem, sodass andere Infektionen leichter ausbrechen und schwerwiegender verlaufen.

Die Infektion erfolgt in aller Regel als Tröpfcheninfektion, gewöhnlich von älteren auf jüngere Schweine.

Als Folge der Infektion kommt es zu einer Besiedlung der Flimmerepithelien in den oberen Luftwegen der Lunge mit *M. hyopneumoniae*, die zu einer Verklumpung mit nachfolgendem Verlust der Flimmerhärchen führen kann. Der Verlust dieser Flimmerhärchen beeinträchtigt die Selbstreinigungsfunktion der Lunge, mit der die Lunge Fremdkörper, Bakterien oder andere Partikel aus den Luftwegen entfernen kann. Die verminderte Funktion dieses Lungenmechanismus ist ein wesentlicher Bestandteil der Krankheitsentstehung durch Sekundärerreger.

Durchfallerkrankungen

Durchfallerkrankungen sind die häufigsten Erkrankungen des Schweines. Sie können von einer Vielzahl an Ursachen ausgelöst werden. Die bekanntesten sind Viren, Bakterien, Parasiten, aber auch Pilze, Gifte, Fütterungsfehler und viele mehr lösen das typische Krankheitsbild aus. Als Durchfall bezeichnet man das wiederholte Absetzen von flüssigem Kot, wobei die Frequenz und die Zusammensetzung sehr unterschiedlich sein können. Von wässrig-farblos, über grünlich, gelblich, bräunlich bis schwarz oder mit Blutbeimengung kann die Farbe variieren. Gasbläschen, Fetttröpfchen, unverdaute Nahrungsbestandteile, Fremdkörper und anderes können beigemengt sein. Durchfall kann mit Fieber einhergehen, es kann aber auch zu Untertemperatur kommen.

Starke Durchfälle, insbesondere bei Saugferkeln, sind lebensbedrohend und können sehr schnell zum Verenden führen. Überlebende Tiere sind häufig bleibend geschädigt, was zu Entwicklungsverzögerung und Kümmern führen kann.

Einige der häufigeren **Durchfallerkrankungen bei Saugferkeln** sind:

Coronavirusinfektion der Saugferkel (TGE – Transmissible Gastroenteritis): eine hochakute Erkrankung in der ersten Lebenswoche mit massiven reiswasserartigen Durchfällen, die rasch zum Verenden führt.

Die **Ferkelruhr** wird verursacht durch das Bakterium *Escherichia coli*: massive Durchfälle, hohe Ausfallsraten. Tritt häufiger bei Erstlingssauen auf.

Ganz ähnlich ist das Krankheitsbild auch bei dem durch *Clostridium perfringens* verursachten **Clostridiendurchfall**.

Im Alter von ca. 14 Tagen kann häufig ein gelblicher Durchfall beobachtet werden, der auf eine Infektion mit dem einzelligen Parasiten *Isospora suis* aus der Gruppe der **Kokzidien** hindeutet.

Alle Durchfallerkrankungen beim Saugferkel erfordern ein rasches Eingreifen, um schwere Schäden zu verhindern. Stets muss durch Kot- und/oder Blutproben bzw. Sektion eine ursächliche Diagnose gestellt werden, um gezielt behandeln zu können. Durch die Erkennung des Erregers kann der Tierarzt einen genauen Vorbeugungsplan erstellen, mit dem Ziel, ein Wiederauftreten der Erkrankung bei weiteren Würfen zu verhindern.

Parasitosen des Schweines

Je nach Lokalisation der Parasiten unterscheidet man äußere (Ektoparasitosen) und innere Parasitenerkrankungen (Endoparasitosen). Die bekanntesten und häufigsten Erkrankungen der Haut, die durch Schmarotzer ausgelöst werden, sind die Räude und der Läusebefall.

Weit verbreitet ist die **Schweineräude**, die durch die Milbe *Sarcoptes suis* verursacht wird. Die Weibchen der Sarkoptesmilbe bohren Gänge unter der Haut und

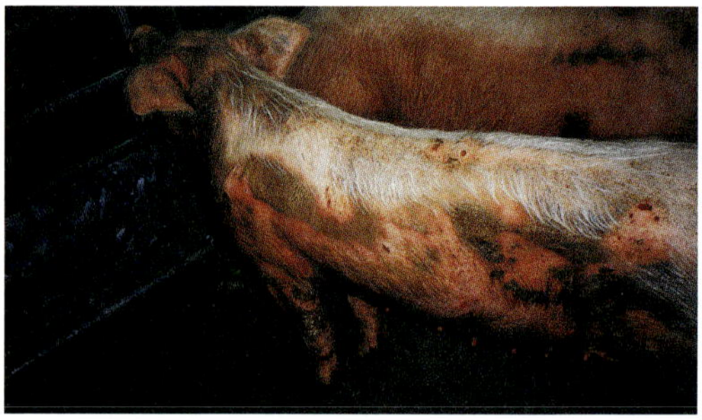

Schweineräude führt zu heftigem Juckreiz.
Foto: Johann Gasteiner

legen dort ihre Eier ab. Die Folge ist eine Entzündung der Unterhaut mit massivem Juckreiz und Ausbildung borkiger, schuppiger Auflagen an den befallenen Hautstellen. Vorrangig treten die Veränderungen an Kopf, Rücken und in den Gelenksbeugen auf. Durch den starken Juckreiz und daraus resultierendes intensives Scheuern kommt es zu flächenhaften Hautabschürfungen und ständiger Unruhe in der Schweineherde. Die Tageszunahmen und die Futterverwertung von Mastschweinen bleiben zu mehr als 10 % unter den Möglichkeiten, es kommt durch die Unruhe auch vermehrt zu Kannibalismus (Ohren- und Schwanzbeißen).

Die Schweineräude kann mit modernen Medikamenten hervorragend behandelt, in intensiv geführten Schweinehaltungen kann sie gänzlich ausgerottet werden. Durch nicht behandelte Räudeerkrankungen ist das Tierwohl beeinträchtigt, was ein weiteres zwingendes Argument für die Therapie darstellt.

Der Befall mit **Schweineläusen** ist in den letzten Jahren seltener geworden. Die Schweinelaus (*Hämatopinus suis*) wird ca. 5 mm groß, lebt auf der Haut und saugt Blut aus dem Wirtstier. Auf den Borsten der Schweine sind die charakteristischen 1 mm langen Eier, genannt Nissen,

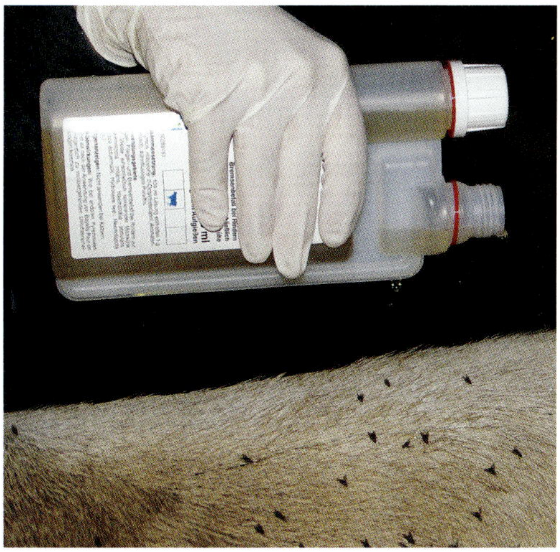

Bei der Auswahl der Präparate ist auf ihr Wirkungsspektrum zu achten. *Foto: Walter Obritzhauser*

erkennbar. Starker Befall führt zur Belästigung der Tiere durch Juckreiz und zu ekzemartigen Hautveränderungen. Da Läuse auf die Medikamente, die zur Räudebekämpfung eingesetzt werden, empfindlicher reagieren, sieht man in der Praxis nur mehr sehr selten starke Befallsintensitäten.

Von den Darmparasiten des Schweins hat der **Spulwurm** überragende Bedeutung. Dieser Parasit, *Ascaris suum*, kommt in nahezu jeder Schweinehaltung vor. Die Weibchen scheiden täglich bis zu 1 Million Eier aus, die in der Folge überall in den Stallungen an Böden, Wänden und Gerätschaften kleben bleiben und auf die Aufnahme durch andere Schweine warten. Unangenehmerweise sind diese Eier mit den in ihnen heranwachsenden Larven überaus widerstandsfähig und trotzen dank der dicken, zähen Schale den meisten Reinigungs- und fast allen Desinfektionsmitteln. Werden vom Schwein Larven des Spulwurms aufgenommen, so schlüpfen die Larven und wandern durch die Dünndarmschleimhaut in die Blutgefäße. Das Blut transportiert sie in die Leber, wo sie sich dann mehrere Tage durch das Gewebe bohren und wo dann so genannte „milk spots" (Milchflecken) als Reaktion auf die Wanderlarven entstehen. Der Blutstrom transportiert diese Larven anschließend in die Lunge, wo sie sich in die Bronchien bohren. Über die Luftröhre gelangen sie schließlich zurück in den Dünndarm, wo sie zu geschlechtsreifen Würmern heranwachsen.

Diese Körperwanderung der Larven verursacht bei massivem Befall deutliche Krankheitserscheinungen, wie Husten, Kümmern, chronische Durchfälle und gelegentlich sogar Verenden.

Feststellen kann man einen Spulwurmbefall bei der Schlachtung, weil bei der Untersuchung des Darmes die 15–30 cm langen und 4 mm dicken Würmer oft in Massen sichtbar werden. Gelegentlich kann auch ein Wurm im Kot gefunden werden.

In den Kotproben können die charakteristischen dickwandigen Eier im Mikroskop eindeutig als Diagnose Spulwurmbefall erkannt werden. Es stehen sehr gute Medikamente zur Verfügung, um Schäden durch den Spulwurmbefall hintanzuhalten. Wichtig ist ein strategisches Vorgehen, kombiniert mit Reinigungs- und Desinfektionsmaßnahmen.

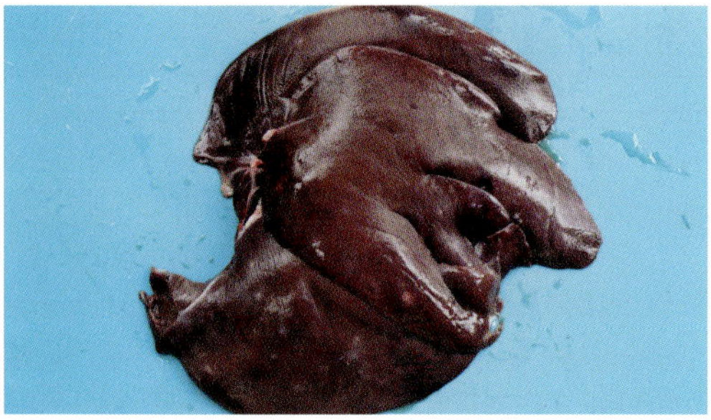

„Milk spots" (Milchflecken) an einer Schweineleber: Das sind Reaktionen auf wandernde Spulwurmlarven. *Foto: Harald Fötschl*

Der Spulwurmbefall ist wirtschaftlich bedeutend durch die Verlängerung der Mastdauer, geringere Tageszunahmen und eine schlechtere Futterverwertung. Die beim Spulwurmbefall mit weißen Flecken übersäte Leber („milk spots") ist nicht genusstauglich.

Andere Rundwürmer des Schweines sind Zwergfadenwurm, Knötchenwurm, roter Magenwurm oder der Schweinelungenwurm, die aber unter heutigen Haltungsbedingungen keine Rolle mehr spielen.

Bösartigkeit der Muttersau

Die so genannte Bösartigkeit der Muttersau, auch Aggressivität der Sau oder Ferkelfressen genannt, ist eine Erkrankung der Zuchtsau während oder unmittelbar nach der Geburt. Die Muttersau zeigt eine Verhaltensstörung, durch die sie ihre eigenen Ferkel nicht als ihre Jungen erkennt, sondern für einen gefährlichen Feind hält. Beim instinktgesteuerten Versuch, ihren Wurf zu schützen, beißt sie wild auf ihre eigenen Ferkel hin, was häufig zu schweren Verletzungen oder zum Tod der Ferkel führt.

Auslöser dieser Verhaltensabnormität sind Stressfaktoren während der Geburt: starke Schmerzen durch die Wehen und/oder übergroße Ferkel, ebenso häufige Störungen während der Geburt durch Lärm und das Ein- und Ausgehen der Tierbetreuer. Auch eine genetische Disposition dürfte eine Rolle spielen.

Die Behandlung erfolgt mittels Sedierung (Beruhigungsspritze). Nach einer ein- bis zweistündigen Beruhigungsphase erwacht die Zuchtsau wieder und hat ihre Verhaltensstörung „vergessen". Diese Sauen sind in der Folge oft sehr gute und umsichtige Muttertiere. Am häufigsten tritt diese Erkrankung bei Erstlingssauen auf.

Anämie der Saugferkel

Die Anämie der Saugferkel ist eine Erkrankung der Ferkel in den ersten Lebenswochen, die auch als Blutarmut oder Eisenmangelanämie bezeichnet wird. Da die Muttermilch nur sehr geringe Mengen an Eisen enthält, die Ferkel jedoch aufgrund des enormen Wachstums dringend Eisen zur Bildung des Blut- und Muskelfarbstoffs benötigen, muss bei Saugferkeln immer eine so genannte Eisenprophylaxe durchgeführt werden. Die Saugferkel erhalten am 4. Lebenstag eine Injektion mit Eisendextran.

Fehlende Eisenversorgung führt zu Entwicklungsverzögerung, dem Auftreten von Infektionskrankheiten an Darm und Lunge und zu vereinzelten Todesfällen. Ferkel mit einer Anämie zeigen deutliche Blässe, vor allem an den Ohren und den Schleimhäuten.

Die Eisenversorgung über das Maul (Futter oder Tränke) ist nicht möglich, weshalb zur sicheren Versorgung der Tiere mit diesem Spurenelement nur die Injektion die einzig verlässliche Maßnahme darstellt.

Schweineinfluenza

Die Schweineinfluenza ist eine hoch ansteckende Virusinfektion der Atemwege bei Schweinen, die durch Influenza-A-Viren (mehrere Subtypen) verursacht wird. Die Morbiditätsrate, d. h. die Zahl der Tiere, die in einem bestimmten Zeitraum an der Schweineinfluenza erkranken, ist bei Schweinen in der Regel hoch, während die Sterblichkeitsrate gering ist und die Symptome bei Schweinen in den meisten Fällen innerhalb von sieben bis zehn Tagen abklingen. Infektionen können zu Husten und Lungenentzündung, Gewichtsverlust und Fieber führen und indirekt Fruchtbarkeitsprobleme wie Aborte bei trächtigen Sauen verursachen.

Schweine sind zusätzlich auch für eine Infektion mit aviären Influenzaviren, die von Vögeln stammen, und mit humanen Influenzaviren empfänglich. Treffen diese verschiedenen Influenzaviren in infizierten Schweinen aufeinander (Koinfektion), können sie genetische Informationen austauschen (Reassortment). Dadurch können Schweineinfluenza-Stämme mit neuen Eigenschaften entstehen, die dann auch für Menschen pathogen sein können. Schweine gelten daher als sogenannte „Mischgefäße“ für Influenzaviren. Im Jahr 2009 trat eine Variante des Schweineinfluenza-Virus beim Menschen auf, welches von Mensch zu Mensch, aber auch zwischen Mensch und Schwein übertragen wurde. Durch die pandemische Verbreitung wurde diese Variante als A (H1N1) oder Pandemische („Schweine“)-Influenza bezeichnet. Sie trug Bestandteile von Schweineinfluenzaviren, aber auch von Vogel- und humanen Influenzaviren in sich.
Schweineinfluenza ist weltweit verbreitet. Infektionen mit Schweineinfluenza-A-Viren treten auch bei Wildschweinen, Geflügel und Menschen auf. Das Virus wird über Sekrete ausgeschieden und durch Tröpfchen und Aerosole verbreitet. Erste Krankheitssymptome treten meist 24 Stunden nach der Infektion auf. In der Mehrzahl der Fälle werden sieben bis zehn Tage nach der Infektion keine Viren mehr ausgeschieden. Der Krankheitsverlauf ist abhängig von der Dauer der Viruszirkulation im Betrieb, wobei bei einem Erstausbruch bis zu 100 % der Schweine erkranken, aber die Sterblichkeit unter 5 % liegt. Schweine zeigen hohes Fieber, trockenen Husten, Fressunlust, Bindehautentzündung und Nasenausfluss.

Einige europäische Initiativen zielen darauf ab, die Öffentlichkeit besser für die zoonotische Influenza (Übertragung von Influenzaviren zwischen Tier und Mensch) zu sensibilisieren und europäische Netzwerke für die Überwachung der Schweine- und Geflügelinfluenza aufzubauen.

Übertragbare Gastroenteritis bei Schweinen (TGE)

Die übertragbare Gastroenteritis bei Schweinen ist eine Viruserkrankung, die besonders bei Ferkeln oft zu einer hohen Sterblichkeitsrate führte. Der Mensch kann nicht daran erkranken. Sie kommt weltweit seit den 1940er Jahren vor und verursacht ein bis zwei Tage nach der Infektion Zittern, Erbrechen und hochgradigen Durchfall mit sehr fauligem, charakteristischem Geruch. Da es keine gezielte Therapie gibt, kann nur Versucht werden eine Einschleppung des Virus in einen Betrieb zu verhindern. Der Erreger, ein Coronavirus, ist das Transmissible gastroenteritis virus (TGEV, = Suid corona virus 1), verwandt mit dem Virus der Felinen Infektiösen Peritonits (FIP) der Katzen. Die Übertragung der TGEV erfolgt in erster Linie direkt von Tier zu Tier, meistens durch oralen Kontakt oder auch aerogen. Eine indirekte Übertragung durch Futterbehälter, Stallgeräte oder Fremdpersonen im Stall ist möglich.

Seit 1986 ist auch eine respiratorische Variante des TGEV bekannt, das Porcine respiratory coronavirus (PRCV), die sich weit in den europäischen Schweinebeständen verbreitet hat und zu Infektionen des Atmungstraktes führt. Durch bestehende Kreuzimmunität ist die Häufigkeit der Übertragbaren Gastroenteritis in den Beständen sehr stark zurückgegangen.

Fruchtbarkeitsstörungen und Aborte

Fruchtbarkeitsstörungen und Tierverluste durch Aborte zählen zu den wirtschaftlich bedeutendsten Faktoren in der Nutztierhaltung. Seitens der Ursachen wird zwischen infektiösen und nichtinfektiösen Aborten unterschieden, nichtinfektiöse können durch Vergiftungen, Hormonstörungen, Verletzungen, Stress, Missbildungen der Früchte usw. verursacht werden. Infektiöse Aborte bei Schweinen werden meist durch verschiedene Viren [Porzines reproduktives und respiratorisches Virus (PRRSV), Parvovirus, porcines Circovirus Typ, Schweineinfluenzavirus usw.] oder Bakterien (Chlamydien, Leptospiren, Brucellen) ausgelöst und treten oft gehäuft auf.

Schwanzbeißen

Schweine sind Allesfresser, wobei vom Wildschwein – aus dem das Hausschwein gezüchtet wurde – das Futter in kleinen Portionen über den ganzen Tag hinweg in einem (sehr) großen Gebiet gesucht, erkundet, bekaut und gefressen wird. Domestizierte Schweine unterscheiden sich zwar rein äußerlich von Wildschweinen, deren umfassendes Verhaltensrepertoire von über 100 unterschiedlichen Verhaltenselementen ist jedoch zum Großteil erhalten geblieben. STOLBA und WOOD-GUSH (1989) beobachteten über mehrere Jahre das Verhalten domestizierter Schweine in semi-natürlicher Haltung, wobei die Tiere dem Bedarf entsprechend gefüttert wurden – 75 % der Gesamtaktivität entfielen auf ausgeprägtes Erkunden und Manipulieren der Umgebung. Im Gegensatz dazu werden Schweine meist innerhalb weniger, rasch verzehrter Futtergaben zwar mit den wichtigen Nährstoffen versorgt, das Bedürfnis, die oben genannten Verhaltensweisen auszuleben, bleibt in der intensiven Schweinehaltung jedoch Großteils unbefriedigt und kann sich in Form oraler Stereotypien (z. B. Zungenrollen, Leerkauen) zeigen, oder auf unpassende Objekte (Lecken der Buchteneinrichtung), oder andere Schweine (Flanken- oder Schwanzbeißen) umgerichtet werden. In vielen Studien wurde gezeigt, dass die Gabe von organischen Materialien (z. B. Stroh) das umorientierte Manipulieren von Buchtengenossen reduzieren kann. Um die oben genannten, vielfältigen Verhaltensweisen ansatzweise auch im Stall zu ermöglichen, müssen die angebotenen Beschäftigungsmaterialien vielfältig, veränderbar, zerstörbar und bewegbar sein sowie essbare Anteile enthalten.

Schwanzbeißen bei Schweinen ist eine weltweit bekannte, oft stressbedingte, multifaktoriell hervorgerufene Verhaltensstörung, die sowohl in konventionellen als auch alternativen Schweinehaltungsbetrieben auftreten kann. Ursachen für Schwanzbeißen können sein: Starke Temperaturschwankungen, schlechte Futter- oder Wasserqualität, eine ungenügende Buchtenstrukturierung, zu wenig Beschäftigung, direkte Sonneneinstrahlung in die Bucht, Zugluft, zu hohe oder zu niedrige Luftfeuchtigkeit, Infektionskrankheiten oder Parasiten und vieles mehr. Weil Schwanzbeißen multifaktorielle Ursachen hat, gibt es kein Patentrezept, um das Risiko von Schwanzbeißen sicher zu reduzieren. Jeder schweinehaltende Betrieb muss sich eine betriebsindividuelle Lösung erarbeiten, am besten gemeinsam mit erfahrenen Beratern (Betreuungstierarzt, Futtermittelberater und ggf. Stallbauspezialisten). Unterstützende Maßnahmen sind: reichliches Angebot an Beschäftigungs- und Wühlmaterial (Einstreu, Heu), ausreichend Platz, optimales Stallklima (Belüftung, Schadgase, Zugluft, Temperatur), ausreichend Futterplätze (Schweine fressen zugleich; weniger Aggression), ausreichende Futtermenge, mehrmalige Futtergabe, strukturreiches Futter sowie ausreichende Anzahl an funktionsfähigen Tränken.

Wesentlich zur Reduzierung von Schwanzbeißen und von Stress im Stall ist aber, ein „Auge für seine Tiere" zu entwickeln. Die tägliche Beobachtung des Verhaltens und der äußeren Erscheinung ermöglicht erste Rückschlüsse auf das Wohlbefinden oder das Stressniveau der Tiere. Ein intakter Ringelschwanz ist die meiste Zeit geringelt und aufgestellt. Liegen Schweine in Haufenlage, deutet es auf Zugluft oder zu niedrige Temperaturen hin. Hecheln von gesunden Tieren kann ein Anzeichen für zu hohe Temperaturen im Stall sein. Durchfall, starke Größenvariationen, Husten, blasse Tiere oder Hautveränderungen können Anzeichen für Mängel in der Fütterung oder Parasitosen sein. Weitere Warnsignale für ein bevorstehendes Schwanzbeißen sind intensives Manipulieren der Umgebung oder der Buchtengenossen, stark wedelnde oder eingeklemmte Schwänze, kahle Schwänze oder kleine Verletzungen am Schwanz.

Gesetzlich ist das Kupieren der Schwanzspitze von Schweinen als Vorbeugemaßnahme sowohl auf europäischer Ebene als auch national nur im Ausnahmefall zulässig, wenn durch andere Maßnahmen Schwanzbeißen nicht verhindert werden kann. Bei der Zusammenstellung einander fremder Tiere zu Gruppen sind vorbeugende Maßnahmen, wie z. B. die Versorgung mit Beschäftigungsmaterial oder die Schaffung ausreichender Ausweichmöglichkeiten für die Tiere zu treffen. Die Zusammenstellung einander fremder Tiere zu Gruppen sollte nur im unbedingt notwendigen Ausmaß und so früh wie möglich erfolgen. Zudem sind bei Anzeichen von schweren Kämpfen nach einer Umgruppierung unverzüglich Maßnahmen zur Beruhigung der Tiere zu treffen (z. B. durch Versorgung mit zusätzlichem Beschäftigungsmaterial, Trennung besonders aggressiver oder gefährdeter Tiere von der Gruppe).

Die wichtigsten Pferdekrankheiten

Mineralstoff- und Spurenelementversorgung

Die Mineralstoffe werden in Mengenelemente (Kalzium, Phosphor, Magnesium, Natrium) und Spurenelemente (bedeutend: Mangan, Zink, Kupfer, Jod und Selen) eingeteilt. Eine ausreichende Versorgung mit Mineralstoffen sichert das Wachstum, die Leistung, die Fruchtbarkeit sowie eine Vielzahl von lebensnotwendigen Stoffwechselfunktionen des Körpers. Mängel sowie Überschüsse ergeben sich aus einem Missverhältnis zwischen Versorgung und tatsächlichem Bedarf (Erhaltungsbedarf und Leistungsbedarf) des Tieres und sind aus tiergesundheitlichen Gründen zu vermeiden.

Bedeutung der Mengenelemente für die Tiergesundheit

Kalzium (Ca)

Kalzium ist ein unentbehrlicher Bestandteil aller Gewebe und Organe und wird im Körper zu 97 % in Form von Apatit, gebunden an Phosphor, im Skelett eingelagert. Damit stellen die Knochen ein wichtiges Mineralstoff-Reservoir dar. In einer Mangelsituation können vom gesunden Tier Mineralstoffe aus den Knochen in Form von Ionen mobilisiert und an das Blutplasma abgegeben werden. Der Ca-Haushalt wird hauptsächlich durch einen hormonellen Regelkreis (Calcitonin, Parathormon, Vitamin D_3 sowie dessen Vorstufen) gesteuert. Die Ca-Aufnahme erfolgt über den Darm und ist vom Ca-Gehalt des Futters, dem Ca : P-Verhältnis (optimal: 1,5–3 : 1), von Bedarf und Leistung, dem Alter des Tieres sowie von der Versorgung mit Vitamin D_3 abhängig. Die Ausscheidung erfolgt hauptsächlich über den Darm, in geringerer Menge auch über den Harntrakt.

Kalzium-Mangel

Ursachen können sein: Kalzium-arme, Phosphor-reiche Futtermittel (Getreide und Getreidenachprodukte wie Kleien), große körperliche Anstrengungen (Transporte, Rennen), Laktation und ungenügende Mineralstoffergänzung.

Bei Fohlen kommt es durch unzureichende Kalzium-, Phosphor- oder Vitamin-D-Versorgung zur Rachitis. Dabei wird das Knochenskelett ungenügend mineralisiert. Klassische Krankheitserscheinungen der Rachitis sind Wachstumsstörungen, Verbiegungen der Röhrenknochen und Auftreibungen im Bereich von Knorpel-Knochenübergängen wie an den Epiphysen und am Rippenbogen. Bei erwachsenen Pferden kommt es nach längerdauerndem Kalzium-Mangel zu einer übermäßigen Kalzium-Auslagerung aus dem gesamten Skelettsystem, die Knochen werden weich und biegsam (Knochenweiche), spontane Knochenfrakturen können die Folgen sein. Kalzium ist grundlegend an der Nervenreizleitung sowie an der Muskelarbeit beteiligt, ein akuter Mangel führt zu Störungen dieser Mechanismen. Weiters spielt Kalizum eine wichtige Rolle bei enzymatischen Prozessen, bei der Blutgerinnung sowie bei der Freisetzung verschiedener Hormone.

Kalzium-Überschuss

Hohe Kalzium- bzw. Vitamin-D-Gaben führen zur Hypercalcämie mit vermehrter Kalzium-Einlagerung in Sehnen und Bändern (Bewegungsstörungen), möglicherweise sogar zur „Verkalkung" von Arterien, Herzklappen und Nieren.

Phosphor (P)

Etwa 75 % des Gesamt-Phosphor des Organismus sind im Skelett lokalisiert, daneben ist Phosphor ein wesentlicher Bestandteil von zahlreichen organischen Verbindungen wie Eiweißverbindungen, Nukleinsäuren und Fetten.

Phosphor-Mangel

Ursache kann eine einseitige und langfristige Versorgung mit P-armen Futtermitteln, wie Rübenschnitzeln, Obsttrestern, Bergheu und Stroh, sein. Als Mangelerscheinungen finden wir bei wachsenden Tieren die Rachitis und bei erwachsenen Tieren die Knochenweiche.

Phosphor-Überschuss

Tritt selten auf, bei einseitiger Verfütterung von Maissilage, Körnermais, aber auch von Getreide und Getreideprodukten.

Magnesium (Mg)

Magnesium ist an der Erregungsübertragung von Impulsen der Nerven auf Muskelzellen beteiligt.

Magnesium-Mangel

Ein erhöhter Bedarf ergibt sich bei Pferden im Wachstum, in der Laktation sowie bei starken körperlichen Leistungen durch die damit verbundenen Verluste über den Schweiß. Ein Mangel an Magnesium kann zu Muskelzittern bis hin zu stark ausgeprägten Muskelkrämpfen führen. Ein vorübergehender Magnesium-Überschuss wird als kaum problematisch angesehen, sollte jedoch vermieden werden.

Natrium (Na)

Natrium hat u. a. bedeutende Aufgaben in der Regulierung des Volumens und des osmotischen Druckes der Körperflüssigkeiten und ist Basis einer funktionierenden Nervenreizleitung.

Natrium-Mangel

Ein erhöhter Na-Bedarf besteht insbesondere während und nach körperlicher Anstrengung (Verluste über Schweiß), an heißen Tagen sowie bei Tieren mit Durchfall. Eine einseitige Versorgung mit Heu, Silagen und Getreide bei gleichzeitigem Fehlen von Lecksteinen führt zu Natrium-Mangel und damit zu einer Abnahme des Hautturgors, Lecksucht, Verminderung der Wasser- und Futteraufnahme, Mattigkeit bis hin zu unkoordinierten Bewegungen.

Ein starker Natrium-Überschuss ist selten, kann jedoch bei fehlendem Wasserangebot zu akuten Vergiftungserscheinungen führen.

Schlussfolgerungen für die Praxis

Bei der Fütterung von Pferden ist eine bedarfsgerechte Versorgung mit Kalzium, Phosphor, Magnesium und Natrium von großer Bedeutung, oftmals besteht ein Ergänzungsbedarf. Der Mineralstoffbedarf des Pferdes wird entscheidend vom Alter (Wachstum), dem Lebendgewicht und der Leistung (intensive Bewegung, Hochträchtigkeit, Laktation) beeinflusst.

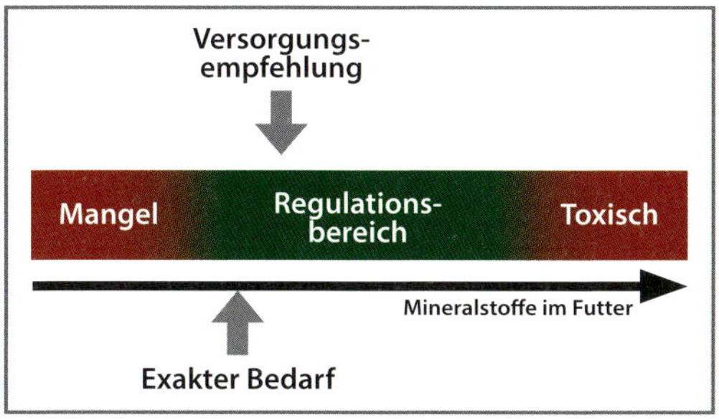

Mineralstoffbedarf und Versorgungsempfehlungen (schematisch)

Eine bedarfsgerechte Mineralstoffversorgung setzt die Kenntnis des Mineralstoffgehaltes der eingesetzten Futtermittel sowie das Wissen um die Futteraufnahme voraus. In der Pferdefütterung sind häufig keine betriebsbezogenen Analysenergebnisse der Grundfuttermittel vorhanden. Ohne diese Daten können in der Mineralstoffversorgung jedoch nur Kompromisse mit entsprechenden Sicherheitszuschlägen eingegangen werden, das kann zu Fütterungsfehlern führen. Aus diesem Grund sollten daher regelmäßig Nähr- und Mineralstoffanalysen der Hauptgrundfutterkomponenten durchgeführt werden.

Die in der Fachliteratur angegebenen Versorgungsempfehlungen beinhalten üblicherweise vertretbare „Sicherheitszuschläge". Diese Zuschläge sollen eine Mineralstoffunterversorgung aufgrund von möglichen Schwankungen in der Verwertbarkeit der Mineralstoffe bzw. Mängel als Folge einer falschen Abschätzung des Bedarfs der Tiere und des Angebots im Futter verhindern. Es gilt jedoch zu beachten, dass auch eine Überversorgung mit Mineralstoffen, insbesondere bei gleichzeitig überhöhtem Vitaminangebot (z. B. Vitamin D), zu Störungen der Tiergesundheit führen kann.

Eine bedarfsgerechte Mineralstoffversorgung sichert die Entwicklung und Leistungsfähigkeit der Pferde.
Foto: Johann Gasteiner

Wundstarrkrampf (Tetanus)

Das Bakterium *Clostridium tetani* bildet ebenso wie alle anderen Clostridien-Arten als Dauerform Sporen, wodurch sie in der Umwelt (Erdboden) jahrelang überleben können. Wenn *Clostridium tetani* günstige Lebensbedingungen vorfindet, kommt es zur Vermehrung und Toxinbildung (d. h. giftige Stoffwechselprodukte entstehen). Der Wundstarrkrampf ist eine klassische Wundinfektion. Bei dem von *Clostridium tetani* gebildeten Gift handelt es sich um ein sehr starkes Nervengift, von dem zentralnervale Symptome ausgelöst werden.

Empfängliche Tierarten

Alle Säugetiere können an Tetanus erkranken. Insbesondere Pferde, aber auch Schafe, Ziegen (sowie auch der Mensch) sind gegenüber dieser Erkrankung besonders empfindlich. Eine häufige Ursache von Wundstarrkrampf bei Jungtieren ist eine Infektion über den Nabel.

Krankheitsanzeichen

Nach einer Inkubationszeit (= Zeit zwischen Eindringen des Erregers und Ausbruch der Erkrankung) von mehreren Tagen bis Wochen(!) kommt es zu unkontrollierbaren Muskelkrämpfen. Zu Beginn der Erkrankung nehmen diese Tiere die für Wundstarrkrampf typische starre, sägebockartige Stellung ein. Im weiteren Krankheitsverlauf kann das Kiefer nicht mehr geöffnet werden (Kiefersperre), es kommt zum Festliegen und der Kopf wird nach oben und rückwärts gebogen (Opisthotonus). Das dritte Augenlid fällt vor und die Ohren stehen steif vom Kopf ab. Bei festliegenden Tieren werden auch die Gliedmaßen starr vom Körper weggestreckt und können nicht mehr gebeugt werden (auch nicht vom Untersucher). Die Skelettmuskulatur fühlt sich bretthart an. Ein weiteres

Symptom ist Schweratmigkeit. Der Tod tritt nach wenigen Tagen aufgrund der Lähmung der Atemmuskulatur durch Ersticken ein. Äußere Reize, wie plötzlicher Lärm, Licht oder auch Berührung, führen zu verstärkten Krampfanfällen. Bei Wiederkäuern kommt es aufgrund des Sistierens der Magen-Darm-Peristaltik.

Übertragung

Der Wundstarrkrampf wird **nicht** von einem erkrankten Tier auf andere Tiere übertragen, da die Erreger nicht ausgeschieden werden. Tetanus tritt deshalb zumeist nur in Form einer Einzeltiererkrankung auf.

Ansteckung

Da es sich beim Tetanus um eine Wundinfektion handelt, ist der Vorbericht (Verletzungen und Wunden, insbesondere Stichwunden, Kastration, nach Operationen ...) besonders wichtig. Die Erreger des Tetanus vermehren sich besonders in verschmutzten, unversorgten und tieferen Wunden (Luftabschluss), welche auch leicht übersehen werden können.

Es sind auch Fälle von Tetanus bekannt, wo keine äußeren Verletzungen nachweisbar waren. Man spricht dann vom so genannten kryptogenen Tetanus (das heißt, man weiß nicht konkret, woher die Infektion stammt, die Ursache könnte möglicherweise auf eine Infektion über den Darm oder auf einen Zahnwechsel zurückzuführen sein).

Diagnose

Aufgrund der klinischen Symptome, der klinischen Untersuchung sowie aufgrund des Vorberichtes (offene Verletzung ...) kann die Diagnose Tetanus vom Tierarzt gestellt werden. Bei bereits verendeten Tieren ist es jedoch schwieriger und aufwändig, die endgültige Diagnose Tetanus zu stellen. Dazu muss entweder der ganze Tierkörper oder verändertes Gewebe von der vermuteten Eintrittstelle an eine veterinärmedizinische Untersuchungsanstalt eingesandt werden. Aus wirtschaftlichen Gründen wird dann jedoch zumeist auf weiterführende Untersuchungen und damit auf eine exakte Diagnose verzichtet.

Erkrankungen mit einem ähnlichen Krankheitsbild sind Schädel-Hirn-Traumata, Gehirn- und Hirnhautentzündungen infektiösen Ursprunges (Tollwut, Listeriose, Meningokokken), verschiedene Vergiftungen sowie akuter Vitamin-B-Mangel.

Behandlung

Die Behandlung von an Wundstarrkrampf erkrankten Tieren ist praktisch aussichtslos. Bei gesicherter Diagnose (Tierarzt) und fortgeschrittenem Krankheitsstadium sind an Tetanus erkrankte Tiere tierschutzgerecht zu töten.

Eine Heilung von an Tetanus erkrankten Pferden ist unter intensivmedizinischen Maßnahmen möglich.

Vorbeugende Maßnahmen

Operationen und blutige Eingriffe dürfen nur unter sauberen und sterilen Bedingungen vorgenommen werden, Wunden und Verletzungen sind entsprechend zu versorgen. Eine fachgerechte Wundreinigung, Desinfektionsmaßnahmen und eine vorbeugende antibiotische Versorgung können helfen, etwaige Wundinfektionen zu verhindern. Gegen Tetanus kann wirksam vorbeugend geimpft werden. Eine Impfung ist insbesondere nach Operationen und Verletzungen angezeigt.

Bei Neugeborenen muss sofort im Anschluss an die Geburt eine fachgerechte Nabeltoilette durchgeführt werden, die am nächsten Tag wiederholt werden sollte.

Kolik

Als Kolik bezeichnet man akute Schmerzen, die vom Magen-Darm-Trakt ausgehen. Dementsprechend stellt eine Kolik ein Symptom einer Krankheit dar, die Ursachen der Kolik können sehr vielfältiger Natur sein. Die Anzeichen einer Kolik variieren in Abhängigkeit vom Schweregrad von leichtem Scharren bis zum heftigen Hinwerfen, Wälzen, Schlagen und sich in Rückenlage bringen.

Die häufigsten **Ursachen für Koliken** sind:

- Magenanschoppung
- Gasansammlungen im Magen-Darm-Trakt

- Verstopfung
- Krampfartige Verengung von Darmteilen
- Darmverschluss
- Darmentzündung
- Bauchfellentzündung

Bei Kolik ist eine rasche medizinische Hilfe durch einen versierten Tierarzt nötig, denn eine Kolik kann lebensbedrohlich sein. Die Mehrzahl der Koliken kann ohne einen chirurgischen Eingriff geheilt werden. Die wichtigsten Maßnahmen sind langsames Bewegen des Tieres, Kreislaufüberwachung (Puls) sowie eine Schmerzbehandlung und krampflösende Therapie.

Hufrehe

Hufrehe ist eine nicht eitrige, sehr schmerzhafte Entzündung der Lederhaut. Aufgrund der Schmerzen zeigen die erkrankten Tiere Lahmheiten an zumeist mehreren bzw. allen Gliedmaßen. Hufrehe kann zu einem chronischen Prozess werden, wobei es dann auch zu einer Deformation des Hornschuhes kommt. Als Ursachen kommen Fütterungsfehler, Infektionskrankheiten mit Toxinbeteiligung sowie mechanische Überlastungen des Sohlenbereiches in Frage. Die Behandlung zielt auf den Einsatz entzündungshemmender Medikamente ab, auslösende Ursachen sind zu erkennen und abzustellen. Bei der Therapie kommt dem richtigen Beschlag eine wichtige Bedeutung zu, erkrankte Tiere sind unter besonders weichen Bedingungen aufzustallen (Torfbox).

Druse

Die Druse ist eine sehr ansteckende Infektionskrankheit und befällt die oberen Atemwege des Pferdes. Verursacht wird die Druse durch das Bakterium *Streptococcus equi*. Die Inkubationszeit beträgt 3 bis 14 Tage. Der Erreger wird von Pferd zu Pferd durch Nasensekret und Husten verbreitet. Bakterienausscheidende Tiere kontaminieren auch Gegenstände im Stall, wie z. B. Futter, Wasserbehälter, Einstreu, Ausrüstung, und Pflegezeug. Auch über Fliegen kann die Verbreitung der Bakterien im Bestand erfolgen. Die häufigsten Symptome bei erkrankten Pferden sind der grünlich gelbe Nasenausfluss, Fieber, Appetitverlust, Husten und eine Schwellung der Lymphknoten im Kopfbereich (Unterkiefer, Ganaschen). Dabei vereitern die Lymphknoten, sind schmerzhaft und können so vergrößert sein, dass der Kehlkopf und die Luftröhre verengt werden. Durch diese Verengung kann es zu Atemnot bei den erkrankten Pferden kommen. Kopf und Hals halten erkrankte Pferde oft gestreckt, um die luftführenden Atemwege zu entlasten.

Bei Verdacht auf Druse sollte dies umgehend von einem Tierarzt abgeklärt werden. Da der ausgeschiedene Eiter sehr erregerhaltig ist, kann die Krankheit sehr schnell auf andere Pferde übertragen werden. Die Erkrankung wird vorrangig bei Pferden beobachtet, die Kontakt zu Tieren aus anderen Beständen haben (z. B. Turnierpferde, große Pferdeherden mit wechselnder Zusammensetzung).

Weil es sich um eine bakterielle Erkrankung handelt, ist die Prognose bei rechtzeitiger Behandlung mit Antibiotika gut. Die meisten Pferde gesunden innerhalb von 7–10 Tagen nach Beginn der Behandlung ohne bleibende Schäden. Auch eine vorbeugende Impfung ist möglich. Ohne Behandlung ist die Erkrankung nicht selten tödlich.

Herpesinfektionen

Herpes bei Pferden wird durch verschiedene Herpesviren ausgelöst: mit dem Equinen Herpesvirus 1 (EHV-1) und Equinen Herpesvirus 4 (EHV-4). Die Herpesvirus-Infektion beim Pferd ist eine ansteckende Erkrankung und ist in der gesamten Pferdepopulation weit verbreitet ist. Das Virus zieht sich in die Nervenzellen zurück und entzieht sich auf diese Weise dem Immunsystem des Pferdes, sodass eine vollständige Elimination des Virus ist nicht möglich ist. Ein infiziertes Pferd bleibt lebenslanger Virusträger. In Stresssituationen (z.B. nach langen Transporten, nach Pferdesportveranstaltungen etc.) kann das Virus aktiviert werden. Infektionen mit Herpesviren verursachen eine Entzündung der Atemwege (Rhinopneumonitis) oder lösen den Virusabort bei Stuten aus. Die Übertragung erfolgt über Tröpfcheninfektion und die Viren gelangen über die Nase in das Tier. Zu Erkrankungen der Atemwege kommt es meistens nur bei geschwächten Tieren oder Jungtieren.

Der Virusabort tritt in der Spätträchtigkeit auf. Bei einer Herpesinfektion sind vor allem die oberen Atemwege betroffen, unter Umständen kann es aber auch zu einer Lungenentzündung kommen. Die Inkubationszeit beträgt 2–10 Tage. Die Erkrankung äußert sich mit Fieber (bis 40,5 °C). Dazu kommen meist Husten sowie Nasen- und Augenausfluss. Die Krankheit heilt meist in zwei (bis fünf) Wochen aus. Unter Umständen kann es zu einer bakteriellen Sekundärinfektion kommen. In seltenen Fällen kann Herpesvirusinfektion auch zu neurologischen Erkrankungen führen. Infolge einer Myelitis (Entzündung des Rückenmarks) kommt es zu Lähmungen der Hintergliedmaßen. Bei Krankheitsfällen ist darauf zu achten, dass die betroffenen Tiere isoliert werden und unnötiger Kontakt zu Menschen vermieden wird. Wer direkt Kontakt zu den erkrankten Pferden hatte, sollte andere Ställe nicht betreten.

Wichtigstes Bekämpfungsmittel ist die vorbeugende Impfung. Die Impfstoffe können Reinfektionen mit Feldviren nicht vollständig verhindern, aber bei geimpften Pferden verläuft die Krankheit meist abgeschwächter und Virusaborte treten seltener bzw. nicht auf.

Dämpfigkeit (Dampf; Chronic obstructive pulmonary disease, COPD)

Dämpfigkeit ist eine chronische Lungenerkrankung, die mit Atemnot und Leistungsschwäche einhergeht. Als Auslöser finden sich Erkrankungen des Bronchialsystems (Infektionen, Allergien, Husten …) die, nicht vollständig ausgeheilt, zu einer krampfartigen Verengung der Alveolen führen. Das vermehrte und angestrengte Einatmen von Luft führt in der weiteren Folge zu einer mehr oder weniger starken Lungenblähung (Lungenemphysem). Dadurch wird die Atemnot zusätzlich verstärkt. Eine vollständige Heilung gibt es kaum, jedoch kann durch eine entsprechende Dauermedikation eine Linderung der Symptomatik erreicht werden. Auf eine verminderte Belastungsfähigkeit von dämpfigen Pferden ist Rücksicht zu nehmen, sehr kalte und insbesondere staubhältige Luft führt zu einer Verstärkung der Atemnot.

Pferdeinfluenza

Diese besonders infektiöse Tierseuche, auch Pferdegrippe genannt, wird durch verschiedene Typen von Influenzaviren hervorgerufen. Empfänglich und damit auch Träger von Viren bzw. Virusreservoir können Pferde aller Rassen sowie Esel und Maultiere sein. Erkrankte Tiere zeigen zu Beginn der Erkrankung Appetitlosigkeit, Müdigkeit und zunehmend apathisches Verhalten. Im weiteren Krankheitsverlauf treten Erkältungssymptome wie Nasen- und Augenausfluss, Husten und hohes Fieber auf.

Bei komplizierten Fällen finden sich sekundäre bakterielle Infektionen der Lungen, die eine Lungenentzündung auslösen können sowie zunehmende Dämpfigkeit und auch Herzmuskelentzündungen. Durch eine frühzeitige tierärztliche Behandlung mit Antibiotika und Entzündungshemmern kann die Erkrankung geheilt werden. Vorbeugend empfiehlt sich die Impfung gegen Pferdeinfluenza. Die Impfstoffe werden oft als Kombinationsimpfstoffe eingesetzt; kombiniert meist mit equinem Herpesvirus (EHV, Entzündung der Atemwege bis hin zum seuchenhaften Verwerfen) und equinem Reovirus (EIA, ansteckende Blutarmut).

Endoparasiten

Pferde können von Fadenwürmern, Saugwürmern und Bandwürmer befallen sein. Durch eine parasitologische Kotuntersuchung lässt sich sehr einfach und rasch ermitteln, von welchen Parasiten und wie stark das betreffende Pferd befallen ist. Da nicht jedes Wurmmittel gegen alle Parasiten wirksam ist, sollte die Wahl des Entwurmungspräparates vom Ergebnis dieser parasitologischen Kotuntersuchung abhängen (selektive Entwurmung).

Maßnahmen zur Optimierung der Haltungsbedingungen zur Krankheitsprävention finden Sie im „Handbuch Pferde – Selbstevaluierung Tierschutz“. Sie können das Handbuch direkt über den QR-Code herunterladen oder unter https://www.tierschutzkonform.at

Die wichtigsten Geflügelkrankheiten

Beim Geflügel in kleinbäuerlicher Haltung kommt es relativ häufig zum Auftreten von Infektionskrankheiten sowie zu einem Befall mit Innen- und Außenparasiten. In größeren Geflügelhaltungen wird durch gezielte Impfprogramme das Infektionsrisiko stark minimiert. Auch in der kleinbäuerlichen Haltung ist das Auftreten der klassischen Infektionskrankheiten des Geflügels gering, wenn die Küken oder Junghennen von einer Brüterei bezogen und in der Haltung Mindesthygienestandards eingehalten werden sowie ein Kontakt mit kranken Beständen vermieden wird.

Ein Restrisiko ist durch Wildvögel gegeben, die Seuchen auf Hausgeflügel übertragen können, wie es europaweit laufend bei der **Geflügelinfluenza/Geflügelpest („Geflügelgrippe"** oder **„Vogelgrippe")** vorkommt. Einige Stämme der Geflügelgrippe-Viren sind auch für den Menschen gefährlich.

Da vermutet wird, dass Wildvögel ein wichtiges Reservoir für Vogelgrippeviren darstellen, an welchen sie selbst oft gar nicht erkranken, besteht laut Geflügelpest-Verordnung die Verpflichtung, tot aufgefundene Wasser- und Greifvögel bei der zuständigen Bezirksverwaltungsbehörde (Veterinärreferat) zu melden. In weiterer Folge werden die Tiere geborgen und im Labor untersucht. Bei positivem Befund können so schneller Maßnahmen zum Schutz des Hausgeflügels getroffen werden. Die Geflügelpest ist für Geflügel hochansteckend. Das Virus wird mit Kot, Speichel und Tränenflüssigkeit ausgeschieden. Bei starker Staubentwicklung ist auch die indirekte Ansteckung über Luft möglich. In Geflügelbeständen kommt es zu Massenerkrankungen mit Atemnot, grünlich wässrigem Durchfall, Blutungen an Innenorganen, Kammspitzen und Ständern, nekrotischen Entzündungen der Bauchspeicheldrüse sowie Luftröhren- und Nebenhöhlenentzündung, Ödemen im Kopfbereich, ausgeprägtem Rückgang der Legeleistung, Mattigkeit, Fieber.

Parasitosen des Geflügels

Außenparasiten

An Außenparasiten kommen beim Hausgeflügel vorwiegend **Federlinge** (lichtgelbe, flügellose Insekten, Kopf breiter als Brust 1,5–3 mm lang), der **Hühnerfloh** (dunkelbraune, flügellose Insekten mit starken Beinen, 2–3,5 mm lang) sowie verschiedene Arten von **Milben** vor. Milben parasitieren entweder in den Federn, in der Unterhaut oder den Schuppen der Beine, wo sie so genannte „Kalkbeine" hervorrufen. Milben sind ca. 0,2–0,5 mm lang.

Am gefährlichsten und lästigsten ist die blutsaugende **Rote Vogelmilbe**. Sie tritt vor allem in den Sommermonaten auf, befällt das Geflügel in der Nacht und verkriecht sich am Tag in Ritzen des Stalles (z. B. Auflageflächen der Sitzstangen). Durch das Blutsaugen kommt es beim Geflügel zu Blutaramut (blasse Kämme) und zu einem Abfall der Legeleistung. Man sollte die Sitzstangen regelmäßig eine Stunde nach dem Finsterwerden (Sonnenuntergang oder Abschalten des Lichtprogramms) auf die Rote Vogelmilbe kontrollieren. Zur Behandlung kann in kleinen Ställen das Ausbringen von Silikatstaub Abhilfe schaffen, in großen Beständen muss ein Akarizid (Tierarzt kontaktieren!) angewendet werden.

So genannte „Kalkbeine" werden durch Milben, also Außenparasiten, hervorgerufen. Foto: Armin Deutz

Innenparasiten

Die größte Bedeutung haben bei Hühnern Spul- und Bandwürmer sowie die kleinen einzelligen Kokzidien. Höher gefährdet hinsichtlich eines Befalles mit diesen Parasiten ist Geflügel, welches einen freien Auslauf hat. Ein **Bandwurmbefall** verursacht Leistungsabnahme, Durchfall, Abmagerung. Bandwürmer entwickeln sich je nach Art über verschiedene Zwischenwirte, wie Fliegen, Schnecken und Regenwürmer.

Die bei allen Geflügelarten vorkommenden **Kokzidien** (einzellige Parasiten) leben in verschiedenen Darmabschnitten und verursachen schleimig-blutige Durchfälle und den Tod bzw. bei chronischem Verlauf Wachstumsstillstand und Abmagerung.

Ein ebenfalls bei vielen Vogelarten möglicher **Spulwurmbefall** führt zu Abmagerung, Durchfall, Federausfall und schlechter Entwicklung.

Der bei Hühnern, Puten, Tauben und Fasanen auftretende **Luftröhrenwurm** führt zu Husten, schleudernden Bewegungen des Kopfes, Luftschnappen, Atemnot und schnarchender Atmung. Es sterben bis zu 50 % der Tiere.

Der **Magenwurmbefall** bei Hühnern, Enten und Fasanen betrifft besonders junge Tiere, die Abmagerung, Durchfall, erschwerendes Abschlucken und Würgebewegungen zeigen. Magenwürmer vermehren sich über Zwischenwirte (Wasserfloh, Assel). Ein **Haarwurmbefall** im Kropf kann bei Wassergeflügel und Puten zu seuchenartigem Durchfall führen.

Die **Schwarzkopfkrankheit der Puten** führt zu Mattigkeit, weißgrünem Durchfall, Abmagerung und manchmal dunkler Verfärbung der Schwellkörper des Kopfes (Name der Krankheit!) und zu hohen Ausfällen (bis 100 %), vor allem in der Aufzucht zwischen der 4. und 12. Woche.

Manche Parasiten des Geflügels, wie **Sarkosporidien**, sind auch von lebensmittelhygienischer Relevanz, da sie die Muskulatur befallen und oft sogar mit freiem Auge sichtbar werden.

Die Diagnose der parasitären Erkrankungen erfolgt durch Kotuntersuchung oder Sektion verendeter bzw. getöteter Tiere.

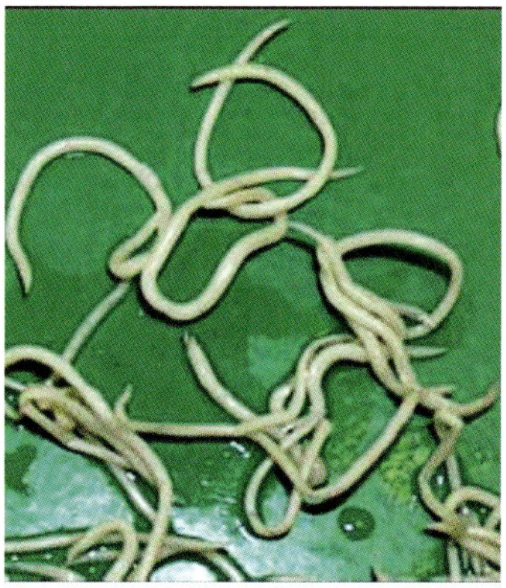
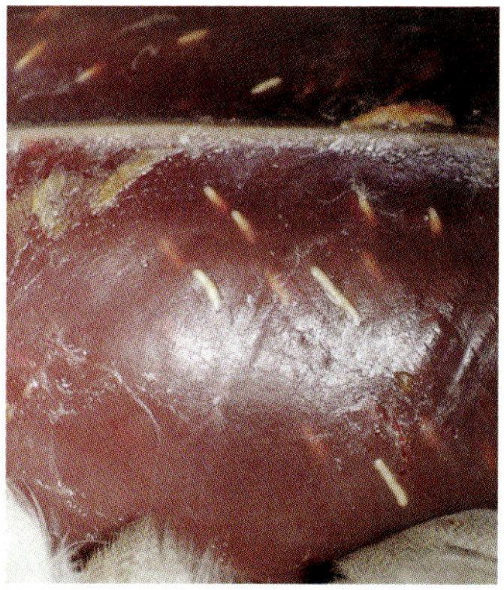

Bandwurm (links) und Spulwürmer (Mitte) aus dem Darm von Hühnervögeln. Befall der Brustmuskulatur einer Ente mit Sarkosporidien (rechts) Foto links und Mitte: Wilhelm Fischbacher; rechts: Armin Deutz

Infektionskrankheiten

Insgesamt ging die Bedeutung der Infektionskrankheiten beim Geflügel durch die hohen Durchimpfungsraten stark zurück.

Infektiöse Bronchitis (IB)

Die durch Viren verursachte Infektiöse Bronchitis ruft nur selten die ehemals typischen Symptome wie Niesen, Röcheln, Husten, Atemnot sowie Augen- und Nasenausfluss hervor. Meist kommt es zu einer stillen Durchseuchung, die sich nur in einem starken Leistungsabfall zeigt.

Bekämpfung: Impfung im Jungtieralter und Desinfektion.

Gumboro-Krankheit (infektiöse Bursakrankheit)

Die ebenfalls viral bedingte Gumboro-Krankheit oder infektiöse Bursakrankheit führt bei Küken zu ca. 5 Tage lang anhaltender Mattigkeit und dünnflüssigen, schleimigen Durchfällen. Es erkranken bis zu 70 % der Tiere. Die Todesrate bewegt sich zwischen 3 % und 7 %. Es kommen auch stumme Infektionen vor. Durch die Krankheit kommt es zu einem dauernden Leistungsabfall. Der Erreger ist gegen Desinfektionsmaßnahmen sehr wiederstandfähig.

Vorbeugung: Vor allem muss darauf geachtet werden, den Erreger nicht einzuschleppen; Desinfektion; Impfung.

Chronische Atmungskrankheit (Geflügelschnupfen)

Mycoplasmen (kleine Bakterien) verursachen die Chronische Atmungskrankheit (C R D) bzw. den „Geflügelschnupfen", welcher mit Husten, Kopfschütteln und Niesen einhergeht. Meist kommt es zu einem chronischen Verlauf, der sich hauptsächlich in einer Leistungsverminderung ausdrückt.

Vorbeugung: Keine Überbesetzung der Ställe, gute Lüftung, trockene Einstreu, vitaminreiches Futter.

Geflügelcholera

Eine schon seltene bakteriell bedingte, meldepflichtige Geflügelseuche ist die Geflügelcholera, die besonders in Putenbetrieben auftreten kann. Klinische Symptome sind Rasselgeräusche, Schleim aus Schnabel und Nase und blutiger Durchfall sowie rasches Verenden. Es kommt schnell zum Tod.

Bekämpfung: Tötung des Bestandes.

Hühnertyphus (Pullorum)

Hühnertyphus, eine Salmonelleninfektion des Geflügels, wurde früher besonders über Zuchtbetriebe und Brütereien verbreitet, heute hat diese Krankheit fast keine Bedeutung mehr.

Die Küken sterben nach kurzem Durchfall, während ältere Tiere die Krankheit überleben und zu lebenslangen Bakterienausscheidern werden.

Leukose und Marek'sche Geflügellähme

Zwei weitere ehemals klassische Geflügelseuchen sind die virusbedingte Leukose, die besonders im 1. Legejahr ohne wesentliche äußere Erscheinungen zu häufigen Verendungen führt (Sektion: Vergrößerung von Leber, Milz, Nieren, Eierstock und Bürzeldrüse) und die ebenfalls viral bedingte Marek'sche Geflügellähme, die bei jüngerem Geflügel zur Erkrankung (ataktische Bewegungen, Einknicken der Gliedmaßen, Vor- bzw. Zurückstrecken der Ständer, Flügellähmung, Verdrehen des Kopfes und einseitige Augenveränderung) führt und gegen die geimpft wird.

Weitere Krankheiten

Durchfall

Durchfall wird meist durch Fehler in der Fütterung, wie Verabreichung von verschimmeltem oder faulendem Futter, oder zu fettreichem Futter ausgelöst. Auch das Verfüttern von Kükenfutter an erwachsene Hühner kann Durchfall verursachen. Bei Singvögeln kann zum Beispiel die Fütterung von Salatblättern zu Durchfall führen.

Behandlung: Abstellen der Ursache.

Gicht

Sie tritt besonders bei lang anhaltendem Wassermangel auf und verursacht Gelenksschwellungen, Lahmheit sowie Abmagerung.

Vorbeugung: Ausreichende Vitaminversorgung, keine kochsalzhaltigen Futtermittel, genügend Wasser.

Federfressen (Kannibalismus)

Federfressen ist ein Verhalten, bei dem die Federn ausgezupft, ja sogar der ganze Darm von Nachbarhühnern nach außen gezogen werden kann. Es tritt vor allem bei vollem Licht und in Stallungen mit trockener, warmer Luft auf. Die Krankheit führt bei Überbesetzung in der Bodenhaltung oft zu Problemen.

Federpicken entsteht häufig bei Problemen mit der Beleuchtung. Foto: Armin Deutz

Vorbeugung: Erhöhung der Luftfeuchtigkeit auf 70 %, Abschwächung des starken Lichtes (Reduzierung der Lichtintensität) und Entfernung der kannibalischen Tiere.

Kochsalzvergiftung

Eine Kochsalzvergiftung kann sich nach Aufnahme einer größeren Menge Kochsalz mit dem Futter ohne Gelegenheit zur beliebigen Wasseraufnahme entwickeln. Vorsicht deshalb bei der Verfütterung von Speiseresten. Krankheitssymptome einer Kochsalzvergiftung sind Krämpfe, zentralnavale Erscheinungen, Lähmungen und Herzversagen.

Kropfverstopfung

Die Kropfverstopfung ist Folge eines Kropfkatarrhs (Kropfentzündung) durch Fremdkörper oder faulende Futtermassen bzw. Überfüllung mit trockenem Futter oder dürrem Gras. Sie zeigt sich in Schluckbeschwerden, Strecken des Halses oder üblem Geruch aus dem Schnabel.

Behandlung: Entleerung des Kropfes durch Massage in Richtung Kopf, Spühlungen.

Leberverfettung

Ursachen eine Leberverfettung sind Fütterungsfehler (z. B. viel Rindertalg im Futter), Störung der Darmverdauung oder auch Pilzgifte (Aflatoxine). Infolge von Leberrissen können Vögel plötzlich verenden.

Vorbeugung: Futterumstellung nach Kontrolluntersuchung.

Legenot

Entzündung des Legedarms oder zu große Eier führen zur Legenot, die mit Appetitmangel, Müdigkeit und Drängen auf den Legedarm einhergeht.

Salmonellen – Hauptüberträger ist das Geflügel

Salmonellosen werden durch unterschiedliche Bakterien aus der Gruppe der *Salmonellen* verursacht. Die Krankheit kann sowohl Tiere als auch Menschen betreffen. Europaweit sind die Serotypen *S. Enteritidis* und *S. Typhimurium* neben Campylobacter-Keimen die Hauptverursacher von lebensmittelbedingten Erkrankungen beim Menschen.

Diese Bakterien leben im Darm von Tier und Mensch, sind aber auch außerhalb des menschlichen bzw. tierischen Körpers wochenlang lebensfähig. Sonnenlicht (UV-Strahlung) beschleunigt das Absterben der Erreger, in getrocknetem Kot sind sie jedoch über 2,5 Jahre lang nachweisbar. Salmonellen wachsen generell in einem Temperaturbereich von 10–47 °C und werden durch Einfrieren nicht abgetötet. Als gesicherte Keimabtötung gilt ein Erhitzen auf über 70 °C für mindestens 15 Sekunden (Pasteurisieren!).

Fotos: Armin Deutz

Vor allem in der Freilandhaltung ist auf eine Salmonelleninfektion zu achten. Verunreinigte Flächen sind nur mit höchstem Aufwand wieder sanierbar.

Salmonellosen sind zumeist lebensmittelbedingte Erkrankungen und treten weltweit als sporadische Fälle, Familienerkrankungen oder als Epidemien auf. Haus- und Nutztiere, besonders Geflügel, wie Huhn, Pute, Gans, Ente, aber auch Wildvögel und Wildtiere, insbesondere Reptilien, können daran erkranken. Die Übertragung der Salmonellen auf den Menschen erfolgt hauptsächlich über den Verzehr roher Lebensmittel tierischer Herkunft (Eier, Fleisch und Milch). Auch Produkte, die rohe Eier enthalten, wie zum Beispiel Tiramisu, Mayonnaise oder Cremen können mit Salmonellen belastet sein. Nicht oder ungenügend erhitztes Fleisch (etwa Schlachtgeflügel, Faschiertes, frische Rohwurst, frische Mettwurst, Fleischsalate) stellt beim Verarbeitungsprozess ein Risiko dar, wenn es mit Produkten, die nicht mehr erhitzt werden (z. B. Salat) in Berührung kommt. Die Infektionsdosis für den erwachsenen Menschen liegt in diesen Fällen bei 10.000 bis eine Million Keimen. Im Rahmen von Ausbrüchen konnte auch die Übertragung über Tomaten, Sprossen oder geräuchertem Aal nachgewiesen werden. Diese Übertragung auf andere Lebensmittel (Kreuzkontamination) kann auch durch nicht ausreichend gereinigte Gebrauchsgegenstände, wie etwa Schneidbretter und Messer, oder unterlassenes Händewaschen erfolgen. Großes Augenmerk muss deshalb bei der Speisenzubereitung auf Küchenhygiene und ausreichende Kühlung gelegt werden. Übertragungen der Erreger von Mensch zu Mensch (Schmierinfektionen) sind theoretisch möglich, allerdings sehr selten.

Bei einem Seuchenverdacht ist Meldung zu erstatten, nicht zuletzt um eine Weiterverbreitung der Seuche zu verhindern.

Die Handbücher Geflügel bzw. Strauße – Selbstevaluierung Tierschutz können Sie direkt über den QR-Code herunterladen sowie unter https://www.tierschutzkonform.at/

Krankheiten des Farmwildes

Bei Farmwild (Rot-, Dam-, Sika- und Muffelwild, Davidshirsch, Wildschweine), das nach der 1. Tierhaltungsverordnung nutztierähnlich gehalten wird, kommen eine Reihe von Infektionskrankheiten und Parasitosen sowie haltungs- und fütterungsbedingte Erkrankungen vor, wie wir sie auch von Wild aus freier Wildbahn oder zum Teil von Nutztieren kennen. Durch meist hohe Wilddichten von Wildtieren in Gehegen ist das Risiko für Infektionskrankheiten und Parasitosen erhöht.

Untersuchung von Farmwild

Vor der Untersuchung eines Einzeltieres ist immer der Gesamtbestand zu beurteilen. Einzeltiere sind auch leichter zu beurteilen, wenn man diese mit weiteren Stücken derselben Art, womöglich auch von gleichem Geschlecht und Alter, vergleichen kann.

Der Gehegebetreiber arbeitet täglich mit seinen Tieren. Er muss aber stets bemüht sein, seinen Blick für das „Normale" bzw. das „Gesunde" zu schärfen. Nur so sind auch

Zurückbleibende Stücke haben oft Bewegungsstörungen oder Atemwegserkrankungen.

Der Spießer rechts im Bild ist deutlich abgemagert und hat Durchfallspuren an den Sprunggelenken (Paratuberkuloseverdacht!). Fotos: Armin Deutz

geringgradigere Veränderungen bei erkrankten Tieren zu erkennen. Wichtig ist es zumindest zu erkennen, ob ein oder mehrere Tiere nicht gesund sind. Die weitere Diagnosestellung erfolgt durch einen Tierarzt oder durch eine Sektion in einer Untersuchungsanstalt.

Bei der Beurteilung des Bestandes wird auf die Gruppenzusammensetzung, den gleichmäßigen Haarwechsel, einzelne Kümmerer, Bewegungsstörungen, erhöhte Aggressivität, vermehrte (Haut-)Verletzungen oder auf Stücke, die beim Ziehen oder Flüchten eines Rudels zurückbleiben, geachtet.

Das Erscheinungsbild dieses Hirsches lässt auf gute Gesundheit schließen. Foto: Armin Deutz

Kriterien für die Untersuchung des Rudels oder Einzeltieres sind die Beurteilung von bzw. Beobachtung auf:

- Ernährungszustand,
- Lautäußerungen,
- Körperhaltung, Reaktionen auf Betrachter bzw. Artgenossen,
- Haarkleid, sichtbare Verletzungen,
- Körperöffnungen, Augen- bzw. Nasenausfluss, Husten, Niesen, Durchfall und
- zentralnervale Symptome.

Ernährungszustand

Bei schlechtem Ernährungszustand sind besonders die Knochen der Schulter, des Beckens, die Dorn- und Querfortsätze der Wirbelsäule und die Rippen deutlich sichtbar und tastbar. In der Winterdecke ist die Beurteilung des Ernährungszustandes schwieriger als im kürzeren und weniger dichten Sommerhaar. Die Ursachen für einen schlechten Ernährungszustand können neben Futtermangel auch Verletzungen oder Krankheit sein. Schlachtkörper von deutlich abgemagerten Stücken sind – unabhängig von der Ursache der Abmagerung – stets untauglich.

Einen groben Überblick zu den vielschichtigen Ursachen des Kümmerns und Abmagerns bei Farmwild gibt folgende Tabelle:

Ursache	vorwiegend in Altergruppe
Futtermangel	alle Altersgruppen
Vitamin- und Mineralstoffmangel	überwiegend Jungwild
Mehrlingsgeburten, Verlust des Muttertieres	Kälber, Lämmer, Jährlinge
Parasitosen	überwiegend Jungwild
Infektionskrankheiten	in allen Altersgruppen
Verdauungsstörungen, Fremdkörper	in allen Altersgruppen
Zahnanomalien, Zahnverlust	überwiegend ältere Stücke
Krankheiten des Bewegungsapparates	altersunabhängig
Stress (extern oder innerartlich)	überwiegend Jungwild
Tumoren, weitere seltene Einzelbefunde	altersunabhängig

Eine wesentliche Auswirkung auf die spätere Körperentwicklung hat bereits die Konstitution des Muttertieres, das Vorliegen von Mehrlingsträchtigkeiten oder der frühe Verlust des Muttertieres.

Fleischhygienisch ist eine Kleinwüchsigkeit mit normalen Körper- und Muskelproportionen unbedenklich, eine deutliche Abmagerung schließt jedoch die Verwendung des Wildfleisches aus.

Parasitosen

Eine der häufigsten Ursachen für ein Kümmern – besonders von Jungwild – sind **Parasitosen**. Im Rahmen dieser Übersicht soll nur auf die häufigsten Parasitosen sowie auf ihre wesentlichsten Symptome eingegangen werden. Eine sichere Diagnosestellung ist nur über eingehende parasitologische Untersuchungen (Losung, Organbeurteilung) möglich. Näher eingegangen wird auf die einzelnen Parasitenarten in den Kapiteln Rinder-, Schaf- und Ziegenkrankheiten. Prinzipiell hat aber jede Haus- und Wildtierart ein eigenes Spektrum an Parasiten, so sind beispielsweise die verschiedenen Arten von Lungen- oder Labmagen-Dünndarmwürmern häufig an die jeweilige Wirtstierart angepasst und nicht oder nur schwer von einer Tierart auf die andere übertragbar. Krankheitssymptome und Schäden, die die jeweiligen Parasiten hervorrufen, sind jedoch zwischen den Tierarten vergleichbar. Besonders Dam- und Muffelwild gelten als anfällig für einen Parasitenbefall.

Die häufigsten Parasitosen des Schalenwildes

Parasiten	Symptome
Labmagen-, Dünndarmwürmer	Durchfall, Parasiten im Labmagen und Darm
Lungenwürmer	Husten, Wurm- und Brutknoten in den Lungen
Bandwürmer	Bandwurmglieder im Darm bzw. auf der Losung
Großer Leberegel	verdickte Gallengänge und Leberegel in der Leber
Hautdassel	Larven und evtl. Abszesse in der Unterhaut (Rücken)

Eine sichere Diagnosestellung ist nur über eingehende parasitologische Untersuchungen (Losung, Organteile) möglich. Losungsproben zur parasitologischen Untersuchung müssen frisch sein. Der günstigste Zeitraum für eine Untersuchung ist März/April bis September/Oktober, da die Ausscheidung von Parasiten, -eiern und -larven im Winter geringer ist.

Seltener als Parasitosen sind bakterielle und virale **Infektionskrankheiten**, wie z. B. Aktinomykose, Listeriose, Pseudo- und Paratuberkulose, Tuberkulose, bakterielle Leber- oder Lungenentzündungen oder Leukose. Von der Aktinomykose, die als Knochen- oder seltener Weichteilaktinomykose (Zunge) auftritt, ist vorwiegend der Unterkieferknochen betroffen, wo die bakteriellen Erreger besonders zur Zeit des Zahnwechsels einzudringen vermögen. Listeriose kann u. a. durch Fütterung mit verdorbener Silage entstehen.

Sowohl **Verdauungsstörungen** wie auch **Fremdkörper** im Verdauungstrakt können ein Kümmern hervorrufen (siehe Kapitel Erkrankungen des Verdauungstraktes, S. 205).

Wie bei der Knochenaktinomykose am Unterkiefer können auch **Zahnanomalien** oder hochgradiger **Zahnabschliff** bzw. **-verlust** bei alten Tieren zu Problemen bei der Äsungsaufnahme und beim Kauen führen. Beim Wiederkäuer wirken häufig der Zahnabschliff und -verlust und nicht die Gesamtkonstitution lebensbegrenzend.

Krankheiten des Bewegungsapparates, wie **Knochenbrüche** oder **Auswachsen der Schalen**, behindern erkrankte Tiere in der Futteraufnahme sowie in der Behauptung an der Fütterung bzw. im Rudel und führen daher zu Abmagerung. Stücke mit Knochenbrüchen sind einer bakteriologischen Fleischuntersuchung zu unterziehen.

Tumorerkrankungen und weitere Einzelbefunde (Verletzungen, Gelenksentzündungen, Organveränderungen, Verdacht auf chronische Vergiftungen usw.) stellen weitere Abmagerungsursachen dar.

Besonders beim Auftreten mehrerer ungeklärter Fälle von abgemagerten oder kümmernden Stücken muss es im Interesse des Gehegebetreibers liegen, entsprechende diagnostische Schritte einzuleiten und die Ursachen zu ergründen. Bei Vorliegen von ansteckenden Krankheiten besteht letztlich eine Infektionsgefahr für noch im Gatter befindliche Tiere. Einige Krankheiten sind auch meldepflichtig bzw. auf den Menschen übertragbar (siehe Kapitel Meldepflichtige Tierseuchen, S. 33 und Zoonosen, S. 22).

Erkrankungen des Verdauungstraktes

Sowohl Verdauungsstörungen wie auch Fremdkörper in den Vormägen sind überwiegend menschlich verursacht, Durchfälle treten aber auch bei der Äsungsumstellung im Frühjahr auf. Fütterungsfehler, verdorbene oder nicht wiederkäuergerechte Futtermittel führen zu Verdauungsstörungen, die von Durchfällen und auch Abmagerung begleitet sind. Fremdkörper (Plastikfolien oder -sackerln u. Ä.), die von Wanderern unachtsam weggeworfen werden oder im Futter (z. B. Silagefolien) enthalten sind, können Passagehindernisse in den Vormägen darstellen und somit ein Kümmern hervorrufen. Bei deutlicher Abmagerung sind die Tierkörper genussuntauglich.

Die **Pansenübersäuerung** (Pansenazidose) ist die häufigste und auch gefährlichste fütterungsbedingte Erkrankung bei Farmwild. Sie entsteht nach Fütterung von leicht verdaulichen, stärkereichen, zu kurzen, nicht strukturierten oder gemahlenen Futtermitteln (Getreide, Getreideschrot, Bruchmais, Mühlen- und Bäckereiabfälle usw.). Da diese Futtermittel zumeist auch sehr gerne und dadurch auch in zu großen Mengen aufgenommen werden, wird die Aufnahme von strukturwirksamen Grundfuttermitteln bzw. Naturäsung zurückgedrängt. Bei separat vorgelegtem Kraftfutter wird nur selten ausreichend strukturierte Rohfaser (wie Grummet aus der Raufe) mit aufgenommen! Somit kommt es durch den Rohfasermangel zu einer reduzierten Wiederkautätigkeit und zugleich durch den sehr raschen Stärkeabbau zur Ansammlung großer Mengen freier Fettsäuren im Pansen, insbesondere von Milchsäure. Durch die Säurewirkung (Absinken des pH-Wertes) werden die Pansenmikroben und damit das gesamte Pansenmilieu schwer geschädigt. Es kommt zu massiven Entzündungen der Pansenschleimhaut und durch Änderung des Säure-Basen-Gehaltes des Blutes können zentralnervale Störungen (Zähneknirschen, Lahmheiten, Torkeln, Festliegen, Koma) ausgelöst werden. Neben der akuten, meist tödlich verlaufenden Pansenübersäuerung kommt es bei der chronischen Pansenübersäuerung zu schweren Gesundheitsstörungen (Immunsuppression mit Zunahme des Parasitenbefalles und der Infektionsgefahr, Verhornung der Pansenschleimhaut, Mineralstoffwechselstörung, Leber- und Nierenabszesse usw.).

Kraftfuttermittel sind also lediglich eine Energie- bzw. Rohprotein-Ergänzung, wenn das angebotene Grundfutter den Bedarf des Wildes nicht zu decken vermag. Zu den Kraftfuttermitteln zählen neben pelletiertem Wildfutter sämtliche Getreidearten, Wildmüsli, auch Trockenschnitzel, Melasse, Treber, Weizenkleie, Extraktionsschrote, Bohne und Erbse. Aber auch Kastanien, reifes Obst, Trester und Eicheln sind zum Kraftfutter zu zählen.

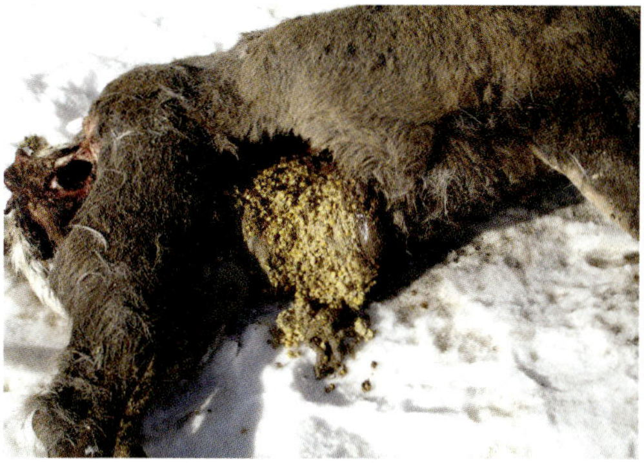

Foto: Armin Deutz

Hirsch nach der Aufnahme von ca. 5 kg Körnermais an einer akuten Pansenübersäuerung verendet!

Aus all den genannten Gründen darf Kraftfutter nur in Kombination mit qualitativ hochwertigem, entsprechend strukturiertem Grundfutter (wie Grummet, Luzerne- oder Kleeheu) verfüttert werden, günstigenfalls in einer Mischration, damit Kraftfutter und strukturiertes Futter nicht selektiv aufgenommen werden können.

Durchfall

Durchfall tritt als Symptom von Magen- bzw. Darmentzündungen (Parasitenbefall, Pansenübersäuerung, bakterielle oder virale Darminfektionen, verdorbenes oder stark mit Sand verunreinigtes Futter, Vergiftungen usw.) oder nach Aufnahme von sehr jungem Gras (Frühjahr!) als häufiges Symptom auf, das nicht zuletzt hygienische Probleme beim Aufbrechen verursacht. Normalerweise ist der an den Labmagen anschließende Dünndarm („Leerdarm") beim Wiederkäuer nur wenig, der Dickdarm mäßig bis gut gefüllt, wobei die Konsistenz des Darminhaltes in Richtung Dickdarm zunimmt. Der Darm kann entweder selbstständig erkranken oder bei einer Reihe von Organ- oder Allgemeinerkrankungen symptomatisch mitbeteiligt sein. Häufig wird der Darm in Erkrankungen der Vormägen miteinbezogen, was z. B. bei den fütterungsbedingten Vormagenstörungen (Pansenübersäuerung, Pansenfäulnis) der Fall ist. Durchfall entsteht grundsätzlich entweder aufgrund einer zu raschen Passage des Magen-Darm-Inhaltes durch den Verdauungstrakt (durch verstärkte Darmbewegungen oder Entzündungen) oder infolge gestörter Wasserresorption aus dem Darminhalt und damit fehlender Eindickung des Kotes im Dickdarm.

Zentralnervale Symptome

Als Ursachen von zentralnervalen Symptomen (z. B. Torkeln, im Kreis Gehen, Anrennen gegen Hindernisse, Festliegen usw.) kommen beispielsweise Infektionskrankheiten, wie Listeriose, oder ein Finnenbefall im Gehirn in Frage. Ein Tollwutverdacht ist meldepflichtig.

Infektionskrankheiten

Häufigere Infektionskrankheiten sind Paratuberkulose, Aktinomykose („Strahlenpilz"), Listeriose, Nekrobazillose oder bakterielle Leber- oder Lungenentzündungen sowie Tuberkulose. Von der Aktinomykose sind besonders die Kieferknochen betroffen, wo die bakteriellen Erreger besonders zur Zeit des Zahnwechsels eindringen. Listeriose kann u. a. durch Fütterung mit verdorbener Silage entstehen und kann auch zu Fruchtbarkeitsstörungen (Abortus) führen. Ein zunehmendes Risiko besteht hinsichtlich Tuberkulose, die derzeit bei Rotwild und Rindern in Westösterreich und häufig bei Rotwild und Wildschweinen in Spanien auftritt.

Listeriose

Listeriose ist eine bakteriell bedingte Infektionskrankheit, die bei Wildwiederkäuern verschiedene Krankheitsbilder hervorruft. Neben Aborten und vermehrter Jungtiersterblichkeit sowie Gesäugeentzündungen sind Infektionen des zentralen Nervensystems (Gehirn) am häufigsten anzutreffen. Die Infektion erfolgt fast immer über die Aufnahme von erregerhältigem Material, vor allem aus verdorbener Silage. Listerien sind in der Umwelt weit verbreitet. Wird Silage zu trocken siliert, kommt es nur zu ungenügender Säuerung und somit zu pH-Werten von pH > 5. Diese Silagen sind in Folge dann sehr instabil und es kommt leicht zu Nacherwärmungen (besonders bei zu geringem täglichen Verbrauch), was wiederum zu einer starken Vermehrung der Listerien in der Silage führen kann.

Da die Aufnahme von Listerien vermutlich häufig vorkommt, dürften zusätzliche Faktoren notwendig sein, damit eine Erkrankung ausgelöst wird (Stressoren, hoher Infektionsdruck, parasitär bedingte Schädigungen der Darmschleimhaut, Abwehrschwäche). Der häufigste Infektionsweg sind kleinste Verletzungen in der Schleimhaut des Verdauungstraktes.

Bei Infektionen des Gehirnes zeigen die Tiere Gleichgewichtsstörungen, Schiefhalten des Kopfes, Kreisbewegungen, herabhängende Ohren und Blindheit, auch starkes Speicheln kann vorkommen, da der produzierte

Speichel nicht mehr abgeschluckt wird. Am verendeten Tier wird die Diagnose durch eine Sektion und durch den Erregernachweis gestellt.

Eine Behandlung der Listeriose ist bei Farmwild nicht praktikabel und auch bei Nutztieren nur selten erfolgreich.

Moderhinke

Die Moderhinke oder Klauenfäule, die auch bei Hausschafen und -ziegen auftritt, kann zu schweren Erkrankungen bei Mufflons und Steinwild führen. Erkrankte Stücke sind in der Bewegung stark eingeschränkt, bewegen den Kopf im Ziehen nickend oder schieben sich auf den Karpalgelenken der Vorderläufe „kniend" vor, bis sie in hochgradigen Fällen überhaupt festliegen.

Impfungen oder Klauenkorrekturen und -bäder, wie sie bei Hausschafen zur Vorbeugung und Behandlung der Moderhinke dienen, waren in den wenigen bisher angestellten Behandlungsversuchen von narkotisierten Wildtieren nicht erfolgversprechend. Erkrankte Wildtiere sind – nicht zuletzt aus tierschützerischen Aspekten und Gründen der Eindämmung der Krankheitsverbreitung – zu töten. Näheres zur Moderhinke, siehe unter Schaf- und Ziegenkrankheiten, S. 133.

Muffelwidder mit extrem ausgewachsenen Schalen und Moderhinke Foto: Armin Deutz

Meldepflichtige Tierseuchen beim Farmwild

(siehe auch Kapitel Meldepflichtige Seuchen, S. 33)

Als meldepflichtige Tierseuchen könnten in Mitteleuropa bei Farmwild v. a. Paratuberkulose, Tuberkulose, Maul- und Klauenseuche und Wildschweinepest und, weniger wahrscheinlich, die Chronic Wasting Disease (CWD, „Hirschenwahn") auftreten.

Bei Verdacht auf eine meldepflichtige Tierseuche hat der Tierhalter diesen Verdacht beim Amtstierarzt (oder Bürgermeister bzw. Polizei) anzuzeigen. Falls der Tierhalter einen Tierarzt beizieht, ist dieser zur Anzeige verpflichtet.

Paratuberkulose

(siehe auch Paratuberkulose beim Rind, S. 39)

Paratuberkulose ist bei Farmwild in Österreich seit 2006 meldepflichtig. Seit der Jahrtausendwende wird Paratuberkulose vermehrt auch bei Wildtieren in Gehegen oder in freier Wildbahn festgestellt.

Folgende **Symptome** wurden bei erkrankten Wildtieren festgestellt: deutliche Abmagerung innerhalb weniger Wochen, Durchfall, verzögerter Haarwechsel, verspätetes Verfegen (Entfernen des Bastes), abnormer Geruch bei frischtoten Tieren und vergrößerte Darmlymphknoten, Ödeme im Bereich des Darmtraktes sowie Bauchhöhlenwassersucht.

Durchfall tritt bei erkrankten Wildtieren – ähnlich wie bei Schaf und Ziege – nur in ca. 15 % der Fälle auf, bei Rindern immer. Abzugrenzen sind Abmagerungen infolge anderer Ursachen (Parasitose, hohes Alter, andere Infektionskrankheiten, Fütterungsfehler, „Frühjahrsdurchfall" infolge der Aufnahme des leicht verdaulichen und rohfaserarmen ersten Aufwuchses) sowie auch Mangelerkrankungen sind zu berücksichtigen.

Der Erreger wird hauptsächlich über Kot ausgeschieden, aber auch über Milch und Samen. Die Infektion erfolgt vor allem durch die Aufnahme der Erreger mit dem Futter, meist schon in den ersten Lebenswochen.

Nach der Paratuberkulose-Verordnung ist Paratuberkulose bei Rindern, Schafen, Ziegen und Farmwild in Österreich seit 2006 meldepflichtig.

Tuberkulose

Als Ansteckungsquelle für Wildtiere galt früher in erster Linie der Kot tuberkulöser Rinder, der die entweder mit dem Lungenschleim aufgehusteten und abgeschluckten oder die bei Darmtuberkulose im Darm befindlichen Erreger enthält. Hauptinfektionsquellen für Wild- und Haustiere sind heute der Kot und Lungenschleim von tuberkulösem (Haus-)Geflügel und erkrankten Menschen. Farmwild ist auch durch Zukauf infizierter Tiere gefährdet. Tuberkuloseerreger sind durch ihren speziellen Zellwandaufbau sehr widerstandsfähig. Im Rinderkot bleiben sie bis zu 2 Wochen, im eingetrockneten Lungenschleim bis zu 4 Monate und in tuberkulösen Organen bis zu 3 Jahre ansteckungsfähig. Stressfaktoren, zu enger Lebensraum, ungünstiges Klima und unzureichende oder einseitige Ernährung können die Entstehung der Krankheit begünstigen.

Bei der Aufnahme der Erreger mit der Äsung können die Halslymphknoten und auch der Darm bzw. die Darmlymphknoten infiziert werden. Brechen Mykobakterien in die Blutbahn ein, dann können die Milz und die Nieren erkranken und auch das Gehirn oder die Knochen. Was die Erscheinungen am lebenden tuberkulösen Schalenwild betrifft, so magert es, entsprechend dem chronischen Verlauf der Krankheit, ab, hustet und zeigt auch öfters Durchfall. Der Kot ist stinkend und manchmal mit Blut vermischt. Daneben sind die Tiere matt, nehmen wenig Äsung auf und verfärben schlecht oder zeigen ein struppiges, glanzloses Haarkleid.

Der klinische Verlauf der Tuberkulose ist im Anfangsstadium uncharakteristisch und bleibt in Abhängigkeit von der Widerstandskraft des befallenen Organismus entweder lokal begrenzt oder breitet sich weiter aus; es kann auch zur Abkapselung und Ausheilung kommen. Je nach erkranktem Organ treten Husten, Röcheln, Atemnot (Lungentuberkulose) oder Durchfall (Darmtuberkulose) auf, später magern die Tiere hochgradig ab. Man findet die Lungen- oder Darmlymphknoten hochgradig vergrößert und verkäst oder auch verkalkt. Die Lymphknoten sind oft stärker verändert als das primär entzündete Organ und können bis zu faustgroß werden. Von den Innenorganen erkrankt beim Schalenwild in erster Linie die Lunge. Die meist auffällig veränderte Lunge enthält viele kleine oder wenige große tuberkulöse Herde. Von der Lunge kann die Tuberkulose auch auf das Rippenfell übergreifen, wobei dann das Krankheitsbild der so genannten „Perlsucht" entsteht. Eine Sonderform ist die Miliartuberkulose (lat. milium = Hirse) der Lunge, bei der das ganze Organ mit kleinen hirsekorngroßen Knötchen durchsetzt ist. Auf der Schnittfläche der Knoten sind eine zentrale Verkäsung und häufig Verkalkung zu erkennen.

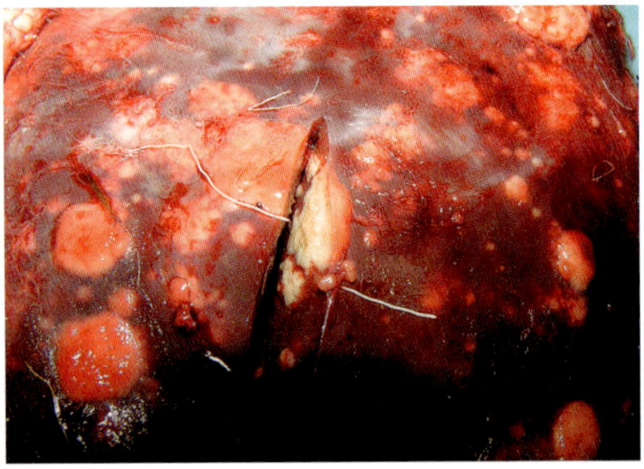

Abszesse, die teilweise verkalken können, sind typisch für Tuberkulose (Leber, Rotwild). Foto: Armin Deutz

Wildschweinepest

Aufgrund des gehäuften Auftretens der Afrikanischen Schweinepest (ASP) bei Wildschweinen in Europa kommt es immer wieder zu Ausbrüchen in Hausschweinebeständen, wobei die Seuchenverschleppung auch zwischen Hausschweinebeständen passieren kann.

Weitere Informationen über die ASP und entsprechende Biosicherheitsmaßnahmen finden Sie über diesen QR-Code.

Hauptsächlich erfolgt eine direkte Infektion durch den Kontakt mit befallenen Tieren, da diese bereits einen Tag nach der Ansteckung das Virus mit Speichel, Augen- und Nasensekret, später auch massiv mit Harn und Losung ausscheiden. Auch der indirekte Infektionsweg über infiziertes Futter (Fallwild, Aufbrüche, Schlachtabfälle, nicht erhitzte Speisereste und Abfälle von Rast- und Campingplätzen) spielt eine wesentliche Rolle.

Das rechtzeitige Erkennen der Erkrankung ist von wesentlicher Bedeutung. Verdächtig sind vermehrte Todesfälle bei Frischlingen und Überläufern, verminderter Fluchtreflex, Lähmungen, Muskelzittern, Taumeln sowie aufgefundenes Erbrochenes und blutige Losung. Beim Aufbrechen der Tiere findet man mehr oder weniger stark auftretende punktförmige, stecknadelkopfgroße Blutungen in den Nieren, am Herz, in der Blase, auf dem Kehldeckel und im Darm. Häufig sind auch blutig marmorierte Lymphknoten zu finden, seltener zeigt die Milz spezifische Veränderungen. Akut erkrankte Tiere sind teilnahmslos, haben hohes Fieber und Durchfall, sie verenden meist innerhalb weniger Tage. Die chronische Verlaufsform der Schweinepest ist oft unauffällig, die Tiere verenden erst nach einigen Wochen. Verdächtig sind verminderte Fruchtbarkeit, geringe Wurfgrößen, lebensschwache Frischlinge und Kümmerer. Chronisch erkrankte Tiere sind Dauerausscheider, sie verbreiten die Seuche weiter, ohne selbst als Träger erkannt zu werden.

So nicht! Um das Infektions- und Übertragungsrisiko der Afrikanischen Schweinepest zu minimieren, ist beim Aufbrechen von Wildschweinen das Tragen von Einweg-Handschuhen dringend anzuraten.
Foto: Armin Deutz

Maul- und Klauenseuche

Bei Seuchenzügen unter Haustieren traten immer wieder auch Einzeltiererkrankungen bei Rot-, Reh-, Dam-, Muffel-, Gams-, Elch-, Sika- und Schwarzwild sowie Muntjak und Weißwedelhirsch auf. Unter den Hirschartigen sind hauptsächlich Reh und Muntjak empfänglich für eine MKS-Infektion. Beim Reh wurden schwere Krankheitserscheinungen mit deutlicher Blasenbildung im Äserbereich, Schwellungen am Haupt und plötzliches Verenden von Kitzen infolge von Herzmuskelentzündung beobachtet. Beim Muffelwild kann zusätzlich deutliches Speicheln und beim Schwarzwild Ausschuhen (Abgehen der Schalen vom Klauenhorn) auftreten. Aus Wildgattern, Wildparks und zoologischen Gärten sind auch Massenerkrankungen bekannt, was sicherlich mit den höheren Tierdichten in Zusammenhang steht. Bei Weitem nicht jedes infizierte Tier erkrankt auch klinisch an MKS, kann aber den Erreger über längere Zeit ausscheiden. In diesem Zusammenhang stellen Importe ein großes Risiko dar!

Besonders für Igel ist ein Übertragungszyklus Klauentiere – Igel – Klauentiere nachgewiesen. Ratten, Mäuse, Nutria sowie Hunde und Katzen zeigen nur geringe Empfänglichkeit, können jedoch wie auch Füchse und Vögel (z. B. Stare) als Vektoren die Krankheitserreger übertragen. Einmal infizierte Büffel und Rinder können noch lange nach der Abheilung der klinischen Erscheinungen (bis zu 5 Jahre!) MKS-Viren ausscheiden, beim Schalenwild geht man von einem ca. 11-wöchigen Trägertum aus.

Verdächtige Krankheitserscheinungen, die auf MKS hindeuten, sind verstärkter Speichelfluss, schmatzende Geräusche mit dem Maul (Äser), Beeinträchtigung der Nahrungsaufnahme, Bewegungsunlust, Lahmheit, manchmal Festliegen. Schmerzhafte Blasen befinden sich in der Maulschleimhaut und in der Haut, besonders oberhalb der Schalen, im Zwischenklauenspalt, auch um die Afterschalen und an anderen wenig behaarten Hautstellen (z. B. um den Äser).

Bei der Sektion sind teilweise auch Blasen im Schlund, in der Vormagenschleimhaut sowie seltener eine Entzündung der Herzmuskulatur mit Vernarbungen („Tigerherz") festzustellen. Die Blasen in der Maulschleimhaut und an den Schalen platzen nach einigen Tagen und hinterlassen zuerst rote runde Hautschäden, die dann unter Schorfbildung abheilen. Fieber, Speichelfluss und Lahmheiten dauern an. Bei den meisten Wildtieren sind die Krankheitserscheinungen weit weniger ausgeprägt als bei Haustieren.

Blauzungenkrankheit

Virusnachweise unter Wildtieren gelangen in Deutschland bei Rot- und Rehwild sowie bei Mufflons sowohl bei Gatterwild als auch bei Wild aus freier Wildbahn. Muffel- und Rehwild scheinen besonders stark gefährdet. Über Erkrankungs- und Sterblichkeitsraten sowie Symptome unter Wildtieren in Seuchengebieten liegen aber keine Daten vor. Die Blauzungenkrankheit tritt in zwei verschiedenen Krankheitsformen auf: einer schnell und heftig verlaufenden (= akuten) und einer mild verlaufenden (= subklinischen) Form. Bei der akuten Form werden bei Hauswiederkäuern Fieber, Schwellungen sowie Geschwüre und Blutungen im Bereich des Maules und der Zunge, dünnflüssiger bis eitriger Nasenausfluss sowie (schaumiger) Speichelfluss beobachtet. Besonders bei Schafen treten hochgradige Schwellungen der Lippen, Augenlider und Ohren sowie im Kehlgang und mitunter eine Blauverfärbung der geschwollenen Zunge (Name der Erkrankung!) auf, die mit entsprechenden Atemproblemen einhergehen. Bei Veränderungen im Bereich des Kronsaumes der Klauen treten Bewegungsstörungen und Lahmheiten auf. Diese Symptome ähneln somit Symptomen, wie sie auch bei Maul- und Klauenseuche, Lippengrind oder Schafpocken auftreten.

Chronic Wasting Disease („Hirschenwahn")

Wie BSE bei Rindern, Scrapie bei Schafen, Creutzfeldt-Jakob-Krankheit beim Menschen trat bei mehreren Hirscharten in Nordamerika ebenfalls eine Transmissible Spongiforme Enzephalopathie (TSE, „übertragbare schwammförmige Gehirnerkrankung") in Form der Chronic Wasting Disease („chronisch zehrende Hirschkrankheit") auf. Erkrankte Tiere zeigen ab einem Alter von ca. 2 Jahren nervale Erscheinungen wie Unsicherheiten beim Ziehen, Zittern, Furchtlosigkeit gegenüber Menschen, Absondern vom Rudel, Übererregbarkeit oder Teilnahmslosigkeit, struppiges Haarkleid, Hängen lassen von Haupt und Lauschern, starkes Speicheln sowie Abmagerung.

Für Europa kann von einem sehr geringen CWD-Risiko ausgegangen werden. Es ist aber dringend vor Importen von Hirscharten aus betroffenen Gebieten Nordamerikas zu warnen. Im April 2016 ist ein erster Fall bei Rentieren in Europa (Norwegen) aufgetreten, weitere Fälle auch bei Elchen und Rotwild wurden danach in Schweden und Finnland diagnostiziert.

Weißwedelhirsch mit Verdacht auf „Hirschenwahn"
Foto: Armin Deutz

Spezifische Krankheiten des Wildschweines

Im Zusammenhang mit der Zunahme des Schwarzwildes in Mitteleuropa, der Ausdehnung des Verbreitungsgebietes und wirtschaftlich bedeutenden Krankheiten, die zwischen Wild- und Hausschweinen übertragbar sind, wie **Schweinepest** oder **Aujeszky'sche Krankheit**, gewinnen diese Infektionskrankheiten wegen der damit verbundenen enormen wirtschaftlichen Schäden an Bedeutung. Die Aujeszky'schen Krankheit ist auch von Wildschweinen auf Jagdhunde übertragbar, eine Infektion endet bei Jagdhunden innerhalb weniger Tage tödlich. In Bulgarien ereignet sich aktuell ein **Maul- und Klauenseuche**-Ausbruch, der vermutlich von Wildschweinen ausgegangen ist.

Als weitere teils auch lebensmittelhygienisch in Frage kommende Erkrankungen beim Wildschwein sind noch **Brucellose**, **Rotlauf**, **Leptospirose** und **Salmonellose** anzuführen. **Tuberkulose** ist bei Haus- und Wildschweinen seltener als bei Haus- und Wildwiederkäuern, was auf eine gewisse Resistenz zurückzuführen ist. Meist kommt es nur zu tuberkulösen Veränderungen der Kopf- und Hals- oder Darmlymphknoten, seltener der Lungenlymphknoten.

Die Aujeszky'sche Krankheit führt zu massiven Frischlingsverlusten. Foto: Armin Deutz

Aujeszky'sche Krankheit (AK)

Die weltweit verbreitete und durch ein Herpesvirus (Suid Herpesvirus 1) hervorgerufene AK (Synonyme: Pseudowut, Juckseuche) wurde 1902 in Ungarn erstbeschrieben. Haus- und Wildschweine fungieren als natürliche Hauptwirte und Reservoire für das Virus. Endwirte sind Hunde, Katzen, Frettchen und andere Fleischfresser sowie Rinder, Schafe und Ziegen. Unter Wildtieren sind Fälle bei Rot- und Rehwild, Fuchs, Dachs, Fischotter, Marder, Iltis, Feldhase, Kaninchen, Ratten und beim Luchs beschrieben. Für Endwirte verläuft die AK als Gehirn- und Rückenmarksentzündung meist tödlich, eine Übertragung zwischen Endwirten erfolgt nicht. Menschen sind dieses Virus nicht empfänglich. Bei Wildschweinen zeigen zahlreiche Untersuchungen, dass mit Durchseuchungsraten zwischen wenigen Prozenten bis regional über 50 % zu rechnen ist. So konnten in Italien (Toskana) bei 51 %, in Kroatien oder der Tschechischen Republik bei 30 % spezifische Antikörper gegen das AK-Virus nachgewiesen werden. Im Rahmen eigener Untersuchungen im Jahr 2011 waren serologisch österreichweit 22 % der untersuchten Wildschweine serologisch positiv und im Jahr 2015 waren im Burgenland 36 % der untersuchten Wildschweine positiv. Ein positiver Antikörpernachweis weist auf eine vorhandene Infektion hin. Der Erreger kann lebenslang im Wirt verbleiben (Herpesvirus!) ohne durch Antikörper abgetötet zu werden.

Österreich gilt nach einem Ausmerzungsprogramm hinsichtlich des Hausschweinebestandes seit dem Jahr 1997 als frei von AK. Zur Aufrechterhaltung des Status der AK-Freiheit ist ein AK-Monitoring und Überwachungsprogramm in österreichischen Hausschweinebeständen und Schlachthöfen etabliert. Freilandschweinehaltungen bergen ein sehr hohes Risiko für die Übertragung von Schweineseuchen, wie Schweinepest, Aujeszky'scher Krankheit oder Brucellose von Wildtieren auf Hausschweine, was entsprechende Biosicherheitsmaßnahmen unbedingt erforderlich macht.

Die Virusübertragung bei Wild- und Hausschweinen erfolgt sowohl durch Tröpfcheninfektion oder direkten Kontakt, als auch durch Nutzung von Fallwild oder Kannibalismus. Das Virus bleibt in Speichelrückständen der Schweine an verschiedenen Oberflächen ein bis sieben Tage infektiös und kann so auf andere Stücke übertragen werden (Kirrungen!). Gegenüber Umwelteinflüssen ist es relativ stabil und kann vor Sonneneinstrahlung geschützt und bei niederen Temperaturen mehrere Wochen und sogar Monate ansteckungsfähig bleiben. Fleischfresser als

Endwirte können sich sowohl durch direkten Kontakt mit lebenden Wildschweinen, als auch durch das Fressen an Fallwild oder Aufbrüchen infizieren. Zusätzlich sollte das Risiko einer AK-Einschleppung bedacht werden, welches sich ergibt, wenn Jäger Wildschweine im Bereich des landwirtschaftlichen Betriebes aufbrechen (= ausweiden). Aktuell ist dies auch für das Risiko „Afrikanische Schweinepest" höchst relevant.

Die AK beim Schwein führt nach einer Inkubationszeit von wenigen Tagen bei Ferkeln/Frischlingen zu Fieber, Erbrechen und zentralnervalen Symptomen, wie Bewegungsstörungen, Kreisbewegungen, Schlucklähmung, Krämpfen bzw. Lähmungserscheinungen. Die Sterblichkeitsrate bei säugenden Ferkeln/Frischlingen liegt bei 50 bis 100 %. Ältere Ferkel/Frischlinge zeigen Nasenausfluss, Fieber, Atemnot und Rückgang der Futter-/Äsungsaufnahme. Bei Läufern/Überläufern und Mastschweinen treten Atemwegserkrankungen sowie Apathie auf und die Sterblichkeitsrate beträgt nur mehr wenige Prozent. Bei Zuchtschweinen/Bachen stehen Fruchtbarkeitsprobleme (z. B. Abortus) im Vordergrund, symptomlose Virusträger und Ausscheider sind bei älteren Schweinen möglich. Bei Wildschweinen sind die klinischen Symptome dieser Krankheit meist nicht sehr ausgeprägt bzw. werden nicht beobachtet.

In den letzten Jahren traten in Österreich einige Fälle von AK bei Hunden, überwiegend Jagdhunden, auf. Die meisten erkrankten Hunde hatten im Rahmen von Schwarzwildjagden direkten Kontakt zu erlegten Wildschweinen (z. B. am Aufbrechplatz) oder wurden mit rohen Organen vom Schwarzwild gefüttert. Kleinste Mengen von infektiösem Fleisch oder Organen reichen für die Infektion eines Hundes. Blut kann einige Tage virushaltig sein, Losung und Urin bergen nur geringes Risiko. Hunde erkranken im Zuge der AK an einer Gehirn- und Rückenmarksentzündung mit ZNS-Erscheinungen, Speichelfluss und hochgradigem Juckreiz, wobei die Erkrankung i. d. R. nach ein bis drei Tagen tödlich endet. Differentialdiagnostisch zur Tollwut haben die an AK erkrankten Endwirte Juckreiz, häufig Durchfallerscheinungen sowie Symptome einer Atemwegsinfektion und einen zumeist deutlich kürzeren Krankheitsverlauf.

Parasitosen

Parasitosen haben außer der **Trichinose**, die auf den Menschen übertragbar ist, für das Schwarzwild in freier Wildbahn eine untergeordnete Bedeutung. In Gehegen können sie infolge der höheren Dichten eine Rolle spielen.

Parasitosen (wie hier Räude) können leicht über Lebendwild zugekauft werden.

Schweinepestverdacht in Wildschwein-Gehege: Bewegungsstörung, Nasenausfluss und vermutetes Fieber sowie Verendensfälle nach Tierzukauf!

Fotos: Armin Deutz

Weiterführende Artikel zum Thema inkl. dem Handbuch Farmwild (Schalenwild) zum Thema Tierschutz finden Sie über den QR-Code.

Krankheiten der Neuweltkameliden

Lamas und Alpakas eignen sich zur Pflege magerer Standorte. Als Schwielensohler produzieren sie kaum Trittschäden und können daher besser als zum Beispiel Rinder auf erosionsgefährdeten Hängen gehalten werden. Zu Neuweltkameliden in Österreich liegen einige aktuelle Untersuchungen vor, nicht zuletzt auch, weil die Haltung von Neuweltkameliden (NWK) im letzten Jahrzehnt stark zugenommen hat.

KRIEGL et al. (2005) untersuchten in einer Übersichtsarbeit Haltungs- und Gesundheitsaspekte bei Neuweltkameliden in Österreich, ebenso wie BAUERNSTATTER et al. (2018), die Untersuchungen zur Population, Haltung, Herdenmanagement und Gesundheitsprophylaxe bei Neuweltkameliden in Österreich durchführten. FRANZ (2018) beschäftigte sich mit bedeutenden Erkrankungen der Neuweltkameliden, oder ERLACHER (2000) mit der tierärztlichen Betreuung und Behandlung von Neuweltkameliden in Österreich, wie auch SCHLÖGL (2013) in ihrer Diplomarbeit zum Thema „Behandlung und Betreuung von Neuweltkameliden durch TierärztInnen in Österreich – eine Fragebogenerhebung". STRANITZNIG et al. (2016) beschäftigten sich in ihren Untersuchungen mit dem Vorkommen von wichtigen viralen Infektionserregern (**Bovines Herpesvirus, BVD, Schmallenberg Virus und Bluetongue Virus**).

Auch zur Verbreitung von **Parasitosen** bei Neuweltkameliden gibt es entsprechende aufschlussreiche Untersuchungen (LAMBACHER et al., 2016). Die am häufigsten nachgewiesenen Endoparasiten waren **Magen-Darmwürmer** (83 % der Proben), gefolgt von **Eimerien** (77 %). Der **Kleine Leberegel** wurde in 17 % der Proben festgestellt, nur in wenige Proben waren Bandwurmer (0,7 %) oder der Große Leberegel (0,7 %) nachweisbar. Lungenwürmer wurden in keiner der Proben nachgewiesen. Lungenwürmer, Bandwürmer und der Große Leberegel spielen, trotz deren hoher Prävalenz in österreichischen Wiederkäuerbetrieben, bei österreichischen NWK offenbar nur eine untergeordnete Rolle.

In Querschnittsuntersuchung wurden Blutproben von Neuweltkameliden aus Österreich aus den Jahren 2018 bis 2020 auf das Vorhandensein von Antikörpern gegen *Coxiella burnetii* und *Chlamydia abortus* (619 Seren von 536 Tieren) sowie gegen *Toxoplasma gondii* und *Leptospira* spp. (711 Seren von 628 Tieren) untersucht (STEINPARZER et al., 2021), um einen Hinweis darauf zu erhalten, ob die genannten Infektionserreger in der österreichischen Neuweltkameliden-Population präsent sind. Folgende Antikörper-Ergebnisse (positiv/fraglich/negativ) wurden festgestellt: *Coxiella burnetii* (1/1/617), *Chlamydia abortus* (0/1/618), *Toxoplasma gondii* (276/12/423) und *Leptospira* spp. (51/-/524; 136 Seren waren nicht auswertbar). Dies weist derzeit auf eine geringe Bedeutung dieser Infektionskrankheiten, die auch auf den Menschen übertragbar sind, hin.

Die Überwachung des *Mycobacterium tuberculosis*-Komplexes (Tuberkulose) in Betrieben von gehaltenen Ziegen, Kameliden und Hirschartigen (Cerviden) unterliegt zudem der Verordnung (EU) 2020/688. Zu den Kameliden gehören Kamele, Lamas, Alpakas und Vikunjas. Nachdem Österreich hinsichtlich des Rinderbestandes im Jahre 1999 amtlich anerkannt frei von Tuberkulose wurde (> 99,8 % der Betriebe müssen dafür tuberkulosefrei sein), erfolgte die Überwachung der Krankheit seitdem hauptsächlich im Rahmen der Schlachttier- und Fleischuntersuchung, sowie bei Exporten bzw. Importen von Lebendtieren. Alle Tierhalter und Tierhalterinnen, welche Ziegen, Kameliden und Cerviden (Hirschartige/Farmwild) halten und diese im europäischen Raum verbringen wollen, müssen nach der Kundmachung des Gesundheitsministeriums gem. der VO (EU) 2020/688 über einen Zeitraum von zwölf Monaten erfolgreich am MTBC-Programm teilgenommen haben. Infektionen mit *Mycobacterium caprae*, ebenfalls ein dem *Mykobacterium-tuberculosis*-Komplexes (MTBC) angehöriger Seuchenerreger, treten seit über zwei Jahrzehnten immer wieder bei Rindern und Rotwild in Westösterreich auf.

Neuweltkameliden legen Kotplätze an, die von der gesamten Herde genutzt werden und auf denen nicht gefressen wird. Die der Weidefläche entzogenen Nährstoffe werden also über den Kot nur an der Stelle des Kotplatzes abgegeben, sodass die übrige Fläche mit der Zeit ausmagert. Will man einer einseitigen Beanspruchung der Weide vorbeugen (die unter Umständen aber auch gewünscht sein kann), ist eine gemeinsame Haltung mit anderen Tieren (zum Beispiel mit Schafen oder Rindern) sinnvoll. Nach HELM (2001) sollte das Verhältnis von Lamas und Alpakas zu Rindern bei 1 : 5 bis 1 : 10 liegen. Ein Säubern der Kotplätze kann von Zeit zu Zeit notwendig sein, da die gesamte Herde diese Stellen benutzt. Die Lage der Kotplätze kann gesteuert werden, indem man einige Kotpellets an die gewünschten Stellen legt.

Es ist zu betonen, dass sowohl der Handel innerhalb der EU als auch mit Drittländern streng über das TRACES-System (TRAde Control and Expert System) überwacht wird. Das ist ein am 1. April 2004 von der EU eingeführtes Datenbanksystem, mit dem der gesamte Tierverkehr (auch von Neuweltkameliden!) und der Handel mit Erzeugnissen tierischen Ursprungs erfasst wird. Ohne eine Abfertigung über dieses System und eine Gesundheitsbescheinigung des Herkunftslandes dürfen Neuweltkameliden nicht nach Österreich eingebracht werden. Grundlage ist die Entscheidung 2003/623/EG der Europäischen vom 19. August 2003 über die Entwicklung eines integrierten EDV-Systems für das Veterinärwesen. TRACES ersetzt das bis dahin verwendete System ANIMO (ANImal MOvement). Damit ist jederzeit auch eine Rückverfolgung von Einzeltieren möglich und wird das Risiko von Seucheneinschleppungen (wie Tuberkulose) weitestgehend minimiert.

Maßnahmen zur Optimierung der Haltungsbedingungen zur Krankheitsprävention finden Sie im „Handbuch Lamas und Alpakas – Selbstevaluierung Tierschutz“. Sie können das Handbuch direkt über den QR-Code herunterladen oder unter https://www.tierschutzkonform.at/

Wichtige Fisch-krankheiten

Das Spektrum der Krankheitserreger bei Fischen umfasst wie bei anderen Tierarten auch Viren, Bakterien, Pilze und Parasiten. Die durch sie ausgelösten Krankheiten können zu großen Ausfällen und Produktionsverlusten führen. Vor allem virusbedingte Erkrankungen stellen in der Fischzucht ein großes Problem dar, da sie therapeutisch nicht eingedämmt werden können.

Nicht meldepflichtige Krankheiten

Häufigere **Fischparasiten** sind Saugwürmer, Fischegel, Ringelwürmer, Kiemenkrebs, Ankerwurm oder die Karpfenlaus. Fischegel und Karpfenlaus sind Vektoren für verschiedene Krankheitserreger und sollten schon aus diesem Grund bekämpft werden.

Die **Klassische (typische) Furunkulose** ist weltweit eine der wichtigsten bakteriellen Erkrankungen der Salmoniden (Forellenfische). Vor allem betroffen sind Bachforelle, Bachsaiblig, Seesaibling sowie Äschen, wobei alle Altersklassen erkranken können.

Die klinischen Symptome sind abhängig vom Alter der infizierten Fische. Bei Brütlingen ist der perakute Verlauf durch plötzliches Verenden ohne besondere Krankheitserscheinungen kennzeichnend; die Mortalität beträgt ca. 50 %. Die akute Form wird häufig bei Fischen ab 10 cm Körperlänge beobachtet; diese verenden innerhalb von 2–3 Tagen mit den Symptomen einer hämorrhagischen Septikämie. Bei adulten Fischen verläuft die Furunkulose meist subakut bis chronisch mit Bildung von Furunkeln, welche nach hämatogener Streuung der Bakterien in der Muskulatur und/oder der Haut entstehen und mit einer serös-hämorrhagischen Flüssigkeit gefüllt sind. Weitere Symptome der akuten bis chronischen Form können hervortretende Augäpfel (Exophthalmus), Blutungen der Haut sein und bei der Sektion fallen Blutungen in den inneren Organen und der Muskulatur sowie eine deutliche Milzschwellung auf. Diese Veränderungen treten aber auch bei anderen Fischkrankheiten auf.

Rotmaulseuche ist eine bakteriell bedingte, zyklisch verlaufende Krankheit der Salmoniden, vor allem der Regenbogenforellen.

Erythrodermatitis (ED) und **Fleckenseuchen** der Karpfen ist auch als Geschwürkrankheit bekannt. Die Bezeichnung „Chronische Bauchwassersucht" ist mittlerweile veraltet. Die Erreger der ED sind verschiedene weit verbreitete Bakterienarten

Zur Diagnostik von Fischkrankheiten wird angeraten, frisch getötete oder verendete Fische an eine der Untersuchungsstellen gekühlt einzusenden. Zur Bahandlung von Fischkrankheiten und Parasitosen halten Sie Rücksprache mit Ihrem Tierarzt. Ehemals beliebte Chemikalien (Malachitgrün, Kristallviolett) zur Therapie von Fischkrankheiten sind heute streng verboten, da sie für den Menschen gesundheitsgefährdend sind und sich zudem sehr lange im Schlamm ablagern und von den Fischen wieder aufgenommen werden können.

Meldepflichtige Fischkrankheiten

Virale Hämorrhagische Septikämie

Die **Virale Hämorrhagische Septikämie** (VHS) oder „Forellenseuche" tritt in Österreich immer wieder seuchenhaft auf, der Erreger wird aber auch aus klinisch unauffälligen Fischen isoliert.

Ihr Verlauf ist abhängig von der Fischart und der Temperatur: Der kritische Bereich für eine akute Verlaufsform liegt zwischen 7 und 10 °C Wassertemperatur. Unter 4 °C verursacht die Krankheit keine klinischen Symptome. Neben der Wassertemperatur entscheiden auch die Virulenz des Genotypus sowie Kondition und Immunstatus der Fische und haltungsbedingte Stresssituationen über Ausbruch und Verlauf der Seuche.

Klinisch apparent erkranken vor allem Regenbogenforellen aller Altersklassen, wobei Jungfische (Setzlinge) als besonders empfindlich beschrieben werden. Hier sind bei akutem Verlauf Verluste bis zu 90 % möglich. Die klinischen Veränderungen sind von der Verlaufsform (akut, chronisch oder nervös) abhängig: Betroffene Fische sammeln sich am Rand des Teiches oder Beckens („Randsteher") und zeigen Mattigkeit, Appetitlosigkeit, Dunkelfärbung, hervorstehende Augen (Exophthalmus), Blutungen im Auge, Blutungen im der Haut, vor allem an den Flossenansätzen, Auftreibung des Bauches und blasse Kiemen. Die nervöse Form äußert sich lediglich durch Drehung um die Längsachse.

Infektiöse Hämatopoetische Nekrose

Die ebenfalls virusbedingte **Infektiöse Hämatopoetische Nekrose** (IHN) ist eine Fischseuche verschiedener Salmonidenarten, die ebenfalls alle Altersklassen, vor allem aber die Größenklasse < 100 g, befallen kann. Auch bei ihr entscheidet die Wassertemperatur über

Ein VHS-Ausbruch verursacht viele tote Fische; Symptome an erkrankten Fischen sind u. a. Drehung von Fischen um die Längsachse und hervorstehende Augen. *Fotos: Armin Deutz*

den Seuchenverlauf: Im kritischen Temperaturbereich (10–15 °C) sind bei Fischen der empfindlichen Größenklasse Ausfälle mit bis zu 100 % zu beobachten. Stress induzierende Faktoren (z. B. Haltungsdichte, Transport, Sortieren) begünstigen den Seuchenausbruch.

Koi-Herpesvirus-Infektion

Die **Koi-Herpesvirus-Infektion**, umgangssprachlich „Koiseuche", ist eine hochansteckende Viruskrankheit, die Nutzkarpfen und Buntkarpfen (Koi) gefährdet. Es erkranken Karpfen aller Altersklassen und die Ausfälle können bei 80–100 % liegen. Da diese Krankheit hohe wirtschaftliche Schäden verursachen kann, ist sie von großer Bedeutung im internationalen Verkehr und Handel mit Karpfen.

Frühlingsvirämie der Karpfen

Die **Frühlingsvirämie der Karpfen** (engl. Spring Viraemia of Carp; SVC) trägt die alte Bezeichnung „Akute Bauchwassersucht". Unter Ascites wird eine Ansammlung von Flüssigkeit in der Leibeshöhle verstanden. Die Bauchwassersucht ist aber Symptom bei verschiedenen erreger- und umweltbedingten Fischkrankheiten. Frühlingsvirämie ist eine besonders im Frühjahr auftretende Erkrankung der Karpfenartigen (Karpfen, Gras-, Silber- Marmorkarpfen, Karausche, Schleie, Koi) und des Welses. Der Ausbruch der SVC ist stark abhängig von Umweltfaktoren, wie Wassertemperatur, Besatzdichte, Stress und Handling. Auch aus latent vorhandenen Infektionen können sich durch die erwähnten Stressfaktoren klinisch erkennbare Ausbrüche mit oft hohen Verlusten entwickeln. Eine niedrige Wassertemperatur, mangelnde Kondition nach der Winterung, verbunden mit geringer Planktonproduktion im Teich, schwächen das Immunsystem. Der Temperaturbereich von 15–17 °C gilt in der teichwirtschaftlichen Praxis als besonders kritisch.

Die SVC ist eine bei Erstkontakt akut verlaufende, hochinfektiöse Virusinfektion, es erkranken alle Altersklassen zuvor nicht infizierter Karpfen. Karpfen im ersten und im zweiten Lebensjahr sind besonders empfänglich. Bei akutem Verlauf liegen die Verlustraten über 50 %, überlebende Fische leben mit einer latenten Infektion und können zu lebenslangen Ausscheidern werden. Die Übertragung der SVC erfolgt auch durch blutsaugende Parasiten, wie die Karpfenlaus.

Symptome der SVC sind ein Stehen der Fische am Teich- oder Beckenauslauf, unkoordiniertes Schwimmverhalten und Gleichgewichtsverlust, Abmagerung, Dunkelverfärbung, Blutungen in Haut, Augen, Kiemen und Flossenansätzen, Hervortreten der Augen, Umfangsvermehrung, Schuppensträube, Ausstülpung der Afterpapille, Bauchwassersucht, Bauchfellentzündung, Darmentzündung sowie punktförmige Blutungen in der Muskulatur, der Schwimmblasenwand und im Bauchfell.

Maßnahmen zur Optimierung der Haltungsbedingungen zur Krankheitsprävention finden Sie im „Handbuch Nutzfische – Selbstevaluierung Tierschutz". Sie können das Handbuch direkt über den QR-Code herunterladen oder unter https://www.tierschutzkonform.at

Wichtige Bienenkrankheiten

In den letzten Jahren erleiden Bienen immer wieder schwere Verluste, besonders über das Winterhalbjahr. Schwächende Faktoren, die auch den Ausbruch von Bienenseuchen fördern können, sind nasskalte Witterung zur Brutzeit, Mangel an Blütenpflanzen, Außenparasiten wie die Varroa-Milbe, Änderungen in der Land(wirt)schaft und die Krankheitsverschleppung durch Bienenschwärme, Raubbienen oder Zukauf.

Meldepflichtige Bienenseuchen & Parasitosen

Amerikanische Faulbrut (AFB)

Die AFB ist eine bakteriell bedingte Infektionskrankheit. Der Erreger (*Paenibacillus larvae*) führt zum Absterben und zur Zersetzung der Bienenbrut. Typisches Kennzeichen ist die fadenziehende, meist kaffeebraune, faulig stinkende Masse („Streichholzprobe") sowie im späteren Stadium der eingetrocknete, fest in der Zelle anhaftende Faulbrutschorf mit über einer Milliarde hochinfektiöser, widerstandfähiger Dauersporen.

Abgestorbene Zellen in der Bienenbrut

Positive Streichholzprobe Fotos: Armin Deutz

Die AFB ist nicht flächendeckend verbreitet, wie langjährige bakteriologische Untersuchungen von Futterkranzproben zeigen: Rund 10 % der Bienenvölker ist aber mit dem Erreger infiziert, 7 % davon symptomlos (geringer Sporentiter) und 3 % mit hohem Sporentiter und sichtbaren Krankheitssymptomen. Infizierte Völker befinden sich meist im Flugradius eines Seuchenstandes und haben über räubernde Bienen sporenkontaminierten Honig eingeschleppt.

Die **Europäische Faulbrut (EFB)** ist deutlich seltener als die AFB. Der Haupterreger, das Bakterium *Melissococcus pluton*, führt häufig zur Verfärbung und zum Absterben der offenen, also noch nicht verdeckelten Brut.

Kleiner Bienenstockkäfer

Der Käfer *Aethina tumida* kommt in Afrika südlich der Sahara vor. Durch Importe entweder von Bienen oder Pflanzen bzw. Pflanzenprodukten wurde der Parasit Ende der 1990er-Jahre in die USA und nach Kanada eingeschleppt. Wenige Jahre später war Australien betroffen, wo im Gegensatz zu den beiden anderen Ländern aus bisher ungeklärten Gründen keine verheerenden Schäden an Bienenvölkern auftraten. Im Jahr 2014 wurde dieser Käfer nach Europa (Italien) eingeschleppt.

Der Käfer kann sich in den befallenen Völkern, wo er Brut, Honig und Pollen frisst, sehr stark vermehren. Unter bestimmten Umständen zerstört er den Wabenbau und bewirkt eine Gärung und ein Verderben des Honigs durch seine Ausscheidungsprodukte. Wenn der Käferbefall sehr hoch ist und nicht kontrolliert wird, werden die Bienenvölker letztendlich zerstört oder sie verlassen den Bienenstock in einem Fluchtschwarm.

Der Befall mit dem Kleinen Bienenstockkäfer ist meldepflichtig (auch der Verdacht).

Nicht meldepflichtige Krankheiten

Durchfallerkrankungen

Die **Nosematose** oder **Amöbenruhr** ist eine Faktorenkrankheit, die besonders dann mit Durchfall auffällt, wenn der Darmparasit der Einzeller *Nosema apis* oder die Malpighamöbe die Malpighischen Gefäße verstopft bzw. Störungen der Biene im Winter erfolgen. Diese Faktoren können sowohl einzeln als auch in Kombination auftreten.

Kalkbrut

Die Kalkbrut ist eine relativ häufige, aber harmlose Krankheit der Bienenbrut, welche fast jedem Imker durch ihre typischen Symptome bekannt ist. Der Pilz *Ascosphaera apis* durchwächst die Bienenlarven in den Waben. Verschmelzen männliche und weibliche Pilzmycelien auf der Oberseite der Larve miteinander, können hier Sporenkapseln gebildet werden. Die mumifizierten Larven sind grau bis schwarz, während der Pilz weiß ist. Die abgestorbene Brut wird von Stockbienen aufgrund ihres Putztriebes aus den Zellen geholt. Hierbei gelangen die Pilzsporen in das Haarkleid der Arbeiterinnen und werden im Bienenstock verschleppt. Der häufig vorhandene Pilz ist nur für die Larve in der Bienenwabe gefährlich. Nehmen erwachsene Biene Pilzsporen auf, so werden sie nach der Darmpassage in der Kotblase gesammelt und später im Flug ausgeschieden.

Varroamilbe

Die Varroamilbe wurde in den 1970er-Jahren aus Asien nach Europa eingeschleppt. Sie ist eine ca.1,1 Millimeter lange und 1,6 Millimeter breite Milbe, die sich in der verdeckeltenen Brut der Bienen entwickelt und vermehrt.

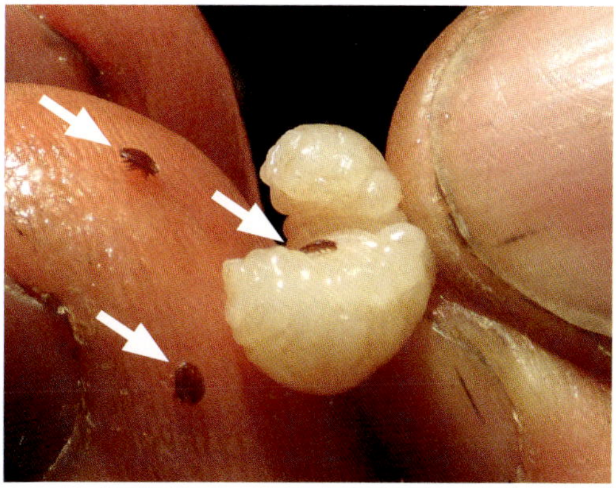

Bienenlarve und drei Varroamilben Foto: Armin Deutz

Mittlerweile kann man davon ausgehen, dass alle heimischen Bienenvölker befallen sind. Der ursprüngliche Wirt, die östliche Honigbiene (*Apis cerana*), hat durch das längere Zusammenleben mit diesem Parasiten ein Gleichgewicht mit dem Parasiten entwickelt, unsere Honigbiene dagegen (*Apis mellifera*) ist diesem Parasiten gegenüber nahezu schutzlos ausgeliefert und benötigt daher regelmäßigen Einsatz von milbenwirksamen Mitteln, wie z. B. Ameisensäurebehandlungen.

Seit der Einschleppung der Varroamilbe hat sich die generelle Gesundheitssituation der Bienen verändert, da die Milbe Bienenvölker schwächt und andere Krankheiten (z. B. Viruserkrankungen) leichter ausbrechen, auch die Winterverluste sind höher.

Eine weitere Milbenart bei Bienen ist die ca. 0,1 mm große Tracheenmilbe, die in den Tracheen der Bienen parasitiert.

Sackbrutvirus

Das Sackbrutvirus ist zwar weit verbreitet, jedoch sind meist nur wenige Völker eines Bienenstandes klinisch betroffen. Die Gründe können in der Tenazität des Virus liegen. Die Viren werden oral mit dem Futter von Ammenbienen auf die Larve übertragen, hierfür sind große Virusmengen nötig.

Die regelmäßige Kontrolle des Volkes sichert eine rasche Krankheitserkennung. *Foto: Thomas Völcker/Pixabay*

Biosicherheit

Hygiene – Reinigung – Desinfektion – Quarantäne

Krankheitserreger wie Bakterien, Viren, Pilze und Parasiten finden sich in jedem Stall. Solange sich ihre Zahl in Grenzen hält, können die Tiere mit ihnen leben. Gefährlich werden Krankheitserreger meist erst dann, wenn sie sich durch unzureichende Hygiene übermäßig vermehren können oder wenn die Abwehrkräfte der Tiere geschwächt sind bzw. wenn es sich um hochansteckende Erreger (Seuchenerreger) handelt.

Sowohl das Ansteigen der Bestandsgrößen als auch Leistungssteigerungen können zu höherer Krankheitsanfälligkeit führen. Neben optimaler Haltung und Fütterung sind Reinigung und Desinfektionen wesentliche Maßnahmen zur Krankheitsvorbeugung (DEINHOFER, 2001).

Hygiene ist nichts Neues

„Wir können die Nothwendigkeit, in einer Milchkammer die allerhöchste Reinlichkeit zu behaupten nicht genug einschärfen. Eine sorgfältige Hauswirthin muß es den Viehmägden nie erlauben, hineinzugehen, bis sie ihre Schuhe und Strümpfe vorher abgelegt und sie mit hölzernen Schuhen vertauscht haben, die in dieser Absicht immer an der Thüre vorräthig stehen müssen." (aus dem Buch „Hauswirthschaft", 1890!)

Wie dieses Zitat zeigt, ist das Thema „Hygiene" nichts Neues. Bereits seit über 100 Jahren gibt es dokumentierte Hygienevorschriften für die Milcherzeugung, Empfehlungen für Schlachthygiene reichen noch wesentlich weiter zurück. Diese Empfehlungen resultierten aus bösen Erfahrungen mit Lebensmittelvergiftungen.

Hygienemaßnahmen im Betrieb setzen sich aus zahlreichen Teilbereichen zusammen:

- Tier- und Stallhygiene,
- Euterhygiene,
- Geburts- und Nabelhygiene (Kalb),

- Futter- und Fütterungshygiene, Tränkehygiene,
- Personal- und Betriebshygiene (Geräte, Räume, betriebsfremde Personen),
- Hygiene bei Zukäufen (Quarantäne),
- Transporthygiene (Tiere und Lebensmittel),
- Entwesung (Tierkörperbeseitigung),
- Arbeits- und Prozesshygiene (Lebensmittelerzeugung und Direktvermarktung).

Nur ein Zusammenspiel und eine gegenseitige Abstimmung dieser Teilbereiche ergibt die gewünschte Wirkung zur Sicherung der Tiergesundheit und Lebensmittelqualität. Schwachstellen in Einzelbereichen gefährden sämtliche Bemühungen.

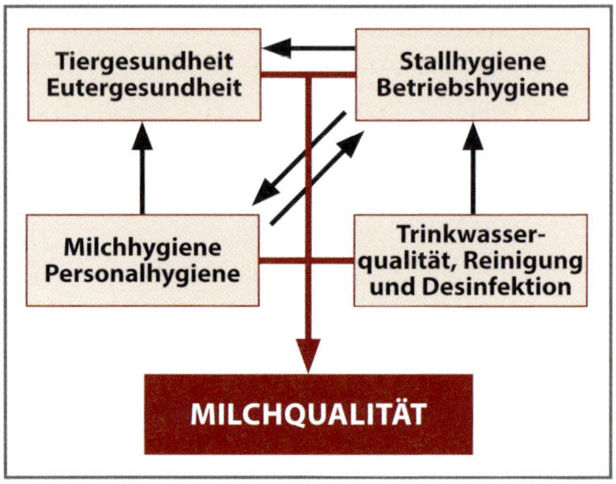

Teilbereiche der Milchhygiene zur Erreichung einer optimalen Milchqualität.

Reinigung und Desinfektion

Reinigung ist die möglichst vollständige Beseitigung von Schmutz (Kot, Einstreu, Staub) aus Stallräumen und von Einrichtungsgegenständen. Die gründliche Reinigung ist Voraussetzung für eine erfolgreiche Desinfektion.

Desinfektion ist die gezielte Vernichtung bzw. Verminderung von unerwünschten Krankheitserregern, wodurch Krankheitsübertragungen verhindert werden.

Eine Desinfektion ist nur nach vorheriger gründlicher Reinigung wirkungsvoll!

Die Beseitigung von Schmutzpartikeln aus der Umgebung der Tiere und von den Oberflächen der Stallhüllen, Einrichtungen und Gerätschaften ist das Ziel jeglicher Reinigungsverfahren. Der erreichte Reinheitsgrad der Oberflächen ist für den Wirkungsgrad der anschließenden Desinfektion bestimmend. Deshalb muss durch Reinigung möglichst Schmutzfreiheit erreicht werden. In der Geflügelhaltung beispielsweise wird neben der Nassreinigung auch die Trockenreinigung praktiziert. Während die Nassreinigung das hauptsächlich genutzte Verfahren darstellt, beschränkt sich die Trockenreinigung in der Regel auf Oberflächen belegter Ställe. Sie dient in erster Linie zur Entfernung erregerhaltigen Staubes und damit zur Minderung des Infektionsdruckes.

Jeder Nassreinigung sollte eine Grobreinigung vorausgehen. Nassreinigungsverfahren können mit Kaltwasser erfolgen, wenn das Wasser mit hohem Druck aufgebracht wird. Bevorzugt wird jedoch Heißwasser (60–70 °C), da angetrockneter Kot stark haftet. Durch den hohen Gehalt an Eiweiß und Mineralstoffen kommt es zur festen Verbindung der Kotteile mit Oberflächen. Deshalb müssen durch das Einweichen verschmutzter Oberflächen mit Heißwasser Quellungsvorgänge in den Schmutzpartikeln erzeugt werden, die ein Ablösen bewirken. Dieser Vorgang wird durch den Zusatz von Lösungsmitteln zu Kalt- oder Heißwasser auf kolloidalem Weg gefördert.

Reinigung und Desinfektion sind am günstigsten in Betrieben durchführbar, die nach dem Rein-Raus-Prinzip arbeiten. Bei kontinuierlicher Belegung sind effiziente Reinigungs- und Desinfektionsmaßnahmen nur in leeren Stallbereichen möglich. Neben der routinemäßigen Reinigung und Desinfektion nach dem Ausstallen sollten die Stallgänge nach Bedarf gereinigt und desinfiziert werden.

In Kälberställen ist mindestens einmal in der Mastperiode eine Zwischenreinigung und Desinfektion der Boxen unter Einbeziehung der Tiere sinnvoll. Dabei ist auf tierverträgliche Mittel zu achten. Futter- und Kotgang sollten täglich gereinigt und wöchentlich desinfiziert werden (DEINHOFER, 2001).

Ein wichtiges Verfahren der Desinfektion von Stallgebäuden und Stallnebengebäuden ist das Kalken. Nach durchgeführter Grundreinigung und Grunddesinfektionen sollten sie mindestens einmal jährlich gekalkt werden.

Desinfektionsmittel

In Österreich existiert kein Zulassungsverfahren für Desinfektionsmittel im Stallbereich. Empfohlen werden Desinfektionsmittel, die z. B. von der Deutschen Veterinärmedizinischen Gesellschaft (DVG) bzw. der Deutschen Landwirtschaftsgesellschaft (DLG) auf ihre Wirkung gegen Viren, Bakterien, Pilze und Parasiten geprüft und in einer Liste veröffentlicht wurden. Herstellerangaben einhalten! Gegen Bakterien, Pilze und Viren meist in der Konzentration von 1–2 %, gegen Parasiten meist in der Konzentration von 5 % (+ zweitem Desinfektionsgang).

Die meisten Desinfektionsmittel, die heute angeboten werden, enthalten Aldehyde als Wirkstoff. Aldehydhaltige Präparate wirken gut gegen Bakterien, Pilze, Viren und sind materialschonend. Nachteile sind die lange Einwirkungsdauer und ihre schlechte Wirkung bei niedrigen Temperaturen. Weitere Wirkstoffe für die Desinfektion sind z. B. Jodophore, organische Säuren und Phenole. Für die Bekämpfung von Wurmeiern und Kokzidien stehen Schwefelkohlenstoffe und Phenole zur Verfügung. Nicht jedes Mittel ist gegen alle Krankheitserreger gleich gut geeignet. Für besondere Probleme kann ein Desinfektionsmittel gezielt ausgesucht werden. Für die vorbeugende Desinfektion sollte das Präparat ein möglichst breites Wirkungsspektrum besitzen. Die Angaben der Hersteller sind einzuhalten. Gegen Bakterien, Pilze und Viren sind meistens Konzentrationen zwischen 1–2 % vorgeschrieben, gegen Parasiten wird meist eine Konzentration von 5 % gefordert und es ist ein zweiter Desinfektionsgang erforderlich. Dabei ist es ausreichend, wenn die gesamte Bodenfläche, die Einrichtung und der untere Bereich des Stalles desinfiziert werden (DEINHOFER, 2001).

Ein ideales Desinfektionsmittel sollte folgende Forderungen erfüllen: Breites Wirkungsspektrum, rasche und irreversible Wirkung, kein Wirkungsverlust in Anwesenheit von organischem Material, Unschädlichkeit für Mensch und Tier, keine materialschädigende Wirkung (z. B. Korrosion = Rosten von Metallen), Wirtschaftlichkeit. Alle Forderungen können von keinem Mittel eingehalten werden, daher empfiehlt sich eine Auswahl nach Anforderung!

Sicherheitsmaßnahmen

Der Umgang mit Desinfektionsmitteln ist nicht ungefährlich. Häufiger Kontakt mit Desinfektionsmitteln kann zu Hauterkrankungen und Allergien führen. Besondere Sorgfalt ist bei der Lagerung, Handhabung und Beseitigung erforderlich. Desinfektionsmittel müssen für Kinder und Unbefugte unerreichbar aufbewahrt werden. Die Aufbewahrung muss in gut gelüfteten und kühlen Räumen erfolgen. Bereits beim Ansetzen der Lösungen sind Gummihandschuhe, Gummischürze, Stiefel und Schutzbrille zu verwenden. Gebrauchsverdünnungen sind möglichst kurz vor dem Ausbringen in sauberen Gefäßen anzusetzen. Immer ist die wirksame Substanz dem Wasser, das Trinkwasserqualität haben muss, zuzufügen und nicht umgekehrt! Die Konzentrationsangaben der Hersteller sind unbedingt zu beachten. Zur Reinigung und Desinfektion ist eine dichte, leichte Schutzkleidung (zumindest Kopfbedeckung, Overall bzw. Mantel, Gummistiefel, Gummihandschuhe) zu tragen. Zum Schutz von Augen und Bronchien sollten eine Schutzbrille und eine Atemschutzmaske verwendet werden. Dadurch werden Schleimhautreizungen durch den bei der Reinigung in der feuchten Stallluft besonders reichlich enthaltenen Ammoniak bzw. durch das Desinfektionsmittel verhindert (DEINHOFER, 2001).

Zur **Desinfektion** werden unterschiedliche Verfahren und Methoden genutzt, wobei die erreichbaren Wirkungsgrade differieren. So inaktivieren **physikalische Verfahren** – in der Regel ausreichende Hitzeeinwirkung – alle Entwicklungs- bzw. Ruhestadien von Krankheitserregern. In vielen Nutztierhaltungsbetrieben lassen deren bauliche Gestaltung, gerätetechnische Ausrüstung und technologische Bedingungen den allgemeinen Einsatz physikalischer Desinfektionsverfahren nicht zu. Nur ausgewählte Materialien (Geräte, Produktionsmaterialien, Hilfsstoffe) werden durch physikalische Methoden, z. B. in Brütereien (Dampfdrucksterilisation, Heißluftbehandlung), desinfiziert.

In der Nutztierhaltung dominieren eindeutig die **chemischen Desinfektionsverfahren**. Der Einsatz chemischer Stoffe als hochwirksame Desinfizienzien hat sich bewährt und durch kombinierte Formulierungen solcher Wirksubstanzen eine hohe Wirkung erreicht, die durch spezifische Ausbringungsmethoden noch gesteigert werden kann. Alle zur Zeit verfügbaren Wirkstoffe erfüllen in ihrer chemischen Form nicht die ganze Palette der Anforderungen. In einer oder mehrfacher Hinsicht besitzen sie für Menschen, Tiere und/oder Materialien negative Einflüsse. Das trifft leider auch für bewährte Desinfektionsmittel, wie Formaldehyd, Peressigsäure, Chlorverbindungen und Phenolderivate, zu.

Die Anwendung von Formaldehyd ist Einschränkungen unterworfen, da gesundheitsschädigende Gefährdungen für Mensch und Tier bestehen. Es sind deshalb die vorgeschriebenen Maßnahmen des Gesundheits-, Arbeits- und Brandschutzes unbedingt zu beachten. Um die Mängel der Grundsubstanzen aufzuheben bzw. zu minimieren, werden Desinfektionsmittel mit anderen Substanzen (Alkohole, quartäre Ammoniumverbindungen, Halogenverbindung, organische Säuren, kationische Tenside) kombiniert.

Die **Wirksamkeit von Desinfektionsmaßnahmen** hängt ab von:

- **Konzentration** des Desinfektionsmittels.
- **Temperatur** der Lösung soll über der Raum- und Materialtemperatur liegen.
- **Beschaffenheit der Gegenstände** (unebene Flächen (Putz, Estrich, Bitumen) lassen sich schwerer desinfizieren).
- **Reinheitsgrad der Gegenstände** (dicke Schmutzkrusten lassen sich nicht desinfizieren).
- **Raumtemperatur**, **relative Luftfeuchte** und **Abdichtung** der **Gebäude** und **Räume**.

Vorbereitende von Desinfektionsmaßnahmen sind daher die Erwärmung der Räume auf mindestens 10 °C, besser 15–20 °C, die Sicherung von > 70 % rel. Stallluftfeuchtigkeit und die Abdichtung aller Stallöffnungen.

Ablauf von Reinigung und Desinfektion:

- Säubern, besenrein (auch Umfeld)
- Einweichen (Lüftung aus)
- Eigentliche Reinigung
- Spülen
- Abtrocknen des Stalles bis zu 2 Tage
- Desinfektion: handwarme Lösung in genügend hoher Konzentration und lange genug (4–5 Stunden)
- Idealtemperatur ca. 20 °C (evtl. Lüftung ausschalten)
- Nacharbeiten (Lüftung einschalten)

Ausbringung von Desinfektionsmitteln

Desinfektionsmittel werden in Form von Tropfen, Tröpfchen oder Molekülen auf Oberflächen verbracht. Ziel ist ein lückenloser, fest haftender, dünnschichtiger Flüssigkeitsfilm auf allen behandelten Oberflächen. Das erfolgt als Spritzdesinfektion oder Sprühdesinfektion, ausgeführt mittels Hochdruckspritzen oder anderen Geräten. Demontierte Ausrüstungen können zweckmäßigerweise einer Tauchdesinfektion unterzogen werden.

Um alle Abschnitte eines Stalles zu erfassen, die durch Tropfen der Nassdesinfektion nicht erreicht werden (Lüftungseinrichtungen, Fugen, Spalten usw.), ist eine Raumdesinfektion in Form der Aerosoldesinfektion möglich. Durch Verdampfung/Vernebelung des Desinfektionsmittels wird auch eine nachhaltige Wirkung erzielt. Dieses Verfahren sollte stets die Abschlussdesinfektion einer Anlage darstellen. Die Verdampfung von Formaldehyd, so genannte Begasung, ist ein sehr wirksames Verfahren, das der Aerosoldesinfektion gleichkommt. Es ist jedoch nur für kleinere Räume geeignet und kann besonders zur Entkeimung von Materialien, Futtersilos und Fütterungsanlagen genutzt werden.

Hygieneauswirkungen gehen weit über den Infektionsschutz für Mensch und Tier hinaus. Sie wirken sich auch auf das Wohlbefinden der Tiere (Tierschutz!) und in der Erzeugung von Lebensmitteln tierischer Herkunft auf das Produktimage aus. Sie sollten damit auch zum wirtschaftlichen Erfolg von Betrieben und Regionen beitragen. Nicht zuletzt sind Hygienemaßnahmen auch im Sinne des Arbeitsschutzes, d. h. zur Vermeidung von Infektionen, die von Tieren auf Menschen übergehen können (Zoonosen), unumgänglich.

Hygienemaßnahmen verhindern also das Entstehen und die Verbreitung von Krankheiten und haben auch große Bedeutung für die Haltbarkeit und Qualität von Lebensmitteln tierischer Herkunft. Dem gegenüber fördert eine unhygienische Tierhaltung die Verbreitung und Vermehrung von Krankheitserregern sowie das Entstehen von Infektionskrankheiten und verursacht damit einen negativen Einfluss auf Tiergesundheit und Lebensmittelqualität.

Tierhygiene	Stallhygiene
u. a. Sauberkeit	u. a. Reinigung, Desinfektion, Kadaverbeseitigung
Keimarme Umwelt	Hygiene der Mitarbeiter (Zoonosen!)
Verhinderung der Einschleppung von Erregern	Betriebshygiene (Quarantäne, Stallklima, Fütterung ...)
Reduktion/Beseitigung von Krankheitserregern	Schadnagerbekämpfung
	Fliegenbekämpfung

Die Wirksamkeit einer Desinfektion ist nicht nur von der Auswahl und Anwendung geeigneter Desinfektionsmittel, sondern vor allem von der Gründlichkeit aller Reinigungs- und Desinfektionsmaßnahmen sowie von Begleitmaßnahmen (rechte Spalte) abhängig.

Bei genauer Durchführung der Reinigung und Desinfektion ist davon auszugehen, dass die im Stall befindlichen Keime weitestgehend abgetötet werden. Dadurch kann es gelingen, Infektions- bzw. Faktorenkrankheiten wirksam vorzubeugen.

Es muss aber gleichzeitig darauf geachtet werden, dass nicht sofort wieder Krankheitserreger in den Betrieb eingeschleppt werden.

Auftreten von Mikroorganismen

erwünscht	unerwünscht
Fermentation in der Lebensmittelerzeugung	Krankheits- und Seuchenerreger
Milchsäurebakterien	Lebensmittelvergiftungs-Erreger
Salami-Schimmel	Lebensmittelverderbniskeime
Knöllchenbakterien	
Kläranlagen	

Neben dem erwünschten Auftreten von Mikroorganismen in der Lebensmittelerzeugung oder auch im Zusammenhang mit Kläranlagen gibt es zahlreiche Mikroorganismen, die nicht erwünscht oder sogar gefürchtet sind. Dies sind: Krankheits- und Seuchenerreger, Erreger von Lebensmittelvergiftungen und Verderbniskeime in der Lebensmittelerzeugung.

Der einzige Weg zum Ziel, unerwünschte Mikroorganismen zu vermeiden, heißt HYGIENE.

Mikroorganismen sind – wie der Name schon sagt – mikroskopisch klein. Viren sind überhaupt nur mit dem Elektronenmikroskop sichtbar.

Theoretische Vermehrung von *E. coli*

Zeit Std : Min	Keimzahl bei 37 °C	Keimzahl bei 15 °C
00:00	**1**	**1**
00:20	2	
00:40	4	
01:00	8	
02:00	64	
03:00	**512**	**2**
04:00	4.096	
05:00	32.768	
06:00	**262.144**	**4**
07:00	2.097.152	
08:00	16.777.216	
09:00	**154.217.728**	**8**
10:00	1.073.741.824	

Bakterien vermehren sich ungeschlechtlich durch Teilung der Bakterienzelle. Die Vermehrungsrate ist abhängig von den Umweltfaktoren Temperatur, Säuregrad, Nahrung für die Bakterien und Feuchtigkeit.

An der Tabelle auf S. 225 erkennt man, dass sich beispielsweise Coli-Bakterien bei 37 °C rasant vermehren. So entstehen innerhalb von zehn Stunden aus einer Bakterienzelle weit über eine Milliarde Bakterienzellen. Selten haben wir es aber nur mit einer Bakterienzelle zu tun, wenn man bedenkt, dass ein Gramm Kälberkot bis zu über 500 Mio. Coli-Keime enthalten kann. Bei niedrigeren Temperaturen (siehe rechte Spalte für 15 °C) verläuft das Bakterienwachstum deutlich verzögert. Es gibt aber auch Bakterienarten, die sich bei Kühlschranktemperaturen und darunter noch relativ rasch vermehren können (z. B. Listerien, Yersinien). Dies erklärt auch Verderbnisprozesse bei kühlgelagerten Lebensmitteln. Um das Bakterienwachstum einzuschränken, kann man den Bakterien wesentliche Lebensgrundlagen (Feuchtigkeit, Nahrung, Wärme) entziehen, was über Sauberkeit und **Reinigungsmaßnahmen** zu erreichen ist. Ein Abtöten von Mikroorganismen kann aber nur über **Desinfektionsmaßnahmen** erfolgen.

Viele Keime im Stall

Vor allem die Faktoren Temperatur, Nahrung und Feuchtigkeit begünstigen ein Bakterien- und Pilzwachstum. Im Stall finden die meisten Bakterien, andere Mikroorganismen und Schadnager sowie Schadinsekten sehr gute Lebensbedingungen vor. Nur mit Hygienemaßnahmen ist der Infektionsdruck zu reduzieren und damit die Tiergesundheit auf hohem Niveau zu halten.

Ein Stall kann nicht keimfrei sein! Bakterien, Viren, Pilze und Parasiten sind in jedem Stall. Gefährlich werden sie dann, wenn sie sich durch unzureichende Hygiene übermäßig vermehren bzw. wenn die Abwehrkräfte der Tiere geschwächt sind. Neben optimaler Haltung und Fütterung sind Reinigung und Desinfektion ein wesentlicher Teil der Krankheitsvorbeugung. Unter Praxisbedingungen ist es natürlich nicht möglich, Stallungen keimfrei zu bekommen. Allein die Reduktion der Bakterien, Viren, Pilze und Parasiten senkt das Infektionsrisiko für den Tierbestand.

Es ist daher utopisch zu glauben, einen Stallraum keimfrei bekommen zu können, ein Stall ist auch kein Oparationssaal. Ziel ist eine starke Reduktion der Keimbelastung des Stalles und hier vorwiegend die Reduktion von Krankheitserregern.

Krankheitsausbrüche

Der zeitliche und räumliche Verlauf von Krankheitsausbrüchen ist hauptsächlich abhängig von der Infektiosität des Erregers, aber auch von (ungenügenden) Hygienemaßnahmen bei Seuchenausbrüchen. Als besonders infektiös gelten beispielsweise die Erreger der afrikanischen und europäischen Schweinepest sowie der Maul- und Klauenseuche.

Die traditionelle Tierseuchenbekämpfung stützte sich einerseits großteils auf Totalkontrollen (z. B. Blutproben, Intrakutantests) in landwirtschaftlichen Betrieben (wie Tuberkulose- und Brucellose-Bekämpfung bei Rindern) und andererseits auf abweichende Schlachtbefunde. In vielen Bereichen werden heute traditionelle Methoden der Tierseuchenbekämpfung durch moderne Verfahren ergänzt oder ersetzt. Enorme Fortschritte in diagnostischen Methoden, die Möglichkeiten von Datenbanken und geografischen Informationssystemen sowie die Einbeziehung epidemiologischer Grundsätze in die Tierseuchenbekämpfung (z. B. Stichprobenverfahren) können einerseits finanzielle Ressourcen sparen helfen und andererseits die Aussagekraft und Sicherheit von Maßnahmen steigern. Damit ist es aber heute auch leichter, Ursachen von Seuchenausbrüchen (Ursprungsgehöft, Tierimporte etc.) aufzuklären, was in der Folge bei Vernachlässigung der Sorgfaltspflicht (Hygienemängel) oder gar bei Vorsatz rechtliche Konsequenzen für die Verursacher nach sich ziehen kann.

Dennoch untersteht die Tierseuchenbekämpfung auch gewissen Zwängen (Ökonomie, Politik ...), was jedoch innerhalb der europäischen Gemeinschaft keine große Bedeutung mehr haben sollte.

Die Abbildung rechts oben veranschaulicht die Krankheitsverschleppung von IBR/IPV (Infektiöse Bovine Rhinotracheitis/Infektiöse Pustulöse Vulvovaginitis) in zahlreiche Rinderbetriebe in vier verschiedenen Bundesländern, ausgehend von einem einzigen Rinderimport im Jahre 1997. Die Abbildung rechts unten zeigt die vielfältigen Möglichkeiten des Eintrages und der Weiterverschleppung von Infektions- und Seuchenerregern wie Bakterien, Viren, Pilze oder Parasiten. Damit verbunden sind der Verlust des Gesundheitsstatus des Einzelbetriebes, aber auch die Möglichkeit der Weiterverschleppung von Krankheiten und Seuchen in Kontaktbetriebe.

Beispiel für die Krankheitsverschleppung von IBR/IPV in zahlreiche Betriebe ausgehend von einem einzigen Rinderimport.

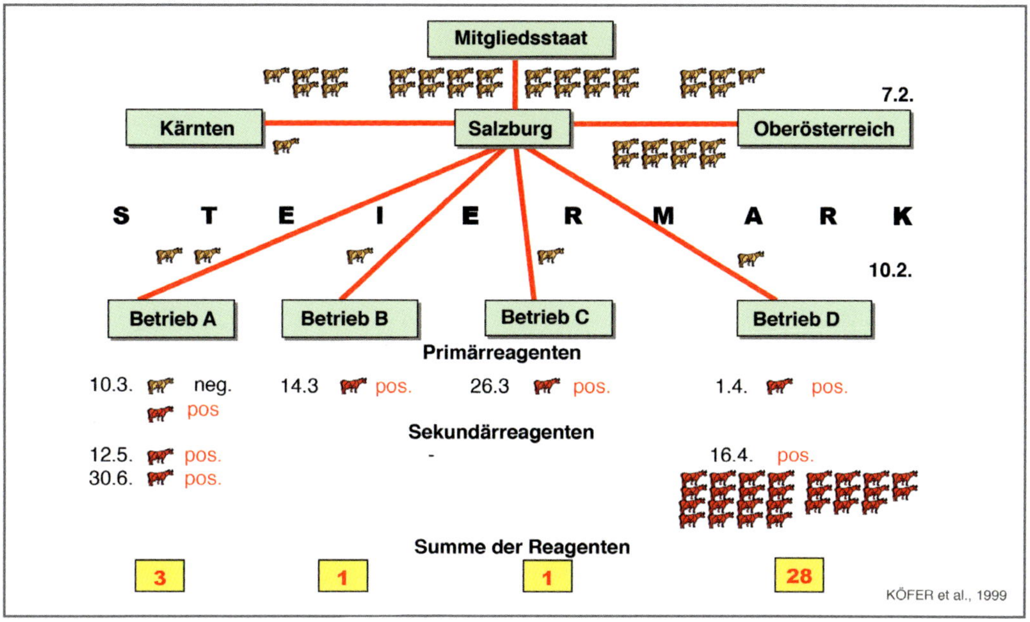

Einschleppung von Krankheiten oder Seuchen

- **Hohes Risiko**
  - BVD (Zukauf, Gemeinschaftsweide, Injektionsnadel/-flasche)
  - Rindergrippekomplex (Zukauf, Stallklima, Personen)
  - Paratuberkulose (Zukauf, Gemeinschaftsweide)
  - Tuberkulose (Zukauf, Wildtierkontakt)
  - Maul- und Klauenseuche (endemisch in der Türkei)
  - IBR/IPV (Zukauf, Kontakt mit fremden Rindern)
  - Trichophytie (Zukauf, Kontakt mit fremden Rindern)
- **Geringeres Risiko:**
  - Brucellose, Leukose, Salmonellose ...

Vermeiden einer Einschleppung

- Einhaltung bestehender Vorschriften (z. B. BVD)
- Keine „unsicheren" Zukäufe (z. B. Paratuberkulose)
- Quarantänemöglichkeiten
- Zukäufe aus möglichst wenigen Betrieben
- Transport- und Stallhygiene
- Stiefel und Mantel für Betriebsfremde
- Hygienische Injektionen (Kanülen, Flaschen)
- Achtung bei Rücknahme eigener Rinder aus anderen Betrieben
- Achtung bei Futtermittelzukauf

Möglichkeiten des Einbringens von Krankheitserregern in einen Betrieb

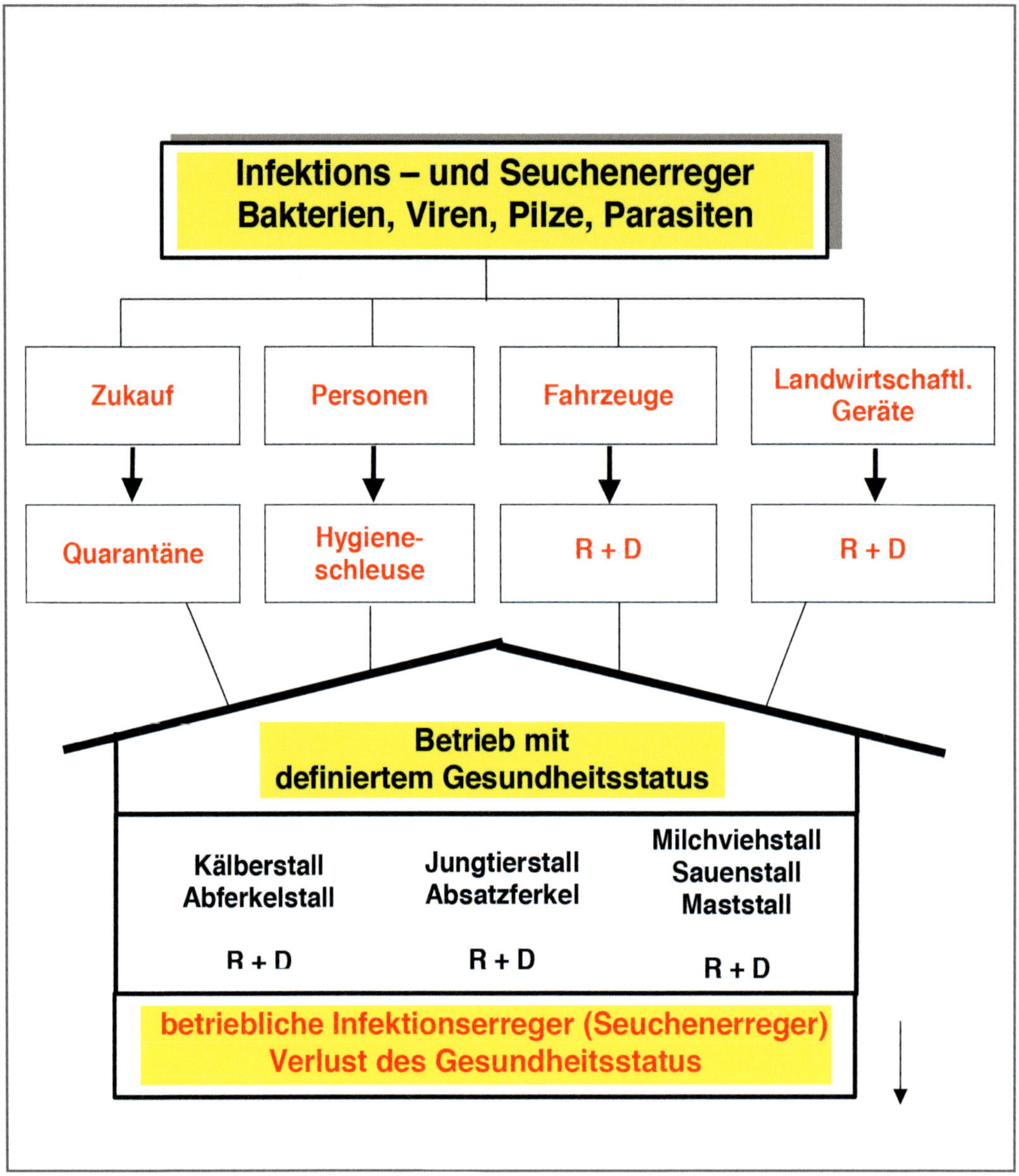

Verdorbenes Futter – Folgen

Verminderung des Nährwertes und der Schmackhaftigkeit des Futters, Erhöhung der Nährstoffverluste durch Erwärmung des Futters, Rückgang der Futteraufnahme bis hin zur Futterverweigerung, Leistungseinbußen und Gesundheitsschäden, Erhöhung des Erkrankungsrisikos sowie eine mögliche Beeinträchtigung tierischer Produkte. Verdorbenes oder schimmeliges Futter stellt auch ein Nährmedium für Krankheitserreger dar (z. B. Salmonellen, Clostridien und Staphylokokken).

Verdorbenes Futter – Erkennen

Farbe, Rieselfähigkeit sowie Klumpenbildung im Futter, Erwärmung und ungewöhnliche Geruchsbildung sind Warnhinweise für den einsetzenden Futtermittelverderb. Hefen produzieren einen brotartigen und Bakterien einen säuerlichen Geruch. Pilze durchsetzen das Futter mit einem muffigen Geruch. Auslöser für einen Futterverderb können auch Milben, Motten und andere Vorratsschädlinge im Futter sein.

Hygiene beginnt bereits im Kopf: Hygiene bereitet Kosten – ABER keine Hygiene bereitet viel mehr Kosten!

Schlechte Futterhygiene mindert den Futterwert und kann krankheitsauslösend sein. Fotos: Armin Deutz

Futtermittelsicherheit bringt auch Lebensmittelsicherheit

Die Futtermittelsicherheit beruht EU-weit insbesondere auf den Verordnungen (EG) Nr. 178/2002 zur Festlegung der allgemeinen Grundsätze und Anforderungen des Lebensmittelrechts und Nr. 183/2005 mit Vorschriften über die Futtermittelhygiene. Österreichische Rechtsgrundlagen zur Futtermittelsicherheit sind insbesondere das Futtermittelgesetz und die Futtermittelverordnung. Eine grundlegende Anforderung ist, dass Futtermittel, die nicht sicher sind, nicht in Verkehr gebracht oder an Lebensmittel liefernde Tiere verfüttert werden dürfen. Dafür notwendig sind die

- weitestgehende Vermeidung von Verunreinigungen durch Düngemittel, Pflanzenschutzmittel, Tierarzneimittel, Abfälle, verunreinigtes Wasser, Schädlinge, Schimmelpilze und bakterielle Verunreinigungen sowie sonstige gefährliche oder verbotene Stoffe, wie z. B. tierische Proteine (Tiermehl),
- eigenverantwortliche Überprüfung der Einhaltung dieser Anforderungen,
- eigenverantwortliche Maßnahmen bei Nichterfüllung der Anforderungen und
- Sicherstellung der Rückverfolgbarkeit durch Aufbewahrung der Aufzeichnungen der Lieferanten und Abnehmer der jeweiligen Futtermittel (Lieferscheine, Rechnungen, Eigenbelege)

Das Futtermittellabor Rosenau bietet unter www.futtermittellabor.at Tipps zur richtigen Probenziehung (inkl. Videos) und Verpackung sowie Probenbegleitscheine zum Download an.

Es gilt also der Grundsatz, dass nur sichere Futtermittel in Verkehr gebracht und verfüttert werden dürfen und dies auch durch Eigenkontrolle zu gewährleisten ist.

Verdorbene Futtermittel haben zahlreiche Folgen, wie Verminderung des Nährwertes und der Schmackhaftigkeit des Futters, Erhöhung der Nährstoffverluste durch Erwärmung des Futters, Rückgang der Futteraufnahme bis hin zur Futterverweigerung, Leistungseinbußen und Gesundheitsschäden, Erhöhung des Erkrankungsrisikos sowie eine mögliche negative Beeinträchtigung tierischer Produkte (manche Mykotoxine sind beim Menschen krebserregend). Rieselfähigkeit sowie Klumpenbildung im Futter, Erwärmung und ungewöhnliche Geruchsbildung sind Warnhinweise auf den einsetzenden Futtermittelverderb.
Eine Futtermittelbeurteilung und -untersuchung erfolgt mittels sensorischer, chemischer und mikrobiologischer Methoden. Mittels mikrobiologischer Futtermitteluntersuchung können auf Basis der Keimzahlen, der isolierten Bakterien-/Pilzarten und in Abhängigkeit von der Art der Futtermittel diese Futtermittel beurteilt werden. Unter den Keimen gibt es produktspezifische Arten wie auch Verderb anzeigende Keimarten.

Mykotoxine sind giftige Stoffwechselprodukte von Fadenpilzen. Die vom getreideschädigenden Pilz *Fusarium* graminearum gebildeten Fusarientoxine Vomitoxin (Deoxynivalenol) und Zearalenon führen bei Verfütterung verschimmelter/verpilzter Futtermittel zu Vergiftungen (Toxikosen), Leistungsdepressionen und Fruchtbarkeitsstörungen bei Tieren. Fusarientoxine wirken zellschädigend und beeinträchtigen das Immunsystem. Dabei sind die Auswirkungen abhängig vom Toxingehalt, von der Tierart, dem Alter der Tiere sowie der Menge und Dauer der Verfütterung belasteter Futterchargen. Der Mykotoxingehalt von Futtermittel wird stark durch die Wetterlage vor der Erntezeit (Niederschlagsmenge, Temperatur) beeinflusst. Besonders gefährdet sind Mais und Weizen für eine Kontamination mit Mykotoxinen, es folgen Gerste und Hafer.

Schweine und Geflügel reagieren besonders empfindlich auf aufgenommene Mykotoxine.

Aufgrund der strukturellen Vielfalt der Mykotoxine können die unterschiedlichsten Organsysteme (Zielorgane) angegriffen werden. Höhere Dosen dieser Giftstoffe bewirken hochakute klinische Erscheinungen (Vergiftungen), die deutlich zu beobachten sind. Meist ist in der Praxis mit mehr oder weniger chronischen Vergiftungen (Intoxikationen) zu rechnen, d. h. längerfristig werden relativ niedrige Konzentrationen aufgenommen, deren klinische Folge (Symptome) nicht mehr eindeutig bestimmten Toxinen zugeordnet werden können.

In unseren Breiten spielen hauptsächlich die aus der Fusariengruppe kommenden Trichothecene (meist Deoxynivalenol = DON oder auch Vomitoxin genannt, und T2-Toxin) und das Zearalenon eine Rolle. Ein klinischer Verdacht auf eine Mykotoxikose ergibt sich also aus folgenden Symptomen: Fruchtbarkeitsprobleme, Aborte, Frühgeburten, lebensschwache Ferkel, reduzierte Wurfgrößen, Spreizerferkel, Agalaktie, niedrige Geburtsgewichte bei normaler Wurfgröße, Durchfall mit hoher Sterblichkeitsrate bei den Neugeborenen, Probleme beim Absetzen, reduzierte Futteraufnahme, Hautveränderungen (Blutungen, Haarkleid, Farbe), Impfdurchbrüche (Parvovirose, Schnüffelkrankheit etc.), vermehrt Aufzuchterkrankungen, erhöhte Verlustraten, Hyperöstrogenismus bei Saugferkeln (Milchleiste scheint ausgebildet zu sein) usw. Daneben könne die Tiere durch die Beeinflussung der Neurotransmitter erhöhte Aggressivität zeigen, so kann auch Kannibalismus beim Schwein mykotoxinbedingt sein. Hautnekrosen (z. B. Ohrspitzennekrosen) und selbst Knochenmarkschäden können weitere Symptome sein. Zudem tritt eine Immunsuppression auf, die wiederum das Angehen von Infektionskrankheiten fördert. Ob ein Mykotoxin beim Tier eine biologische Wirkung zeigt, hängt neben der Toxinkonzentration im Futter und der Dauer der Exposition vor allem auch von der Tierart bzw. Nutzungsrichtung ab.

Die Erscheinungen sind aber nicht eindeutig und beweisend. Rückschlüsse auf eine Mykotoxinwirkung können nur über den Ausschluss anderer möglicher Erkrankungen verbunden mit Futtermitteluntersuchungen erfolgen.

Anforderungen an den Tierschutz

Tierschutzgerechtes Töten von Nutztieren

In der Haltung von Nutztieren kommt es immer wieder vor, dass sich ein Tier verletzt bzw. schwer erkrankt. Die daraus resultierenden rechtlichen Fragen, wie „darf oder muss der Tierhalter das erkrankte Tier töten, wie hat das zu geschehen bzw. welche Form der Tötung ist erlaubt?", sollen im folgenden Beitrag näher beschrieben werden.

Grundsätzlich ist zwischen der Schlachtung (Tötung eines Tieres durch Blutentzug und nachfolgende Ausweidung zum Zwecke der Fleischgewinnung) und der aus anderen Gründen erfolgenden Tötung eines landwirtschaftlichen Nutztieres zu unterscheiden.

Die anzuwendende Rechtsgrundlage zur bestehenden Thematik ist das Tierschutzgesetz (2004), wobei insbesondere durch § 1 (Lebensschutz), § 5 (Verbot der Tierquälerei) und § 6 (Verbot der ungerechtfertigten Tötung und Gebot der fachgerechten Tötung) die Tötung von Tieren grundsätzlich geregelt wird, sowie die Tierschutz-Schlachtverordnung (2015). Die folgenden Angaben beziehen sich nur auf landwirtschaftliche Nutztiere.

Leiden Tiere an einer Erkrankung oder weisen sie eine Verletzung auf, so besteht für den Tierhalter unter Bedachtnahme eines zumutbaren Aufwandes grundsätzlich eine Behandlungspflicht. Der zumutbare Aufwand für diese Behandlung obliegt einem fachlichen Urteil (Tierarzt). Zur Beurteilung der Zumutbarkeit einer Behandlung kommen jedoch bei landwirtschaftlichen Nutztieren im Vergleich zu Heimtieren in größerem Maße auch ökonomische Überlegungen zum Tragen.

Erfolgt die Tötung eines landwirtschaftlichen Nutztieres zu einem anderen Zweck bzw. aus einem anderen Beweggrund als dem der Schlachtung (und folglich Fleischgewinnung), so muss diese Tötung also durch einen vernünftigen Grund gerechtfertigt sein.

Weder eine mutwillige Tötung ohne vernünftigen Grund (z. B. Wut, Sadismus, Lust am Töten) noch eine Tötung eines lediglich überzähligen Tieres sind erlaubt. So liegt auch für die Tötung von Jungtieren (z. B. männliche Ziegenkitze aus Milchziegenbeständen), für die im Rahmen einer intensivierten Haltungsform keine Verwendung besteht, kein vernünftiger Grund vor.

Auch die routinemäßige Tötung von Neugeborenen unter einem bestimmten Geburtsgewicht bzw. von Jungtieren unter bestimmten Tageszunahmen ist als unzulässig zu betrachten. Im Einzelfall ist eine Tötung jedoch dann gerechtfertigt, wenn der Zustand des Tieres offensichtlich mit Schmerzen oder Leiden verbunden ist bzw. wenn ein erkranktes Tier eine konkrete und besondere Infektionsgefahr für andere Tiere darstellt.

Unter dem Aspekt der Leidensverkürzung ist es jedoch geboten, kranke oder verletzte landwirtschaftliche Nutztiere, die nicht mehr behandelbar sind bzw. deren Behandlung einen für den Tierhalter unzumutbaren finanziellen Aufwand darstellen würde, unabhängig von ihrer möglichen Verwertbarkeit unverzüglich zu töten. Es besteht also in diesem Fall sogar Tötungspflicht aus dem Prinzip der Leidensverkürzung.

Eine zulässige oder gar gebotene Tötung eines landwirtschaftlichen Nutztieres darf auch von einer anderen Person als von einem Tierarzt durchgeführt werden. Jede Tötung muss unter Vermeidung nicht notwendiger Belastungen für das Tier durchgeführt werden. Es ist die für die jeweilige Tierart am besten geeignete Methode der Tötung zu wählen. Werden dem Tier im Zusammenhang mit der nicht fachgerechten Tötung Belastungen, wie Leiden, Schäden, schwere Angst oder Schmerzen, zugefügt, so erfüllt das den Tatbestand der Tierquälerei.

Der Tötung muss eine vollständige Betäubung (Herstellen von Bewusstlosigkeit) vorausgehen. Der Eintritt der Bewusstlosigkeit ist an folgenden Anzeichen zu erkennen: Vollständige Erschlaffung des Tierkörpers, Verlust des Lidschlussreflexes, Ausfall der Atmung und keine Aufstehversuche bzw. keine gerichteten Bewegungen mehr. Die Handlungen sind rasch und fachgerecht auszuführen. Trotz ordnungsgemäßer Betäubung sind aber auch noch bei Tieren in Bewusstlosigkeit Ruderbewegungen und Muskelkrämpfe möglich.

Die Betäubung kann durch Bolzenschuss, Elektrobetäubung sowie bei Tieren bis 10 kg Körpergewicht auch durch Kopfschlag mit einem entsprechenden Gegenstand herbeigeführt werden. Das Schleudern des zu tötenden Tieres gegen eine Wand, Kante oder den Boden stellt keine adäquate Betäubungs- oder gar Tötungsart dar. Unmittelbar im Anschluss an die Betäubung ist die fachgerechte Tötung durchzuführen. Als Tötungsverfahren für landwirtschaftliche Nutztiere zulässig sind die Tötung durch Injektion (nur durch den Tierarzt), das Entbluten, der Kugelschuss (ohne vorherige Betäubung) sowie die elektrische Herzdurchströmung. Die am häufigsten praktizierte Methode ist das Betäuben mittels Bolzenschuss mit sofort anschließender Durchtrennung der beiden Halsschlagadern zur Entblutung.

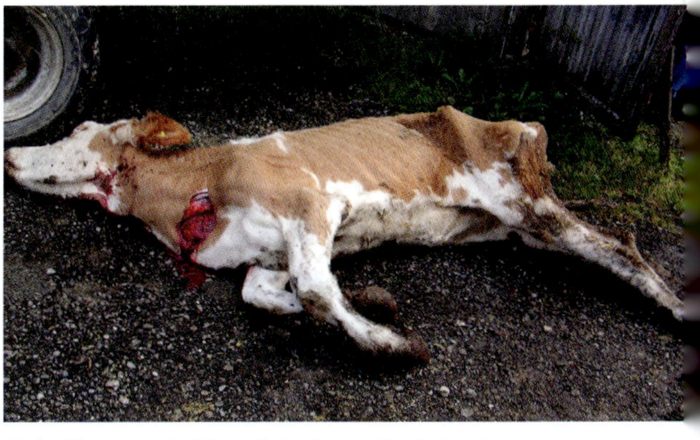

Unheilbar kranke Tiere (hier Paratuberkulose) müssen aus Tierschutzgründen getötet werden, um weitere Schmerzen, Leiden und Qualen zu verhindern – hier wäre eine Tötung schon früher angebracht gewesen. *Foto: Armin Deutz*

Haftung für Tiere

Für die Verwahrung und Beaufsichtigung eines Tieres haftet der Tierhalter oder der Tierverwahrer.

Ein **Tierhalter** ist derjenige, der die tatsächliche Herrschaft über das Tier ausübt und in eigenem Namen über Verwahrung und Beaufsichtigung eines Tieres zu entscheiden hat (d. h. unabhängig von Eigentumsverhältnissen). Das kann z. B. auch ein Almhalter sein, der das Almvieh beaufsichtigt. Eine kurzfristige Gebrauchsüberlassung (z. B. eines Pferdes für einen Reitausflug) führt nicht zum Übergang der Tierhaltereigenschaft, begründet aber unter Umständen eine Mithalterschaft (Solidarhaftung!), wenn der Entlehner/Mieter allein über Verwahrung und Verwendung des Tieres entscheiden kann.

Tierhalter können also Eigentümer, Besitzer, Inhaber, insbesondere Entlehner und Mieter bei Zutreffen der oben angeführten Voraussetzung (Entscheidungsbefugnis) sein. Mehrere Personen können Mithalter sein. Bei Ehegatten liegt in der Regel ein gemeinsames Herrschaftsverhältnis vor, sie haften solidarisch.

Ein **Verwahrer** ist, wer ein fremdes Tier für bestimmte oder unbestimmte Zeit in Obsorge nimmt (§ 957 ABGB). Verwahrer ist zur sorgfältigen Aufbewahrung und zur Rückstellung des Tieres verpflichtet. Bei Tieren umfasst der Begriff „Obsorge" im mündlichen oder schriftlichen Verwahrungsvertrag auch „Wartung und Pflege" des Tieres. Das Verwahren begründet auch eine Verwahrungshaftung.

Ein **Tierschaden** ist ein Schaden, der aus der besonderen „typischen Tiergefahr" entspringt. Er resultiert daraus, dass Tiere von ihren Trieben und Instinkten gelenkt sind und sich nicht vernunftgemäß verhalten. Keine „typische Tiergefahr" liegt vor, wenn jemand aus bloßem Schreck über das plötzliche Bellen eines ordnungsgemäß verwahrten Hundes stürzt (OGH v. 15.9.1982, 1 Ob 638/82).

Die Haftung gem. § 1320 ABGB

§ 1320 ABGB (Allgemeines Bürgerliches Gesetzbuch), Abs. 1, 1. Satz (Reizen, Antreiben, Vernachlässigung der Verwahrung): *„Wird jemand durch ein Tier geschädigt, so ist derjenige dafür verantwortlich, der es dazu angetrieben, gereizt oder zu verwahren vernachlässigt hat."*

Nach diesem Wortlaut, stellt das Antreiben oder Reizen eines Tieres ein Verschulden dar, das im Fall einer Schadensverursachung durch das Tier zur Verschuldenshaftung führt. Die Beweislast liegt (entsprechend der allgemeinen Regel) beim Geschädigten (Unschuldsvermutung)!

§ 1320 ABGB, Abs. 1, 2. Satz – Beweislastumkehr

„Derjenige, der das Tier hält, ist verantwortlich, wenn er nicht beweist, dass er für die erforderliche Verwahrung oder Beaufsichtigung gesorgt hat."

Der Tierhalter hat also im Schadensfalle zu beweisen, dass er für die *„erforderliche Verwahrung"* gesorgt hat. Grund für die besondere gesetzliche Regelung der Tierhalterhaftung: *„Unberechenbarkeit des tierischen Verhaltens"* und die damit verbundene Gefährdung von Leben, Gesundheit und Eigentum Dritter (OGH v. 31.5.1978, 8 Ob 80/78).

Als Sorgfaltsmaßstab ist nach der Rechtsprechung grundsätzlich nur die *„durchschnittliche Sorgfalt"* (iSd § 1297 ABGB) heranzuziehen; ein höherer Sorgfaltsmaßstab (§ 1299 ABGB) ist nur in Einzelfällen anzuwenden, wenn die Verwahrung bzw. Beaufsichtigung des Tieres besondere Sachkenntnisse erfordert. Allerdings stellte der OGH wiederholt fest, dass auf Grund der fortschreitenden Entwicklung des KFZ-Verkehrs und des wachsenden Fremdenverkehrs erhöhte Sorgfaltsanforderungen an die Tierhalter zu stellen seien.

Aber: Der Tierhalter haftet nicht für Schaden einer Person, die sich *„ohne Notwendigkeit dem Tier so genähert hat, dass sie verletzt"* wurde!

Nach der Rechtsprechung hat das *„Maß der erforderlichen Beaufsichtigung und Verwahrung in elastischer und den Umständen des Einzelfalles Rechnung tragender Weise zu erfolgen.*

In einigen Fällen bejaht der OGH die Haftung des Tierhalters sogar dann, wenn dieser die erforderliche Verwahrung des Tieres schuldlos (z. B. wegen Krankheit) unterlassen hat. Als Begründung dafür wird der Gesetzeswortlaut angeführt, wonach es unerheblich ist, warum die erforderlichen Maßnahmen nicht ergriffen wurden.

Die Anforderungen an die *„erforderliche Beaufsichtigung bzw. Verwahrung"* des Tieres nach der Rechtsprechung richten sich:

1. nach den im Einzelfall **bekannten oder erkennbaren Eigenschaften des Tieres**. Bei gefährlichen Eigenschaften des Tieres (Bösartigkeit, Bissigkeit, Übermut, Nervosität, Futterneid etc.) hat die Verwahrung damit strengeren Anforderungen zu genügen. **Beispiele:** Höhe der Einzäunung einer Pferdekoppel von durchschnittlich 1,40 m wurde für die Verwahrung eines Sprungpferdes als nicht zureichend erachtet (OLG Wien v. 27.6.1984, 17 R 135/84).

   Auch Spieltrieb kann ein grundsätzlich gutartiges Tier zur besonderen Gefahrenquelle machen und damit die Anforderungen an die erforderliche Sorgfalt erhöhen: 9 Monate alter Neufundländer stößt eine mit einem Pelzmantel bekleidete Frau nieder; diese zieht sich einen Oberschenkelhalsbruch zu. OGH: Schadenersatzpflicht des Tierhalters, da *„kräftigen, schweren, mangels entsprechender Abrichtung noch verspielten Tieren wegen ihrer Unberechenbarkeit auf öffentlichen Verkehrsflächen nicht volle Bewegungsfreiheit gewährt werden darf, selbst wenn sie sonst gutmütig erscheinen"* (OGH v. 26.5.1992, 5 Ob 513/92).

2. nach der **Verkehrsauffassung**.
   Beispiel: Eine mehr als drei Jahrzehnte alte und in diesem Zeitraum nicht überholte Koppel, bei welcher das Tor nur noch mit einer Drahtschlinge befestigt ist, entspricht nicht den „ortsüblichen Verkehrsverhältnissen" (OGH v. 30.9.1960, 20 Ob 33/60).

3. **aber: Anforderungen** an die Verwahrungs- bzw. Beaufsichtigungspflicht **dürfen nicht** in einem

solchen Maß **überspannt werden**, dass dadurch das Halten von an und für sich ungefährlichen Haustieren unmöglich gemacht wird; d. h. Grenze der Anforderungen ist die Zumutbarkeit für den Tierhalter (OGH v. 22.6.1972, 2 Ob 68/72).

Beispiel: Koppelhaltung von Pferden: Grenze der Zumutbarkeit = Errichtung „ortsüblicher Zäune", auch wenn diese im Einzelfall (z. B. bei Panik) von den Pferden übersprungen werden können. „Tiergartenähnliche", d. h. absolut ausbruchsichere Haltung ist unzumutbar, da sie die Tierhaltung im Freien geradezu unmöglich machen würde (OLG Wien v. 3.9.1986, 18 R 186/86).

Pferde

Kollision eines Reitpferds mit einem PKW beim Vorbeifahren, die Reiterin wird verletzt: Klägerin (Reiterin) konnte den Nachweis der erforderlichen Beaufsichtigung des Pferdes nicht erbringen, da ein Reitfehler nicht ausgeschlossen werden konnte; da auch dem PKW-Lenker die Einhaltung eines zu geringen Seitenabstandes vorgeworfen wurde, erkannte das Gericht auf Schadensteilung 1 : 1 (OGH v. 27. 10. 1994, 2 Ob 65/94).

Weidehaltung von Pferden nahe einer öffentlichen Straße: Sicherung, die lediglich die Selbstbefreiung der Tiere verhindert, wird vom OGH als unzureichende Verwahrung betrachtet, wenn die Möglichkeit besteht, dass Dritte (z. B. Wanderer) die Umzäunung der Weide öffnen (OGH v. 13. 5. 1993, 2 Ob 19/93).

Andere Tiere

Tierhalter überlässt eine Herde von zehn Rindern einer einzigen Treiberin und ein KFZ-Lenker kommt infolge einer Unaufmerksamkeit zu Schaden; Schadensteilung 2 : 1 zu Lasten des Tierhalters (ZVR 1970/278). Hühnerhaltung auf nicht umzäunten Flächen in Straßennähe kann die Verkehrsteilnehmer gefährden. Der OGH urteilt dazu: Hühner sind von der Straße fernzuhalten, das Anbringen einer Umzäunung ist zumutbar. Bei einem Verkehrsunfall durch ein Huhn bejaht der OGH die Tierhalterhaftung. Die Berufung auf die Ortsüblichkeit der ungesicherten Hühnerhaltung vermag die Haftung nicht auszuschließen.

Viehweiden an öffentlichen Straßen:

Sonderbestimmung des § 81 Abs. 1 der Straßenverkehrsordnung (StVO): Tiere, die auf Grundstücken, welche an Autobahnen oder Vorrangstraßen grenzen, weiden, müssen von geeigneten Personen beaufsichtigt werden. Das Anbringen des Gefahrenzeichens „Achtung Tiere!" reicht nicht aus.

Eine **„Haftungsfreizeichnung"** ist ein Vorausverzicht auf die Geltendmachung von Ersatzansprüchen im Schadensfall.

- **Vertragliche Freizeichnung**: auch für Tierschäden grundsätzlich zulässig, jedoch
  - → nur für leichte Fahrlässigkeit,
  - → nur hinsichtlich vorhersehbarer und kalkulierbarer Risiken und
  - → niemals hinsichtlich der Tötung eines Menschen.
- **Außervertragliche Freizeichnung**:
  z. B. Anschlag: „Achtung, bissiger Hund!", „Betreten auf eigene Gefahr" etc. kann von Tierhalterhaftung nicht befreien, u. U. aber für ein Mitverschulden des Geschädigten bedeutsam sein!

Der Tierhalter muss für die ordnungsgemäße Verwahrung der Tiere sorgen. Foto: Armin Deutz

Literatur

ANONYMUS (2023): Bundesgesetz über Tierarzneimittel (Tierarzneimittelgesetz – TAMG) BGBl. I Nr. 186/2023.

ANONYMUS (2006): Verordnung der Bundesministerin für Gesundheit und Frauen über Kontrollmaßnahmen betreffend bestimmte Stoffe und deren Rückstände in lebenden Tieren und Lebensmitteln tierischer Herkunft (Rückstandskontrollverordnung 2006), BGBl. II Nr. 110/2006.

APER, K. (2016): Einfluss von Beschäftigungsmaterial und Besatzdichte auf Schwanz- und Ohrbeißen bei Saug- und Aufzuchtferkeln, Masterarbeit, Universität f. Bodenkultur, Wien.

BAUERSTATTER, S., LAMBACHER, B., STANITZNIG, A., FRANZ, S., WITTEK, T. (2018): Neuweltkamele in Österreich – Untersuchungen zur Population, Haltung, Herdenmanagement und Gesundheitsprophylaxe. Wien. Tierärztl. Monatsschr. 105, 191-199.

BINDER, R., FIRCKS Frhr. v. W.-D. (2008): Das österreichische Tierschutzrecht (2008). MANZ'sche Verlagsbuchhandlung, Wien.

BLAHA, T. (2015): Schwanzbeißen beim Schwein – Verzicht auf das routinemäßige Schwänzekupieren. Amtstierärztlicher Dienst und Lebensmittelkontrolle 22, 223-225.

BROCKE, A. v., MADEY, D., DIPPEL, S., SCHRADER, L. (2012): Schwanzbeißen und Schwanzkupieren beim Schwein. Amtstierärztlicher Dienst und Lebensmittelkontrolle 19, 31-32.

BUNDESINFORMATIONSZENTRUM LANDWIRTSCHAFT (2024): Schwanzbeißen - Ursachen früh erkennen und handeln. https://www.nutztierhaltung.de/schwein/ mast/management/erfolgreich-ringelschwaenze-halten/schwanzbeissen-ursachen-erkennen/

BUNDESMINISTERIUM FÜR ARBEIT, SOZIALES, GESUNDHEIT UND KONSUMENTENSCHUTZ (2020): Handbuch Schweine – Selbstevaluierung Tierschutz. 3. überarbeitete Auflage erstellt und veröffentlicht von der Fachstelle für tiergerechte Tierhaltung und Tierschutz, Veterinärmedizinische Universität Wien.

BUXTON, D. (1986): Potential danger to pregnant woman of Chlamydia psittaci from sheep. Vet. Rec. 118, S. 510–511.

CHOU, J.-Y., D'EATH, R.B., SANDERCOCK, D., WARAN, A. N., HAIGH, A., O'DRISCOLL, K. (2018.): Use of different wood types as environmental enrichment to manage tail biting in docked pigs in a commercial fully-slatted system. Livest. Sci. 213:19–27. doi:10.1016/j.livsci.2018.04.004.

COUNCIL OF THE EUROPEAN UNION (2009): Council Directive 2008/120/EC of 18 December 2008 laying down minimum standards for the protection of pigs. Off. J. Eur. Union 5–13

DAY, N. (1991): The diagnosis, differentiation and pathogenesis of cystic ovarian disease. Vet. Med., S. 753–759.

DE KRUIF, A., MIJTEN, P. (1992): Das Verhältnis zwischen Fütterung und Fruchtbarkeit beim Milchrind. Berl. Münch. Tierarztl. Wochenschr. 105, S. 271–279.

DEUTZ, A. (2021): Der Wildtierarzt ermittelt – interessante und besondere Fälle im Revier. Leopold Stocker-Verlag, Graz-Stuttgart, 208 Seiten.

DEUTZ, A. (2010): Gutachten im Tierschutzbereich – Grundlagen, Fehlerquellen und Beispiele. Ber. Nutztierschutztagung Raumberg-Gumpenstein 2010, S. 15-21.

DEUTZ, A., DEUTZ, U. (2011): Wildkrankheiten, Hundekrankheiten, Zoonosen: Erkennen – Vermeiden – (Be)Handeln. Leopold Stocker Verlag, Graz – Stuttgart, 264 Seiten.

DEUTZ, A., GASTEINER, J. (2024): Klimawandel – was nun? Empfehlungen für Landwirte, Forstwirte und Jäger im Alpenraum, Leopold Stocker Verlag, Graz - Stuttgart, 120 Seiten.

DEUTZ, A., GUGGENBERGER, T., GASTEINER, J. (2011): Influence of climate change on diseases of wild animals. In: Game meat hygiene in focus, Wageningen Academic Publishers, S. 157–172.

DEUTZ, A., SPERGSER, J., WAGNER, P., ROSENGARTEN, R., KÖFER, J. (2005): Nachweise von *Mycobacterium avium* subsp. *paratuberculosis* bei Wildtieren und Rindern in der Steiermark/Österreich. Berl. Münch. Tierärztl. Wschr. 118, S. 314–320.

DEUTZ, A., SPERGSER, J., FREI, J., ROSENGARTEN, R., KÖFER, J. (2004): Nachweis von *Mycoplasma conjunctivae* in zwei Schafbetrieben – Klinik, Diagnostik und Ausbruchsepidemiologie. Vet. Med. Austria/Wien. Tierärztl. Mschr. 91, S. 152–157.

DEUTZ, A., FUCHS, K., NOWOTNY, N., AUER, H., SCHULLER, W., STÜNZNER, D., ASPÖCK, H., KERBI, U., KÖFER, J. (2003): Seroepidemiologische Untersuchung von Jägern auf Zoonosen – Vergleich mit Untersuchungen bei Tierärzten, Landwirten und Schlachthofarbeitern. Wien. Klin. Wschr., Supplement 3-2003, Beilage zu Band 115, Suppl 3, S. 61–67.

DEUTZ, A., OBRITZHAUSER, W. (1996): Beitrag zur akuten Streptokokkenmastitis des Rindes. Prakt. Tierarzt, 77, S. 406–412.

DEUTZ, A. (1993): Erkenntnisse in der Mastitistherapie. Seminar „Schwein - Rind", 22.–23. Mai, Amstetten, S. 41–52.

ERLACHER, H. (2000): Tierärztliche Betreuung und Behandlung von Neuweltkameliden in Österreich. Diplomarbeit, Veterinärmedizinische Universität Wien.

EUROPEAN COMMISSION (2016): Commission staff working document on best practices with a view to the prevention of routine tail-docking and the provision of enrichment materials to pigs.

FASCHING, B. (2013): Keine Langeweile im Saustall – Beschäftigungsmaterial für Schweine ist absolut notwendig. Landwirtschaftliche Mitteilungen, 1. Nov. 2013, 11.
GAREIS, M., DÄNICKE, S. (2000): Orientierungswerte für kritische Konzentrationen von Deoxynivalenol und Zearalenon im Futter von Schwein, Rind und Huhn. Amtstierärztl. Dienst und Lebensmittelkontr. 7, 324–326.
GASTEINER, J. (2015): Methoden der Brunsterkennung beim Rind. Tagungsband Tierärztliche Herdenbestandsbetreuung Raumberg-Gumpenstein.
GASTEINER, J. (2015): Parasiten bei Wiederkäuern. Eigenverlag Folder TGD/LFI.
GOERIGK, D., JIRASEK, A., FÜRLL, M. (2013): Endoparasiten bei Neuweltkameliden. Klauentierpraxis 21, 29–33.
GREENE, W. A., GANO, A. M., SMITH, K. L., HOGAN, J. S., TODHUNTER, D. A. (1991): Comparison of probiotic and antibiotic intramammary therapy of cattle with elevated somatic cell counts. J. Dairy Sci. 74, S. 2976–2981.
HENNING–PAUKA, I., ALTROCK, A. v. (2013): Welche Risiken der Kannibalismus bei Schweinen mit sich bringt. VetJournal – Nutztierpraxis 3/2013, 27–37.
HERBRÜGGEN, H., RASCHAUER, N., WESSELY, W. (2005): Kommentar Tierschutzgesetz. NWV – Neuer Wissenschaftlicher Verlag, Wien – Graz.
GRUNER, J. (1992): Rinderkrankheiten. Gustav Fischer Verlag Jena – Stuttgart.
HOCHWARTNER, O., LICEK, E., WEISMANN, T. (2008): Das ABC der Fischkrankheiten. Leopold Stocker Verlag, Graz – Stuttgart, 168 S.
HOTHERSAL, B., Whistance, L., Zedlacher, Z., Algers, B., Andersson, E., Bracke, M., Courboulay, V., Ferrari, P., Leeb, C., Mullan, S. (2016): Standardising the assessment of environmental enrichment and tail–docking legal requirements for finishing pigs in Europe. Anim. Welf. 25:499–509. doi:10.7120/09627286.25.4.499.
KAMMERER, M., KAISER, H. (2008): Nishikigoi Taikan, Ein Koi-Atlas, Band II, Aufzucht – Haltungsgrundlagen – Praxis. Koi Verlag, Rheda-Wiedenbrück, 312 Seiten.
KHASCHABI, D., SCHÖPF, K., SCHMID, E. (1996): Zur Seroprävalenz des Q-Fiebers im westlichen Österreich. Wien. Tierärztl. Mschr. 83, S. 2–5.
KHASCHABI, D., BRANDSTÄTTER, A. (1994): Seroepidemiologische Untersuchungen zum Nachweis von Antikörpern gegen *Coxiella burnetii* und *Chlamydia psittaci* bei Schafen in Tirol. Wien Tierärztl. Mschr. 81, S. 290–294.
KRAFT, W., DÜRR, U. M. (2005): Klinische Labordiagnostik in der Tiermedizin. Schattauer Verlag. Stuttgart, New York.
KRAUSS, H., WEBER, A., ENDERS, B., SCHIEFER, H. G., SLENCZKA, W., ZAHNER, H. (1997) Zoonosen – Von Tier zu Mensch übertragbare Infektionskrankheiten. Deutscher Ärzte-Verlag, Köln.
KRIEGL, C., KLEIN, D., KOFLER, J., FUCHS, K., BAUMGARTNER, W. (2005): Haltungs- und Gesundheitsaspekte bei Neuweltkameliden. Wien. Tierärztl. Monatsschr. – Vet Med Austria 92, 119–125.
LEEB, C. (2019): „Being busy" – welche Beschäftigung braucht ein Schwein? Ber. 10. ÖTT-Tagung, Tierschutz – Über die Lebensqualität von Tieren, S. 35–36.
LICEK, E., WEISMANN, T., HOCHWARTNER, O. (2012): Woran erkranken Österreichs Nutzfische? Wien. Tierärztl. Mschr. 99, S. 145–156.
LINDERMAYER, H. (2014): Was hilft gegen Kannibalismus in der Ferkelaufzucht? Der Fortschrittliche Landwirt 2/2014, 24–25.
LOEFFLER, S. H., DE VRIES, M. J., SCHUKKEN, Y. H. (1999): The effects of time of disease occurrence, milk yield, and body condition on fertility of dairy cows. J. Dairy Sci. 82, S. 2589–2604.
LOTTHAMMER, K.-H. (1982): Umweltbedingte Fruchtbarkeitsstörungen. In: GRUNERT, E., BERCHTOLD, M. (Hrsg.): Fertilitätsstörungen beim weiblichen Rind. Paul Parey, Berlin - Hamburg, S. 390–432.
METZNER, M., MANSFELD, R. (1992): Tierärztliche Betreuung von Milcherzeugerbetrieben. Prakt. Tierarzt, S. 800–814.
MISCHOK, D. (2009): Bei Kannibalismus Risiken minimieren. DLZ 8/2009, 120–122.
NANDA, A. S., WARD, W. R., DOBSON, H. (1989): The relationship between milk yield and cystic ovarian disease in cattle. Br. vet. J. 145, S. 39–45.
NICKERSON, S. C. (1993): Preventing New Staphylococcus aureus Infections. Vet. Med. 88, S. 368–374.
OBRITZHAUSER, W. (1996): Diagnose, Therapie und Prophylaxe von Fruchtbarkeitsstörungen aus praktischer Sicht. RGD-Intensivseminar , 20.–22. Juni, Schloss Seggau.
OBRITZHAUSER, W. (1995): Rinderbestandesbetreuung in österreichischen Klein- und Mittelbetrieben. Teil 2: Eutergesundheit. Dtsch. Tierärztl. Wschr. 102, S. 221–225.
OBRITZHAUSER, W., DEUTZ, A., FUCHS, K. (1995): Vergleich von klinischer und bakteriologischer Untersuchung bei Akutmastitiden von Milchkühen. Tierärztl. Umschau 50, S. 25–31.
OBRITZHAUSER, W. (1994): Rinderbestandesbetreuung in österreichischen Klein- und Mittelbetrieben. Teil I: Fruchtbarkeit. Deutsche Tierärztliche Wochenschrift, 101, S. 421–452.
OPLETAL, A., RYSANEK, D., SLADKY, L. (1985): Therapeutic effectiveness of frequent milking out and antibiotic treatment in acute catarrhal mastitis. In: Proc. V Int. Symp. Mastitis Control, Bydgoszcz, Polen, S. 414–420.
OWENS, W. E., WATTS, J. L., BODDIE, R. L. (1988): Antibiotic treatment of mastitis: Comparison of intramammary and intramammary plus intramuscular therapies. J. Am. Vet. Med. Assoc. 169, S. 1104–1109.

PEINHOPF, W., DEUTZ, A., KÖFER, J., SCHULLER, W., HINTERDORFER, F., MÖSTL, K. (1996): Mikrobiologische, serologische und klinische Untersuchungen bei Rindergrippeausbrüchen. Tierärztl. Umschau 51, S. 747–753.
PFLUG, W. (1992): Herdenbetreuung. Fruchtbarkeitsüberwachung. Seminar Integrierte tierärztliche Bestandsbetreuung. 11. Juni, Lindau am Bodensee.
PHILPOT, W. N. (1979): Control of mastitis by hygiene and therapy. J. Dairy Sci. 62, S. 168–176.
POHL, F., GERECKE, J. (2004): Alte und neue Bedrohungen der heimischen Honigbiene. Amtstierärztl. Dienst und Lebensmittelkontr. 3/04, S. 201–210.
PLESS, P., DEUTZ, A., KÖFER, J., PÖTSCH, E., OBRITZHAUSER, W. (1999): Einfluß der Silagequalität und der Melkhygiene auf den Listeriengehalt der Rohmilch. 40. DVG-Arbeitstagung – Lebensmittelhygiene, vom 29. September bis 1. Oktober, Garmisch-Partenkirchen, S. 272–277.
PODSTATZKY-LICHTENSTEIN, L. (1998): Untersuchungen der hygienisch relevanten und potentiell pathogenen Keime der Rohmilch von Milchschaf- und Ziegenherden während einer Laktationsperiode. Diss., Vet. med. Univ., Wien.
PYÖRÄLÄ, S., HIRVONEN, J., KAARTINEN, L., HARMOINEN, P. (1996): The effect of antimicrobial therapy on experimentally induced Escherichia coli mastitis during early lactation. Proc. XIX World Buiatric Congress, Edinburgh.
Rademacher, G. (2007): Kälberkrankheiten: Ursachen und Früherkennung. Neue Wege für Vorbeugung und Behandlung. Eugen Ulmer Verlag, Stuttgart.
RINGDORFER, F., DEUTZ, A., GASTEINER, J. (2009): Schafhaltung heute – Praxisbuch. Leopold Stocker Verlag, Graz – Stuttgart, 255 Seiten.
RITTER, W: (2014): Tierärzte werden für die Gesundheit von Honigbienen zunehmend tätig. Amtstierärztl. Dienst und Lebensmittelkontr. 2/14, S. 104–107.
RUDOVSKY, A., WITTEK, T. (2019): Bedeutung der Neuweltkamele aus seuchenhygienischer und tierseuchenrechtlicher Sicht. Klauentierpraxis 27, 141–145.
SANDHOLM, M., KAARTINEN, L., PYÖRÄLÄ, S. (1990): Bovine mastitis: Why does antibiotic treatment not always work? An overview. J. Vet. Pharmacol. Therap. 13, S. 248–260.
SCHÄLLIBAUM, M. (1996): Rückstandsproblematik im Zusammenhang mit der Mastitistherapie. In: Tagung der Fachgruppe „Milchhygiene", Arbeitskreis „Eutergesundheit", S. 106–111, Grub, 27.–28. September.
SCHLÖGL, K. (2013): Behandlung und Betreuung von Neuweltkameliden durch TierärztInnen in Österreich – eine Fragebogenerhebung (Diplomarbeit). Veterinärmedizinische Universität Wien.
STEINWIDDER, A., STARZ, W. (2015): Gras dich fit. Leopold Stocker Verlag. Graz – Stuttgart, 300 Seiten.
STEINWIDDER, A., WURM, K. (2005): Milchviehfütterung tier- und leistungsgerecht. Leopold Stocker Verlag, Graz – Stuttgart, 240 Seiten.
STRANITZNIG, A., FRANZ, S., LAMBACHER, B., WITTEK, T. (2019): Bedeutende Infektionskrankheiten bei Neuweltkamelen. Klauentierpraxis 26, 75–79.
TRUSCHNER, K., HAUSLEITNER, F. (2003): Kannibalismus – ein wirtschaftlicher Störfaktor in der Schweineproduktion. Klauentierpraxis 11, 65–68.
ULBRICH, M., HOFFMANN, M., DROCHNER, W. (2004): Fütterung und Tiergesundheit. Eugen Ulmer Verlag, Stuttgart.
UPHAM, G.L. (1991): Measuring dairy herd reproductive performance. Bov. Pract. 26, S. 49–56.
VALK, H., SEBEK, L. B. (1999): Influence of long-term feeding of limited amounts of phosphorus on dry matter intake, milk production, and body weight of dairy cows. J. Dairy Sci. 82, S. 2157–2163.
WAGNER, P., DEUTZ, A., FUCHS, K., MÜLLER, M., SCHULLER, W., KÖFER, J. (2005): Seroepidemiologische Untersuchungen zur Verbreitung von *Chlamydia psittaci* und *Coxiella burnetii* bei Schafen und Ziegen in der Steiermark. Vet. Med. Austria/ Wien. Tierärztl. Mschr. 91, S. 114–118.
WEBER, A. (1991): Zur Bedeutung von Schafen und Ziegen hierzulande als Überträger von Zoonosen. Tierärztl. Praxis 19, S. 469–473.
WITTEK, T. (2012): Lamas und Alpakas – eine neue Herausforderung in der Praxis. VetJournal 07/08, 29–39.
WU, Z., SATTER, L. D., SOJO, R. (2000a): Milk production, reproductive performance, and fecal excretion of phosphorus by dairy cows fed three amounts of phosphorus. J. Dairy Sci. 83, S. 1028–1041.
WU, Z. SATTER, L. D. (2000b): Milk production and reproductive performance of dairy cows fed two concentrations of phosphorus for two years. J. Dairy Sci. 83, S. 1052–1063.
ZIV, G. (1980): Drug selection and use in mastitis: Systemic vs local therapy. J. Am. Vet. Med. Assoc. 176, S. 1109–1115.
ZIV, G. (1992): Treatment of peracute and acute Mastitis. Vet. Clin. North Am.: Food Animal Practice 8, S. 1–15.
ZWICKER, B., GYGAX, L., WECHSLER, B., WEBER, R. (2013): Short- and long-term effects of eight enrichment materials on the behaviour of finishing pigs fed ad libitum or restrictively. Appl. Anim. Behav. Sci. 144:31–38. doi:10.1016/j.applanim.2012.11.007

Aus unserem Programm

ISBN 978-3-7020-2091-0

ISBN 978-3-7020-2255-6

ISBN 978-3-7020-2261-7

ISBN 978-3-7020-2073-6

Leopold Stocker Verlag

Graz – Stuttgart

www.stocker-verlag.com